U0192130

广州市“岭南英杰工程”
后备人才培养计划基金资助

医院暖通空调节能设计及案例

刘汉华　主编

中国建筑工业出版社

图书在版编目（CIP）数据

医院暖通空调节能设计及案例/刘汉华主编．—北京：中国建筑工业出版社，2021.11（2022.8重印）
ISBN 978-7-112-26529-9

Ⅰ.①医… Ⅱ.①刘… Ⅲ.①医院-采暖设备-节能设计②医院-通风设备-节能设计③医院-空气调节设备-节能设计 Ⅳ.①TU83

中国版本图书馆CIP数据核字（2021）第179927号

本书分为11章，前10章介绍医院建筑环境、医院通风空调的特点、空调系统新技术、制冷机房精细化设计、空调净化及手术室节能、空调自控系统、疫情下暖通专业的思考等，第11章为广州市城市规划勘测设计研究院近20年来工程案例中精选出的20多个有代表性的医院及区域能源站设计案例。本书在国内首次系统性提出高效系统及制冷机房精细化设计的理论，介绍了医院暖通空调设计的新技术、新节能措施，填补了国内相关领域的空白。

全书内容翔实、丰富，取自工程实际项目，针对性和实用性强，具有一定的学术价值和实践参考意义；同时充分反映暖通空调设计近年来的成就与发展。能对医院设计、建设、营销、施工安装、运维管理及相关专业人员起到很好的指导和借鉴作用，同时也能为建筑环境与能源利用专业的本科生、研究生提供很好的参考作用。

责任编辑：万　李　范业庶
责任校对：党　蕾

医院暖通空调节能设计及案例
刘汉华　主编
*
中国建筑工业出版社出版、发行（北京海淀三里河路9号）
各地新华书店、建筑书店经销
唐山龙达图文制作有限公司制版
北京中科印刷有限公司印刷
*
开本：787毫米×1092毫米　1/16　印张：22¾　字数：554千字
2022年5月第一版　2022年8月第四次印刷
定价：**79.00**元
ISBN 978-7-112-26529-9
（38016）

版权所有　翻印必究
如有印装质量问题，可寄本社图书出版中心退换
（邮政编码 100037）

序　一

医院（Hospital）一词来自拉丁文，原意为“客人”，最初设立的医院是供人避难之所，还备有休息、娱乐场所，使来者感觉舒适，有招待之意。后来，逐渐成为满足人类医疗需求、提供医疗服务的专业机构，收容和治疗病人的服务场所。我国是最早设置医院的国家之一，远在西汉年间，黄河一带瘟疫流行，汉武帝刘彻就在各地设置医治场所，配备医生、药物，免费给百姓治病。随着时代的进步和发展，现代医院已发展成为病员开展接诊服务、医学检查、诊断治疗、检查护理、康复保健、救治运输等服务，以救死扶伤为主要目的的医疗机构。

近年来，随着我国经济的发展、人民生活水平的提高、城市化进程的推进以及医学科学的发展进步，人们对医院设施建设以及医疗诊治环境改善的要求越发迫切，需求也发生了根本性的转变。人性化理念已经融入医院建筑的设计和建设之中，以可持续发展为引领、运用创新的设计理念、融合现代技术的应用、面向未来建设的需求，已经成为现代医疗设施建设的时代要求。

20 多年来，广州市城市规划勘测设计研究院进行了大量的医院建筑设计与建设工作，通过对每一个项目的方案论证、初步设计、施工图设计以及施工安装全过程的专业及周到服务，积累了丰富且宝贵的实践经验。特别是在医院建筑节能设计与空气品质保障方面具有深刻体会：一是节能设计不能以降低使用标准和恶化环境为代价；二是节能设计必须满足建筑安全要求，不能以牺牲使用标准为代价；三是必须设置通风系统来保证建筑内的空气质量，保证对臭气、蒸汽、有害气体、粉尘、致病微生物等有害气体有效排除；四是必须保障配套医疗设备的功能需求，以及室内温度、湿度及舒适度等要求。

本书作者刘汉华教授级高工毕业于重庆建筑工程学院暖通专业，现任广州市城市规划勘测设计研究院暖通专业总工，为江西省新世纪百千万人才工程人选、全国勘察设计行业卓越工程师、广州市“岭南英杰工程”后备人才，多年来一直从事暖通空调工程的设计工作，并在行业发展中与时俱进地不断扩展自己的专业范围、提升自己的专业水平，通过大量的工程设计与实践为行业发展做出了突出贡献。近年来，作者根据广州市“岭南英杰工程”后备人才培养计划要求，围绕医院建筑暖通空调节能关键技术开展了系列研究工作，将研究成果进行归纳整理，并结合广州市城市规划勘测设计研究院及广东省内有关设计研究单位在医院建筑上的实践探索和经验累积，汇集整理编写成此书，对开展医院建筑的设计、研究及建设具有很好的借鉴价值。

衷心希望本书的出版发行，能够引起行业同仁的广泛关注，为医院建筑的高质量发展起到积极的促进作用。我也相信，本书的出版发行对有效提升我国医院建筑暖通空调专业设计水平具有重大意义，能够推动医院建筑暖通空调设计迈上一个新的台阶，为中国医院建设和发展做出新的贡献。

全国工程勘察设计大师
中国勘察设计协会建筑环境与能源应用分会理事长　罗继杰

序　二

随着人们的生活水平不断提高，且近年出现“非典”、新冠肺炎疫情等，我国加大了医院建筑的投入力度，医院的建设规模越来越大、标准越来越高，医院建筑的能耗不容忽视。

医院建筑的整体能耗通常高于办公、酒店等公共建筑，医院建筑由于功能复杂、用能系统多、用能时间长，因此能耗较高。而暖通空调系统又是医院建筑的能耗大户，据统计，暖通空调系统的能耗约占医院整体能耗的40%，给医院造成不小的经济负担，因此，医院的节能减排工作受到了越来越多的重视。

医院的空调系统除需要满足人们的舒适性外，还需要满足部分场所（如：手术室、分娩室、隔离病房等）恒温恒湿、空气洁净、室内防交叉污染、重要医疗设备特殊环境等要求，暖通空调系统形式和类型多，系统复杂，必须有机地组合和集成，并通过经济技术比较，合理设计系统，还要与建筑、结构、给水排水、电气、工艺、安装等专业密切配合。

本书作者刘汉华总工在近20年从事医院建筑暖通空调系统设计实践中，积累了丰富的工程设计经验，较好地掌握了医院暖通空调系统的设计要点及节能技术。该书以工程实例，图文并茂地介绍了医院的建筑环境、通风空调特点、空调系统新技术、制冷机房精细化设计、空调净化及手术室节能、空调自控系统等技术问题。在医院建筑设计中，首次系统性地提出高效空调系统及制冷机房精细化设计理论，介绍了医院建筑暖通空调设计的新技术，具有一定的学术价值及实践参考价值，对从事医院建筑建设、设计、施工安装、运维管理等专业人员，有良好的指导借鉴作用。作为刘汉华总工的校友，我感到高兴和光荣，祝愿他取得更大的成就。

中国建筑学会暖通空调分会副主任委员
广东省建筑设计研究院有限公司顾问总工

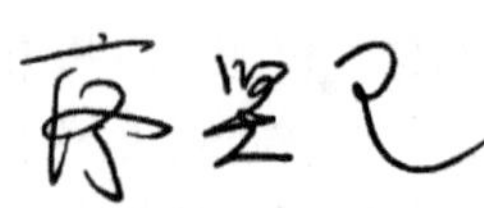

前　言

改革开放40多年来，随着我国社会和医学科学的发展，医疗技术的进步，医疗装备的现代化以及医疗环境要求的提高，人们对健康水平的追求和对医院设施、环境的需求也发生了深刻的变化，医院的功能不再是单纯追求治疗疾病的唯一手段，而是集医疗、科研、教学、保健为一体的现代大型综合医院，因此我们现在比以往更加关注医院的就医、治疗与住院环境，医院建设的主要目标就是为患者及医疗工作者提供最合适的医疗和卫生环境。

医院作为重要的特殊公共建筑，其人员密集，不同人员对环境要求也不一样，如手术室、重症监护室、分娩室等对洁净度、风速、风压温湿度等参数有明确要求；而信息数据机房及大型医疗设备等对空调系统运行稳定性要求较高，系统一旦出现故障，就会使设备损坏而影响医疗工作的开展。由于医疗服务的特殊性，医院空调系统需要不间断运行，而且必须稳定可靠。如岭南地区门诊、住院病房及行政办公区夏季运行近10个月，冬季运行1个月；手术室等洁净区域需要365天常年运行。系统大、分区多、运行时间长，是医院空调系统的特征，鉴于此，医院的建筑能耗远高于其他公共建筑，大部分医院年度电费少则百万元多则上千万元，新建医院以集中式空调为主，据统计，空调系统耗电已经占到医院整体电能消耗的40%左右，暖通空调系统绝对是医院的“电能消耗大户”，给医院造成不小的经济负担。因此，在确保空调系统稳定运行的基础上，探索暖通空调系统能源管控节能模式和优化运行方案就显得尤为重要，是控制医院电能成本的关键，是医院开展节能工作的重点研究方向，节能潜力巨大。

近20年来，广州市城市规划勘测设计研究院（以下简称“广州市规划院”）设计完成了大量医院建筑项目，通过大量的工程实例积累了丰富的经验，通过项目方案、初步设计、施工图设计及配合施工安装，体会很多。节能设计必须满足建筑安全要求，不能以降低使用标准和恶化环境为代价。医院建筑中常见的有害于健康的污染物包括臭气、蒸汽、有害气体、粉尘、致病微生物等，必须设置通风换气系统来保证建筑内的空气质量，还要满足医疗设备及其保障系统的使用环境要求，保证规范要求的室内温度、湿度，节能不能牺牲舒适度。本人于2019年4月获广州市委组织部、广州市人力资源和社会保障局组织的广州市“岭南英杰工程”第一期后备人才人选，根据市“岭南英杰工程”后备人才培养计划（5年）及要求，在计划内围绕“岭南医院暖通空调系统节能关键技术集成”开展系列研究工作，现将研究成果整理并编写成本书出版发行。近几年生产任务繁重，动员设计人员在工作之余，投入巨大的精力去完成这部专著，也是近20年来广州市规划院暖通专业在医院设计实践探索和多年累积的经验总结；在广大同行的大力支持下，也汇集了广东省建筑设计研究院有限公司其他同事在制冷机房精细化设计实践探索的经验总结，丰富和加强了本书的结构和内容。借编写本书的机会，希望能起到抛砖引玉作用，促进广大设计师讨论研究，共同提升我国医院建筑暖通空调设计的水平，推动设计行业的精细化实践，为中国医院建设尽一份力量，此书现已作为广州市规划院暖通空调专业有关医院设计的技术措施。

目前，国内图书市场仅有2004年出版的翻译自美国的《医院空调设计手册》，2019年出版的《医院通风空调设计指南》等。《医院空调设计手册》译本，距今已有18年，对中国的医院空调设计指导意义有限，《医院通风空调设计指南》没有医院暖通空调节能设计相关内容。本书分为11个章节，从医院建筑环境、医院通风空调的特点、空调系统新技术、制冷机房精细化设计、空调净化及手术室节能、空调自控系统、疫情下暖通专业的思考以及广州市规划院近20年来工程案例中精选出的20多个有代表性的医院及区域能源站设计案例进行介绍。本书在国内首次系统性提出高效系统及制冷机房精细化设计的理论，介绍了医院暖通空调的新技术和新的节能措施，填补了国内相关领域的空白。

《广州市能源发展“十三五”规划》对广州市电源项目做了详细的规划，重点是从能源梯级利用、能源合理利用的角度出发，大力发展综合供冷、区域能源项目。区域能源站是我国今后能源发展和综合利用的一个方向，也是绿色智慧城市使用清洁能源的样板。在强手如林的市场竞争中，广州市规划院团队在本人的牵头带领下，脱颖而出，顺利中标珠海横琴自贸区三个大型区域冷站［每个站总装机容量为27000RT，蓄冰冷量为119880RTH（蓄冰供冷比例为27.7%），总供冷能力为40435RT］设计工作，至今初步设计和施工图已经结束，正在施工安装配合阶段，现优选其中2个区域冷站主要技术进一步总结和整理，将采用了蓄冰蓄水供冷技术的区域能源在医院建设中的应用增加为本书的一个章节，充实和丰富了本书内容，也借本书的平台进一步展现广州市规划院暖通设计师近十几年来在岭南地区医院设计方面的成果。全书内容翔实、丰富，取自工程实际项目，针对性强、实用性强，具有一定的学术价值和实践参考意义，同时充分反映暖通空调设计近年来的成就与发展，希望能为医院设计、建设、营销、施工安装、运维管理及相关专业人员起到很好的指导和借鉴作用，同时也为建筑环境与能源利用专业的本科生、研究生提供很好的参考作用。

由于时间仓促及水平有限，本书难免有不妥或错误之处，敬请专家和同仁们给予批评指正。书中如有错漏之处，敬请联系作者（E-mail：liuhanhua66@163.com），万分感谢！

最后感谢全国工程勘察设计大师罗继杰大师和中国建筑学会暖通空调分会副主任委员廖坚卫总工在百忙之中，为本书作序。

感谢广东省建筑设计研究院有限公司廖坚卫总工和广东省珠海正青审图公司周力总工亲自审稿指正，给予了很大帮助。

感谢广州市城市规划勘测设计研究院邓兴栋院长、范跃虹副书记、胡展鸿总建筑师、刘永添总工、张庆宁总工、刘洋部长、李刚所长、罗飞工程师的大力支持和帮助。感谢广州市城市规划勘测设计研究院全体暖通空调设计人员支持和参与本书稿的编写和讨论。

感谢亚太信息研究院熊衍仁院长、中国建筑工业出版社为本书出版发行付出劳动的所有人。

感谢我的家人，在这几年对我的支持和奉献。

感谢所有帮助过我的人，在此郑重说声：谢谢！

刘汉华

2022年4月于广州

各章（节）主笔、参编和审稿人名单

第1～10章　由广东省建筑设计研究院有限公司顾问总工廖坚卫负责审稿

第11章　由广东省珠海正青审图公司总工周力负责审稿

第1章　医院特点及空调节能现状

章主笔：刘汉华（第1.1～1.5节）（广州市城市规划勘测设计研究院　教授级高工）

第2章　国内外医院环境标准及新风

章主笔：李　刚（第2.2、2.3节）（广州市城市规划勘测设计研究院　高级工程师）

参　编：刘汉华（第2.1、2.2节）（广州市城市规划勘测设计研究院　教授级高工）

吴哲豪（第2.1节）（广州市城市规划勘测设计研究院　高级工程师）

廖　悦、孙启民（第2.1节）（广州市城市规划勘测设计研究院　工程师）

第3章　医院通风、空调系统及节能

章主笔：刘汉华（第3.1～3.5节）（广州市城市规划勘测设计研究院　教授级高工）

参　编：商余珍（第3.5节）（广州市城市规划勘测设计研究院　工程师）

廖　悦、孙启民（第3.6节）（广州市城市规划勘测设计研究院　工程师）

刘坡军（第3.7、3.8节）（广东省建筑设计研究院有限公司　教授级高工）

景建平（第3.8节）（搏力谋自控设备（上海）有限公司　工程师）

第4章　制冷机房的精细化设计

章主笔：刘坡军（第4.1～4.3节）（广东省建筑设计研究院有限公司　教授级高工）

参　编：刘汉华（第4.1～4.3节）（广州市城市规划勘测设计研究院　教授级高工）

第5章　空调系统新技术的应用

章主笔：刘汉华（第5.1、5.4.6、5.5节）（广州市城市规划勘测设计研究院　教授级高工）

牛　冰（第5.3、5.4节）（广州市城市规划勘测设计研究院　高级工程师）

参　编：魏焕卿、郑民杰（第5.2、5.3节）（广州市城市规划勘测设计研究院　高级工程师）

吴哲豪、廖　悦（第5.5节）（广州市城市规划勘测设计研究院　高级工程师）

第6章　空调净化及手术室节能应用

章主笔：张湘辉（第6.1、6.2节）（广州市城市规划勘测设计研究院　高级工程师）

参　编：廖　悦、孙启民（第6.2～6.5节）（广州市城市规划勘测设计研究院　工程师）

商余珍（第6.2、6.3节）（广州市城市规划勘测设计研究院　工程师）

第7章　医院空调自控系统

章主笔：李　刚（第7.1～7.9节）（广州市城市规划勘测设计研究院　高级工程师）

参　编：彭汉林（第7.8节）（广州市城市规划勘测设计研究院　高级工程师）

刘坡军（第7.3.3～7.3.6节）（广东省建筑设计研究院有限公司　教授级高工）

刘文茜（第7.5节）（广州市城市规划勘测设计研究院　工程师）

第8章　疫情下暖通专业的思考

章主笔：刘汉华（第8.1～8.4节）（广州市城市规划勘测设计研究院　教授级高工）

参　编：刘文茜（第 8.4 节）（广州市城市规划勘测设计研究院　工程师）

景建平（第 8.1～8.3 节）（搏力谋自控设备（上海）有限公司　工程师）

第 9 章　消声及减振

章主笔：魏焕卿（第 9.1～9.7 节）（广州市城市规划勘测设计研究院　高级工程师）

参　编：郑民杰（第 9.2 节）（广州市城市规划勘测设计研究院　工程师）

第 10 章　结论与展望

章主笔：刘汉华（第 10.1、10.2 节）（广州市城市规划勘测设计研究院　教授级高工）

参　编：刘文茜（第 10.1、10.2 节）（广州市城市规划勘测设计研究院　工程师）

第 11 章　医院及区域能源站设计案例

章主笔：刘汉华（第 11.1～11.21 节）（广州市城市规划勘测设计研究院　教授级高工）

参　编：廖　悦（第 11.8～11.10 节）（广州市城市规划勘测设计研究院　工程师）

刘文茜（第 11.1～11.21 节）（广州市城市规划勘测设计研究院　工程师）

11.1　广州市妇女儿童医疗中心（主笔：刘汉华、李刚）

11.2　中山大学附属第六医院医疗综合大楼一期工程（主笔：刘汉华、魏焕卿）

11.3　中山大学附属第三医院岭南医院（萝岗中心医院）（主笔：刘汉华、李刚）

11.4　广州市第八人民医院二期工程（主笔：刘汉华、吴哲豪）

11.5　广州市第八人民医院应急救护新建工程（广州火神山医院）（主笔：刘汉华、吴哲豪）

11.6　广州呼吸中心（国家级呼吸中心）（主笔：刘汉华、吴哲豪）

11.7　广州富力国际医院·UCLA 附属医院（主笔：刘汉华、吴哲豪、廖悦）

11.8　珠海市慢性病防治中心（主笔：廖悦、吴哲豪、刘汉华）

11.9　广州市红十字会医院（主笔：廖悦、吴哲豪、刘汉华）

11.10　广州市妇女儿童医疗中心增城院区（主笔：廖悦、吴哲豪、刘汉华）

11.11　广州市老年医院（一期工程）（主笔：刘汉华、韩佳宝）

11.12　珠海横琴综合智慧能源项目二期工程 2 号能源站（主笔：刘汉华、彭汉林）

11.13　珠海横琴综合智慧能源项目二期工程 6 号能源站（主笔：刘汉华、彭汉林）

11.14　深圳市妇幼保健院（主笔：刘汉华、崔玮贤）

11.15　医用气体及洁净项目（主笔：刘汉华、史佩顺）

11.16　南方医科大学南方医院医疗综合楼（主笔：刘汉华、邓福华）

11.17　制冷机房精细化设计和应用案例（主笔：梁杰、刘汉华）

11.18　武汉常福医院“平疫结合”建设实践（主笔：景建平、刘汉华）

11.19　医疗行业暖通系统解决方案（主笔：刘汉华、郑小敏）

11.20　医疗项目空调节能及智慧管理解决方案（主笔：刘晖、赵杰、徐秋生）

11.21　广州市城市规划勘测设计研究院近年来其他医院项目案例（主笔：胡展鸿）

目　录

第9章 消声及减振 168

第10章 结论与展望 174

第11章 医院及区域能源站设计案例 178

第1章

医院特点及空调节能现状

1.1 医院建筑的用能特点

医院不同于一般的公共建筑，它的正常使用关系到患者的身体健康、生命安全，所以其能源供应既要求不能中断，还要求必须保证供应品质，这都说明了医院能源供应的重要性。随着医疗技术的不断进步，诊疗设备的不断更新，医院功能不断完善，医院建设标准大大提高（床均建筑面积扩大，新的功能科室增多，就医环境和工作环境人性化、舒适性改善），在医院建设费用提高的同时能耗随之不断上升，医院成为能耗最大的公共建筑之一。医院能耗日益增大是一个客观的事实，其中原因很多，但主要原因有以下几点。

首先，新建、改建的医院过多增加床位、过度扩展规模，盲目提高医院档次，追求豪华装饰与不实用装备，扩大特需医疗设施建设等。在医院设计招标时，豪华的建筑外观效果及大框架、大空间、大中庭的方案很容易得到院方赞赏与选择，不实用的曲线外立面、超大空间、玻璃外墙等成为趋势。

其次，目前国内没有专业的医疗工艺设计单位，在医院建设的医疗流程设计方案、能源规划、设备选用、系统配置等设计方面力量薄弱，设计人员节能意识淡薄，为平衡建设预算又不愿意在节能设施上过多投入，在项目建设前期也很少将建成后医院运行成本（能耗）降低作为专题研究并专门设计。

再者，众多诊疗设备不断进驻，导致其用电负荷不断增长；医技、医务等部门出于卫生考虑，有大量的蒸汽和热水要求。

另外，医院为了给病人及医护人员提供良好的就医及工作环境，满足治疗过程特殊的温湿度要求，需要增加制冷、供暖、加湿、通风负荷。医院能耗包括：供暖、通风、空气调节、蒸汽、热水、照明、医技设施及其他动力设施等能耗。其中，空调能耗（供暖、通风、空气调节）和供热能耗（热水、蒸汽）占有很大份额，已达到总能耗的60%左右，并且比例还在不断提高。

1.2 医院暖通空调系统的功能

医院作为特殊的公共建筑，其暖通空调系统不仅仅要保证来院患者、陪同人员及医护人员的舒适度和必要的空气品质，更重要的是要保证其他许多特殊要求。

1.2.1 医院暖通空调是防止交叉感染的重要措施

医院是各种各样病患者的聚集场所，他们既是自身免疫力非常弱的人群，同时又是各种细菌、病原体的携带者、产生者，这就需要医院建筑设计从防止交叉感染的层面给予足够的重视和考虑。尤其是其暖通空调系统应根据各科室的不同职能、性质，严格细化分区，维持各个不同功能房间的合理压差，控制空气流向，合理选择气流组织形式。例如感染疾病科、手术室、病房的空调通风设计截然不同。感染疾病科内为负压，周围空气流向科室内，保证有害病菌不外泄；手术室（正负压手术室除外）内为正压，保证气流从手术室流向洁净走廊、辅助用房、缓冲，最终流向手术室区域外，总体方向是由洁净区流向污染区；病房的压力为微正压，气流大部分流向和病房配套的负压卫生间，一部分由窗流向室外。这三种科室类型只是医院众多功能的一小部分，但是它们基本代表了医院暖通空调系统的一个基本原则，就是合理控制压差，保证气流组织、流向，抑制有害物质扩散，防止交叉感染发生。

1.2.2 医院暖通空调是治疗康复的重要手段

医院空调的功能绝不仅是提高环境的舒适度，在多数情况下，适宜的空调环境是治疗和康复的重要因素，在某些情况下，甚至是主要的治疗方法。根据研究证明，烧伤病人的康复需要热、湿的环境，病室的温湿度达到干球温度 32℃和相对湿度 95%最适宜治疗。而甲状腺功能亢奋患者为了促进皮肤辐射散热和蒸发散热，缓解病情，需要凉爽、干燥的环境。心脏病患者特别是充血型心衰病人，因血液循环不足导致无法正常散热，需要空调作为辅助治疗方法。根据上述临床举例可以看出，医院的暖通空调已经成为治疗、康复的重要手段。

1.2.3 医院暖通空调是医院运行的重要保障

随着现代医院医疗技术的进步，管理经验的提高，各种先进的医疗设备、信息设备成为医院的标准配置。这些设备散热量大，需要独立的机房，有自己固定的温湿度要求，其中一部分还需要净化要求。为了保证设备的稳定性，可靠性，需要为这些功能用房设置独立的空调系统。其中一些设备产生或可能产生有害物质，还需要单独的排风设施。例如：普通 X 光室、CT 室、电子加速机科室、核磁共振机科室、信息中心、计算机房等。从上述举例不难看出，医院空调系统已经成为疾病诊断治疗及医院正常运转强有力的、不可或缺的技术保障。

1.3 医院暖通空调系统的能耗

正是由于上述对医院暖通空调系统的功能要求，才使得整个系统的能耗居高不下，下面进行具体分析。首先随着办公自动化和先进诊疗设备的出现，各科室的设备散热量大幅提高，使得空调的冷负荷本身就很大。其次，由于各科室的温湿度要求均有所不同，使用时间上也不尽一致，而且不能完全保证相近室内参数的科室在建筑平面上相邻，导致空调系统分区必须细化，以此满足科室在不同时间独立控制、调节房间参数的功能。从而致使机组、风机长时间运行，能耗增加。为了保证各科室内的空气品质，维持合理的压差、空气流向，以达到防止通过空气交叉感染的效果，就需要加大新风量及送风量，并保证一定的排风量与送风量相匹配。这样的结果是新风负荷很大，运行能耗高，这也是由医院建筑的性质所决定的。洁净手术室就是典型的例子：手术室内有大量先进医疗设备，人员多，散热量大，冷负荷高达 250～350W/m^2。另外，为了保证气流方向、压力梯度、洁净度，空调系统需要较大新风量，并维持相应的换气次数，所以新风负荷及运行能耗都非常高。由于各科室负荷分散，空调系统的水路及风道较长，从而导致系统的驱动能耗比普通公建大。

1.4　医院暖通空调系统的节能措施和技术

1.4.1　选择合理的冷热源方案

医院的功能复杂，各个科室的使用时间和空调负荷特性不尽相同。在冷热源配置时，除满足最大负荷外，还应注意最小负荷时，冷热源能否正常运行和有较高的能量效率。例如：在医院综合楼中，只有病房、急诊室和手术室有夜间负荷。但在最小负荷发生的过渡季夜间，也许只有少数几间手术室在使用。为应对这种情况，在夏热冬冷地区，通常采用独立空气源热泵机组作为急诊室、手术室及 ICU 过渡季空调的冷热源。所以，最大、最小及特殊负荷均应统筹考虑，才能打造出灵活、高效的运行系统。

1.4.2　合理的新风量调节

暖通空调系统摄入新风量是要达到调节室内空气质量，维持房间正压，防止交叉感染等目的。在满足室内卫生要求的前提下，在非工作班或患者较少时，适当减小新风量，对于降低新风及运行能耗，是有显著效果的。另外，新风系统上的过滤净化装置应该定期清洗更换，保持清洁，以维持其正常的工作效率和较低的流通阻力，达到降低运行能耗的目的。

1.4.3　过渡季取用室外空气作为自然冷源

当供冷期间出现室外空气比焓小于室内空气比焓时（过渡季），应该采用全新风，这不仅可以缩短制冷机组的运行时间，减小新风能耗，同时也可以改善室内空气品质。采用此项节能措施时，应设置最小及最大新风阀，既能保证冬夏季的最小新风量，又能保证过渡季全新风运行。

1.4.4　降低空气和水输送过程中的能耗

从风机和水泵的轴功率计算公式 $N=LP/\eta$ 不难看出，要减少功耗（N），就应该从三个方面入手：减小流量（L），降低系统阻力（P），提高风机、水泵效率（η）。为了减小流量，通常采用加大送风、供水温差的做法。大温差不仅能减少输送过程的能耗，同时减小了管路的断面，从而降低了管路的初投资。当然一味地加大温差也会导致设备的性能受到影响，使冷源能耗增加，所以应综合系统总能耗、输送能耗和冷源能耗，选择合理温差。而降低系统阻力是通过采用低流速实现的。因为水泵、风机的功耗基本与管路中流速的平方成正比，因此要想达到节能效果就不要选用高流速。另外，输送设备的效率也是值得关注的。风机、水泵的最佳工作点不仅有自身的因素，而且也取决于所在管路的阻力特性。在设备选型时应该同时研究管道的阻力特性及在部分负荷时阻力的变化情况，使所选设备与之相匹配，达到节能效果。

1.4.5 医院暖通空调系统中采用的节能技术

空调系统节能技术种类很多，大多数也比较成熟，主要有热回收、冷却塔供冷（岭南地区不适合冷却塔供冷）、变频调速技术、设备自动化系统等。这些技术在特定的地域、特定的时间、特定的建筑负荷条件及特定的部位被选用，可充分发挥其作用，达到节能的目的。医院建筑节能是一个系统工程，涉及各个相关专业。而暖通空调系统的实施主要取决于设计、施工、运行管理的正确性、合理性和规范性。但在现实工程中存在很多问题，导致其系统不节能。

在设计过程中，设计人员往往仅关注暖通空调本专业范围内的技术措施，而对于其他专业涉及节能方面的技术、指标参与意见很少。例如：建筑专业较注重建筑的朝向和外形，但对围护结构的保温性能、外窗的隔热密封、遮阳技术的选择等参与较少。建筑节能不但可以削减 30%～50%的空调负荷，减少在暖通空调系统上的投资，同时还可以节省大量的运行费用。另外，设计人员通常把注意力集中在系统中采取何种节能措施、节能技术，而忽视对基础参数、设备型号的慎重选择。例如采用保守的室内温湿度、风速参数，不进行逐时负荷计算或者负荷计算取值偏离实际值较大，设备选型不按实际负荷选配，选型过大。室内参数选择、负荷计算、设备选型都是暖通空调设计的基础、根本工作。如果取值均放大，将导致负荷、能耗层层放大，系统设备投资激增。在整个工程进度中，工程管理者总是注重设计、施工过程，而对暖通空调系统日常的调试、运行管理重视不足。据资料显示，医院建筑的造价一般只占建筑物寿命周期内总费用的 11%左右，而运行费用则占 50%以上。良好的系统维护管理可延长空调系统的使用寿命，减少设备更换开支，保持较高的系统运行效率，达到节能目的。换句话说，一个设计再好的节能系统，如果管理维护不善，一样不节能。

1.5 小结

医院是用能量较大的建筑，用能特点有其自身特殊的因素。而医院暖通空调系统用能约占整个医院用能的一半以上，因此其节能潜力有很大的空间。暖通空调系统有很多节能措施和技术，都已非常成熟，能够达到良好的节能效果。但整个系统的节能是个系统工程，不能孤立地关注某个环节，而必须通过投资方、设计师、施工安装、系统运行维护人员的通力合作才能完成节能工作，必须从建筑设计、暖通空调系统设计、系统维护、运行管理各方面展开，才能有效地实现降低医院能耗的目标。

第2章

国内外医院环境标准及新风

2.1 国内外医院环境标准的要求

2.1.1 国外医院环境标准的要求

2.1.1.1 德国医院环境标准的要求

德国20多年来依据现代质量保障思路不断发展手术室洁净送风系统以减少感染风险，引入污染度概念，开发出置换气流送风吊顶，以经济有效的方法实施无菌或高度无菌的手术室，以及在此基础上制定的德国医院标准，我国医院洁净手术室的建设和改造可以借鉴。

德国的医疗技术和医院建筑在世界上处于领先地位。医院空调也有其独到之处。它所定义的医院空调任务为维持室内所要求的气候状态，并除去空气中微生物、尘埃、气味和有害气体。手术室空调是医院空调中最重要和最困难的任务，尤其是控制空气途径的感染至关重要。因为减少或避免手术中感染是保证手术成功、减少住院天数和降低处置费用的关键。

德国标准根据对室内空气的不同的无菌要求将医院内各房间分成两级，Ⅰ级为高要求的无菌级别，手术室及其配套的辅助房间均属于Ⅰ级。Ⅱ级为一般要求的无菌级别，手术部中的更衣室和厕所等属于Ⅱ级。再将手术部中的手术室分成无菌手术室（B型）和高度无菌手术室（A型）两级。标准没有规定级别的详细技术指标，而重点阐述整个系统各部件性能要求和具体措施，尤其卫生学方面的要求。以很大的篇幅叙述验收检查的要求，并用两个附录分别详细说明技术验收检查以及卫生验收检查方法与过程。

2.1.1.2 美国医院环境标准的要求

美国强调手术室细菌控制的综合措施，减少感染风险，不片面强调净化级别。认为净化只是一种手段，无菌程度才是它控制的目的和结果。强调以经济有效的方法实施手术室洁净送风系统，既然单向流设施不能证明有效地降低术后感染率，则不宜推广。

美国医院尤其是手术部的设计概念及控制思路有别于欧洲和日本。众所周知，医院汇集着各种各样的病人，被看作为病原微生物的聚集中心。空气中浮游的致病菌种类多、浓度高。不但病人本身而且医护人员都有可能携带致病菌，进而成为病菌的传播者。医院内所有的人员都暴露在这样的环境中，随时随地受到交叉感染的危险。病人在入院时并无某疾病，如从其他病人、医护人员、探望者以及被仪器、设备、器械、敷料等直接感染，或经过院内空气途径被间接感染等被称为院内感染，它明显与住院前状况无关。病人在外科手术中表皮或黏膜被划开，失去了抵御病原微生物的最好屏障。无论何种途径带入的病菌都可长驱直入到机体的内部，很容易引起感染，在手术过程中被感染称为术后感染。通常认为手术切口的污染来源于以下几个方面，见表 2-1。可见在医院诸部门中手术环境的潜在危害最大，其控制要求理应也更高。

手术室内导致院内感染的污染源　　表 2-1

感染源	感染途径
内部	由于术前不当的皮肤清洁引起病人自身感染
外部	1. 直接接触未经消毒的器具、污染表面或与病人接触的院内人员产生的液滴的扩散
	2. 空气中的液滴和灰尘，把微生物粒子传播到手术切口

而在医院环境中，不但要求控制尘粒，更要控制细菌，控制的粒径相对要大一些。生物微粒要达到一定的浓度才能构成危害，是一种累积性危害微粒。由医疗质量控制要求来确定空气中容许微粒浓度。其目的是造成一种良好的无菌环境控制，减少一切可能发生的交叉感染。基于这种认识，美国外科学会的手术室环境委员会设计了表 2-2 的推荐标准。

美国外科学会的手术室环境委员会推荐标准　　表 2-2

手术室级别	悬浮菌允许浓度	应用场合
Ⅰ级	35 个/m^3(1 个/ft^3)	洁净手术(人工器官移植)
Ⅱ级	175 个/m^3(1 个/ft^3)	准洁净手术
Ⅲ级	700 个/m^3(1 个/ft^3)	一般手术

2.1.1.3 日本医院环境标准的要求

日本重视手术室设计，标准要求严格，规定详尽。在设计中强调洁净技术，强调净化级别。通过空气洁净技术来控制细菌浓度，减少感染风险，注重净化时术后感染率控制的因果关系，因此一直在积极推广和发展生物洁净手术室和层流设施。

日本手术室的发展过程深受西方国家的影响，自称已经经历过三个发展阶段。19 世纪末只是模仿英国建立了所谓的简易型手术室，当时用石炭酸消毒空气。20 世纪初学习由欧洲发展起来的分散型（Pavilion Type）手术室。以每栋病房来配备手术室，控制区域只是一个手术室。此时手术室已基本成型，已有辅助房间为其服务。无菌技术也被人们所接受。第二次世界大战后向美国学习，发展集中式（Central Type）手术部。以整个手术部为控制区域，逐步开始采用空气洁净技术。1955 年东京大学开设了第一个中央手术部。1966 年美国在巴顿纪念医院建造了世界上第一间层流洁净手术室。20 世纪 70 年代日本才着手研究在手术室中采用层流技术，这样手术室在日本被称为生物洁净手术室。1972 年在国立大阪南医院建立了第一个生物洁净手术室，1974 年东海大学医院也建成了生物洁净手术室。后来日本生物洁净手术室迅速发展，大有后来居上之势，目前已建成的生物洁净手术室数量在世界上数一数二。

日本最权威的医院设计标准是日本医院设备协会制定的 HEAS-02-2013（医院空调设备设计和管理指南），它将医院内区域划分成 7 级，其中医疗区域为 5 级，分别为高度洁净区域、洁净区域、准洁净区域、一般洁净区域和污染管理区。一般区域为 2 级，即一般区域和污染扩散防止区域。涉及手术室的只有 3 级。为了尊重病人的隐私，日本医院手术部内设置病人家属接待室。当手术时出现特殊情况，改变预定的手术方案时，需要与病人家属解释并得到其同意。接待房间定为一般洁净区域。只有手术部更衣室内浴室、厕所定为污染管理区域，在手术部外的污物处置室也属于污染管理区。手术室的级别和设计参数见表 2-3 和表 2-4。首先级别与悬浮菌指标联系起来，其次末端空气过滤器的效率要求明显提高了，这不是从净化效果考虑，而是接受了欧美的保障体系思想。特别是 2 级和 3 级区域使用的末端空气过滤器的效率有了较大的区别，分别相当于我国的亚高效和高中效过滤器。因此 2 级和 3 级区域可明显区分，改为洁净区域和准洁净区域。新版本也允许在低级别手术室内设置空气自净机组。

日本手术室分级和设计要求　　**表 2-3**

级别	名称	用房名称	最小换气量		末端空气过滤器效率	悬浮菌指标（个/m^3）
			新风量（次/h）	截面风速或送风量		
Ⅰ级	高度洁净区域	生物洁净手术室	5	垂直层流 0.35m/s 水平层流 0.45m/s	DOP 效率＞99.97%	＜10
Ⅱ级	洁净区域	一般手术室、辅助房间、清洁走廊等	5	20 次/h	DOP 效率＞95%	＜200
Ⅲ级	准洁净区域	手术部周边区域如恢复室、ICU 等	3	20 次/h	比色法效率＞90%	＜200
Ⅳ级	一般洁净区域	病人家属谈话室、医生办公室	3	20 次/h	比色法效率＞60%	200～500
Ⅴ级	污染管理区域	更衣室内浴室、厕所、手术部外污染物处置室	5	20 次/h	比色法效率＞60%	

手术部各室设计参数　　**表 2-4**

室内	洁净度级别	最小换气次数		室内压力（P:正压；E:等压；N:负压）	室内空气循环器的设置	温湿度条件				允许噪声[dB(A)]	备注
						夏季		冬季			
		新风量（次/h）	送风量（次/h）			温度（℃）	湿度（%）	温度（℃）	湿度（%）		
入口前室	Ⅳ	2	10	E	可	26	50	22	50	45	
换车区	Ⅲ	3	15	P	★	26	50	24	50	45	
更衣室	Ⅳ	2	10	E	可	26	50	22	50	45	
更衣室内浴室	Ⅴ	—	10	N	—	—	—	—	—	50	
更衣室内厕所	Ⅴ	—	10	N	—	—	—	—	—	50	
医护人员休息室	Ⅳ	2	8	E	可	26	50	22	50	45	P+:比前室的正压高
控制室	Ⅳ	2	8	E	可	26	50	22	50	45	
内走廊(清洁)	Ⅲ	3	15	P	★	26	50	22	50	45	
一般手术室	Ⅱ	5	20	P	★	24～26	50	22～26	50	45	
灭菌手术室	Ⅲ	5	15	P	★	26	50	22	50	45	
器械展开室	Ⅱ	5	20	P	★	24	50	22	50	45	
生物洁净手术室	Ⅰ	5	*	P+	—	24～26	50	22～26	50	45	
生物洁净手术室前室	Ⅲ	3	15	P	★	26	50	22	50	45	

2.1.2 国内医院环境标准的要求

随着社会发展和人们生活水平的提高，室内空气质量越来越成为人们关注的焦点。2002年，国家质量监督检验检疫总局、卫生部、国家环境保护总局联合发布国家标准《室内空气质量标准》GB/T 18883—2002，但该标准适用于住宅和办公建筑物，其他室内环境可参照执行。2012年，环境保护部、国家质量监督检验检疫总局联合发布国家标准《环境空气质量标准》GB 3095—2012，该标准适用于环境空气质量评价与管理。

医院建筑作为一个特殊的公共场所，由于门诊大厅等部分区域人员密度较大，手术室等部分区域人员常年着特定服装，医护人员由于工作较忙少有开窗通风习惯等原因，使得医院室内空气质量与普通住宅和办公建筑有不少区别。下面以2个物理性指标（温度、新风量也即CO_2浓度）、2个化学性指标（甲醛HCHO、总挥发性有机物TVOC）以及新列入《环境空气质量标准》GB 3095—2012标准中的环境空气污染物指标PM2.5共计5个指标分析医院室内空气质量现状。

（1）温度——学者研究显示，从同一气候区不同人群来看，夏季各气候区手术室医护人员的舒适温度要低于门诊科室医护人员和病患，主要原因是手术室医护人员夏季仍需穿着服装热阻较高的特殊服装。冬季三类人群的服装热阻接近，舒适温度也接近，但由于病患活动强度较医护人员略低且与室外接触频率更高，导致舒适温度要求略高。从不同气候区同一人群来看，整体差别都不大。

（2）CO_2浓度——学者调研显示，当人群中允许有10%的人感觉不满意时，CO_2浓度限值为570ppm；当允许20%人感到不满意时，CO_2浓度限值为680ppm。若以《室内空气质量标准》GB/T 18883—2002规定的0.1%（即1000ppm）以限值，则60%以上的医院人群将感觉到不满意。

（3）HCHO与TVOC——学者调研显示，使用较长时间的既有医院中各功能房间HCHO和TVOC的浓度基本符合《室内空气质量标准》GB/T 18883—2002的要求。其中，检查科室的污染物浓度较高，主要是因为检查工作中需要使用一定量的HCHO等试剂，形成了其他功能房间所没有的室内污染源。但是，由于医院建筑特别是医疗区属于Ⅰ类民用建筑工程，其污染物浓度应低于一般建筑，这方面我国尚没有具体指标要求。

（4）PM2.5——针对PM2.5的研究发现，室内外PM2.5浓度具有明显的关联性，当室外空气较好时，室内浓度均高于室外，室内污染源（人员、设备）对PM2.5浓度贡献明显；当室外空气较差时，室内浓度略低于室外，受室外输入影响较为明显（室外新风渗入）。现有国家规范规定室内可吸入颗粒物PM2.5的日平均浓度宜小于75$\mu g/m^3$。对于医院内门诊大厅、各科诊室、病房、CT室、B超室，由于这些类型功能房间的人员密度较大，PM2.5浓度值较高。

通过对国际绿色医院建筑室内空气质量评估经验的总结以及对我国医院建筑室内空气质量现状的分析，可以看出，对于国际性指标中的热舒适和新风量要求，我国已有《综合医院建筑设计规范》GB 51039—2014进行规定；对于国际性指标中的挥发性有机物，目前我国尚没有针对医疗区的特殊要求，只能参考《室内空气质量标准》GB/T 18883—2002并将其作为最低要求进行规定。上述几项指标为效果性指标，可以以满足标准要求作为控制项。另外，对于我国尚没有制订的专门针对医疗区的污染物浓度要求，可通过设置污染物浓度监控系统等措施来监控和营造健康环境，由于该措施不易强制，可作为评分项指标。

据此，拟定我国绿色医院建筑室内空气质量评估方案为：热舒适性、新风量、各污染物浓度等效果性指标以满足标准要求作为控制项；另外对于室内空气质量的实时监控等一些更先进的措施可作为措施性指标列入评分项中。整理绿色医院建筑室内空气质量评估模型如图 2-1 所示。

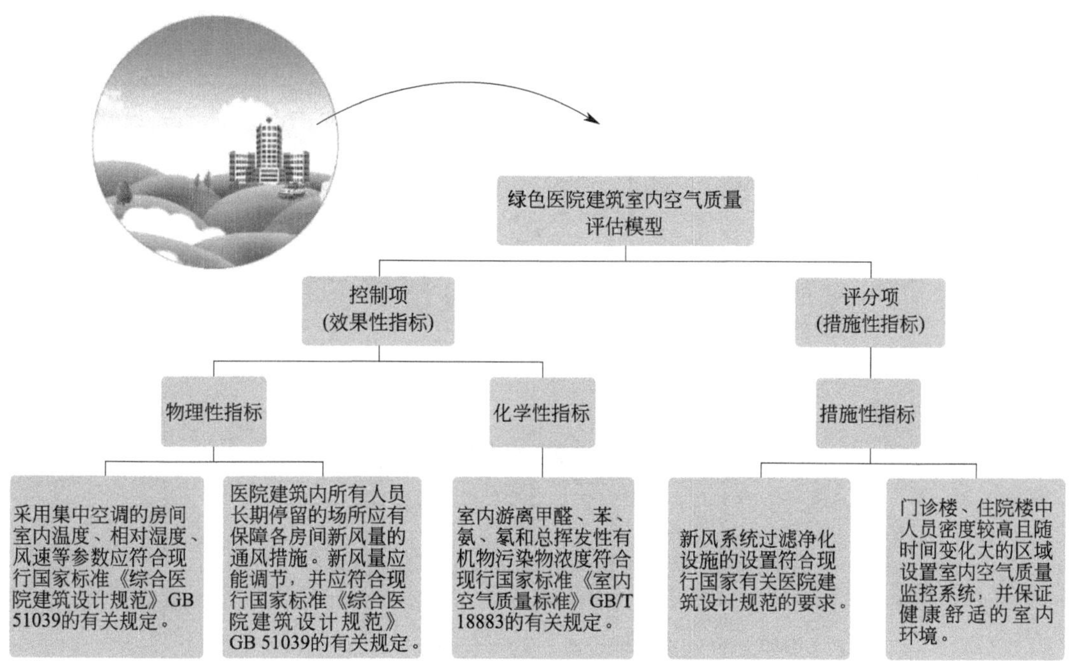

图 2-1　绿色医院建筑室内空气质量评估模型

住房城乡建设部于 2015 年 12 月 3 日发布关于国家标准《绿色医院建筑评价标准》的公告，批准《绿色医院建筑评价标准》为国家标准，编号为 GB/T 51153—2015，自 2016 年 8 月 1 日起实施。上述室内空气质量评估模型已经应用到该标准中。

2.2　医院的新风

2.2.1　医院的新风的现状

在最近十年内设计医院项目时常遇到一些无法通过现有规范及措施完全解决的问题，特别是新风的设计，新风量的把控及合理利用达到节能运行是最大的问题。

在医院设计当中，新风主要起到以下几点作用：

（1）利用干净的室外新风代替医院建筑室内的污浊空气，保持室内人员正常的工作环境；

（2）排除医院建筑室内存在的细菌或病毒、有毒污染物等，减少二次交叉感染；

（3）适当控制好新风量以及合理新风布局，减少医院建筑体系的能耗。

但是在实际医院项目的调研，以及新项目做完后的调研中，都有几点共识：①大堂、候诊区等公共区域的空气品质很差，各种气味浑浊；②病房新风量感觉不够，气闷，特别是采用暗厕设计的病房；③没开启外窗的区域，例如B超、影像科等区域感觉空气质量不好，新风量明显不够；④人数变化大的区域例如输液区等，在人多的时候空气品质急剧下降。以下就是几家大型综合医院近2年的调查结果数据。

（1）南方医院，1999年投入使用，日平均门诊量7000人；医院各房间 CO_2 浓度逐时变化值如图2-2所示，医院各房间 CO_2 浓度日平均值如图2-3所示。

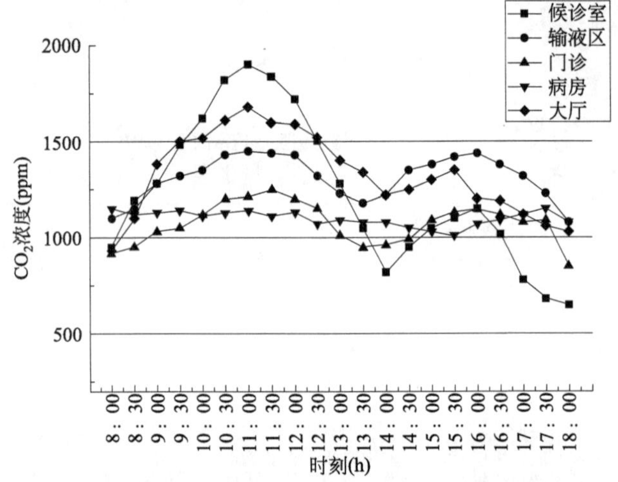

图2-2　南方医院各房间 CO_2 浓度逐时变化值

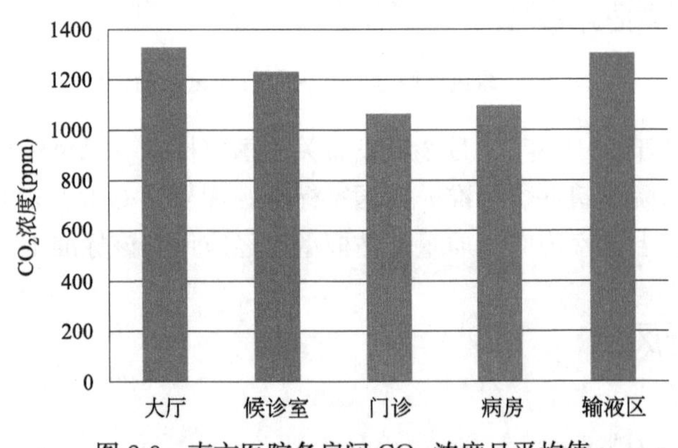

图2-3　南方医院各房间 CO_2 浓度日平均值

（2）中山大学附属第三医院，1990年前投入使用，日平均门诊量10000人；医院各房间 CO_2 浓度逐时变化值如图2-4所示，医院各房间 CO_2 浓度日平均值如图2-5所示。

（3）广州市妇女儿童医疗中心，2009年投入使用，日平均门诊量6000人；医院各房间 CO_2 浓度逐时变化值如图2-6所示，医院各房间 CO_2 浓度日平均值如图2-7所示。

（4）中山大学岭南医院，2009年投入使用，日平均门诊量2000人。医院各房间 CO_2 浓度逐时变化值如图2-8所示，医院各房间 CO_2 浓度日平均值如图2-9所示。

这四家医院的横向比较如图2-10～图2-14所示，可以看出，除了中山大学岭南医院

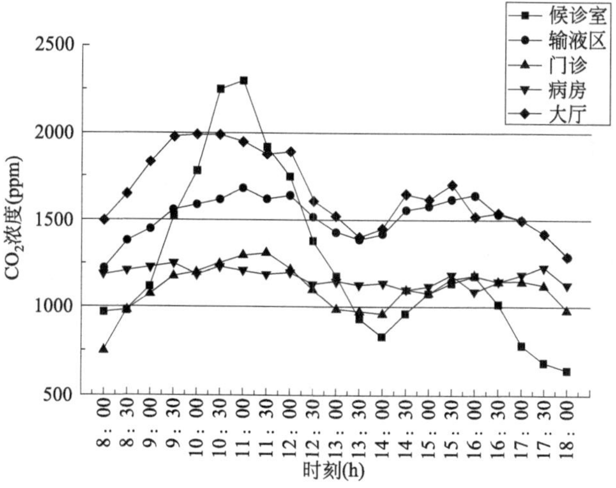

图 2-4　中山大学附属第三医院各房间 CO_2 浓度逐时变化值

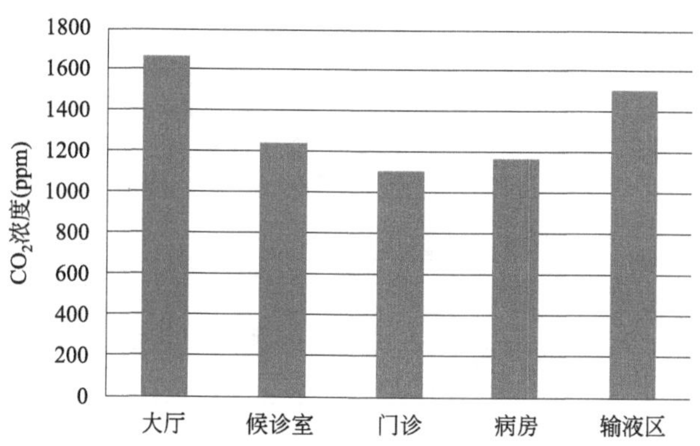

图 2-5　中山大学附属第三医院各房间 CO_2 浓度日平均值

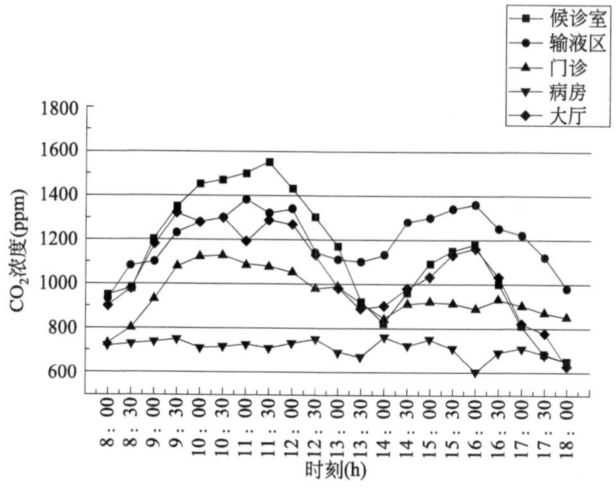

图 2-6　广州市妇女儿童医疗中心各房间 CO_2 浓度逐时变化值

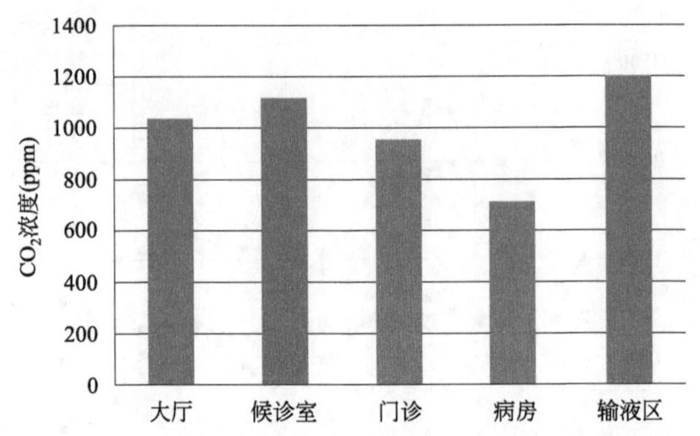

图 2-7　广州市妇女儿童医疗中心医院各房间 CO_2 浓度日平均值

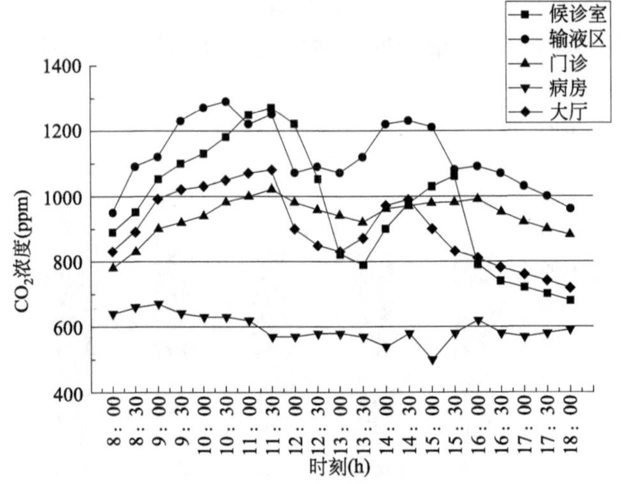

图 2-8　中山大学岭南医院各房间 CO_2 浓度逐时变化值

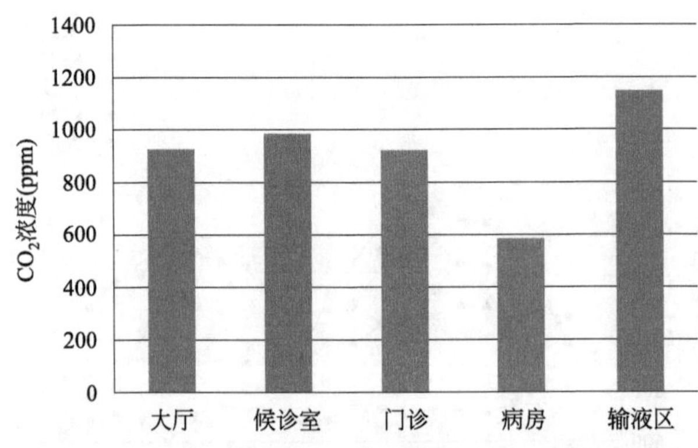

图 2-9　中山大学岭南医院各房间 CO_2 浓度日平均值

地理位置离市区有一定距离，而且日平均门诊量最小，按照规范取值大部分区域可以满足空气质量标准，其余市区内的医院正相反，大部分区域是满足不了要求的。

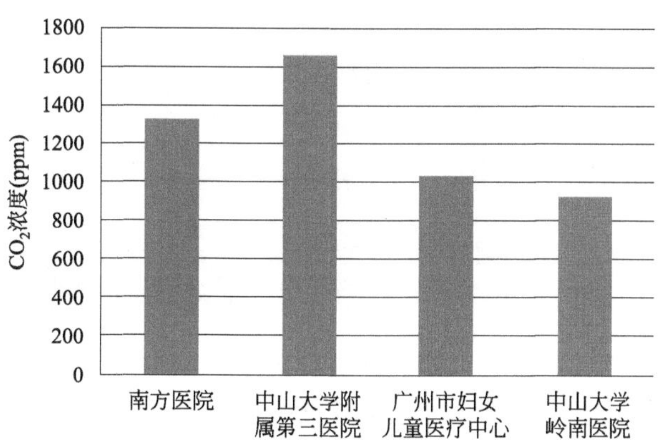

图2-10　医院大厅 CO_2 浓度日平均值

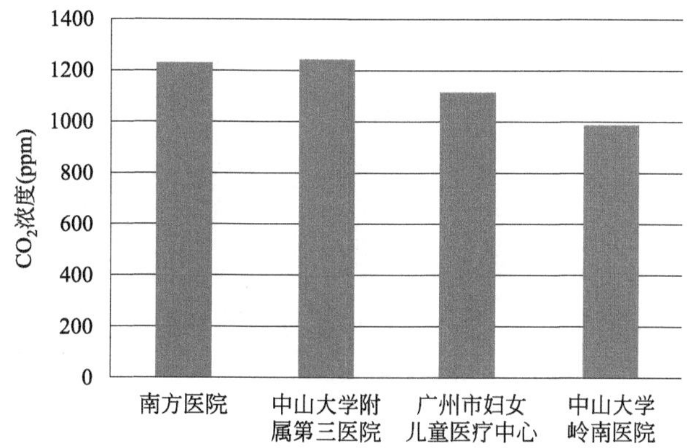

图2-11　医院候诊室 CO_2 浓度日平均值

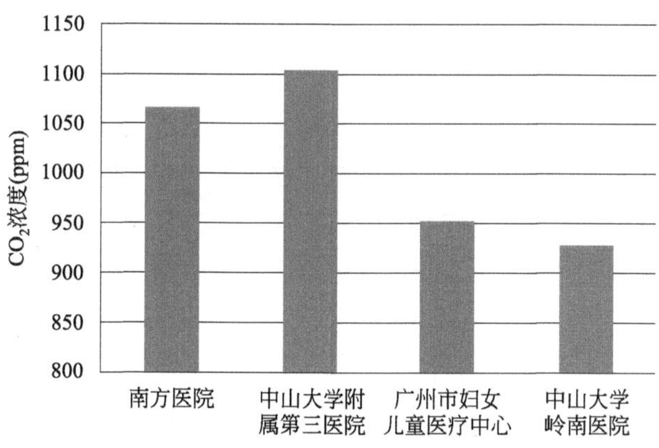

图2-12　医院门诊 CO_2 浓度日平均值

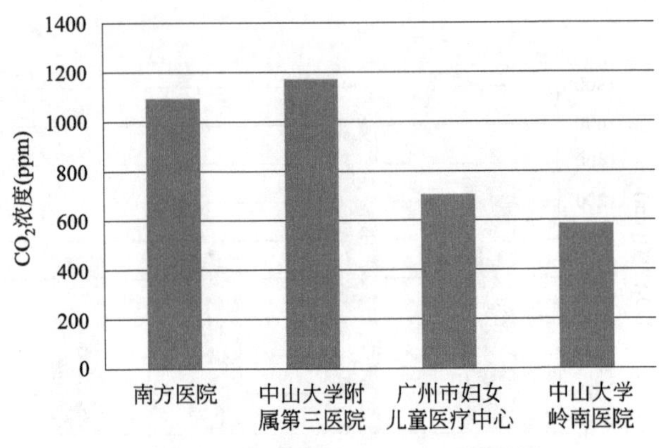

图 2-13 医院病房 CO_2 浓度日平均值

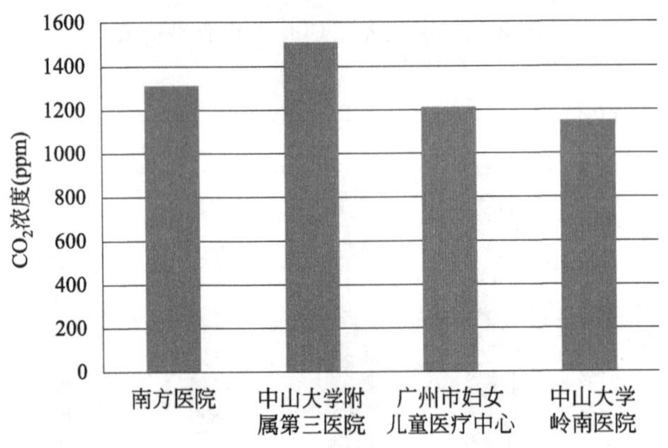

图 2-14 医院输液区 CO_2 浓度日平均值

2.2.2 原因分析

(1) 医院新风可参考的设计依据不全；设计主要参照的依据是《民用建筑供暖通风与空气调节设计规范》GB 50736—2012 第 3.0.6 条，新风系统宜按照换气次数确定（表 2-5）。

各房间换气次数 **表 2-5**

功能房间	每小时换气次数	功能房间	每小时换气次数
门诊室	2	放射室	2
急诊室	2	病房	2
配药室	5		

其中日本常用的《日本医院设计和管理指南》HEAS-02—1998，分为医疗区域和一般区域，医疗区域各房间不同标准下的换气次数见表 2-6。

各房间不同标准下的换气次数 **表 2-6**

级别	名称	服务房间	最小换气量(次/h)
Ⅰ级	高度洁净区域	生物洁净手术室	5

续表

级别	名称	服务房间	最小换气量(次/h)
Ⅱ级	洁净区域	一般手术室、辅助房间、洁净走廊灯	5
Ⅲ级	准洁净区域	手术部周边区域如恢复室、ICU 等	3
Ⅳ级	一般洁净区域	病人家庭谈话室、医生办公室	3
Ⅴ级	污染管理区域	更衣室内浴室、厕所、外部污物处置室	全排风

一般区域指的是一般洁净区域、污染管理区域。日本的医院设计规范主要是偏向洁净区域，一般区域的要求并无太多依据数据可供参考。

在实际设计中，医院是一个功能房间众多的特性建筑，洁净室以外的功能房间很多，例如：病理室、MRI、DSA、B 超、停尸房、输液区、急诊等，且针对同样科室不同大型综合三甲医院跟专科医院的要求都会有较大差异。而使用业主并不具备给设计人员提供专业新风量指标的能力，只能凭平时感受提要求。所以在医院设计项目中，设计院能参照的数据有限。

(2) 随着这些年病人数量增多，医院就诊人满为患，病床密度远高于早期设计值，新风量的取值与实际现状存在一定的偏差。

2.2.3 医院设计时新风设计理念

首先遵守的基本准则是在满足人的基本要求前提下合理设计新风系统，达到节能目的。新风系统设计理念其实不单指新风送入室内的设计，更包括排风系统设计，才算是一个完整新风换气系统设计理念，有时排风跟新风一样重要，没有合理的排风设计则不能称为是一个令人满意的新风设计。

1. 新风量的确定

ASHRAE（美国供暖、制冷与空调工程师学会）经过多年的研究认为医院最小新风量为 25.2m^3/(h・人)，最大的新风量为 32.4m^3/(h・人)，普遍认为取值 40m^3/(h・人)为恰当。但是人数的密度计算有时很难把握，实操性不强，接下来就是结合现有规范的标准与实际房间里的人数算出的新风量两者取大值，最后以换气次数来表示出来的。以下数据是以珠江新城妇女儿童医院和南方医院为调研数据核算出来的，对各个房间上进行的测试结果按照国家对室内 CO_2 指标不大于 0.1%为基础，根据不同功能房间进行测算出来的实际新风量，控制房间新风送入量保证连续 3 天 CO_2 不超过 0.1%（有外窗不设排风、无外窗设置排风）来计算换气次数。小于 2 次，按照现行国家标准《综合医院建筑设计规范》GB 51039 取 2 次/h，在 2～3 次之间取 3 次/h。同时满足人员人均新风量不小于 40m^3/(h・人)。其中病房区域考虑病人一般都有家属陪伴，按照一个床位 1.5 人计，每个床位的新风量为 60m^3/(h・人)。各房间换气次数见表 2-7。

各房间换气次数　　表 2-7

科室	名称	换气次数(次/h)	备注
外科	诊室	2	
	治疗室	2	
	候诊区	3	

续表

科室	名称	换气次数(次/h)	备注
内科	诊室	2	
	候诊区	3	
呼吸科	诊室	2	
	候诊区	3	
体检中心	B超	2	有可开启外窗
	心电图	2	有可开启外窗
	肺功能	2	
	彩超	2	有可开启外窗
	眼科	2	
	耳鼻喉科	2	
	口腔	2	
	妇科	2	
	血液品舱室	2	
	HIV	2	
	免疫室	2	
	抽血处	3	
	生化检验室	根据实际情况	不小于2次/h
超声科	B超	3	无可开启外窗
	肺功能	2	无可开启外窗
	肌电图	2	无可开启外窗
	心电图	3	无可开启外窗
	彩超	3	无可开启外窗
	脑电图	2	无可开启外窗
产房	待产	2	
	分娩室	2	
不孕不育科	前列腺科	2	
	治疗室	3	
	炎症室	2	
	泌尿生殖科	2	
	性功能障碍科	2	
	宫颈科	2	
	输卵管科	2	
	子宫科	2	
保健科	接种室	2	
	用户保健室	2	
	盆底康复室	2	
	胎监室	2	

续表

科室	名称	换气次数(次/h)	备注
内镜中心	实验室	根据实际情况	不小于 2 次/h
	诊室 1	2	有可开启外窗
	诊室 2	3	无可开启外窗
皮肤科	光疗室	3	
	实验室	根据实际情况	不小于 2 次/h
	激光治疗室	3	
	冷冻治疗室	3	
中医	针灸诊室	2	
	换药室	3	
其他	中药房	5	
	西药房	3	
	普通门诊	2	
	等候取药区	3	
	公共走道 1	2	有可开启外窗
	公共走道 2	3	无可开启外窗
	神经科	2	
	眼科	2	
	泌尿科	2	
	耳鼻喉科	2	
	口腔科	2	
	血透中心	2	
	大堂	2～3	通风不好取高值

2. 新风系统设计理念

结合设计实际情况总结了一些新风设计理念，仅供参考。

（1）适当的排风设计有利于新风流通；有时设计师习惯于关注新风系统的设计，而忽略了排风系统的设计重要性，只是简单地布置有排风就可以了。新风应与排风结合采用阶梯概念设计，新风、排风压力均衡的模式，新风管的布局应该合理按照距离新风机组渐远的气流组织阶梯设计，排风正好相反，房间新风口与排风口尽量对角布置，新风能与室内污染空气充分混合，避免短路现象。在实际测试过程中，只要是合理地设计新风、排风系统都可以减少新风量达到同等效果，同时又可以有效地更换室内的有害气体，减少室内污染物。

（2）大堂及大空间公共走道等区域建议采用全空气系统设计；是因为考虑此区域一是人流太密而且变化很大，二是层高较高，选取风柜送风可以保证空间气流组织的形成，同时可以做到过渡季节的全新风和根据室内 CO_2 的变化而相应改变新风量设计。该区域可以根据实际情况适当做局部排风，大堂及大空间公共走道上一般都有可开启的外窗，病人都会习惯性地打开窗户，所以在有足够的可开启外窗面积时，可以不做机械排风。

(3) 门诊和病人房间都为小开间，建议在新风、排风支管上设置定风量装置，因为门诊室和病房一般人数较为稳定，在实际工程中，由于医院都以小房间居多，一个新风系统负责十几个房间，每个房间的新风量调试的效果不好，在新风支管上设置定风量阀可以保证每个房间有足够多的新风量，建议在没有外窗的房间排风支管同样设置定风量阀，这样可以保证房间的正常新风换气次数。在实际项目检测中发现很多房间都没能达到设计效果，新风、排风支管的调节都没到位，在后期改造过程中，不改变新风、排风系统，只在适当的新风、排风支管按照设计设置了定风量装置，室内 CO_2 含量就会明显下降。

(4) 输液区是每个医院比较特殊的区域，具有人数变化差异大的特点，在病人多的时候人满为患，人少的时候甚至还不到最多人数的 10%，按照最多人数设计新风量大部分时间运行都是浪费能耗的，建议该区域采用风柜＋可调新风模式或者风机盘管＋双新风机组或者风机盘管＋变新风量等设计，这样可以根据室内 CO_2 调节新风量，既可以满足室内人员的新风要求，又可以达到节能运行的目的。

(5) 候诊区与诊室的新风设计有条件时建议分开设置，主要考虑候诊区的人数密集且变化大，大部分病人都会在该区域停留，等候看病，上午 9～11 点由于人员长期的停留而导致 CO_2 高居不下，增大新风量的设计虽然能解决问题，但会导致因短暂的时间段要求而产生更多时间的新风高能耗运行，为此该区域最好采用全新风设计或者变新风量设计。而门诊房间都是有限的医生和病人，所以可以按照常规采用定新风量设计，两个区域最好分开。在实际项目检测中发现候诊区域与门诊共用新风系统，候诊区的新风运行长期处于低换气次数，空气质量很差，而且新风运行能耗也不低。

3. 常规新风设计通病

(1) 各个区域普遍新风量不足，测试区域大部分的 CO_2 都超标，对于市区大型综合医院应增加新风量的设计，首先要满足人员的基本要求，再考虑新风的节能运行，风量取值可参照前面所列数据。

(2) 新风布局不均匀，有些地方新风量偏大，有些地方新风量远小于设计值，主要是因为医院多为小开间，新风系统布局的不合理，再加上新风支管的调节不均匀，排风系统的设计不合理甚至没有，这些都会导致室内气流组织的不畅通，新风量设计是够的，但是效果却达不到。

(3) 在医院项目中，还有不少设计师采用了新风换气机的形式，在项目运用几年的实际运行数据中发现，新风换气机的性价比在医院项目中并不高，主要是因为医院用的换气机一般为避免二次污染换热器都为板式，南方天气湿度大，显热交换回收周期太长，而且表面积尘之后效果更差，平均效率只有显热的 20%不到。

(4) 排风有条件的建议尽量通过竖井天面排放，而新风从外围水平取得，因为医院的建筑特色是楼层不高，特别是裙楼，更是平面大，而且医院每层平面的功能变化也大，新风取风口处上下不一定能统一，从水平外墙取风口较为随机，如果排风口设置不当，很容易由于季节风的变化，新风口成了排风口下风处，出现二次污染，所以排风通过竖井天面排放，给新风布置提供更多的空间，新风风管布置更加合理。

(5) 新风入口安装中效过滤器。由于外界环境日益变差，细颗粒物粒径越来越小，含有大量的有毒、有害物质且在大气中的停留时间长、输送距离远，很容易入侵人体引起哮喘、支气管炎，以往的新风机组设计一般安装初效过滤器就足够了，而医院环境较差，细菌较为集中，尽量要减少室内的灰尘数量。因为大部分区域为微正压，新风为主要灰尘进入处，所以新风采用初效过滤器已经满足不了现在医院对空气的要求，建议安装中效过滤器。

2.3 小结

依据对医院不同功能区域 CO_2 的实际测试，以及采用调节新风量和排风量的手段，实测出大型综合医院不同功能区域的新风数据平均值，详细列举了不同房间的新风量取值标准，可供设计人员在将来变化的医院设计项目中参考。

通过对以往医院新风的设计通病分析，提出了本人的一些新风设计理念以及改进措施，强调了新风设计一定要与排风结合整体设计的新理念。

如何在医院新风设计中，即能最大限度满足人员基本需求，又使得新风的运行能耗符合国家绿色建筑的设计通则，甚至少于以往同类医院的运行能耗，是一个值得思考的问题。建议根据不同使用时段结合室内空气质量检测手段进行变新风量设计。

第3章

医院通风、空调系统及节能

随着医疗制度改革及医疗技术的更新，随着人民生活水平的提高和医学科学的不断发展，同时为了解决各地区医疗水平发展不平衡的问题，医院的建设越来越受到社会的重视，国内医院建设迎来一个建设高潮期。现代化医院建筑更加注重安全、节能、功能综合化。为了顺应这些发展，医院建筑中的空调设计也面临新的挑战。不仅是提供舒适和医疗需要的热环境，更重要的是对交叉感染、污染源的排放进行控制。此外，还需满足消防、节能以及特殊医疗设备的空调要求等。

3.1 概述

门诊楼、综合病房等作为医院的重要组成部分，患者集中、人员密集，是各类病人的集散中心，也是交叉感染严重的区域之一。通风空调系统对维持门诊楼安全性极为重要，一方面改善室内热湿环境，补充新鲜空气，另一方面降低空气污染物浓度，并维持房间之间的有序压力梯度、降低医院交叉感染风险。

一般医院分为：门诊部、急诊部、住院病房部、医技部、药房、手术部及后勤等科室；按医学分：内科（心血管、消化、血液、呼吸等）、外科（普外、泌外、胸外等）、儿科、麻醉科、生殖科、口腔科、专科、内镜检查、CT检查、X光检查、放射科等；科室类别全面，并拥有相应的工作人员和医疗设备。各科室彼此相对独立，可通过医疗通道和高大中庭的扶梯形成水平交通与垂直交通，彼此相互联系。

空调系统的划分应根据各部门、各房间的功能，使用时间、空调设计参数、空调负荷等进行详细调查研究，一般来说，高洁净要求或严重污染的房间，或独立并自成体系的区域等最好单独成为一个系统。医院建筑中各个科室功能差异很大，运行时间也各不相同。因此空调系统不宜过大、过于集中，但也不必过多采用分散式系统。一般宜采用集中供给冷热源，分区布置系统为佳。

3.2 医院工艺要求及设计原则

空调不仅需维持室内温湿度，还需要综合考虑室内洁净度、气流分布和压力平衡等因素。通风空调系统应能全年提供健康安全、热感觉良好的室内空气环境。医院感染离不开三个因素：感染源、易感寄主和感染传播途径。感染源主要有两个方面，一方面来自于病人以及携带某种病菌的医护人员和陪护人员，另一种是环境感染源，如空气、食物、水盆、通风和呼吸设备。

易感寄主主要是来医院就诊的患者和医护人员，患者一般是某种疾病的传染源，同时因免疫系统薄弱，也是已受感染的群体，而医护人员因长期处于各种患者、病源汇集的环境中，发生感染的风险也大大增加。感染传播途径通常有空气传播、接触传播、飞沫喷嚏传播等。

综上所述，为了保护人群、降低感染的可能性，除建筑专业合理规划医疗功能分区外，通风空调系统的设计同样至关重要。围绕交叉感染的三个因素，从医疗工艺角度对通风空调系统的设计有如下要求。

3.2.1　独立排风

该方法是从源头处控制感染源的扩散，对产生污染物较多、危害性较大的场所单独排风，是较为有效的控制方式。此处感染源分为两类，一是病人或患者携带的病菌易传染的场所，如感染治疗室、隔离诊室，另一类是环境感染源，如中药熏洗、艾灸等。

3.2.2　压差控制

该要求旨在控制交叉感染的空气传播途径，对门诊区也可分为清洁区、污染区和半污染区。对于综合医院，门诊区压力梯度一般是按照小手术室→诊室、输液室、办公室→大厅公共空间→污洗间、有污染物的房间、卫生间的梯度设计。具体压力值没有要求，一般要求的房间可维持在 5Pa。而控制压差是靠送风、回风、排风以及渗透风等动态平衡以及围护结构性能的合理配置共同维持。

3.2.3　隔离病房

隔离病房主要是防止患者或其他人群被感染，因此须维持负压。

在负压隔离病房前设置前室（缓冲间或气闸）具有特殊意义，即形成走廊→前室 1→前室 2→病房的空气流动形式。澳大利亚隔离室压力推荐值见表 3-1。

澳大利亚隔离室压力推荐值（单位：Pa）　　表 3-1

房间类型	房间	厕所	前室(缓冲间或气闸)
N 级(负压隔离病房)	−30	−15	−15
P 级(负压隔离病房)	+30	+15	+15
带负压气闸的 P 级	+15	−15	−15

3.2.4　气流控制的设计原则

（1）为使感染污染物、病原体或细菌的风险降低，气流的安排必须由病菌较少的房间流向病菌较多的房间。

（2）会发生污染或产生病菌的房间的空气必须消毒或除臭后全部直接排至室外。

（3）会发生污染或产生病菌的房间的空气，不能再流向任何其他房间。

（4）不能让已污染或有病菌的空气进入特定用途房间，特定用途房间必须保持正压。

(5) 应防止污染区的空气进入其他区域，污染区域房间应保存负压。

医院空调通风系统不同于一般公共建筑的空调通风系统，其具有三个特点：空气的洁净净化；建筑物内的房间压力梯度和风速；满足医疗工艺上必需的温度和湿度。医院建筑由于其功能的特殊性，要求能源的供应必须具备高可靠性和高品质。

(1) 医院所能选用的能源形式繁多，有冷、热、电、汽、燃气或燃油。早期设计的医院一般都设有蒸汽锅炉，主要为医疗中心、厨房、洗衣房、冬季加热、空调加湿等提供蒸汽；医院的手术室、重症监护室、中心供应的无菌存放区等需设净化空调系统；医院为手术室、病房等配备专用的医用气体；医院的透析、制剂等需要纯净水；医院的医技科室设有大型医疗设备，这些设备往往能耗高、散热量大。

(2) 医院各种医疗设备要求多样，且运行时间长，要求控制灵活，各种能源供应不能间断。医院要求两路供电，并配备应急电源。有的设备每日 24h、全年 365d 都运行，有的设备定时运行；有的设备则在发生应急情况（如夜间急诊、手术等）时运行。

(3) 医院是能耗大户，据有关统计，医院的能耗是一般办公建筑的 1.6～2.0 倍。主要原因在于：

1) 现代化医院大型医疗设备数量多，某些设备安装功率较大，虽然设备自身用电时间短，但其保障系统（空调、不间断电源）的能耗较高，为了设备短短几小时的运行，保障系统要处于长时间的运行和待机状态，使其能耗远远高于医疗设备系统本身的能耗；

2) 医院建筑往往每层建筑面积较大、内区面积也大，存有大量的暗房间，洁净手术部面积大且洁净级别高；而且产房、婴儿室、灼伤病房、手术部、ICU、检查室、病房等要求提前开始和延迟结束供热；

3) 传染病房、产科手术室等房间的空调必须采用全新风方式运行；检验科、病理科通常设有大排风量的通风柜，新风量相应也要加大，这些因素导致了新风冷负荷的增大，同时排风能耗也相应地增大。

3.3 通风空调系统基础参数

设计参数的确定：室外设计参数参见现行国家标准《民用建筑供暖通风与空气调节设计规定》GB 50736 附录 A。

(1) 室内设计参数见表 3-2。

室内设计参数 **表 3-2**

房间名称	夏季(℃)		冬季(℃)		新风量[m^3/(人·h)]	风速(m/s)	A声级噪声允许值[dB(A)]
诊室	25～27	40～60	18～20	40～60	30	≤0.1	≤45
候诊室	26～28	≤65	18～20	40～60	20	≤0.3	≤55
药房	25～27	45～55	20～22	40～50	30	≤0.2	≤45
大厅	26～28	40～65	18～22	40～60	14	≤0.3	≤55
办公室	25～27	≤65	18～20	40～60	30	≤0.1	≤45
复苏室	25～27	≤65	18～20	40～60	30	≤0.1	≤45

注：表中数据参考现行国家标准《民用建筑供暖通风与空气调节设计规定》GB 50736。

（2）人员密度和通风量见表 3-3。

人员密度和通风量　　　　表 3-3

医院功能房间	新风换气次数(次/h)	排风换气次数(次/h)	人员密度 (m^3/人)	最小新风量 [m^3/(人·h)]
诊室			6	50
等候室			3	50
B超、彩超、心电图	4	4		
实验室、标本、组织		10	6	50
医生、护士办公			6	50
护士站			3	30
化验、换药、清创		10	6	50
熬药房	6	15		
控制室	4	4		
内镜室		10	6	50
配药、注射			6	50
清洗消毒		10		
石膏		10	6	50
示教会议			3	30
挂号收费			6	30
输液			4	50
真菌、细菌		10	6	50
中西药房	2	3		
准备	4	4		

注：表中数据参考现行国家标准《民用建筑供暖通风与空气调节设计规范》GB 50736。

（3）设备的发热量。

医院的医疗设备具有较大的散热量，且对环境的温湿度要求较高，这是区别于一般民用建筑的重要特点之一，因此在负荷计算时，首先应清晰各科室的医疗设备，然后计算设备的散热量（表 3-4）。

设备散热量　　　　表 3-4

所属科室	房间名称	主要医疗设备	设备散热量
一般科室	诊室	诊疗仪器	20W/m^2
产科	超声骨密度	超声骨密度仪	60W/m^2
	心电图	心电图仪	60W/m^2
	胎心监护	胎儿监护仪	40W/m^2
	B超	B超仪	60W/m^2
内镜中心	ERCP	ERCP 设备	10W/m^2

续表

所属科室	房间名称	主要医疗设备	设备散热量
肿瘤中心	超声聚焦室	超声聚焦设备	$4W/m^2$
	热疗	热疗仪	$4W/m^2$
皮肤科	窄波红光	红光治疗仪	$60W/m^2$
	紫外线治疗	紫外线治疗仪	$60W/m^2$
	激光治疗	激光治疗仪	$60W/m^2$
门诊手术	手术室	无影灯、吊塔麻醉机、呼吸机等	10kW
泌外门诊	碎石	碎石治疗机	$300W/m^2$
	超声介入	超声介入治疗仪	$60W/m^2$

注：表中数据参考现行国家标准《民用建筑供暖通风与空气调节设计规范》GB 50736。

3.4 通风系统的设计

医院建筑设计，应先进行通风设计，再进行空调供暖的温湿度调控设计。通风是医院建筑的基本需求，是保证室内空气品质和实现节能的重要手段。医院建筑所有功能空间所有时段都需要通风，而空调和供暖只是医院建筑部分功能空间时段的补充需要。

通风系统的作用为降低室内空气污染物浓度、维持有序压力梯度、防止交叉感染和改善室内热湿环境的功能；通风量应满足消除室内污染物及余热余湿的要求。当室内污染物主要来源于人员时，应根据人员数量和人均新风量指标计算房间所需的最小新风量。当建筑本身、医疗工艺为主要污染物来源时，可采用换气次数计算通风量。

3.4.1 新、排风系统

门诊楼以科室为单元，设置独立的送风、回风系统，以防止不同科室间的交叉感染。每个送风、排风系统中，取排风量为送风量的 80%，保证门诊楼相对于其他区域为微正压。考虑到医院建筑的特殊性，排风系统中可能含有大量有害气体，因此门诊科室采用直流式新风系统，新风机组处理的空气全部来自室外，可避免与回风交叉感染，保证送风的清洁度。

与新风系统相对应的排风系统独立设置，通过排风机，排至屋面或室外。新风口布置于护士站、等候区以及各个房间内，排风口可采用集中设置或分散设置，可根据投资情况确定。

室内外压差应遵循的一个重要原则是：凡是洁净的、无菌的、无臭味、无粉尘、无湿热产生的房间，室内应该为正压；相反，凡是污秽的或者散发有害气体的、有菌的房间，室内必须保持负压，以免有害的空气散发到其他房间去；室内卫生间条件要求不高，并且不产生有害气体、细菌的房间，室内可保持等压。儿科整体独立设置，整体较其他区域为正压。

门诊不同科室各功能房间压差要求详见表 3-5。

门诊不同科室各功能房间压差要求 表3-5

分区	正压或微正压	常压或无要求	负压或微负压
公用部分	药房、挂号收费、门厅	等候、询问电脑预约、病案室、输液、注射	卫生间、污物污洗
门诊科室	诊室、办公室、护士站、眼科手术	候诊室、观察室、资料室等	隔离诊室、灌肠、导尿、内胃镜肠镜、石膏、化验室、膀胱镜、感染治疗室、技工、重要熏洗、艾灸

注：表中数据参考现行国家标准《综合医院建筑设计规范》GB 51039。

3.4.2 独立排风系统

对于卫生间、更衣淋浴室、污物污洗等房间内含臭味、水蒸气的区域应保持负压，防止臭味溢出，采用一套单独的排风系统，排至屋面，高空排放，排风量按10～15次/h计算。排气口的布置不应使局部空气滞留。

独立排风系统：对产生污染物较多、危害性较大的场所，在屋顶设置独立的排风机，独立排放，不与任何房间合用排风管道，从源头处控制感染源的扩散，同时避免交叉感染。

3.4.3 不同房间排风

医院建筑区域房间种类较多，功能复杂，根据医疗工艺特点，需进行独立排风的场所及换气次数总结见表3-6。

门诊区独立排风房间有害污染物及换气次数要求 表3-6

门诊区域	科室	功能及特点	有害污染物	换气次数(次/h)
皮肤科	中药熏洗	用于需局部或全身中药熏蒸治疗病人的场所。房间需要设置通风和除湿设备	臭气、湿气	10
专科门诊	艾灸	用于中医针灸师采用中国传统医学方法对患者进行治疗。因可能用到中医拔火罐、艾灸等治疗手段，对通风有一定要求	热、有害气体、臭气	10
外科门诊	感染治疗室	坏疽、脉管炎、绿脓等高感染治疗区域相对独立，表面交叉感染	细菌、有害气体	6
急诊区	隔离输液	门诊输液的治疗单元	细菌、有害气体	6
口腔科	技工	牙科技工室为口腔科的附属用房，用于利用牙科有关器械和材料制作义齿、受损义齿的修复。义齿加工时易产生粉尘、噪声	粉尘	10
	气泵	即空气泵，用于清洗牙齿。不停压缩吸入的空气，产生一定气压后排出	臭气、湿气	10
内镜中心	内镜洗消间	负责将医院中医、教、研、护理工作使用的器械、物品、管路装置等回收、清洗、消毒灭菌	细菌	6
肿瘤治疗	热疗	含主机房、控制室、操作间，注意操作间内的温湿度，通风散热	热	10
—	真菌实验 男科实验等	各类医学实验	细菌	6

注：表中数据参考现行国家标准《综合医院建筑设计规范》GB 51039。

3.4.4 普通病房和房间的压力控制

普通病房对房间的气流方向无严格的要求，通常采用房间正压控制。在采用风机盘管加新风的空调方式时，由于每个房间必须保证一定的新风量，因此易实现房间的正压控制。

在设回风的变风量空调系统中，通常设有定风量排风系统。当回风采用 VAV 末端装置，并采用追踪送风风量进行控制时，就能实现房间正压力或负压力自控，取得满意的防污染效果。

3.5 医院空调水系统设计

医院作为典型的公共建筑，其功能具有复杂性和特殊性，因此，医院空调系统的设计也呈现出多样复杂性。门诊、医技、住院等不同功能区域的室内空气温湿度、洁净度、风速、空调运行时间的差异性对医院空调系统的节能设计和绿色运营提出了更高的要求。而水系统是空调系统的主要组成部分，它一般包括冷水机组、冷却塔、冷水循环泵及冷却水循环泵等几个主要的耗能设备。冷水机组作为空调水系统的核心，为空调系统正常运行提供冷（热）源支持；冷却水泵和冷冻水泵以及管路形成水路循环系统，为冷（热）量在源端和末端间的传递提供传输能量。

3.5.1 医院空调系统冷热源

在医院空调系统设计中，冷热源的选择至关重要，而建筑所在区域的能源条件影响着冷热源的选择。空调冷热源形式较为常见的有电驱动式，煤、油、气等驱动式。同时，可再生能源如浅层地能、太阳能、风能等的低位能源的逐渐应用也间接地为建筑提供冷量和热量。

从空调系统冷热源设备形式来看，在制冷方面可以分为电制冷（一般为蒸汽压缩式）和热力制冷（一般为吸收式）两种，其中电制冷常见的设备有活塞式冷水机组、螺杆式冷水机组、离心式冷水机组、涡旋式冷水机组、热泵式冷热水机组、直接膨胀式风冷机组；热力制冷常见的设备有吸收式冷热水机组、直燃式冷热水机组。在供热方面，常见的热源装置有电热锅炉、燃油（燃气）锅炉、燃煤锅炉、直燃式冷热水机组、热泵式冷热水机组、热交换器、直接膨胀式热泵机组。

岭南医院建筑中对冷、热量的需求是同时存在的，加之医院建筑对安全可靠性的要求，往往要求有其他类型的备用冷（热）源，这就使医院建筑的冷热源种类比普通公共建筑更加多样化、复杂化。

冷热源系统的选择首先应满足医院建筑应用要求，既要满足医院建筑正常使用的冷热量要求，又要考虑空调系统运行时间及特殊场合的室内空气品质，还要保证空调系统的安全及稳定性。在此基础上，冷热源的选择应优先考虑可再生能源或废热等低品位能源的应用，在满足初投资和后期运营经济合理性条件下采用。可再生能源的利用与建筑室外环境条件密切相关，对于全年运行且运营保障要求极高的医院建筑，完全依赖于可再生能源则难以保障其安全可靠性。还需结合城市电网夏季供电量情况，当城市电网夏季供电充足时，宜采用电动压缩式机组，若城市还存在峰谷电价差额较大的情况，可结合蓄冷技术，夜间蓄冷，白天释冷。对于无充足的城市供电的地区，可考虑城市燃气的利用，采用直燃吸收式冷水机组及燃气锅炉或燃气热水机等提供冷量和热量。若城市供电和燃气均受到限制，可考虑以燃煤和燃油为驱动能源。

岭南地区高温多雨为主要气候特征，空气温度高、湿度大，故适用于高温干燥地区的蒸发冷却技术及与之相关的温湿度独立控制空调系统不能发挥出其优势。同样的，处于夏热冬暖地区的城市，因夏季较长，全年空调制冷量远大于制热量，单独采用水（地）源热泵机组很难长期维持水体或土壤的热平衡，需采用其他冷热源设备平衡空调冷、热量。

综上可见，冷热源的选取需根据建筑需求进行技术经济比较分析，并结合医院建筑全生命周期内的可持续发展及当地的气候、资源条件等确定合理的冷热源方案。

3.5.2　医院集中空调冷（热）水系统

空调冷（热）源产生的冷（热）水需要通过水泵和相应的水管道，输送至空调区域的末端设备之中，对空调区域进行制冷（或供热）。空调冷（热）水系统根据其环路的特点可以分为同程式系统和异程式系统、开式系统和闭式系统、两管制系统和四管制系统、定流量系统和变流量系统等。

1. 同程式系统和异程式系统

同程式系统和异程式系统主要考虑的是各并联回路之间的“水力平衡”。同程式系统内水流经各用户回路的管路物理长度相等或接近，各并联回路的水阻力平衡，当设备的末端阻力几乎相同且末端阻力与总系统的阻力之比较小时，宜采用水平同程式系统，例如医院的办公楼、病房。当末端布置较为分散且无规律或设备的末端阻力与总系统的阻力之比较大时，宜采用异程式系统，并合理设置阀门，降低并联环路的不平衡率，保证系统的稳定运行。

2. 开式系统和闭式系统

闭式系统的管路与大气不相通或仅在膨胀水箱处局部与大气有接触，故氧腐蚀的几率小，不需要克服静水压力，水泵扬程低，输送能耗小，在空调冷（热）水系统中的应用较为广泛。而开式系统常与蓄冷系统连接，详见第 5.2.1 小节。

3. 两管制系统和四管制系统

空调水系统根据冷、热管道的设置方式，可以分为两管制、三管制、四管制等类型。三管制因管路系统复杂，能量有混合损失，使用较少，两管制、四管制较为常见。两管制系统供冷和供热合用同一管网系统，随季节切换，其初投资相对较低，所占用的建筑内管道空间也较少。四管制系统冷、热源可同时使用，满足同时供冷或供热的要求且没有混合损失，但管路系统复杂，占用建筑空间多，初投资高。因此空调水系统需要综合考虑四管制的优越性及投资增加的比例。两种水系统的区别主要体现在冬季用途。四管制空调水系统可在冬季为存在空调冷负荷的室内区域供冷（包括为内区供冷及为冬季出现冷负荷的外区供冷）。两管制空调水系统在冬季仅能供热，其余季节两者区别不大。对于大、中型集中空调系统，内外区的负荷差异导致了内区冬季供冷存在供冷需求，且医院建筑中医疗产品的储藏和保存需要恒定的环境，四管制水系统便于系统自控、管理和改造的优势就十分明显。

可见，医院建筑空调水系统管路的选取应同时考虑其使用性和经济性，可根据医院建筑的具体功能分区采取适宜的系统，例如洁净区对室内洁净度、温度、湿度的要求较高，且安全可靠要求高，此类区域采用竖向四管制、水平四管制系统，可保证洁净区的应急供冷、供暖需求；普通的舒适区域可在满足使用需求的基础上，考虑竖向四管制、水平两管制或者竖向两管制、水平两管制系统，随着季节更替实现系统的自动或手动转换。

4. 定流量系统和变流量系统

定流量空调水系统的输配管路冷（热）水流量保持恒定，通过改变供水温度、末端空调设备旁通阀（并不能实时改变输配管路水流量），或者末端风机的风速等手段进行控制，或者不进行室内参数控制。定流量系统简单，操作方便，不需要复杂的控制系统，系统没有调节功能也常会导致输送能耗始终处于额定的最大值，不利于节能且舒适性在某些时段达不到要求。

变流量水系统的冷（热）水供水温度保持恒定，可通过改变循环水量来适应负荷的变化，即用户侧的系统总水量随着末端装置流量的自动调节而实时变化。

5. 一级泵变流量系统和二级泵变流量系统

一级泵系统分为一级泵定流量和一级泵变流量系统。一级泵定流量系统的特点为：一台冷水机组配置一台冷水泵，水泵和机组联动控制。由于水泵输出流量在一段时间内为定值，多以冷水机组的冷量改变只能通过改变供回水温度来实现，系统始终处于大流量、小温差的状态，不利于节约水泵能耗。目前只有少数标准较低的民用建筑和间歇使用的建筑在使用。

一级泵变流量系统选择可变流量的冷水机组，使蒸发器侧流量随着负荷侧流量的变化而改变，从而最大限度地降低水泵的能耗。一级泵变流量系统要求冷水机组流量可变，同时，变频水泵转速一般由最不利环路末端压差变化来控制。二级泵变流量系统是在冷水机组蒸发器侧流量恒定的前提下，把传统的一级泵分解为两级，在冷源侧一级泵的流量不变，二级泵则能根据末端负荷的需求调节流量。一级泵变流量系统和二级泵变流量系统原理图如图 3-1 和图 3-2 所示。

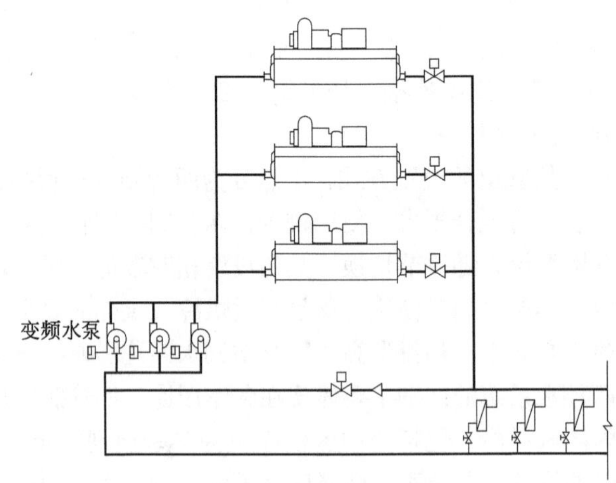

图 3-1　一级泵变流量系统

由于一级泵定流量系统仅适用于小型工程且由于一级泵变流量的出现，其应用范围越来越小。将一级泵变流量系统与二级泵变流量系统进行比较，一级泵变流量特点：初投资小，机房面积小，冷水机组与水泵台数不必一一对应，水泵变频运行，可以最大可能降低水泵能耗，缺点为不同环路压力损失较大时损耗大，水泵扬程如选取较大时其效率降低要

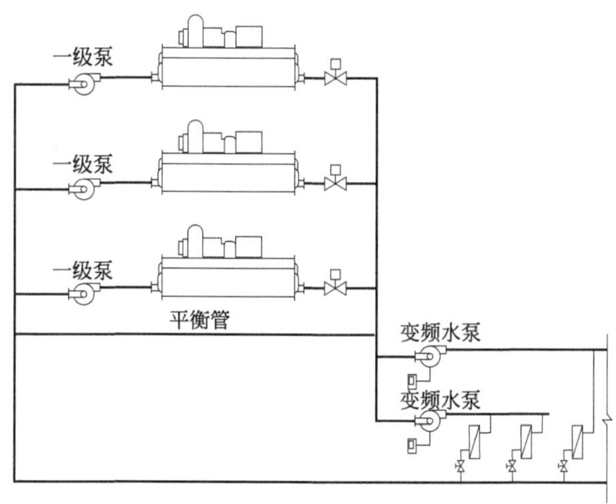

图3-2　二级泵变流量系统

比二级泵系统高。二级泵变流量特点：水泵扬程小且变流量运行，节能；但是也存在水泵与机组必须相互对应，初投资大，机房面积大，运行费高，易出现水泵运行效率低，能耗高，小温差也会导致冷水机组效率降低的弊端。

6. 压差旁通管的设置

一次泵变频变流量冷水系统与一次泵压差旁通变流量冷水系统一样，均需要设压差旁通装置。就目前的冷水机组而言，机组内部允许的流量变化范围、对应的流量变化速率有一定的要求。一般冷水机组的最小允许流量大约在额定流的50%，也就是说机组的流量变化范围为50%～100%（部分设备允许超过100%的大流量运行）。为此，冷水泵的最低运行转速和变频器的输出最小频率应被限制。达到最小限制时，如果用户需求进一步下降，为了保证冷水机组的安全运行，整个系统只能按照“一级泵压差旁通控制变流量系统”来运行。因此，受到最小流量限制，压差旁通阀控制仍然是必须要设置的自控环节。根据《民用建筑供暖通风与空气调节设计规范》GB 50736—2012第8.5.9条的规定，变流量一级泵水系统采用冷水机组变流量方式时，总供回水管之间应设压差旁通调节阀，旁通调节阀的设计流量应取各台冷水机组允许的最小流量中的最大值。

3.5.3　医院空调水系统分区

1. 竖向不分区的系统

冷水机组蒸发器的承压能力分为1.0MPa、1.6MPa、2.5MPa（个别厂家为1.0MPa、2.0MPa、2.5MPa）。前者为普通型，后两者为加强型。冷水机组蒸发器工作压力1.6MPa（2.0MPa）较1.0MPa增加5%～7%，蒸发器工作压力为2.5MPa的机组应用较少，但也可定制，增加造价相对较多，据了解约增加15%～20%。水泵按工作压力分为1.0MPa、1.6MPa、2.5MPa，目前大多数国产水泵一般按出口承压1.6MPa设计，承压2.5MPa需特殊定制。进口水泵工作压力1.6MPa较1.0MPa增加造价30%左右。

目前国产阀门的工作压力1.0MPa和1.6MPa造价基本无差别，工作压力2.5MPa较1.0MPa增加造价30%左右。普通无缝钢管工作压力为≤6MPa，普通镀锌钢管≤

1.0MPa。加厚镀锌钢管为≤1.6MPa。其他管件承压可按阀门等同选择，管道连接及法兰垫片按管材承压等同设置。按水泵出口承压1.6MPa考虑，空调水系统高度小于120m时竖向可不进行分区（水泵扬程一般情况都小于40mH$_2$O），当采用二级水泵系统时，空调水系统高度小于130m时竖向可不进行分区（一级泵扬程一般为10～20m，二级泵扬程为20～25m）。此时，冷水机组、阀门、管道及末端设备工作压力均小于1.6MPa。除了冷水机组蒸发器需要加强外，与一般高层建筑设计差别不大，具有较好的经济性和节能性。需要注意的是应分析底层管道承压，选择镀锌管时应选加厚镀锌钢管。

2. 设置中间换热器

在水系统中设置中间换热器，将水系统分成高、低区独立的系统，如图3-3所示；或将水系统分成高、中、低区独立的系统，如图3-4所示；从换热温差考虑节能、一次性投资，不宜设置三级以上中间换热器。只设置一级中间换热器，高、低区水的换热温差宜为1～1.5℃，即高区的供水温度比低区的供水温度夏季高1～1.5℃，冬季可低3～5℃；设置二级中间换热器的系统，高、中区或中、低区夏季换热温差宜取1℃，冬季换热温差宜取2～3℃。

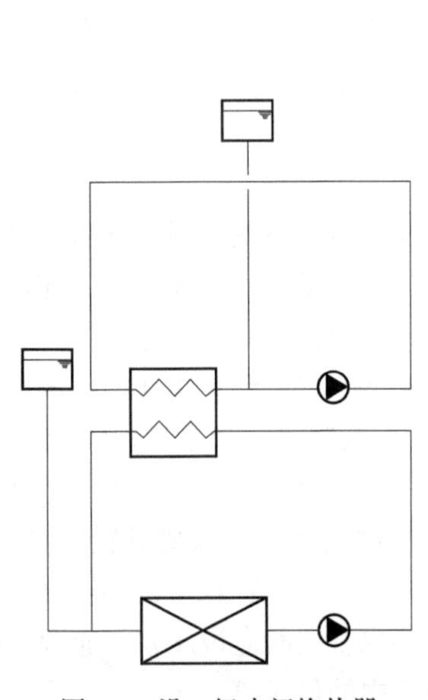

图3-3　设一级中间换热器

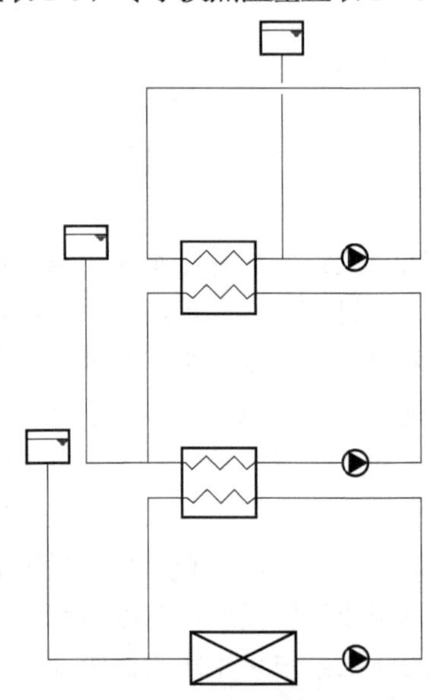

图3-4　设二级中间换热器

3.5.4　冷却水系统

冷却泵、冷却水管道、冷却水塔及冷凝器等设备共同组成中央空调冷却水系统。冷却水泵主要为冷却水提供动力；冷却塔是冷却水散热的场所，是冷却水系统的主要耗能设备，因此也是节能研究的重点。中央空调冷机的能效受冷却水系统运行参数的影响十分明显，冷却水泵变频调速可以达到冷却水泵节能的目的，进而调节冷却水流量。然而，冷却水流量并不是越小越好，如果冷却水流量过低，必将影响到中央空调冷机的散热效果，进而势必影响到冷冻机组的能效，致使中央空调冷冻机组能耗上升。冷却塔的节能主要通过对冷却塔风扇变频或改变冷却塔运行台数实现，冷却塔的冷却效果与冷却水的流量、室外空气的温湿度有密切的关系。在冷却水流量一致的情况下，冷却塔冷却效果的不同会导致冷却水出水温度的不同，最终也会影响冷冻机组的能效。因此，应该考虑在某一冷机负荷和湿球温度下，冷却水泵和冷却塔风机应该在多大的频率下运行，才能使冷却水泵、冷却塔风机与冷机的总能耗最低。

3.6　医院空调风系统设计

基本上每个项目空调风系统管路都复杂，运行工况多变，是建筑物能耗大户。为此设计和优化空调风系统对暖通空调系统整体功能实现的好坏已成为制约成败的瓶颈因素之一。要做好空调风系统设计，这需要暖通工程师积极参与到系统方案的制订过程中。

1. 空调风系统的风量

空调系统新风量的大小取值不仅与能耗、初投资和运行费用密切相关，而且关系到人体的卫生健康，因此《公共建筑节能设计标准》GB 50189—2015 对其取值进行了规定，设计人员进行工程设计时，不得低于标准值，但可根据实际使用情况适当增加。另外，在人员密度相对密集且变化较大的房间，宜采用新风需求控制，即根据室内 CO_2 浓度检测值增加或减少新风量，使 CO_2 浓度始终维持在卫生标准规定的限值内。风机盘管机组加新风空调系统的新风口，应单独设置，或布置在风机盘管机组出风口的旁边，不应将新风接至风机盘管机组的回风吸入口处，以免减少新风量或削弱风机盘管处理室内回风的能力。

2. 空调风系统设计应用

房间面积或空间较大、人员较多或有必要集中进行温、湿度控制和管理的空调场所（如大厅、学术报告厅、餐厅、大型会议室等），其空调风系统宜采用全空气空调系统，不宜采用风机盘管系统。全空气空调系统具有易于改变新、回风比例，必要时可实现全新风运行，从而获得较大的节能效益和环境效益，且易于集中处理噪声，过滤净化和控制空调区的温、湿度，设备集中，方便维修和管理等优点。建筑空间高度大于或等于 10m 且体积大于 $10000m^3$ 时，宜采用分层空调系统。分层空调是一种仅对室内下部空间进行空调、而对上部空间不进行空调的特殊空调方式，与全空气空调方式相比，分层空调夏季可节省冷量 30%左右，因此，能节省运行能耗和初投资。但在冬季供暖工况下运行时并不节能，此点特别提请设计人员注意。

对于民用建筑中的中庭等高大空间，通常来说，人员通常都在底层活动，因此舒适性范围为地面以上 2～3m。采用分层空调，其目的是将这部分范围的空气参数控制在使用要求之内，3m 以上的空间则处于不保证的范畴。这里提到的分层空调只是一个概念和原则，实际工程中有多种做法，比较典型的是送风气流只负担人员活动区，同时在高空设置机械换气（排出相对过热的空气）等方式，因此这时需要对房间的气流组织进行适当的计算。

3. 空调风系统机组和末端设备

国产优秀风机盘管从总体水平看与国外同类产品相比差不多，但与国外先进水平比较，主要差距是耗电量、盘管质量和噪声方面。因此设计中一定注意选用质量轻，单位风机功率供冷（热）量大的机组。空调机组应该选用机组风机风量、风压匹配合理，漏风量少，空气输送系数大的机组。全空气空调系统主要包括定风量空调系统和变风量空调系统。定风量空调系统一般适用于不划分温度控制区的区域。定风量空调系统根据区域内负荷分布特点布置风道系统和空气分布装置，形成合理的气流组织，调节区域内的空气温度和湿度，保证区域环境的舒适性。变风量空调系统适用于划分温度控制区并需要对各温度控制区进行空气温度调节的区域。变风量空调系统的各变风量末端装置根据所服务的温度控制区的负荷变化情况调节一次风送风量，以实现温度控制区内空气温度可控；空调机组则根据整个区域内各变风量末端装置的控制需求和变风量系统控制方法调节空调机组的送风量和送风温度，以实现空调送风系统的可靠和经济运行。空调风系统的作用半径不宜过大，以确保单位风量耗功率设计值符合标准要求，设计人员在图纸设备表中注明空调机组的风机全压与要求的最低总效率是非常必要的。

4. 季节对空调风系统的影响

在冬季采用分层送风时，由于热空气上浮的原理，上部空间的温度也会比较高，如果没有措施，甚至会高于人员活动区，这时并不节能，这是设计过程中应该注意的问题。要改善这个问题，通常可以有两种解决方式：①设置室内机械循环系统，将房间上部过热的空气通过风道送至房间下部；②在底层设置地板辐射或地板送风供暖系统，同一个空调风系统中，各空调区的冷、热负荷差异和变化大，低负荷运行时间较长，且需要分别控制各空调区温度，以及建筑内区全年需要送冷风的场所，宜采用变风量（VAV）空调系统。由于 VAV 系统通过调节送入房间的风量来适应负荷的变化，同时在确定系统总风量时还可以考虑一定的同时使用系数，所以能够节约风机运行能耗和减少风机装机容量。据有关文献介绍，VAV 系统与定风量（CAV）系统相比大约可节能 30%～70%，对不同的建筑物同时使用系数可取 0.8 左右。对于建筑顶层或者吊顶上部有较大发热量或者吊顶空间较高时，不宜直接从吊顶内回风。

3.7 热回收系统的应用

对于排风热回收在《民用建筑供暖通风与空气调节设计规范》GB 50736—2012 第 7.3.23 条中规定：设有集中排风的空调系统，且技术经济合理时，宜设置空气-空气能量回收装置；在第 7.3.24 条中规定：空气能量回收装置的设计，应符合下列要求：

（1）能量回收装置的类型，应根据处理风量、新排风中显热和潜热的构成以及排风中污染物种类等选择；

（2）能量回收装置的计算，应考虑积尘的影响，并对是否结霜和结露进行核算。

在《公共建筑节能设计标准》GB 50189—2015 第 4.3.25 条中规定：设有集中排风的空调系统经技术经济比较合理时，宜设置空气-空气能量回收装置。严寒地区采用时，应对能量回收装置的排风侧是否出现结露或结露现象进行核算。当出现结露或结露时，应采取预热等保温防冻措施。在第 4.3.26 条中规定：有人员长期停留且不设置集中新风、排风系统的空气调节区域或空调房间，宜在各空气调节区或空调房间分别安装带热回收功能的双向换气装置。

在《绿色建筑评价标准》GB/T 50378—2019 第 5.2.13 条中规定：排风热量回收系统设计合理并运行可靠，评价分值为 3 分。

3.7.1 空气源热泵回收空调系统排风能量

空气源热泵回收空调系统排风能量是通过将空调排风引到空气源热泵室外换热器处，

再通过室外机换热器自带的风扇自动调节风量完成的。空气源热泵回收空调系统排风能量图如图 3-5 所示，某办公楼空气源热泵回收空调平面接管图如图 3-6 所示。

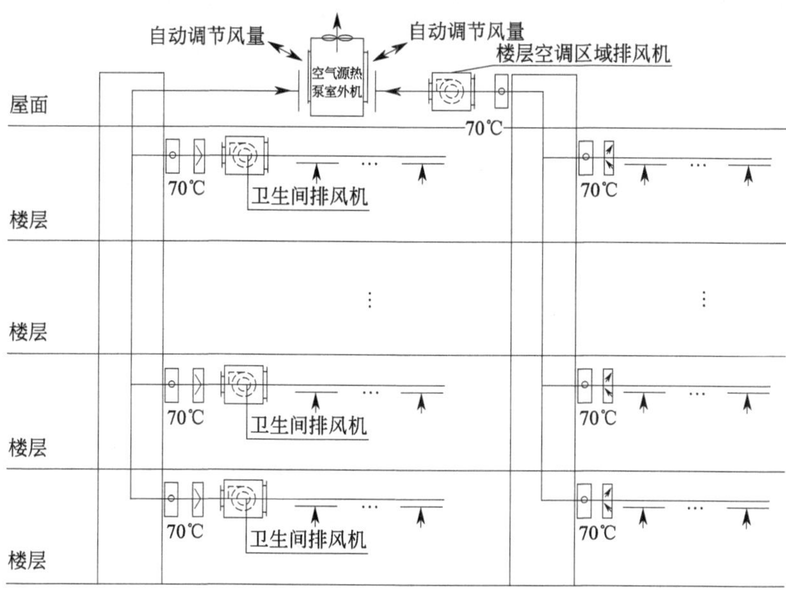

图 3-5　空气源热泵回收空调系统排风能量图

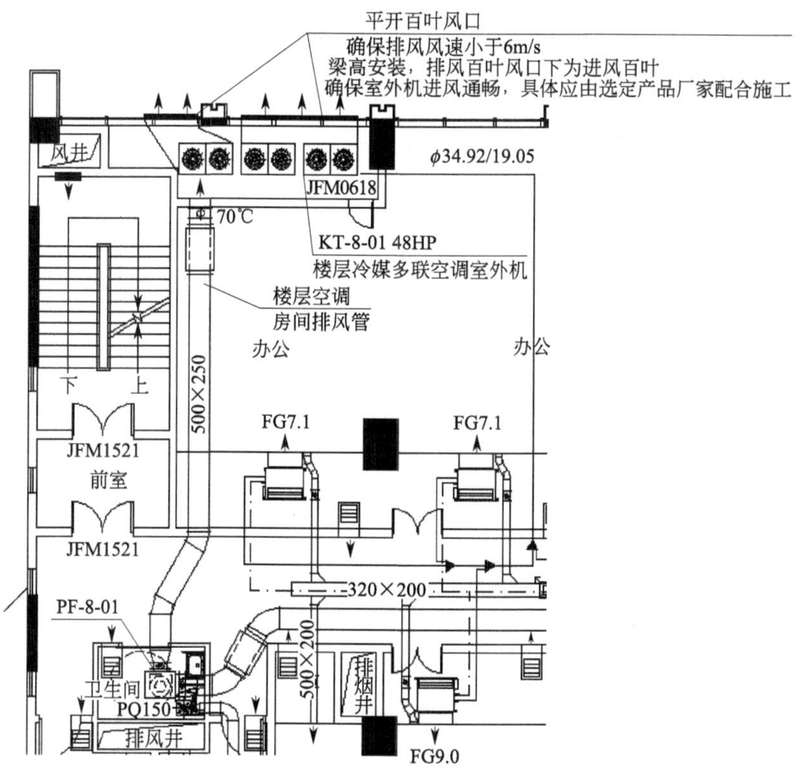

图 3-6　某办公楼空气源热泵回收空调平面接管图

室外空气温度和湿度对于热泵的功率和性能系数（制冷系数和制热系数）都有很大的影响，一般来说，在蒸发温度不变的条件下，热泵的制冷量和制冷系数是随着冷凝温度的下降（升高）而增加（减小）的；在冷凝温度不变的条件下，热泵的制热量和制热系数是随着蒸发温度的下降（升高）而减小（增加）的。表 3-7 为某风冷式热泵机组在不同室外气温下的性能参数。

某风冷式热泵机组在不同室外气温下的性能参数　　表 3-7

	制冷时空气温度(℃)					制热时空气温度(℃)				
	25	30	35	40	45	−10	−5	0	7	15
性能系数	3.53	3.16	2.82	2.53	2.25	2.73	2.91	3.14	3.48	3.85
制冷量(kW)	235	224	212	200	188	—	—	—	—	—
制热量(kW)	—	—	—	—	—	141	164	192	236	288
功耗(kW)	66.6	70.9	75.2	79.1	83.6	51.6	56.4	61.1	67.8	74.8

由表 3-7 可知，在制冷工况下，以室外空气温度为 35℃为基准，在蒸发温度不变的条件下，室外空气温度每降低或升高 1℃，制冷系数增加或减少约 2.2%；在制热工况下，以室外空气温度为 7℃为基准，在冷凝温度不变的条件下，室外空气温度每降低或升高 1℃，制热系数减少或增加 1.3%左右。引入空调排风热，即可实现降低空气源热泵冷凝器的冷凝温度（夏季）或提高空气源热泵的蒸发器的蒸发温度（冬季），从而提高制冷系统的制冷系数或供热系统的制热系数，增加制冷和供热效率，减少电力消耗。同时，在设计选择空气源热泵机组容量的时候就能降低机组的规格和型号，减少机组设备投资和运行费用。

3.7.2 几种常见的空调热回收设备

常见的热回收设备有转轮式、板式（板翅式）、热管式、液体循环式等，其中根据热量回收方式分为全热回收和显热回收。所谓全热换热器是用具有吸湿作用的材料制作的，它既能传热又能传湿，可同时回收显热和潜热。显热换热器用没有吸湿作用的材料制作，只能传热，没有传湿能力，只能回收显热。

3.7.2.1 转轮式

转轮式热回收分显热回收以及全热回收两种方式。显热回收转轮的材质一般为铝箔，全热回收转轮的材质为具有吸湿表面的铝箔材料或其他蓄热吸湿材料。转轮作为蓄热芯体，新风通过转轮的一个半圆，而同时排风通过转轮的另一半圆，新风和排风以相反的方向交替流过转轮。新风和排风间存在着温度差和湿度差，转轮不断地在高温高湿侧吸收热量和水分，并在低温低湿侧释放，来完成全热交换。

3.7.2.2 板式（板翅式）

显热类型（板式）热回收装置多以铝箔为间质，全热类型（板翅式）热回收装置则以纸质等具有吸湿作用的材料为间质。这类热回收装置使用效果的好坏主要取决于换热间质的类型和结构工艺水平的高低。随着材料技术和工艺的进步，现在有些全热回收装置采用了纳米气体分离复合膜作为热质交换材料，全热交换效率更高，空气阻力大幅度下降，热质交换材料的孔径更小，延长了换热器寿命。

3.7.2.3　热管式

热管是依靠自身内部工作液体相变来实现传热的高效传热元件，它可以将大量热量通过其很小的截面面积长距离地传输而无需外加动力。热管以其构思巧妙、传输温差小、适用温度范围广、可调控管内热流密度等众多优点，在能量回收和余热利用方面已显示出其独特的作用。

热管式换热器属于冷热流体互不接触的表面式换热器，它具有占地小、无转动部件、运行安全可靠、换热效率高等优良特性。热管一端为蒸发端，另一端为冷凝端，热管一端受热时，液体迅速蒸发，蒸汽在微小压力差作用下流向另一端，并且快速释放热量，而后重新凝结成液体，液体再沿多孔材料靠毛细作用流回蒸发端，如此循环，热量可以源源不断地进行传递。

3.7.2.4　液体循环式

又称为中间热媒式，即通过泵驱动热媒工质的循环来传递冷热端的热量，具有新风与排风不会产生交叉污染和布置方便灵活的优点。但是需配备循环泵来输送中间热媒，因此传递冷热量的效率相对要低，不回收潜热，本体动力消耗较大。

3.7.2.5　小结

上述热回收装置的一个共同特点是体积较大、投资较大，并且需要把排风和新风管道引到建筑物内同一区域才能实现，在具体工程设计中，需要解决机房的面积相对较大、管道系统复杂等技术问题。目前实际工程中对于空调系统排风能量的回收很不充分，虽按照标准的规定处理，也只回收了大部分排风的能量。各种排风热回收装置的特点见表 3-8。

排风热回收装置的特点　　**表 3-8**

项目	转轮式	板式	板翅式	热管式	液体循环式	空气源热泵回收空调系统
能量回收形式	显热或全热	显热	全热	显热	显热	显热
交换介质（芯体材质）	金属或非金属	金属或非金属	非金属	金属	金属	空气源热泵室外机冷凝器
热回收效率（%）	50～85	50～80	50～75	50～70	55～65	接近 100
压力损失(Pa)	100～300	100～1000	100～500	100～500	100～500	—
排风泄漏率（%）	0.5～10	0～5	0～5	0～1	—	—
热回收机械运动部件	有	无	无	无	水侧有、空气侧无	—
维护保养	较难	较难	困难	容易	容易	—
设备投资	高	低	中	中	低	—
使用对象	允许新风和排风有适量交叉渗透的较大风量系统	需回收显热的一般通风空调系统	需回收全热、空气较清洁的系统	空气有轻微尘量或温度较高的系统	新风、排风的设备布置分散或回收、利用点数量较多	设有集中排风的空调系统

3.7.3 排风热回收装置节能量的计算

3.7.3.1 排风热回收装置节能量计算方法

首先，以夏季采用显热回收装置回收空调系统排风中的冷量为例来计算系统的节能量。通过换热装置可回收的能量：

$$Q=\rho L_o c_p (t_w - t_n)\eta_r \tag{3-1}$$

式中 Q——换热器回收的总能量，kW；

ρ——空气的密度，取 1.2kg/m^3；

L_o——新风量，m^3/s；

c_p——空气的比定压热容，取 1.01kJ/(kg·℃)；

t_w，t_n——室外和室内的空气温度,℃；

η_r——换热器的相应效率；当 $t_w < t_n$ 时，Q 为负值，给系统带来的是负收益。

运行装置需要消耗能量，对于非溶液循环式和热泵型装置，可用下式来计算：

$$N_z=\frac{L_o p_o + L_e p_e}{1000\eta\eta_m} \tag{3-2}$$

式中 N_z——风机所消耗的轴功率，kW；

L_e——系统的排风量，m^3/s；

p——风机的风压，Pa；对于不配备风机的热回收装置，p 则为装置的阻力，下标 o，e 分别表示新风侧和排风侧；

η，η_m——风机的效率和传动效率。

将回收的冷热量换算为需要消耗的能源如电能：

$$N_1=\frac{Q}{COP_s} \tag{3-3}$$

式中 COP_s——未安装热回收装置的系统运行过程中的能效比。

增加热回收装置后，系统的节能量 E 通过下式计算：

$$E=N_1-N_z=\frac{\rho L_o c_p (t_w - t_n)\eta_r}{COP_s}\delta_1-\frac{L_o p_o + L_e p_e}{1000\eta\eta_m}\delta_2 \tag{3-4}$$

式中 δ_1，δ_2——根据运行时的天气情况和系统形式确定，取 0 或 1。

计算某时段安装热回收装置后系统总能量的节省量 E_T：

$$E_T=\sum_{\Pi}\frac{\rho L_o c_p (t_w - t_n)\eta_r}{COP_s}\delta_1-\sum_{\Pi}\frac{L_o p_o + L_e p_e}{1000\eta\eta_m}\delta_2 \tag{3-5}$$

式中 Π——系统的运行时段。

对于冬季采用显热回收装置的系统，其热回收量计算可直接将上述各式中的室外温度 t_w 与室内温度 t_n 交换位置；对于应用全热回收装置的系统，将上述各式中的 $c_p t_w$，$c_p t_n$，η_r 换成室外空气比焓 h_w，室内空气比焓 h_n 和全热交换器的效率 η_{rq} 即可。

3.7.3.2 排风热回收装置节能量分析

排风热回收装置运行需要消耗能量，常见的排风热回收装置除了要克服风管的压力损失外，还需克服产品自身的压力损失（从表 3-8 可知，产品压力损失为 100～1000Pa 不等）。由式(3-2)～式(3-5) 可知，排风热回收系统引起的空调通风系统附加阻力越高，系统消耗的能量越大，系统总能量的节省量 E_T 越小，热回收的意义也就越小。

利用空气源热泵回收空调系统排风能量的热回收方式时，只需要增加克服从排风口到空气源热泵处的输送排风的管道阻力的能量，该部分阻力较小，系统消耗的能量小，系统总能量的节省量 E_T 大，热回收的效果明显。

3.7.4　小结

对热回收装置在空调系统中的应用进行了初步探讨，分析了几种常见的空调热回收设备特点。采用何种排风热回收形式，应结合项目实际情况，根据当地地理、气候条件，需处理的空气特性等条件综合考虑，并结合空调热回收设备特点，进行全年运行经济性分析后确定。

利用空气源热泵回收空调系统排风能量，是一种系统简单，节能效果好的热回收方式，是空调系统节能设计的一种思路。

3.8　水力平衡技术

3.8.1　水力不平衡

实际运行中的中央空调系统，普遍存在水力失调问题，主要表现为末端水量严重偏离设计流量，造成空调系统冷热不均，影响空调区域的舒适性，因此空调水泵多按照小温差、大流量的方式运行。空调系统能效较低，因此空调系统的水力平衡问题，尤其是动态的水力平衡问题是制冷机房能否高效节能的关键所在。

3.8.1.1　水力不平衡的基本现象

1. 水力平衡系统的性能

静态水力平衡的冷冻水系统，在定流量状态下运行时，其末端用冷设备基本都能获得设计的水流量，可以满足用冷的要求。但在变流量状态下运行时，存在动态水力失调而影响供冷质量。

实现了动态水力平衡的冷冻水系统，无论在何种流量状态下运行，其末端用冷设备都能获得所需的水流量，以满足用户对用冷量的需求，使系统运行稳定。主要表现在：

（1）建筑物内各个空调区域制冷效果均衡，各个空调用户得到舒适而较均匀的温度；

（2）空调末端温度设置标准可以适当降低，从而节约能源成本；

（3）制冷系统启动时间短，用户达到设定的室温较快；

（4）可避免大流量、小温差运行，从而降低水泵的输送能耗。

2. 水力不平衡系统的性能

动态水力失调的水系统，会导致以下诸多问题。

（1）各个空调区域制冷效果不均衡。一些区域温度过高，达不到制冷的要求，经常引起空调用户的不满或投诉；而一些区域温度又过低，超过了空调标准要求，造成大量的冷量浪费。

（2）系统流量分配不合理，某些区域（有利环路）流量过剩，某些区域（最不利环路）流量不足，且无论如何调节阀门都很难达到要求。

（3）夜间停机设定后（或打开温控阀门后）重新启动，需要很长时间才能达到期望的室温；且室温不稳定，波动大。

（4）由于最不利端得到的冷量不足且时间延迟，要满足末端用户对冷量的需求，冷水机组就需要提前开机，造成空调制冷系统的能耗增大。另外，水力不平衡的系统从开机到达到设定温度的时间，往往比水力平衡的系统耗时更多，也会造成系统能耗增大。

可见，动态水力不平衡的直接结果，就是造成空调舒适性和服务质量降低。这时，人们最常采取的措施就是增开冷水机组或增加冷冻水泵，以增大冷冻水流量和提高其扬程。这是一种最容易实施但不经济的方法，会造成空调系统能耗的大幅度上升。

3.8.1.2 水力不平衡产生的原因

无论是静态水力失调还是动态水力失调，都是由于各个水力环路的阻力不平衡所引起的。

在水系统管路中，与设计的管路阻力相比，如果某些分支环路的阻力偏高，而某些分支环路的阻力偏低，就会产生实际水流量与设计要求水流量的较大偏差，即产生了水力失调。

空调系统冷冻水输配的设计，一般根据空调末端最大的负荷需求来设计输送管路的管径、流量，从而确定管道的阻力，选取冷冻水泵的流量、扬程。而由于设计、安装、使用以及运行中空调负荷的时变性等原因，任何空调系统均难免存在水力失调的问题。

3.8.2 基于能量分配平衡的动态水力平衡技术

3.8.2.1 基于能量分配平衡的动态水力平衡控制原理

基于能量分配平衡的动态水力平衡调控技术，是对空调水力平衡技术长期探索、研究与实践的总结，是一种以满足各个环路的能量需求为目标的新型水力平衡技术，它能够动态分配和调节各个环路的水流量，使每个环路都能获得所需要的能量（即冷量或热量），是一种更先进、更科学、更实用的动态水力平衡方法。

1. 基于能量分配平衡的动态水力平衡控制装置构成

基于能量分配平衡的动态水力平衡控制，不同于现有的由单个阀门各自分散进行的局部水力控制，而是一种基于整个水系统全局水力工况的系统性水力控制。因此，这种水力平衡调控装置是一种系统性设备，主要由计算机及其控制软件、水力平衡控制器、电动调节阀、水温传感器和压差传感器等构成，其结构如图 3-7 所示。

（1）计算机及其控制软件

计算机及其控制软件是动态水力平衡控制装置的核心，也是动态水力调控的控制中心。计算机不仅有惊人的运算速度和很高的计算精度，还具有记忆、判断等功能，特别适宜数据处理和过程控制。利用计算机及控制软件强大的功能，可以实现整个水系统水力工况的动态检测和自动调节，以保证各个区域（环路）的能量平衡和制冷效果平衡，同时为降低冷冻水运载能耗挖掘更大的节能空间。

（2）水力平衡控制器

水力平衡控制器是计算机与数据采集设备、水力调节设备的接口装置，它负责数据处理，并按计算机发出的控制指令自动控制各个水力环路的水力状态。

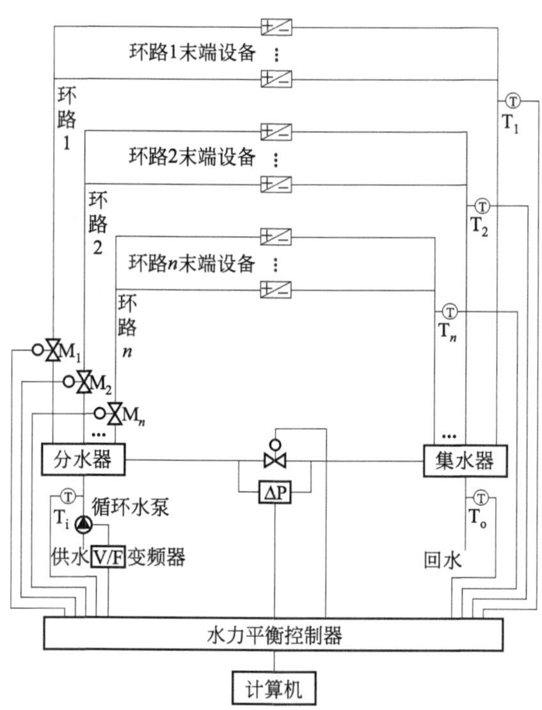

图 3-7 基于能量分配平衡的动态水力平衡控制装置的构成及原理图

(3) 电动调节阀

电动调节阀一般安装在分水器的各个环路的供水端，也可以安装在集水器的各个环路的回水端，它是动态水力的调节设备，负责执行由水力平衡控制器发来的水力调控指令，以控制所在环路的水流量大小。

(4) 水温传感器

水温传感器是空调水系统及各个环路水流温度的采集设备。水温传感器安装在分水器入口干管、集水器出口干管和各个环路的回水管上，以采集各相关位置的水流温度，为动态水力平衡调节提供依据。

(5) 压差传感器

压差传感器是动态监测冷冻水供回水之间压力差的设备，它安装在分水器与集水器之间的旁通阀两端。其检测的压差值，为冷水机组允许的最低流量提供安全保护。

(6) EV 能量阀①

EV 能量阀由一个等百分比控制球阀、一个高精度流量计、一对温度传感器以及一台智能执行器组成，是一种集多功能于一体的压力无关型控制阀（图 3-8），可提供标准、自复位系列产品型号。有 3 种控制方式：位置控制、流量控制、能量控制。支持 Modbus、BACnet、MP-BUS 通信协议；同时支持上云，搏力谋云服务进行数据存储，终身免费使用。可以通过微信小程序、联网、手操器等方式在线查阅运行数据；也可通过 AR App 扫码后 AR 动态显示运行参数；也可通过建立群组来管理能量阀。总之可视化界面帮助实现数字化管理。支持浓度不大于 50%的乙二醇浓度监测（图 3-9）。

① EV 能量阀——可视化＋水力平衡＋动态能量线性控制＋智能电动调节水阀。

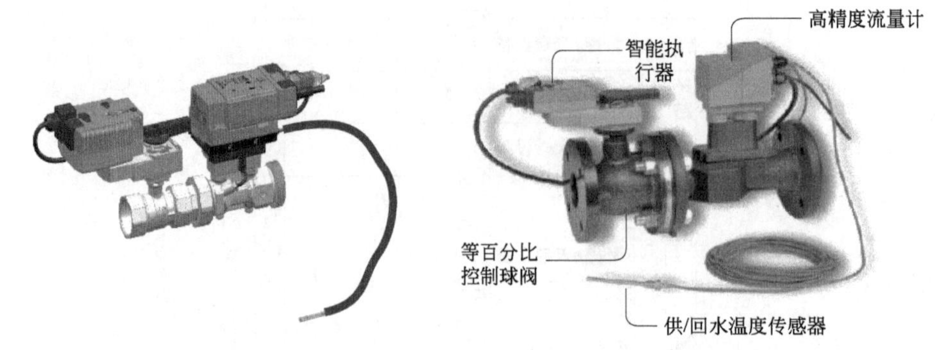

图 3-8　能量阀示意图

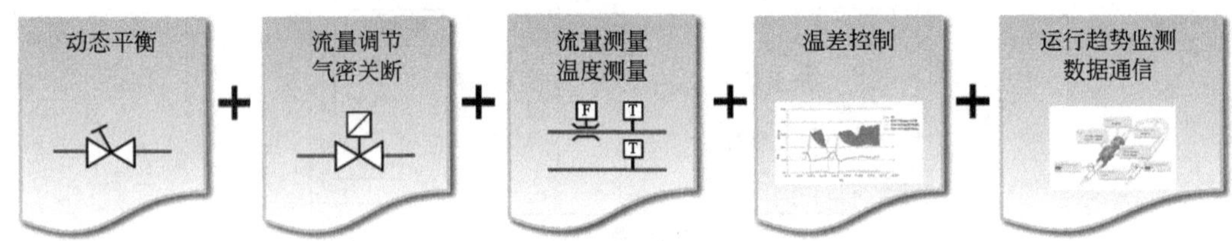

图 3-9　能量阀控制示意图

能量阀特点：通信、上云——可视化，与系统交换数据；内置 MIT，清楚知道能量去处-冷量/热量控制；彻底解决水力失调——压力无关的流量控制，流量实时测量基础上的流量控制；流量/能量控制模式，可以激活温差管理——实时测量供回水温差基础上的控制；根除大流量、小温差现象，控制精准、系统收敛快速、运行平稳；设计选型简单。

“小身材，大妙用”系统使用能量阀的好处：

1）实现水力平衡和优化系统阻力的同时，管路简单、安装和采购成本降低，缩短项目周期，同时保证能耗和能效；同程系统：使用能量阀，可以集静态、动态、电动调节 3 大功能于一体；异程系统：使用能量阀，可以集动态、电动调节功能于一体；

2）产消平衡，100%无缝对接，优化系统阻力，且不再依靠水力平衡程度；

3）不需要调试，无任何维护和保养费用；

4）易于区域调整，以及不同科室的计费；

5）运行数据有利于系统再优化，协助泵阀一体化和系统节能，且节能用数据说话；

6）适宜打造“自稳定”的高效暖通空调系统。

2. 基于能量分配平衡的动态水力平衡控制原理

冷冻水所传递的冷量 Q 与其水流的温度或温差有关，即：

$$Q=c\rho G(T_2-T_1)=c\rho G\Delta T \tag{3-6}$$

式中　G——水的流量，m^3/s；

T_1——供水温度，℃；

T_2——回水温度，℃；

ΔT——供回水温度差，℃；

c——水击波的传播速度，m/s；

ρ——水的密度，kg/m^3。

式(3-6) 适用于整个水系统，也适用于任何一个水力环路。在一个水力环路中，冷冻水所供给的冷量 Q 是否与末端负荷的需求相匹配，直接反映在环路的回水温度或温差上。当环路的回水温度或温差等于其设定值时，则表明所提供的冷量与末端负荷的需求相匹配，否则，所提供的冷量与末端负荷的需求不匹配。因此，根据环路的回水温度或温差的情况，就可以准确地判断环路中冷量的供需是否平衡，也可以判断各个环路之间的冷量分配是否平衡。当各个环路的回水温度或温差趋于一致时，表明各个环路之间的能量分配也达到了平衡。

因此，基于能量分配平衡的动态水力平衡控制，是以各个环路的回水温度或温差作为被控变量，根据实际测量的各个环路的回水温度或温差，计算其与设定温差值的偏差及偏差变化率，然后通过水力平衡控制器调节相应环路供水端的电动调节阀开度，对相关环路的水流量进行动态调节，使得各个环路水流量所提供的冷量与末端负荷需求的冷量相匹配，从而实现回水温度或温差趋于一致，或满足预先设定值的要求。

需要说明的是，在高层建筑物中，如果将电动调节阀安装到各个楼层的供水管上，将水温传感器安装到各个楼层的回水管上，则可实现各个楼层基于能量分配平衡的动态水力平衡控制。

3.8.2.2 基于能量分配平衡的动态水力调节方法

如图 3-10 所示，中央空调冷冻水系统有 n 个并联环路，在分水器的各环路供水端安装电动调节阀 M_1、$M_2 \cdots M_n$，在集水器的各环路回水端安装水温传感器 T_1、$T_2 \cdots T_n$，在分水器的供水干管上安装水温传感器 T_i，在集水器的回水干管上安装水温传感器 T_o，并连接到水力平衡控制器上。然后通过计算机技术和自动控制技术，很容易就可以实现基于能量分配平衡的水力动态调节。

1. 要求各个环路回水温度保持一致时的调节方法

(1) 调节方法一

当空调系统启动时，各个环路的末端设备按使用需求开启。计算机根据负荷预测情况，将各个环路的电动调节阀置于适当开度，待整个空调系统达到热力基本稳定后，水力平衡控制器根据检测到的各个环路的回水温度 T_1、$T_2 \cdots T_n$ 以及分水器供水温度 T_i，计算出各个环路的供回水温差值：

$$\Delta T_1 = T_1 - T_\mathrm{i} \tag{3-7}$$

$$\Delta T_2 = T_2 - T_\mathrm{i} \tag{3-8}$$

$$\cdots$$

$$\Delta T_n = T_n - T_\mathrm{i} \tag{3-9}$$

各个环路的平均温差为：

$$\Delta \overline{T} = (\Delta T_1 + \Delta T_2 + \cdots + \Delta T_n)/n \tag{3-10}$$

计算机将各个环路的供回水温差与平均温差 $\Delta \overline{T}$ 相比较，根据其偏差及偏差变化率的大小，给出控制指令，通过水力平衡控制器对各个环路电动阀门开度进行调节：

1) 将温差值小于 $\Delta \overline{T}$ 的环路电动阀门开度适当关小，以减小其流量；

2) 将温差值大于 $\Delta \overline{T}$ 的环路电动阀门开度适当开大，以增大其流量；

3) 对温差值接近 $\Delta \overline{T}$ 的环路电动阀门开度，保持不变。

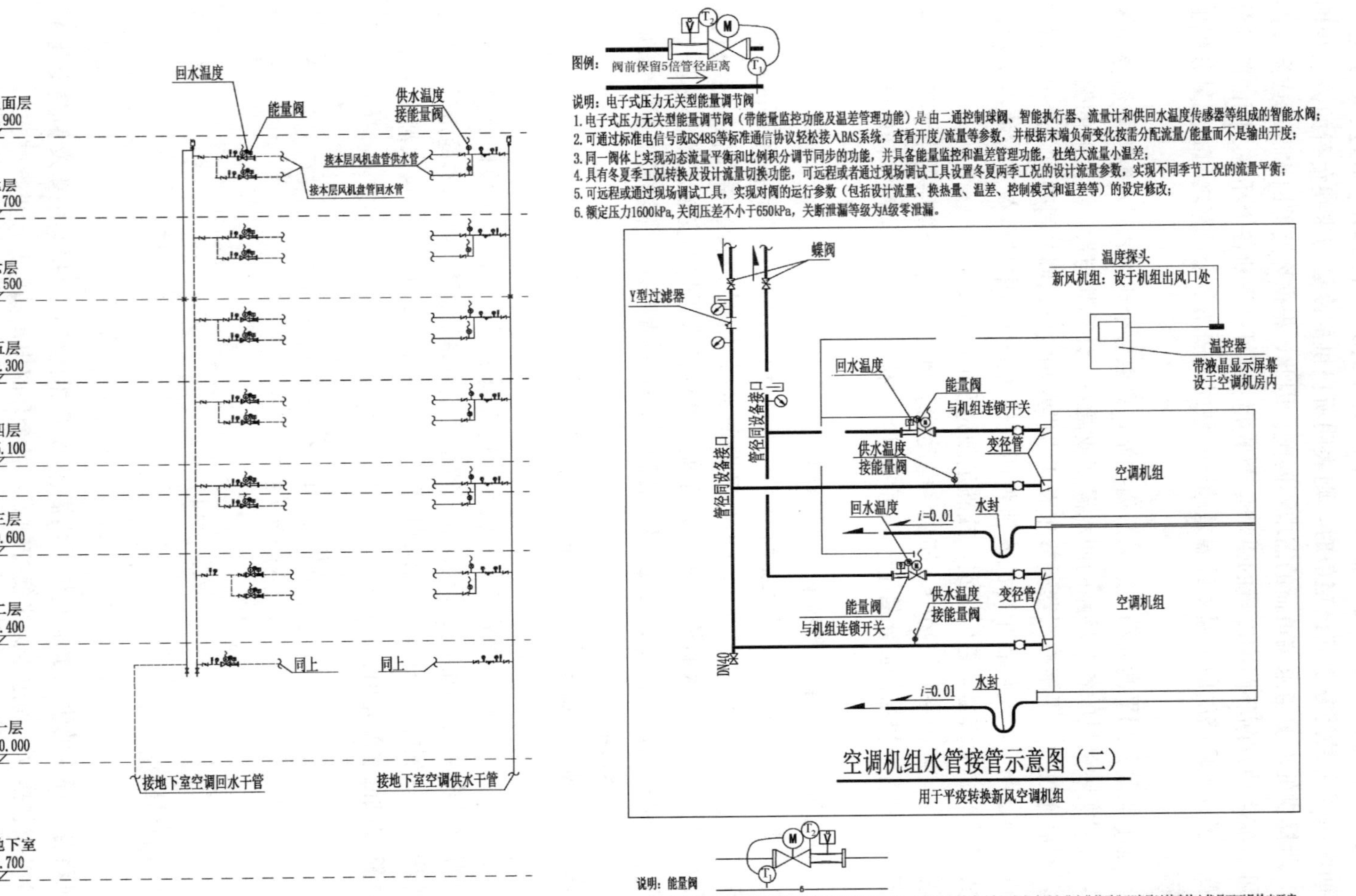

图 3-10 空调水系统立管图 1：100

电动阀门调节后，水力平衡控制器跟踪检测各个环路回水温度的变化，待水系统稳定运行一定时间（该时间根据管道最长环路的水流循环周期确定），其热力基本稳定后，再次按上述方法对各个环路的电动阀门开度进行调节。

经过几次调节，就可以逐步实现各个环路回水温度趋于一致，实现 $T_1 \approx T_2 \approx \cdots \approx T_n$，使各个环路的末端设备所获得的冷量与需求量大致平衡，达到制冷效果均衡的目的。

整个调节过程由计算机根据控制模型自动进行，由水力平衡控制器执行完成。

(2) 调节方法二

为简化计算过程，平均温差 $\Delta \overline{T}$ 也可由分水器供水温度 T_i 和集水器回水温度 T_o 之差代替，即 $\Delta \overline{T} = T_o - T_i$。

根据需要，平均温差 $\Delta \overline{T}$ 也可以是一个设定值。这时候，就不需要再进行平均温差值的计算，只需要将各个环路的供回水温差与设定温差值相比较，获得偏差及偏差变化率，就可以通过阀门对各个环路的水流量进行调节。

(3) 总流量的动态调节

由于末端负荷的动态变化，各个环路负荷的总和与系统预测负荷会产生偏差，对冷冻水总流量的需求也会发生变化。因此，动态水力平衡还应包括对总流量的动态调节，才不会造成能量的浪费。

当出现大部分环路或所有环路的供回水温差均大于设定值时，则表明系统实际负荷大于预测负荷，冷冻水的总流量不足，所提供的冷量不能满足末端负荷的需求。这时，计算机将通过水力平衡控制器适当提高循环水泵的运行频率，增大系统总的水流量，以满足各个环路对冷量的需求。

当出现大部分环路或所有环路的供回水温差均小于设定值时，则表明系统实际负荷小于预测负荷，冷冻水的总流量过剩，所提供的冷量大于末端负荷的需求。这时，计算机将通过水力平衡控制器适当降低循环水泵的运行频率，减小系统总的水流量，以减小能量浪费。

2. 要求各个环路回水温度不相同时的调节方法

当各个环路因末端负荷性质不同而要求有不同回水温度时，可将各个环路回水温度的设定值 T_1'、$T_2' \cdots T_n'$ 储存在水力平衡控制器中，系统调节方法如下：

水力平衡控制器将检测到的各个环路的回水温度 T_1'、$T_2' \cdots T_n'$ 值，分别与其设定值 T_1'、$T_2' \cdots T_n'$ 相比较，计算出各个环路回水温度的偏差值：

$$\Delta T_1 = T_1 - T_1' \tag{3-11}$$

$$\Delta T_2 = T_2 - T_2' \tag{3-12}$$

$$\cdots$$

$$\Delta T_n = T_n - T_n' \tag{3-13}$$

若偏差值为正值，即实际回水温度高于设定温度，则该环路实际水流量小于末端负荷需要的水流量；若偏差值为负值，即实际回水温度低于设定温度，则该环路实际水流量大于末端负荷需要的水流量。

计算机通过水力平衡控制器对各个环路的电动阀门开度进行调节：

1) 将偏差值为负值的环路电动阀门开度适当关小，以减小其流量；

2）将偏差值为正值的环路电动阀门开度适当开大，以增大其流量；

3）对偏差值接近于0的环路电动阀门开度，保持不变。

电动阀门调节后，水力平衡控制器跟踪检测各个环路回水温度的变化，待水系统稳定运行一段时间（该时间根据管道最长环路的水流循环周期确定），其热力基本稳定后，再次按上述方法对各个环路的电动阀门开度进行调节。

经过几次调节，就可以逐步实现各个环路的实际回水温度与设定温度趋于一致，以保证各个环路末端负荷获得各自需要的冷量。

如果出现大部分环路或所有环路的回水温度与设定温度的偏差值均为正值，表明系统实际负荷大于预测负荷，水系统总的水流量不足，所提供的冷量不能满足末端负荷对冷量的需求。这时，计算机将通过水力平衡控制器适当提高循环水泵的运行效率，增大系统总的水流量，以满足各个环路对冷量的需求。

如果出现大部分环路或所有环路的回水温度与设定温度的偏差值均为负值，表明系统实际负荷小于预测负荷，水系统总的流量过剩，所提供的冷量大于末端负荷的冷量需求。这时，计算机将通过水力平衡控制器适当降低循环水泵的运行效率，减小系统总的水流量，以减小能量的浪费。

3. 水力平衡时发生水流量变化的调节方法

空调负荷的变化有多种表现形式：

其一，表现在负荷侧水流量的增减上。即负荷增大，水流量增大；负荷减小，水流量减小。这种形式的负荷变化，能很快反映在供回水之间的压差上，即流量增大，压差会减小，流量减小，压差会增大。

其二，表现在负荷侧回水温度的升降上。在供水流量和供水温度保持不变的情况下，回水温度升高，则负荷增大；回水温度降低，则负荷减小。这种形式的负荷变化，反映在供回水之间的温差上，负荷增大，则温差增大；负荷减小，则温差减小。但温度反应迟缓，实时性较差。

其三，同时表现在水流量和水温上，既有水流量的变化，又有回水温度的变化。这种负荷变化的情况较为复杂。

其中，第一种情况即水流量的变化，对系统水力平衡的影响最大，因并联环路间的水力耦合性很强。

当系统运行于水力平衡状态发生水流量较大变化时，如果不及时进行相应调节，则整个系统的水力平衡会受到破坏。若等到水力平衡被完全破坏后再重新调节，由于温度反映的滞后性，将使水系统较长时间运行在水力失衡状态，并会造成系统的水力工况在“平衡—失衡—平衡—失衡”中波动，使稳定性变差。为了避免这种现象的发生，就需要根据负荷侧水流量的变化，动态调节冷源侧的水流量，使冷源侧的水流量及时跟随负荷侧的水流量而变化，尽快实现水流量在总体上的平衡，以缩短负荷扰动所带来的水力工况波动。

当冷冻水系统的分支环路较多时，水流量的变化情况通常比较复杂，但大致可分为三种情况：

负荷侧总流量减小；负荷侧总流量增大；一些环路流量减小，另一些环路流量增大，但总流量基本不变。

（1）负荷侧总流量减小

当一些环路末端负荷减小时，比如末端设备部分关闭或全部关闭，将使负荷侧所需的总流量减小，此时，如果供水流量仍保持不变，则会引起分水器与集水器之间的压差增大。计算机根据检测到的压差变化以及各个环路回水温度、分水器供水温度 T_i 和集水器回水温度 T_o 的情况，预测系统负荷的变化，并通过水力平衡控制器调节循环水泵的运行频率，减小系统的供水流量，使分水器与集水器之间的压差恢复到稳定运行时的压差值。同时监测各个环路回水温度的变化，并按前述方法调节相关环路的电动阀门开度，使各个环路的回水温度重新恢复到稳定时的值。

（2）负荷侧总流量增大

当一些环路末端负荷增加时，比如增开部分末端设备，将使负荷侧所需的总流量增大，此时，如果供水流量仍保持不变，则会引起分水器与集水器之间的压差降低。计算机根据检测到的压差变化以及各个环路回水温度、分水器供水温度 T_i 和集水器回水温度 T_o 的情况，预测系统负荷的变化，并通过水力平衡控制器调节循环水泵的运行频率，增大系统的供水流量，使分水器与集水器之间的压差恢复到稳定运行时的压差值。同时监测各个环路回水温度的变化，并按前述方法调节相关环路的电动阀门开度，使各个环路的回水温度重新恢复到稳定时的值。

（3）负荷侧总流量基本不变

当一些环路水流量减小而另一些环路水流量增加时，负荷侧的水流量不会发生大的变化，分水器与集水器之间的压差也不会发生大的变化，但各个环路的回水温度会产生变化。此时，计算机根据检测到的环路温度变化，并按前述方法调节相关环路的电动阀门开度，使其回水温度重新恢复到稳定时的值。

3.8.2.3　基于能量分配平衡的动态水力调节的优点

中央空调系统是一个动态多变的系统，负荷的变化和环境的变化都会导致各个制冷环路对冷量需求的变化。现有的基于压差恒定或流量恒定的水力平衡控制方法，都难以适应这种动态性，具有较大的应用局限性。

基于能量分配平衡的动态水力平衡控制，是中央空调水输送技术领域的一项创新技术，它根据各个环路负荷（回水温度）的变化，动态分配各个环路的水流量并相应调节冷源侧的供水流量，用动态的方法去解决动态水力失调问题。因此，它更科学、更合理，效果也更好。它具有以下优点：

（1）实现全系统的动态水力平衡

基于能量分配平衡的动态水力平衡控制，与现有的采用单个阀门的局部性水力平衡理念完全不同，它是一种从整个水系统全局水力工况出发的系统性的水力平衡控制，不仅调节各个环路的用水流量，而且调节冷源侧的供水流量，从而实现从冷源侧到负荷侧全系统的动态水力平衡。

（2）实现冷量均衡分配，提高空调舒适度

基于能量分配平衡的动态水力平衡控制，以满足末端冷量需求为目标，实时跟踪检测各个环路的回水温度（即负荷）变化，动态分配和调节各个环路的水流量，以满足其对冷量的动态需求，使每个环路都能获得各自需要的冷量，从而实现冷量的供需平衡和制冷效果平衡。可在系统开机或空调负荷发生变化时，迅速实现各个环路的水力分配平衡，加快末端空调效果达到预期设定要求的速度，有效改善因水力失衡所导致的末端制冷速度慢的问题，还可减小空调区域的温度波动，提高空调的舒适度。

（3）节能降耗，提高系统运行的经济性

一般情况下，水力平衡系统的能耗比不平衡系统的能耗少10%左右。基于能量分配平衡的动态水力平衡控制，可有效减小因水力不平衡所导致的空调水流量增加，避免“大流量、小温差”现象发生，为降低冷冻水运载能耗挖掘更大节能空间，有效降低系统能耗，提高系统运行的经济性。此外，采用基于能量分配平衡的动态水力平衡控制，无需再采用同程式管道设计，可以大大节约初期投资。

（4）提供灵活的能量分配调控手段

大型建筑的各个空调区域功能的相对独立性，空调负荷特征的差异性，以及影响因素的不确定性，导致各个空调环路的冷量需求也各不相同。因此，有必要对各个环路提供不同的冷量供应。基于能量分配平衡的动态水力平衡控制，为空调能量的分配和管理提供了一种灵活的调控技术手段，使空调管理者可以根据各个空调环路的不同需求以及需求的时变性，分别提供不同的空调服务质量，在冷量有限的情况下保证重点环路的冷量供应，或不同时段对不同环路进行不同的冷量控制，以确保每个环路重要时段的冷量供应，从而使冷量得到更合理的分配和利用。

第 4 章

制冷机房的精细化设计

4.1 制冷机房的系统组成

4.1.1 制冷主机

4.1.1.1 离心式冷水机组

空调用离心式冷水机组，由离心式制冷压缩机、蒸发器、冷凝器、主电动机、抽气回收装置、润滑系统、控制柜和起动柜等组成。这些部件的组成有的采用分散型组装，但大部分为各部件组合在一起的“组装型”机组（图 4-1）。

图 4-1 离心式冷水机组

机组分为全封闭式、半封闭式、开启式三种。全封闭式机组具有制冷量小、气密性好、结构简单、噪声低、振动小等特点。半封闭式机组具有结构紧凑、占据空间和面积小、对基础要求不高、运输管理方便等优点，且有较大的制冷量。对化工用的制冷机组，由于为多级压缩机、功率大、制冷系统也比较复杂，一般均采用开启式机组。

离心式压缩机由转子、定子和轴承等组成。叶轮等零件套在主轴上组成转子，转子支承在轴承上，由动力机驱动而高速旋转。定子包括机壳、隔板、密封、进气室和蜗室等部件。隔板之间形成扩压器、弯道和回流器等固定元件。只有一个叶轮的离心式压缩机称为单级离心式压缩机，有两个以上叶轮的称为多级离心式压缩机。

叶轮是离心式压缩机的关键部件，有闭式、半开式和开式三种。闭式叶轮由叶片、轮盖和轮盘组成。半开式叶轮没有轮盖，有轮盘。开式叶轮没有轮盖和轮盘，叶轮在轴上。当叶轮高速旋转时，由于叶片与气体之间力的相互作用，主要是离心力的作用，气体从叶轮中心处吸入，沿着叶道（叶片之间通道）流向叶轮外缘。叶轮对气体做功，气体获得能量，压力和速度提高。然后，气体流经扩压器等通道，速度降低，压力进一步提高，即动能转变为压力能。由扩压器流出的气体进入蜗室输送出去，或者经过弯道和回流器进入下一级继续压缩。在整个压缩过程中，气体的比容减小，温度增加。温度增加后，压缩气体需要消耗更多的能量。为了节省功率，多级离心式压缩机在压力比大于 3 时常采用中间冷却。被中间冷却隔开的级组称为段。气体由上一段进入中间冷却器，经冷却降低温度以后再进入下一段继续压缩。中间冷却器一般采用水冷。每个机壳所包含的部分称为缸。

离心式冷水机组工作时通过吸气室将要压缩的气体引入叶轮，气体在叶轮叶片的作用下作高速旋转，由于受离心力的作用使气体提高压力和速度后引出叶轮周边，导入扩压器；扩压器将速度能转化为压力能；扩压后的气体在蜗壳里汇集起来后被引出机外，这就是离心式冷水机组的压缩原理。

当用户的冷量需求量很大时，选用离心式冷水机组比较合适。离心式冷水机组无往复运动部件，它的动力平衡特性好、运行平稳、振动小、噪声较低，对基础的要求也比较简单，而且因为无进排气阀、活塞、气缸等磨损部件，所以故障少、工作可靠、寿命长，维护费用低。这种系统的单机制冷能力大、性能系数高、结构紧凑、质量轻、占地面积也很小。

由于离心式冷水机组的特定工作原理，在低负荷下运行时，当流量减小至最小流量点时，容易发生离心机特有的现象——喘振，喘振是压缩机一种不稳定的运行状态。压缩机发生喘振时，将出现气流周期性振荡现象，带给压缩机严重的损坏，会导致严重后果。喘振是离心式压缩机这种速度式压缩机本身的固有特性。

离心式冷水机组长时间运行后会出现不能满负荷运行、喘振、蒸发温度偏低、冷凝温度偏高、电机电流偏高等现象，导致其制冷能力下降。机组性能下降的主要原因有制冷剂化学、热力性能发生变化，润滑油变质，换热面热阻过大，系统密封不良，制冷剂系统和水系统相互渗透等。

4.1.1.2 磁悬浮离心式冷水机组

磁悬浮离心式冷水机组的核心是磁悬浮离心压缩机，其主要由叶轮、电机、磁悬浮轴承、位移传感器、轴承控制器、电机驱动器等部件组成（图 4-2）。

图 4-2　磁悬浮离心式冷水机组

磁悬浮离心压缩机采用磁悬浮轴承，利用磁力作用使转子处于悬浮状态，在运行时不会产生机械接触，不会产生运转摩擦损耗，从而无需润滑系统，免除了润滑油系统的各种问题。因此磁悬浮离心压缩机可以实现更高转速运行，从而在减小叶轮直径的同时，还能实现一定容量、高压比运转，使磁悬浮离心式冷水机组的各项性能均得到提升，具有制冷效率高、调节范围大、体积小、应用灵活、噪声低、寿命长等特点。

1. 磁悬浮变频离心式冷水机组技术特点

（1）磁悬浮冷机的换热效率比传统离心机高。传统离心机轴承系统需要润滑油，在运行过程中润滑油会随制冷剂循环进入换热器中，形成的油膜增大了换热热阻。而无油的磁悬浮冷机没有润滑油渗透进制冷剂中，从而提高了换热器的换热效率，消除了润滑油带来的冷机性能衰退。

（2）磁悬浮冷机与传统离心机相比具有更大的调节范围，体积小，应用灵活。由于无需考虑润滑油回油的压差问题，变频调节的磁悬浮冷机可以实现冷水高温出水和冷却水低温进水的小压缩比工况，能够实现 10%负荷工况到满负荷工况的无级调节。另外，由于在运行时不会产生摩擦，磁悬浮压缩机转速显著提高。实际产品中，磁悬浮离心压缩机转速达到每分钟 15000～38000 转。转速的提高减小了压缩机叶轮的尺寸，压缩机的体积和质量显著下降，使得磁悬浮冷机的应用更加灵活。

（3）磁悬浮冷机在小压比、部分负荷下效率更高。传统定额离心机在部分负荷下通过减小导叶阀开度降低制冷量。由于导叶阀开度减小，蒸发压力降低，在冷却侧环境不变的情况下，压缩机压比有一定上升。同时，由于容积效率降低等原因导致压缩机效率降低，使得传统定频离心机制冷能效逐渐降低。

而对于磁悬浮冷机，在部分负荷下，首先通过降低转速来减少出力，此时导叶阀全开，由于不存在节流的问题，使得压缩机压比逐渐减小，同时压缩机效率近似不变，使得磁悬浮冷机制冷能效随着负荷率的降低逐渐上升。当负荷率降低到 40%左右时，磁悬浮冷机开始关闭导叶阀，此时制冷能效会有所降低。

另外，由于定频离心机在接近额定工作点的热力完善度最高，随着压比的降低，其热力完善度逐渐减小。而对于磁悬浮冷机，其设计理念为通过超高转速实现大制冷容量，因而其额定制冷量对应工况的热力完善度并不是最高点，而是在部分负荷、部分压比下达到最高点。因此随着蒸发温度的升高，冷凝温度的下降，磁悬浮冷机 *COP* 提高幅度比传统离心机更大。

而对于传统变频离心机，同样在部分负荷时，首先通过降低压缩机转速调节制冷量，由于其轴承系统需要润滑油润滑，压缩机变频后受到回油的影响，其运行可靠性和能效有所下降。

（4）磁悬浮冷机的振动小、噪声低，满载噪声为 60～70dB(A)。无油系统免去了该部分的定期维护保养与故障检修工作，提高了系统的可靠性和设备使用寿命，比传统机械轴承更加持久耐用，寿命在 25 年以上。

2. 磁悬浮冷机在实际应用时的特点

（1）对供冷能效较低的冷水机组节能改造效果明显。通过改造案例效果分析发现，磁悬浮冷机对能效较低的冷水机组节能改造具有一定的可行性。在整个供冷季运行过程中，冷水机组大部分时间都是部分负荷运行，因而磁悬浮压缩机在部分负荷的性能优势得到了充分体现，实测磁悬浮冷机供冷季平均 *COP* 多在 8.0 左右，相比于活塞式、螺杆式冷水机组和吸收式直燃机等，具有很好的节能效果，适合开展节能改造。对于数据中心等全年需要供冷的末端，加装磁悬浮冷机，与大系统分离开来单独控制，提高供水温度，特别在冬季室外温度较低的情况下，小压缩比的工作环境使得磁悬浮冷机运行能效进一步提升，节能效果更加明显。

(2) 占地面积小和质量轻，应用灵活，适合分散设置，便于高层建筑或老旧建筑改造。一些需要更换空调冷源的改造工程项目，因年代较久改造条件较差、原有机组无法拆除等原因空间和通道狭小，传统的螺杆机和离心机进入原有的机房难度较大；或者机房位于高层建筑高区的项目，将冷水机组运送至高区机房会产生过高的吊装运输费用。模块化磁悬浮冷机占地面积和质量都很小，运输安装更为灵活，可以大大降低运输安装难度和成本，在既有建筑改造项目中的优势较为明显。模块化磁悬浮冷机可以灵活地放置在屋顶、地下室或中间层内，进一步减小设备机房面积，节省初投资。

(3) 可较好应对设计负荷过大和负荷需求大范围变化情况。国内空调系统设计周期普遍偏短，尤其是数量众多的中小型建筑，业主对空调系统设计的重视程度不够，不愿为其优化设计投入额外的时间和金钱，设计人员往往根据经验指标对空调冷负荷进行简单估算，不会多花时间使用模拟计算软件详细计算全年负荷特性，也不会根据建筑实际参数对空调系统进行多方案的设计优化，导致投资不少、标准不高、效果不好、费用不低。特别是冷源设备选型比实际峰值需求偏大很多，许多建筑实际运行的尖峰负荷只有装机容量的1/2～2/3，导致冷机大多数时间在很低的负荷率下运行，效率很低。磁悬浮冷机由于其能够提供很大的冷量调节范围，可以较好地解决这些问题。

4.1.1.3 水冷螺杆式冷水机组

水冷螺杆式冷水机组主要由螺杆压缩机、冷凝器、干燥过滤器、热力膨胀阀、蒸发器、油分离器以及自控元件和仪表等组成（图 4-3）。与活塞式和离心式机组相比，螺杆式冷水机组一般应用于中、小制冷量范围。

图 4-3　水冷螺杆式冷水机组

为了适应空调系统负荷变化而机组出水温度仍需保持恒定的要求，螺杆式冷水机组是通过能量调节来完成这一任务的。控制系统首先检测机组的出水温度，再与设定值比较，然后发出能量调节指令，使机组的制冷量相应地增加或减少。螺杆式冷水机组的能量调节通过调节排气量来调节制冷量，主要由压缩机的能量调节机构来实现。

螺杆式压缩机结构简单，易损件少，能在大压力差或压力比的工况下运行，排气温度低，对制冷剂中含有大量的润滑油（常称为湿行程）不敏感，有良好的输气量调节性。

螺杆式压缩机汽缸内装有一对互相啮合的螺旋形阴阳转子，两转子都有几个凹形齿，两者互相反向旋转。转子之间和机壳与转子之间的间隙为 5～10 丝（丝是机械行业人们的俗称，1mm 等于 100 丝），主转子（又称阳转子或凸转子），通过发动机或电动机驱动（多数为电动机驱动），另一转子（又称阴转子或凹转子）是由主转子通过喷油形成的油膜进行驱动，或由主转子端和凹转子端的同步齿轮驱动。所以驱动中没有金属接触（理论上）。转子的长度和直径决定压缩机排气量（流量）和排气压力，转子越长，压力越高；转子直径越大，流量越大。

螺旋转子凹槽经过吸气口时充满气体。当转子旋转时，转子凹槽被机壳壁封闭，形成压缩腔室，当转子凹槽封闭后，润滑油被喷入压缩腔室，起密封、冷却和润滑作用。当转子旋转压缩润滑剂＋气体（简称油气混合物）时，压缩腔室容积减小，向排气口压缩油气混合物。当压缩腔室经过排气口时，油气混合物从压缩机排出，完成一个吸气—压缩—排气过程。

螺杆式压缩机具有尺寸小、质量轻、易维护等特点，是制冷压缩机中发展较快的一种机型。一方面，螺杆线型、结构设计有了长足的进步；另一方面，螺杆转子专用铣床，特别是磨床的引进，提高了关键零件的加工精度与加工效率，使得螺杆压缩机的性能得到了有效提高。当前，螺杆压缩机主要应用于压缩空气和中型制冷热泵空调系统。由于螺杆式压缩机工作可靠性的不断提高，使之在中等制冷量范围内已逐渐替代往复式压缩机，并占据了离心式压缩机的部分市场。

4.1.1.4　变频式冷水机组

变频（改变驱动电机的转速）是一种节能方式，根据设定供冷量的需求，自动调整冷水机组的制冷量，使其达到经济运行、自动控制、安全节能的目的。

图 4-4　变频式冷水机组

变频式冷水机组（图 4-4）的变频压缩机，是指相对转速恒定的压缩机而言，通过一种控制方式或手段使其转速在一定范围内连续调节，能连续改变输出能量的压缩机。变频式压缩机可以分为两部分，一部分是变频控制器，就是我们常说的变频器；另一部分是压缩机。变频控制器的原理是将电网中的交流电转换成方波脉冲输出。通过调节方波脉冲的频率（即调节占空比），就可以控制驱动压缩机的电机转速。频率越高，转速也越高。变频控制器还有一个优点是，驱动电机起动电流小，不会对电网造成大的冲击。

相对恒速冷水机组，全变频式冷水机组一次投资费用较高。在应用中，这部分的成本是可以抵消的。通过对冷水机组运行和排热设备运行进行优化，全变频式冷水机组在部分负荷下运行更有效，降低了能耗，也就是在全年运行费用上可以降低成本。此外，配备全变频式冷水机组可以减少发电机的容量，也降低了成本。总之，变频技术是一项很具有潜力的节能技术，既节约了机组的运行能耗，又改善了机组的运行性能。

变频离心式冷水机组、磁悬浮变频离心式冷水机组和变频螺杆式冷水机组是当前普遍使用的三种变频式冷水机组。

1. 变频离心式冷水机组

与恒速离心式冷水机组相比，变频离心式冷水机组在实际应用中运行性能好，节能效果显著。

恒速离心式冷水机组在部分负荷状态下时，是通过导流叶片调节、进口节流调节等方式来实现制冷量调节的。进口节流调节经济效益较差；而导流叶片略微关闭时，改变了气流进入叶片的方向，从而使压缩机的效率略有提高，导流叶片调节在一定范围内调节时还是比较合理的，但当导叶开度小于30％时，节流作用明显增加，效率大为下降，浪费了能源。

变频离心式冷水机组在部分负荷下仍能保持较高效率。针对离心式冷水机组是速度型机组这一特点，变频离心式冷水机组根据冷水出水温度和压缩机压头来优化电机转速和导流叶片开度，保持较高效率。在部分负荷工况下，在电机降低转速的同时，实际压头也比设计压头要低，这样压缩机无需消耗无谓的能量来过度加速制冷剂气体，因此降低了能耗。

对于离心式冷水机组而言，在机组处于低负荷时，容易发生喘振，导致机组运行处于危险状态。变频离心式冷水机组能同时控制压缩机的转速和导流叶片的开度，较精确预测离心机的喘振点，允许机组在喘振点附近正常工作，在10％～100％的负荷内避免喘振的发生，从而能保证机组在低负荷时正常工作。

变频离心式冷水机组除了在节能上的优势外，它的启动性能也十分优异。启动电流绝不会超过满负荷工作电流，同时也降低了对电机和压缩机的磨损。由于对冲击电流有非常好的限制作用，选用较小容量的变压器、电动机就能满足要求，节省了费用。

2. 磁悬浮变频离心式冷水机组

详见4.1.1.2。

3. 变频螺杆式冷水机组

传统的定频螺杆式机组只可以通过调节阴转子或滑阀调节机组能量输出，60％负荷下无法实现无级调节，在低负荷需求时效率比较低，不能满足机组在部分负荷下的节能要求；变频螺杆式机组一般采用固定滑阀在最大位置基础上只调节频率的方法，这种方法可以部分提升机组效率，但是相比既调频率又调滑阀的方法部分负荷调节范围相对要窄，而且在某些工况下出现电流限制时不能为外界需求提供足够的能量。在这种情况下，采用卸载滑阀同时提高频率的方法既可以满足客户需求又可以保证电流不超限制。

目前变频控制就采用了频率滑阀协调控制的算法，压缩机阴转子上载后工作在最低频率下，这样单个压缩机可以在30％～100％负荷内实现无级调速；之后机组进入滑阀和频率的协调控制阶段，加载时优先加载滑阀，待滑阀位置达到最大时再开始加载频率；卸载时优先卸载频率，当频率降到最低时开始卸载滑阀。

装有变频驱动装置的螺杆冷水机组采用独特的自适应冷量控制逻辑，根据工况变化同步调节电机转速、滑阀开度、滑块位置以及节流阀开度，使滑阀位置、压缩机转速、内容积比以及蒸发器供液量始终保持最佳匹配，从而保证机组始终在最佳工况下运行。

螺杆式冷水机组采用变频调节的方法在较大负荷范围内均能实现经济运行，尤其在低负荷下节能效果更加显著，达到了节能的预期目标；通过对能量调节方法的优化匹配，使机组的负荷调节范围增大；同时，把机组的过流保护功能整合到协调控制算法内实现，可以提高机组运行的安全性和可靠性。机组安装变频器后可以大大提高机组部分负荷性能，使机组始终处于节能高效的运行状态，可以降低机组启动电流，避免机组频繁启停。

4.1.2　空调用水泵

4.1.2.1　空调水系统水泵的种类

目前空调冷冻水系统、冷却水系统及热水系统的循环水泵都是直联传动的单级清水离心泵，所配电机一般为三相异步电机，因此，根据电机的特性，水泵的额定转速有两种，即：1450r/min 和 2900r/min。循环水泵的形式分为：卧式泵和立式泵（图 4-5）。

1. 卧式泵

卧式泵的优点是便于维修，缺点是占地面积大、水泵的动平衡不好时振动较大，需要做严格的减振设计。在冰蓄冷乙二醇系统中，由于乙二醇的腐蚀作用，运行几年的卧式泵动平衡常常会被破坏，使振动加剧。将其设置在居住建筑地下室及医院的大型医疗设备（核磁、CT、直线加速器）附近时，需要特别注意其振动的影响。

小流量的卧式泵一般采用端吸泵，大流量（大于 700m^3/h）的一般采用双吸泵。

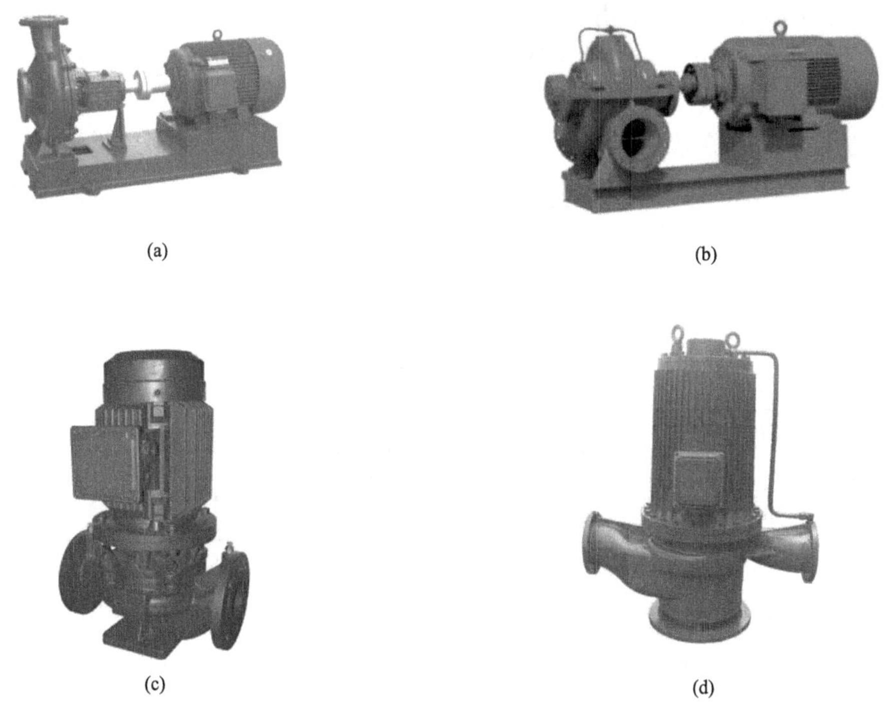

图 4-5　暖通空调常用离心泵

（a）卧式端吸离心泵；（b）卧式双吸离心泵；（c）立式离心泵；（d）立式屏蔽离心泵

2. 立式泵

（1）普通立式泵。立式泵的优点是占地面积小，基本上无振动。运行中的立式泵像陀螺一样有自平衡作用。缺点是大流量的立式泵电机较重，不宜拆卸更换轴封。目前有采用联轴器分离设计的立式泵可以解决这个问题。

（2）屏蔽泵。屏蔽泵是立式泵的一种，它是将叶轮与电动机的转子连成一体装在同一个密封壳体内而形成的一种全封闭泵。普通离心泵的驱动是通过联轴器将泵的叶轮轴与电动机轴相连接，使叶轮与电动机一起旋转而工作，而屏蔽泵是一种无密封泵，泵和驱动电机都被密封在一个被泵送介质充满的压力容器内，此压力容器只有静密封，并由定子绕组来提供旋转磁场并驱动转子。这种结构取消了传统离心泵具有的旋转轴密封装置，故能做到完全无泄漏。

屏蔽泵的结构特点：泵的叶轮与电动机的转子在同一根轴上，没有联轴器和轴封装置，从根本上解决了被输送液体的外泄问题。屏蔽泵利用其输送的介质来对电机冷却，没有电机的冷却风扇，具有噪声低的特点。对于供热系统，由于冷却电机的水是热水，因此设计时需要采用耐高温的屏蔽泵。由于在电机的转子和定子之间存在两个屏蔽套，使得电机的定子与转子之间的间隙加大，造成电机的性能下降，同时在屏蔽套中还会产生涡流，增加了电机的铁损，所以屏蔽泵的效率通常低于端吸机械密封离心泵。

4.1.2.2 水泵的节能标准

正规的厂家样本都会给出水泵的效率、电机的效率，两者的乘积就是水泵的总效率。有关水泵节能的国家标准有《清水离心泵能效限定值及节能评价值》GB 19762—2007，该标准给出了泵的最低能效限定值和判定为节能泵的效率值。前者是强制的，后者为非强制的，用于节能认证。该标准用于水泵制造。

当流量在 5～10000m^3/h、比转速在 20～300r/min 范围内时，单级清水离心泵的能效限定值见表 4-1。由表 4-1 可以看出，在中央空调常用的流量范围 Q 为 200～1500m^3/h 内，水泵的能效限定值都可以达到 80%以上。

单级清水离心泵的能效限定值　　表 4-1

Q(m^3/h)	5	10	15	20	25	30	40	50	60	70	80
基准值 η(%)	58	64	67.2	69.4	70.9	72	73.8	74.9	75.8	76.5	77
能效限定值 η_2(%)	56	62	65.2	67.4	68.9	70	71.8	72.9	73.8	74.5	75
Q(m^3/h)	90	100	150	200	300	400	500	600	700	800	900
基准值 η(%)	77.6	78	79.8	80.8	82	83	83.7	84.2	84.7	85	85.3
能效限定值 η_2(%)	75.6	76	77.8	78.8	80	81	81.7	82.2	82.7	83	83.3
Q(m^3/h)	1000	1500	2000	3000	4000	5000	6000	7000	8000	9000	10000
基准值 η(%)	85.7	86.6	87.2	88	88.6	89	89.2	89.5	89.7	89.9	90
能效限定值 η_2(%)	83.7	84.6	85.2	86	86.6	87	87.2	87.5	87.7	87.9	88

注：1. 表中单级清水离心泵的流量 Q 是指全流量值；

2. 基准值是当前泵行业较好产品效率平均值。

比转速（n_s）：比转速是在相似定律的基础上导出的一个包括流量、扬程和转数在内的综合特征数，它是计算泵结构参数的基础。一台泵只有一个比转速，变转速时比转速不变。比转速并不具有转速的物理概念，它是由相似条件得出的一个综合性参数，但它本身不是相似准则。保持相似的两台机器，比转速相等；然而两台机器比转速相等却不一定相似。比转速随运行工况而变，一般所指的机器比转速是按最高效率点或额定工况点的参数计算的。比转速由下式计算：

$$n_s = \frac{3.65n\sqrt{Q}}{H^{3/4}} \tag{4-1}$$

式中　Q——流量，m^3/s（双吸泵计算流量时取 $Q/2$）；

H——扬程，m；

n——转速，r/min。

4.1.2.3　空调系统循环泵选型时依据的参数

1. 流量，扬程

高扬程的泵用于低扬程，会出现流量过大、导致电机超载的情况，若长时间运行，电机温度升高，甚至会烧毁电机。小流量泵在大流量下运行时，会产生气蚀，泵长时间气蚀，影响水泵过流部件的寿命。

2. 水泵的工作压力

空调系统循环泵一般要求在管路上的电动阀门开启之前启动，这样可以防止水泵启动时，因启动电流过大而过载，导致跳闸情况发生。因此，水泵的工作压力＝水泵在管路阀门关闭时的扬程＋水泵入口静压。水泵在管路阀门关闭时的扬程如图 4-6 所示。

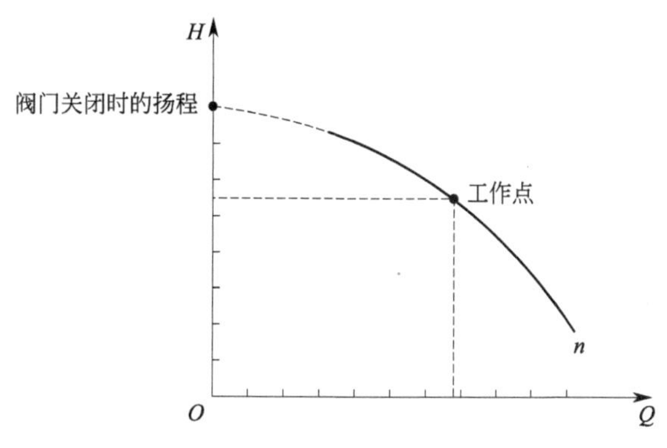

图 4-6　阀门关闭时的水泵扬程

3. 介质类型

介质类型，如：水、乙二醇等，要考虑介质的特性对选型的影响，如：密度、黏度、腐蚀性等。

（1）密度：离心泵的流量、扬程、效率都与密度无关；

（2）黏度：介质的黏度对泵的性能影响很大，黏度过大时，泵的压头（扬程）减小，流量减小，效率下降，泵的轴功率增大。一般样本上的参数均为输送清水时的性能，当输送黏性介质（如乙二醇等）时应进行换算。

4. 介质温度

高温介质需考虑密封材料的选择及材料的热膨胀系数。介质温度偏低时，考虑采用低温润滑油和低温电机。如：应用在供热系统的屏蔽泵，采用被输送的热水来为电机冷却，需要特殊的结构材料设计。

5. 水泵的效率

空调水泵的选择应当使其设计工况点在高效率区域内。

4.1.2.4 变频水泵的选择

由于设计师在选择水泵时都要将其流量、扬程乘以 1.1 的安全系数，这样一来就使得其最高效率点偏到 A 点的右上方，而真正的工作点却不是最高效率点（图 4-7）。对于一般的定流量系统这种偏差不是很大，但是对于一次泵变流量空调冷冻水系统情况可能就大不相同。

图 4-7 中，曲线 n、$n_1 \cdots n_n$ 为变频冷冻水泵在不同转速下的性能曲线，曲线 a 为设计工况管路曲线，A 点为设计工况点，曲线 b 为运行曲线，即水泵在变频调节时各个运行工况点的集合。因为随着空调负荷的变化，变流量系统的变频冷冻水泵多数时间是工作在 65%～85%的负荷状态。水泵只有在工作时间最多的时段运行效率最高才是最节能的。而不是仅仅保证设计工况的效率最高。因此要达到节能运行的目的，水泵的最高效率应该在曲线 b 上的 1～2 段之间，图中 η_{max}（1～2），这一区间应该是在 A 点的左下方。因此对于变频泵选型时，应根据其长期运行的区间，对其最高效率点的位置进行复核。至少应该在设计工况点的左下方，而不是在设计工况点的右上方。

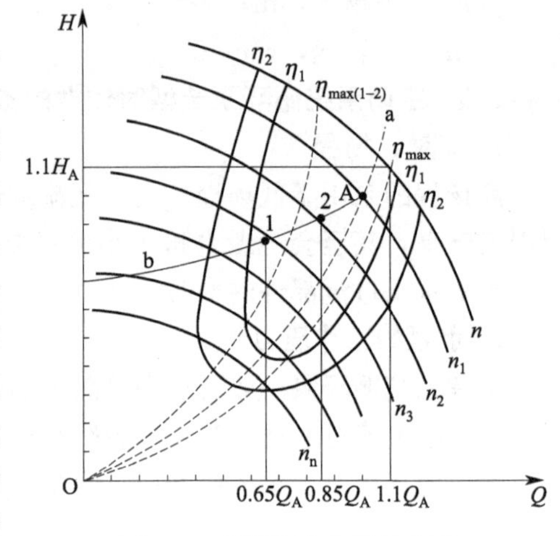

图 4-7　变频冷冻水泵的选型

4.1.3 冷却塔

中央空调制冷过程中产生的热量，一般利用冷却水来带走，而冷却水中携带的热量是通过冷却塔散发到大气中去的。

1. 冷却塔的分类

按通风方式分为自然通风冷却塔、机械通风冷却塔、混合通风冷却塔。自然通风冷却塔是靠塔内外的空气密度差或自然风力形成的空气对流作用进行通风的冷却塔。机械通风冷却塔是靠风机进行通风的冷却塔。

按水和空气的接触方式分为干式冷却塔、湿式冷却塔、干湿式冷却塔。干式冷却塔是水和空气不直接接触，只有热交换的冷却塔。湿式冷却塔是水和空气直接接触，热交换与质交换同时进行的冷却塔。干湿式冷却塔是由干式、湿式两部分组成的冷却塔。

按水和空气流动方向的相对关系分为逆流式冷却塔、横流（交叉）式冷却塔、混流式冷却塔。逆流式冷却塔的水流从塔内上部向下喷淋，空气则从下部的进风区进入塔内，从下往上流动，通过淋水填料后从顶部的出风口流出，气流方向与水流方向相反。横流式冷却塔的水流从塔内上部向下喷淋，空气则从侧面进风区进入塔内，水平流动通过淋水填料，气流与水流交叉，因此，又称为交叉式冷却塔。逆流式冷却塔安装面积小，但高度较高；横流式冷却塔的安装面积和质量比逆流式大，焓移动系数比逆流式小，但高度低，常用于高层建筑屋顶等高度有限制的场合。常见的圆形逆流式冷却塔和方形横流式冷却塔的结构外形分别如图 4-8 和图 4-9 所示。

图 4-8　圆形逆流式冷却塔

图 4-9　方形横流式冷却塔

机械通风冷却塔按风机的安装位置不同又分为抽风式冷却塔和鼓风式冷却塔。抽风式冷却塔将风机设置在冷却塔的出风口处；鼓风式冷却塔将风机设置在冷却塔的进风口处。

按噪声级别分为普通型冷却塔、低噪型冷却塔、超低噪型冷却塔、超静音型冷却塔。

以上介绍的冷却塔都是开敞式冷却塔，此外，还有密闭式冷却塔。

密闭式冷却塔是一个封闭的环路系统，由换热盘管及冷却塔内自循环水系统构成，如图 4-10 所示。工作时，载热冷却水在密闭式冷却塔的换热盘管内及冷水机组的冷凝器或吸收器之间循环流动。自冷凝器或吸收器中流出的高温冷却水，由冷却水泵加压输送到密闭式冷却塔的换热盘管中。冷却塔内自循环水系统的循环泵，将冷却塔底池中的水抽吸到上部的喷淋排管中，喷淋在换热盘管的外表面上，以蒸发吸取管内冷却水的热量，从而使冷却水的温度降低。与此同时，通过安装在塔顶的风机抽吸作用，使空气自下而上流经换热盘管，强化盘管外表面的放热，并带走蒸发所形成的水蒸气，以加速水分的蒸发，提高冷却效果。

密闭式冷却塔能够很好地保证盘管中循环水的水质。一般用于大气污染严重的地区或水环热泵系统、冷却塔直接供冷系统等。此外，在冬季或过渡季节，利用室外空气的低焓特点，不必启动冷水机组，通过密闭式冷却塔就可以直接为空调系统制备低温冷冻水，从而节省大量能源。

2. 变流量冷却塔

变流量冷却塔布水系统，在不同流量下，能够合理地均衡洒水，增加了冷却水泵的变频空间，提高了冷却塔换热效率。

变流量冷却塔系统能即时、自动感测制冷换热负荷和环境湿球温度，充分利用所有填料换热面积，在变流量的条件下，对应演算冷却塔的热力性能曲线，用最小的风机能耗，为制冷主机提供最佳回水温度，进而保证制冷主机在“环境气候、系统负荷”随时变化的条件下，始终运行在合理的 *COP* 能效范围内，达到真正的高效节能要求。

3. 冷却塔的安装设置原则

冷却塔是中央空调系统向大气排热的重要设备，其排热效果的好坏直接影响到空调系统的运行效率。为不影响冷却塔的排热能力和效果，冷却塔的安装设置既要考虑自身热工性能的需要，也要考虑周围环境的情况，其设置的原则是：

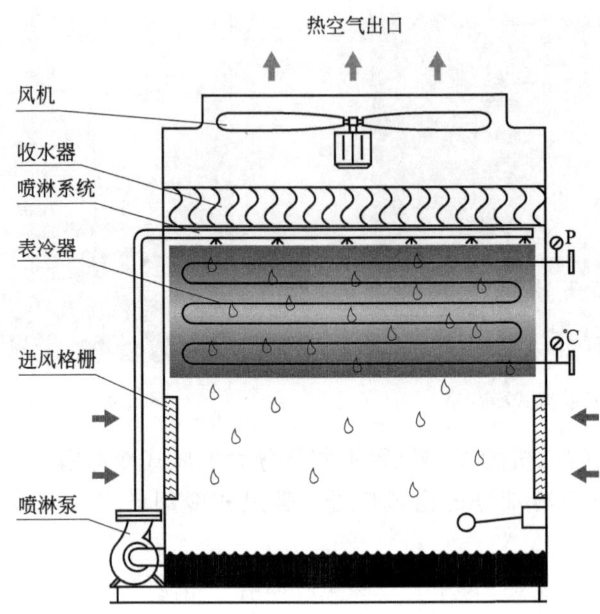

图 4-10 密闭式冷却塔示意图

(1) 冷却塔应设置在空气流通、风机出口无障碍的地方。

(2) 冷却塔应设置在噪声要求低和允许水滴飞溅的地方。

(3) 冷却塔设置在屋顶或楼板上时，应校核支承结构的承压强度。

(4) 冷却塔不应设置在热源、废气、烟气等有高温发生的地方，且应与之保持必要的距离。

(5) 开敞式冷却塔在工作过程中，水的蒸发和飘水使水损失很大，因此，冷却塔需要补水。其补给水量一般为冷却塔循环水量的1%～3%，且对水质有要求。

(6) 当多座冷却塔并联使用时，应设置进水干管和出水干管，注意因并联管路阻力不平衡所造成的水量分配不均现象，在各进水管上应设置阀门，用以调节水量。出水干管一般比进水干管大，以使各冷却塔出水均衡。

值得注意的是，启动冷却塔工作时，一定要先开循环水泵，再开风机。一般不允许在没有淋水的情况下启动冷却塔风机，因为无水时，收水板会刮到填料，使填料刮出被风所带走。当停止冷却塔工作时，程序正好相反，应先停止风机，再停止水泵。

4. 冷却水系统管路

(1) 冷却水泵的安装位置

空调冷却水系统大多数是开式系统，其冷却塔的扬程水位及大气压力是唯一可提供给冷却水泵吸入端的正压。因此，冷却水泵必须安装在冷水机组冷凝器的进水端，以减小系统的输送能耗。水泵的安装位置也应尽可能低，且尽可能靠近冷却塔。

(2) 冷却水系统配管时应注意事项

①所有配管的管径要能确保管内冷却水流速0.6m/s以上，以便任何从冷凝器产生的气体，可经由管路带至冷却塔排出。

②管路系统注水时，各个部分都应做好排气。

③冷却塔应安装于较高的位置，以确保在任何流量条件下，水泵吸入端都有正压存在。

④所有管道安装，都应低于系统排气水位，即低于冷却塔中的布水管口。

⑤冷却水泵吸入端的管道不能存在有向上弯曲的凸起。

⑥注意冷却塔的补水。

开敞式冷却塔由于存在溢流、飘水、蒸发、渗水等水损失，系统需及时补水。

溢流，是冷却塔中循环的水被排出的部分。飘水，是由于小水珠飘浮于排出的空气中而损失的循环水量。

由于冷却水的不断蒸发，一方面使从冷却塔流出的水流量总是略小于流入的水流量；另一方面还会使循环水中的不溶物质浓度持续地增加。而溢流和补水可以使循环水中不溶物质的浓度维持在一个最大可允许的范围内。

4.1.4　空调管道用阀门

4.1.4.1　闸阀

闸阀的启闭件是闸板，闸板的运动方向与流体方向相垂直，闸阀只能作全开和全关，不能作调节和节流。闸板有两个密封面，最常用的楔式闸阀的两个密封面形成楔形，楔形角随阀门参数而异。楔式闸阀的闸板可以做成一个整体，叫作刚性闸板；也可以做成能产生微量变形的闸板，以改善其工艺性，弥补密封面角度在加工过程中产生的偏差，这种闸板叫作弹性闸板（图 4-11）。

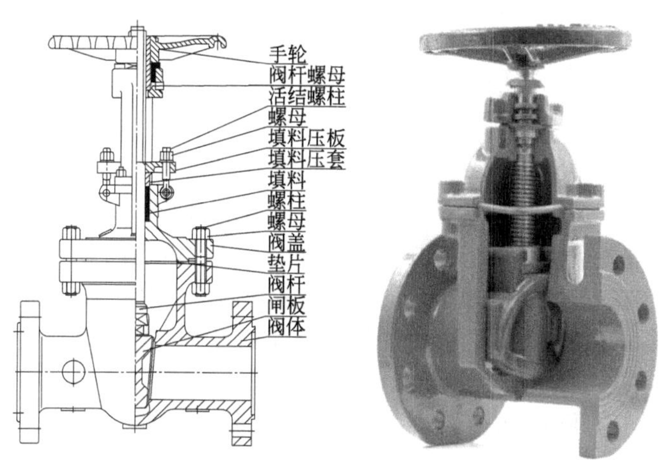

图 4-11　闸阀结构示意图及外观

1. 闸阀工作原理

闸阀关闭阀门时：法兰闸阀密封面可以只依靠介质压力来密封，即依靠介质压力将闸板的密封面压向另一侧的阀座来保证密封面的密封，这就是自密封。大部分闸阀是采用强制密封的，即阀门关闭时，要依靠外力强行将闸板压向阀座，以保证密封面的密封性。

闸阀开启阀门时：当法兰闸阀闸板提升高度等于阀门通径的 1.1 倍时，流体的通道完全畅通，但在运行时，此位置是无法监视的。实际使用时，是以阀杆的顶点作为标志，即开不动的位置，作为它的全开位置。

2. 闸阀的种类

法兰闸阀按密封面配置可分为楔式闸板式闸阀和平行闸板式闸阀，楔式闸板式闸阀又可分为单闸板式、双闸板式和弹性闸板式；平行闸板式闸阀可分为单闸板式和双闸板式。按阀杆的螺纹位置划分，可分为明杆闸阀和暗杆闸阀两种。

闸阀的闸板随阀杆一起做直线运动的，叫升降杆闸阀（亦叫明杆闸阀）。通常在升降杆上有梯形螺纹，通过阀门顶端的螺母以及阀体上的导槽，将旋转运动变为直线运动，也就是将操作转矩变为操作推力。为考虑温度变化出现锁死现象，通常在开到顶点位置上，再倒回 0.5～1 圈，作为全开闸阀的位置。因此，阀门的全开位置，按闸板的位置（即行程）来确定。有的闸阀，阀杆螺母设在闸板，手轮转动带动阀杆转动，而使闸板提升，这种阀门叫作旋转杆闸阀或暗杆闸阀。

3. 闸阀结构特点

（1）闸阀流体阻力小，不易为悬浮物所堵塞，密封面受介质冲刷和侵蚀小。

（2）开闭较省力。

（3）介质流向不受限制，不扰流、不降低压力。

（4）形体简单，结构长度短，制造工艺性好，适用范围广。

4. 闸阀应用范围

闸阀广泛用于国内钢铁、石油、化工、煤气、锅炉、造纸、纺织、医药、食品、船舶、供排水、能源、多晶硅、电力等行业工业管道中作介质切断和流通。法兰闸阀适用于公称压力 PN1.6～6.4MPa，工作温度－29～600℃的各种工况管路上，切断或接通管路介质，不能作调节和节流。闸阀适用介质为：水、油品、蒸汽、酸性介质等。

4.1.4.2 蝶阀

蝶阀又叫翻板阀，是一种结构简单的调节阀，可用于低压管道介质的开关控制。蝶阀可用于控制空气、水、蒸汽、各种腐蚀性介质、泥浆、油品、液态金属和放射性介质等各种类型流体的流动。在管道上主要起切断和节流作用。蝶阀启闭件是一个圆盘形的蝶板，在阀体内绕其自身的轴线旋转，从而达到启闭或调节的目的。其加工方便、造价低廉、操作简便，但调节精度差，适用于通风与空调系统中作开关或粗调节的场合。

蝶阀具有超独特的产品结构，特殊的浮动式阀座设计，依据压力源方向，自动调整阀座位置，达到阀门双面持压效果，并增加了阀座使用寿命，蝶阀使用寿命可达 50 万次以上，阀轴经过特殊防尘设计，防止了流体进入阀轴造成阀轴卡死的情况（图 4-12）。高性能蝶阀依不同工况，可选用不同材质及性能，阀座采用了 PTFE、RTFE、PEEK、

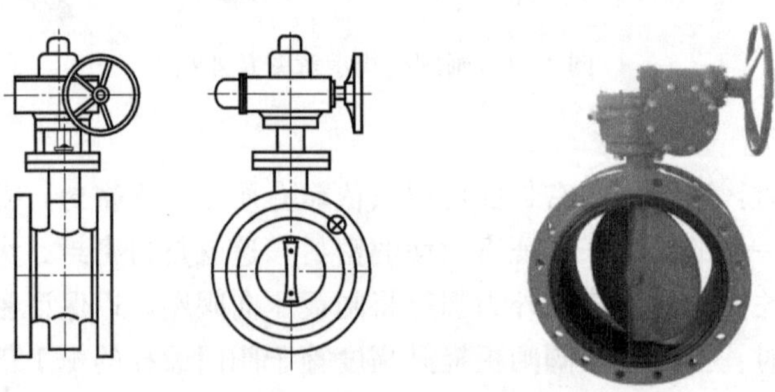

图 4-12　蝶阀结构示意图及外观

METAL 等材质，适用于石化、炼油、空分、CDA（数据分析）等工况。

蝶阀尤其适合制作大口径阀门，蝶阀的蝶板安装于管道的直径方向。在蝶阀阀体圆柱形通道内，圆盘形蝶板绕着轴线旋转，旋转角度为 0～90°之间，旋转到 90°时，阀门则呈全开状态。其结构简单、成本低，可调范围较大。

蝶阀密封是以橡胶为中介，它较半球阀、球阀、闸阀的金属硬密封性能相差甚远。蝶阀长期使用后，阀座也会产生微量磨损，它可以通过调整继续使用，阀杆和填料在启闭过程中阀杆只需旋转 90°，有泄漏迹象时，再压紧填料压盖的螺栓少许，即可实现盘根处无渗漏，而其他阀门至今仍然是小漏勉强用，大漏换阀门。

现有一种比较先进的蝶阀是三偏心金属硬密封蝶阀，阀体和阀座为连体构件，阀座密封表面层堆焊耐温、耐蚀合金材料。多层软硬叠式密封圈固定在阀板上，这种蝶阀与传统蝶阀相比具有耐高温，操作轻便，启闭无摩擦，关闭时随着传动机构的力矩增大来补偿密封，提高了蝶阀的密封性能及延长使用寿命。

蝶阀的特点是启闭速度较快，结构简单，造价低廉，但是严密性和承压能力不好。目前，蝶阀作为一种用来实现管路系统通断及流量控制的部件，已在石油、化工、冶金、水电等许多领域中得到极为广泛的应用。在已知的蝶阀技术中，其密封形式多采用密封结构，密封材料为橡胶、聚四氟乙烯等。由于结构特征的限制，不适应耐高温、高压及耐腐蚀、抗磨损等行业。

4.1.4.3　截止阀

截止阀的主要启闭部件是阀瓣与阀座，阀瓣沿着阀座中心线移动，通过改变阀瓣与阀座之间的距离，即可改变流道的截面积，从而实现对流量的控制和截断（图 4-13）。

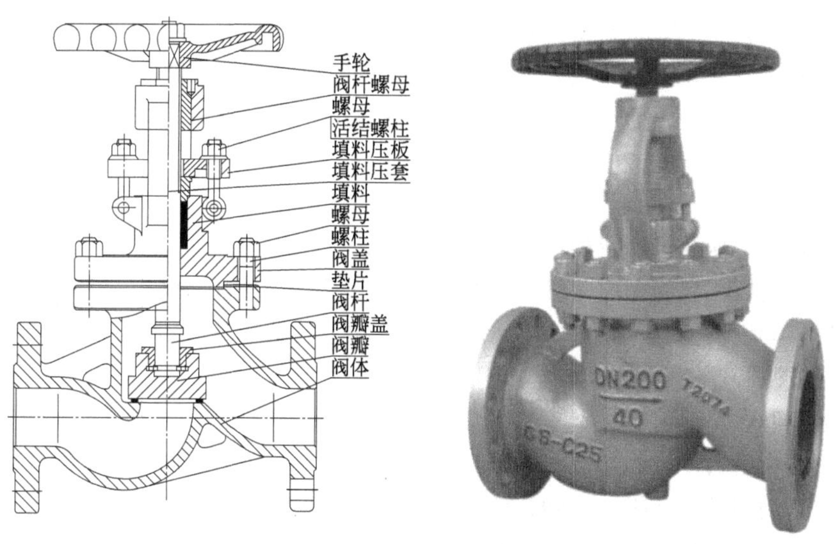

图 4-13　截止阀结构示意图及外观

截止阀属于强制密封式阀门，所以在阀门关闭时，必须向阀瓣施加压力，以强制密封面不泄漏。当介质由阀瓣下方进入阀门时，操作力所需要克服的阻力，是阀杆和填料的摩擦力与由介质的压力所产生的推力，关阀门的力比开阀门的力大，所以阀杆的直径要大，否则会发生阀杆顶弯的故障。

近年来，自密封的阀门出现后，截止阀的介质流向就改由阀瓣上方进入阀腔，这时在介质压力作用下，关阀门的力小，而开阀门的力大，阀杆的直径可以相应地减小。同时，在介质作用下，这种形式的阀门也较严密。我国阀门“三化给”曾规定，截止阀的流向，一律采用自上而下。

截止阀开启时，阀瓣的开启高度，为公称直径的 25%～30%时，流量已达到最大，表示阀门已达全开位置。所以全开位置，由阀瓣的行程来决定。

截止阀之所以广受欢迎，是由于开闭过程中密封面之间摩擦力小，比较耐用，开启高度不大，制造容易，维修方便，不仅适用于中、低压，而且适用于高压。

截止阀只许介质单向流动，安装时有方向性。结构长度大于闸阀，同时流体阻力大，长期运行时，密封可靠性不强。

手动截止阀的启闭件是塞形的阀瓣，密封面呈平面或海锥面，阀瓣沿阀座的中心线做直线运动。截止阀可用于控制空气、水、蒸汽、各种腐蚀性介质、泥浆、油品等各种类型流体的流动。非常适合作为切断及节流用。由于该类阀门的阀杆开启或关闭行程相对较短，具有非常可靠的切断功能。

1. 截止阀结构特点

(1) 手动截止阀结构先进、密封可靠、性能优良、造型美观。提高了阀杆的刚度，显著降低了噪声和振动，提高了阀门的使用寿命与各项性能。

(2) 截止阀可以安装在管道的任何位置上。

(3) DN250 以上采用先进的多密封，双支架，采用导向运动（能极大提高抗水锤冲击性能）、介质从上方进入，较好解决了大口径阀启闭力矩大，密封无法关严，填料室跑冒等问题，有力提高了阀门各项性能与使用范围。

(4) 适用于各类腐蚀性介质的管道，有良好的防腐蚀性和足够的强度。

(5) 法兰截止阀适用于耐高温的蒸汽、油品管道，具有耐高温特点。

2. 截止阀的安装与维护

(1) 手轮、手柄操作的截止阀可安装在管道的任何位置上；

(2) 手轮、手柄及传动机构不允许作起吊用；

(3) 安装时应注意使介质的流向与阀体上所指箭头的方向一致；

(4) 带传动机构的截止阀（如齿轮传动、电动、气动或液动等），均应按产品使用说明书的规定安装。

4.1.4.4 止回阀

止回阀是指启闭件为圆形阀瓣并靠自身质量及介质压力产生动作来阻断介质倒流的一种阀门。属自动阀类，又称逆止阀、单向阀、回流阀或隔离阀。阀瓣运动方式分为升降式（沿轴线移动）和旋启式（依重心旋转）。升降式止回阀与截止阀结构类似，仅缺少带动阀瓣的阀杆。介质从进口端（下侧）流入，从出口端（上侧）流出。当进口压力大于阀瓣质量及其流动阻力之和时，阀门被开启。反之，介质倒流时阀门则关闭。旋启式止回阀有一个斜置并能绕轴旋转的阀瓣，工作原理与升降式止回阀相似。止回阀常用作抽水装置的底阀，可以阻止水的回流。止回阀与截止阀组合使用，可起到安全隔离的作用。缺点是阻力大，关闭时密封性差。

1. 止回阀工作原理

启闭件靠介质流动的力量自行开启或关闭，以防止介质倒流的阀门叫止回阀。止回阀属于自动阀类，主要用于介质单向流动的管道上，只允许介质向一个方向流动，以防止发生事故。止回阀这种类型的阀门的作用是只允许介质向一个方向流动，而且阻止反方向流动。通常这种阀门是自动工作的，在一个方向流动的流体压力作用下，阀瓣打开；流体反方向流动时，由流体压力和阀瓣的自重和阀瓣作用于阀座，从而切断流动。

止回阀包括旋启式止回阀和升降式止回阀。旋启式止回阀有一个铰链机构，还有一个像门一样的阀瓣自由地靠在倾斜的阀座表面上。为了确保阀瓣每次都能到达阀座面的合适位置，阀瓣设计在铰链机构，以便阀瓣具有足够的旋启空间，并使阀瓣真正地、全面地与阀座接触。阀瓣可以全部用金属制成，也可以在金属上镶嵌皮革、橡胶或者采用合成覆盖面，这取决于使用性能的要求。旋启式止回阀在完全打开的状况下，流体压力几乎不受阻碍，因此通过阀门的压力降相对较小。升降式止回阀的阀瓣位于阀体上阀座密封面上，此阀门除了阀瓣可以自由地升降之外，其余部分如同截止阀一样，流体压力使阀瓣从阀座密封面上抬起，介质回流导致阀瓣回落到阀座上，并切断流动。根据使用条件，阀瓣可以是全金属结构，也可以是在阀瓣上镶嵌橡胶垫或橡胶环的形式。像截止阀一样，流体通过升降式止回阀的通道也是狭窄的，因此通过升降式止回阀的压力降比旋启式止回阀大些，而且旋启式止回阀的流量受到的限制很少。

2. 止回阀结构分类

按结构划分，可分为升降式止回阀、旋启式止回阀和蝶式止回阀三种。

（1）升降式止回阀分为立式和卧式两种。

（2）旋启式止回阀分为单瓣式、双瓣式和多瓣式三种。

（3）蝶式止回阀为直通式。

以上几种止回阀在连接形式上可分为螺纹连接、法兰连接、焊接连接和对夹连接四种。除上述止回阀外还有轴流式止回阀、静音式止回阀、球形止回阀、管道式止回阀、压紧式止回阀等。止回阀结构分类如图 4-14 所示。

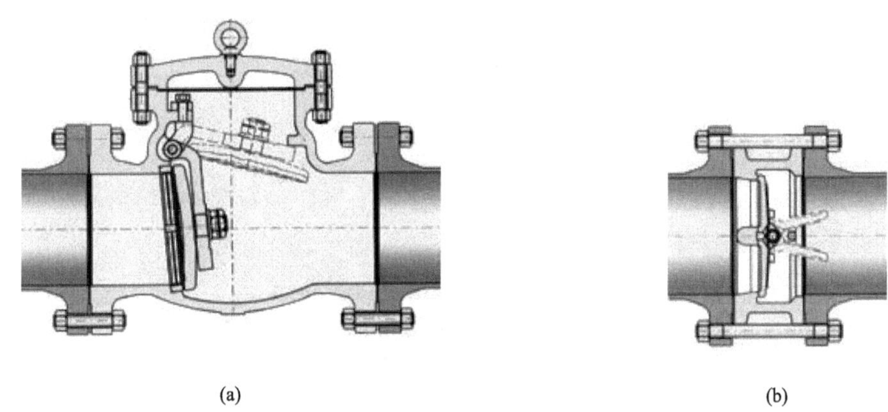

图 4-14　止回阀结构分类

（a）法兰单瓣旋启式止回阀；（b）对夹双瓣旋启式止回阀

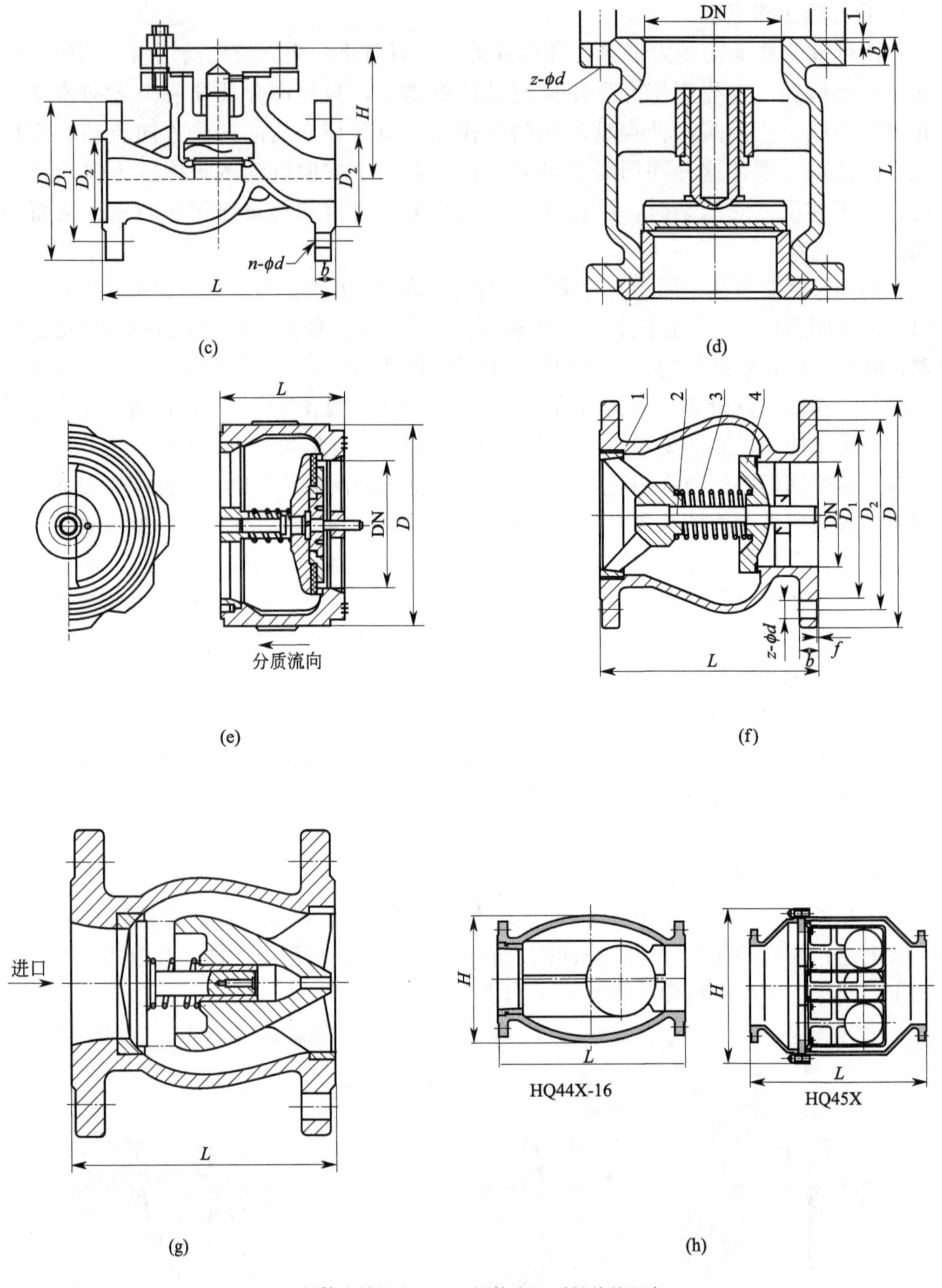

L—阀体有效长度；H—阀体中心到封盖的距离；

DN—接管公称直径（mm）；D，D_1，D_2—阀体结构尺寸；

1—阀体；2—阀轴；3—弹簧；4—阀瓣

图 4-14　止回阀结构分类（续）

（c）卧式升降式止回阀；（d）立式升降式止回阀；（e）对夹式消声止回阀；

（f）轴流式止回阀；（g）静音式止回阀；（h）球形止回阀

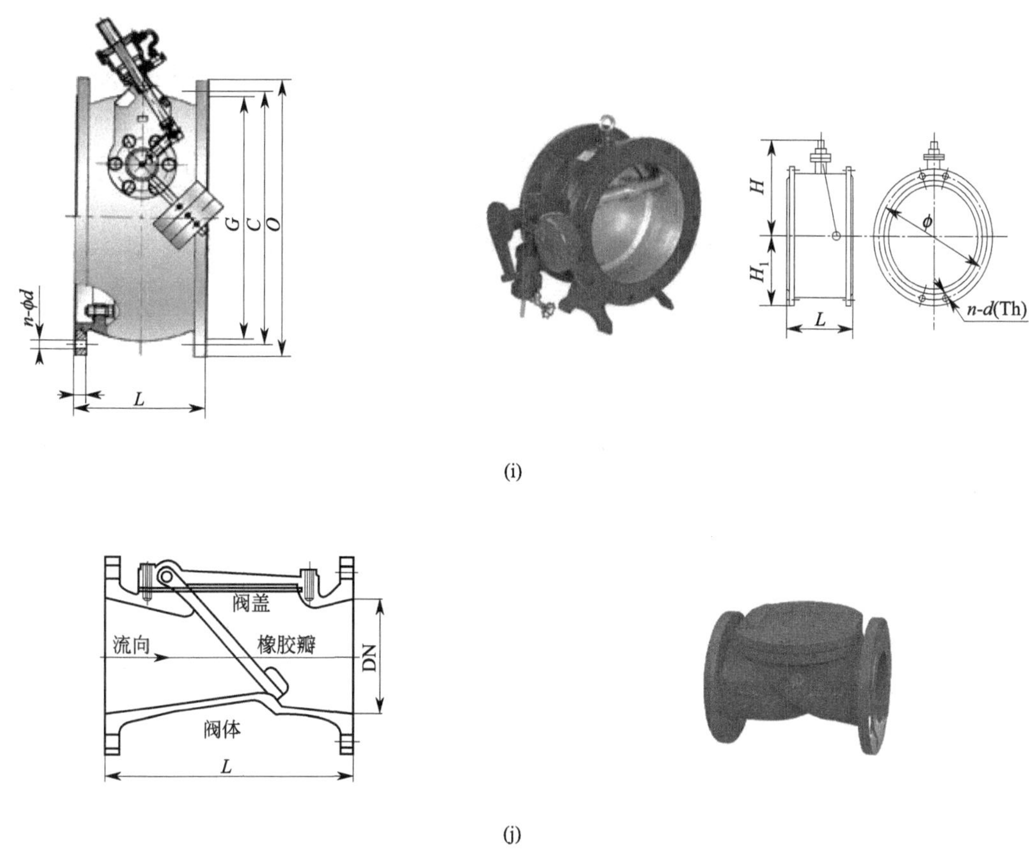

G，C，O，H_1—阀体结构尺寸

图 4-14　止回阀结构分类（续）

(i) 蝶式止回阀结构示意图及外观；(j) 橡胶瓣止回阀结构示意图及外观

3. 止回阀安装方法

(1) 升降式止回阀：阀瓣沿着阀体垂直中心线滑动的止回阀，在高压小口径止回阀上阀瓣可采用圆球。升降式止回阀的阀体形状与截止阀一样（可与截止阀通用），因此它的流体阻力系数较大。其结构与截止阀相似，阀体和阀瓣与截止阀相同。阀瓣上部和阀盖下部加工有导向套筒，阀瓣导向筒可在阀盖导向筒内自由升降，当介质顺流时，阀瓣靠介质推力开启，当介质停流时，阀瓣靠自垂降落在阀座上，起阻止介质逆流作用。直通式升降止回阀介质进出口通道方向与阀座通道方向垂直；立式升降式止回阀，其介质进出口通道方向与阀座通道方向相同，其流动阻力较直通式小。

(2) 旋启式止回阀：旋启式止回阀的阀瓣呈圆盘状，绕阀座通道的转轴做旋转运动，因阀内通道成流线型，流动阻力比升降式止回阀小，适用于低流速和流动不常变化的大口径场合，但不宜用于脉动流，其密封性能不及升降式止回阀。旋启式止回阀分单瓣式、双瓣式和多瓣式三种，这三种形式主要按阀门口径来分，目的是防止介质停止流动或倒流，减弱水力冲击。

(3) 蝶式止回阀：阀瓣围绕阀座内的销轴旋转的止回阀。蝶式止回阀结构简单，只能安装在水平管道上，密封性较差。

（4）管道式止回阀：阀瓣沿着阀体中心线滑动的阀门。管道式止回阀是新出现的一种阀门，它的体积小，质量较轻，加工工艺性好，是止回阀发展方向之一，但流体阻力系数比旋启式止回阀略大。

（5）压紧式止回阀：这种阀门作为锅炉给水和蒸汽切断用阀，它具有升降式止回阀和截止阀或角阀的综合机能。

此外，还有些不适用于在泵出口安装的止回阀，如底阀、弹簧式阀、Y型阀等。升降式止回阀局部阻力系数见表4-2。

升降式止回阀局部阻力系数 **表4-2**

公称直径		阀门全开启时的流体阻力系数 ξ	常温下阀门全开启时的水流量系数		
DN(mm)	英寸(in)		K_v(m³/h)	C_v(U.S)(m³/h)	C_v(U.K)(m³/h)
15	½	6.4	2.6	3.0	2.5
20	¾	5.1	6.4	7.5	6.3
25	1	4.1	12.6	14.8	12.3
32	1¼	4.1	19.7	23.1	19.3
40	1½	3.8	29.5	34.5	28.9
50	2	3.5	54.6	63.9	53.5
65	2½	3.5	85.4	99.9	83.7
80	3	3.2	128	150	125
100	4	2.8	244	286	249
125	5	2.9	375	439	368
150	6	3.1	522	611	512
200	8	3.2	915	1070	897

4. 注意事项

（1）在管道系统中不要让止回阀承受重量，大型的止回阀应独立支撑，使之不受管道系统产生的压力的影响。

（2）安装时注意介质流动的方向应与阀体所标箭头方向一致。

（3）升降式垂直瓣止回阀应安装在垂直管道上。

（4）升降式水平瓣止回阀应安装在水平管道上。

4.1.4.5 过滤器

1. Y型过滤器

Y型过滤器是除去液体中少量固体颗粒的小型设备，可保护设备的正常工作，当流体进入置有一定规格滤网的滤筒后，其杂质被阻挡，而清洁的滤液则由过滤器出口排出，当需要清洗时，只要将可拆卸的滤筒取出，处理后重新装入即可，因此，使用维护极为方便。Y型过滤器又名除污器、过滤阀，是输送介质的管道系统不可缺少的一种装置，其作用是过滤介质中的机械杂质，可以对污水中的铁锈、沙粒、液体中少量固体颗粒等进行过滤以保护设备管道上的配件免受磨损和堵塞，可保护设备的正常工作。

Y 型过滤器是 Y 字形的，一端是使水等流质经过，一端是沉淀废弃物、杂质，通常它安装在减压阀、泄压阀、定水位阀或其他设备的进口端，它的作用是清除水中的杂质，达到保护阀门及设备正常运行的作用，过滤器待处理的水由入水口进入机体，水中的杂质沉积在不锈钢滤网上，由此产生压差。通过压差开关监测进出水口压差变化，当压差达到设定值时，电控器给水力控制阀、驱动电机信号，引发下列动作：电动机带动刷子旋转，对滤芯进行清洗，同时控制阀打开进行排污，整个清洗过程只需持续数十秒钟，当清洗结束时，关闭控制阀，电机停止转动，系统恢复至其初始状态，开始进入下一个过滤工序。设备安装后，由技术人员进行调试，设定过滤时间和清洗转换时间，待处理的水由入水口进入机体，过滤器开始正常工作（图 4-15）。

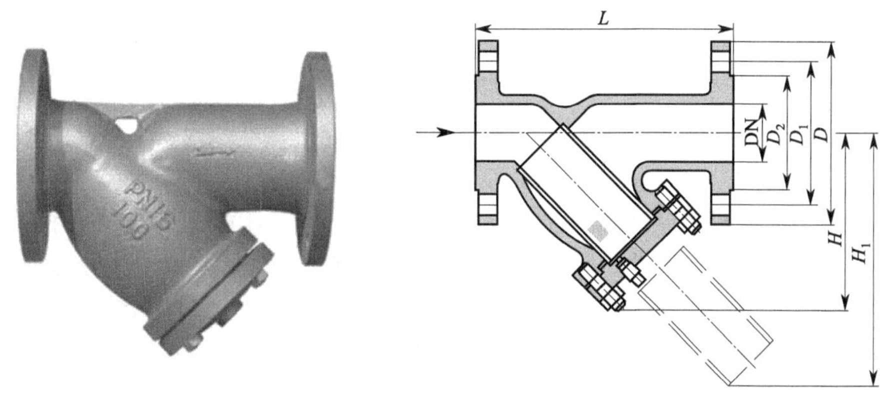

L—阀体有效长度；H—阀体中心到封盖的距离；DN—接管公称直径（mm）；
D，D_1，D_2，H_1—阀体结构尺寸

图 4-15　Y 型过滤器结构示意图及外观

2. 直角式自动排污过滤器

（1）直角式自动排污过滤器特点

1）过滤器具有结构简单，拆卸方便等特点。

2）直接安装在管网系统上，不需要任何支撑结构，节省空间。

3）节约投资费用，在安装过程中不需要多设旁通管路，降低了劳动强度，避免了在调试和维修过程中的拆卸排污。

4）安装灵活，可以水平安装也适应于垂直安装。

5）过滤器在额定流速下阻力为 0.05～0.1m 水柱。

6）过滤网筒是整体固定连接于管体上的，刚性强度好，无易损件，使用寿命长。

7）过滤网规格：10 目/吋、14 目/吋、20 目/吋（1 吋＝2.54cm），也可根据用户要求定制。

（2）直角式自动排污过滤器工作原理

管道系统在正常工作时，管道内杂物会收集到过滤器网内排污口上，不需拆卸过滤器任何部件来排除污物，只需打开排污阀即可排污。

1）在排污前先把过滤器前阀门关小流量，进行排污。

2）排污时把转向阀转向冲洗方向，水从转向阀前部进入，往过滤网外部流过，然后又从过滤网外部进入转向阀后部，杂物全部集中到排污口上，然后再打开排污阀进行排污，起到了最佳自动反冲洗过滤器全部功能。

直角式自动排污过滤器结构示意图及外观见图 4-16。

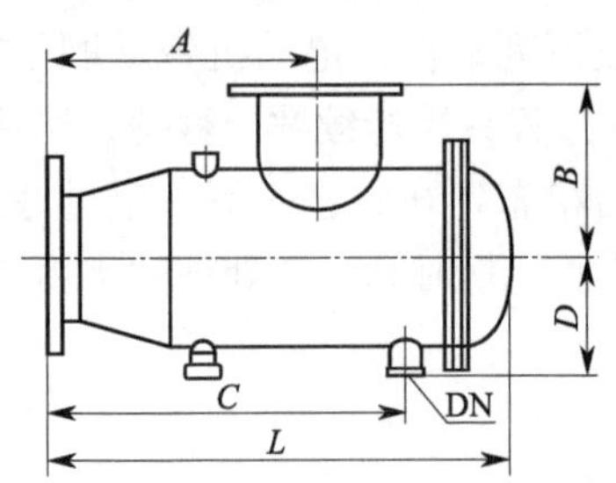

L—阀体有效长度；DN—接管公称直径（mm）；*A*，*B*，*C*，*D*—阀体结构尺寸

图 4-16　直角式自动排污过滤器结构示意图及外观

3. 导流过滤器

导流过滤器是一种新型过滤器，安装在水泵入口，除了具有过滤杂质的功能以外，还具有稳定水流、保护泵的叶片、防止气穴、提高水泵效率、延长水泵寿命的功能。导流过滤器采用过滤面积大的不锈钢过滤网，减小了压力损失与阻力，还可通过内部导向板使流体分散并均匀分布流速，保障了泵的长期稳定的运转。

采用导流过滤器可缩短入口管道，减轻泵的负重，其采用法兰连接，可缩短工程时间，适用于各种安装条件，也可水平或垂直安装，减少了安装空间，并减少了施工费用，具有取代 90°弯头、变径管、其他过滤器及整流管的功能。

4. 过滤器孔径的选择

严格意义上应根据水质报告选目数，通常按照常规目数选择过滤器，目数多了容易堵，目数少了过滤效果差，过滤器只是最常见的一种过滤装置，对于空调水主要是焊渣，可以加快速除污器。

工程系统 Y 型过滤器推荐孔径：

用在水泵前：≈4mm；

用在冷水机组前：3～4mm；

用在空调机组前：2.5～3mm；

用在风机盘管前：1.5～2mm；

板式热交换器前：0.25～0.3mm。

Y 型过滤器滤网目数越大，说明物料粒度越细；Y 型过滤器目数越小，说明物料粒度越大，筛分粒度就是颗粒可以通过筛网的筛孔尺寸，以 1 英寸（25.4mm）宽度的筛网内的筛孔数表示，因而称之为目数。常用的泰勒制是以每英寸长的孔数为筛号称为目。例如 100 目的筛子表示每英寸筛网上有 100 个筛孔。表 4-3 为 Y 型过滤器的筛孔尺寸与标准目数对应表。

Y 型过滤器的筛孔尺寸与标准目数对应表　　表 4-3

目数	筛孔尺寸（mm）	开孔面积（%）	目数	筛孔尺寸（mm）	开孔面积（%）	目数	筛孔尺寸（mm）	开孔面积（%）
4	4.750	56	20	0.850	45	100	0.150	35
5	4.000	62	25	0.710	49	120	0.125	35
6	3.350	63	30	0.600	50	140	0.106	34
7	2.800	60	35	0.500	47	170	0.090	36
8	2.360	55	40	0.425	45	200	0.075	35
10	2.000	62	45	0.355	40	230	0.063	33
12	1.700	65	50	0.300	35	270	0.053	32
14	1.400	60	60	0.250	35	325	0.045	33
16	1.180	55	70	0.212	34	400	0.0374	35

4.2 主机的选择

4.2.1 冷水机组能效 *COP*/*IPLV*

4.2.1.1 中央空调水系统节能设计

由冷水机组、冷冻水泵、冷却水泵及冷却塔组成的空调水系统是空调系统的主要运行耗能部分。为了约束这部分的能耗，《公共建筑节能设计标准》GB 50189—2015 对空调电制冷系统节能分别采用下列参数进行评价和限定，各参数对应评价的范围如图 4-17 所示。

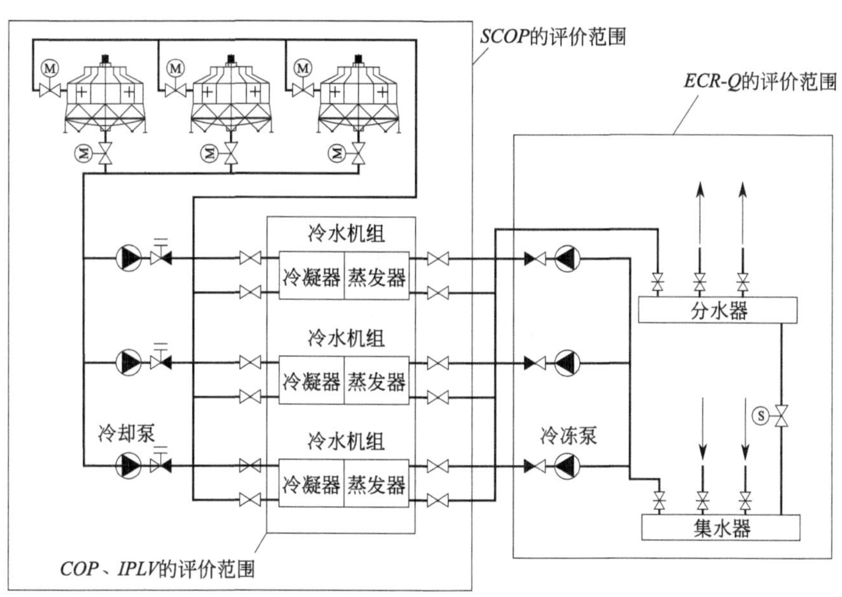

图 4-17　空调制冷系统原理图

4.2.1.2 电机驱动的蒸汽压缩循环冷水机组名义制冷工况下和规定条件下的性能系数（*COP*）

$$COP=\frac{Q_c}{P_L} \tag{4-2}$$

式中 Q_c ——名义制冷工况下机组的制冷量，kW；

P_L ——名义制冷工况下机组的耗电功率，kW。

4.2.1.3 电机驱动的蒸汽压缩循环冷水机组综合部分负荷性能系数（*IPLV*）

$$IPLV=1.2\%\times A+32.8\%\times B+39.7\%\times C+26.3\%\times D \tag{4-3}$$

式中 A ——100%负荷时的性能系数（W/W），冷却水进水温度 30℃/冷凝器进气干球温度 35℃；

B ——75%负荷时的性能系数（W/W），冷却水进水温度 26℃/冷凝器进气干球温度 31.5℃；

C ——50%负荷时的性能系数（W/W），冷却水进水温度 23℃/冷凝器进气干球温度 28℃；

D ——25%负荷时的性能系数（W/W），冷却水进水温度 19℃/冷凝器进气干球温度 24.5℃。

4.2.1.4 电冷源综合制冷性能系数（*SCOP*）

电冷源综合制冷性能系数（*SCOP*）为名义制冷量（kW）与冷源系统主机、冷却水泵和冷却塔的总耗电量（kW）之比。

当冷水机组与冷却水泵和冷却塔采用一对一配置时，每台冷水机组的综合性能系数按下式计算确定：

$$SCOP=\frac{Q_c}{P_e} \tag{4-4}$$

当多台冷水机组共用一套冷却水系统时，多台制冷设备的综合 $SCOP_z$ 按式(4-5) 确定，其限值 $SCOP_{zx}$ 按冷量加权的方式确定，即式(4-6)。

$$SCOP_z=\frac{\sum Q_c}{\sum P_e} \tag{4-5}$$

$$SCOP_{zx}=\frac{\sum_{i=1}^{n} Q_{ci}SCOP_i}{\sum Q_c} \tag{4-6}$$

制冷设备冷水机组名义工况需要输入的总电量或总用能量按下式确定。

$$P_e=P_L+P_b+P_t \tag{4-7}$$

$$\sum P_e=\sum P_L+\sum P_b+\sum P_t \tag{4-8}$$

水泵的耗电量应按冷却水泵设计工况流量、扬程和水泵效率计算确定，计算公式为：

$$P=\frac{GH}{323\eta_b} \tag{4-9}$$

式中 Q_c ——电制冷机组的名义制冷量，kW；

P_e ——电制冷机组的名义工况下的耗电功率和设计工况配套冷却水泵和冷却塔的总耗电量，kW；

Q_{ci} ——第 i 台电制冷机组的名义制冷量，kW；

$SCOP_i$ ——第 i 台电制冷机组的 *SCOP* 限定值，可查《公共建筑节能设计标准》GB 50189—2015 的表 4.2.12；

n ——冷水机组台数；

P_L ——电制冷机组的名义工况下的耗电量，kW；

P_b ——电制冷机组对应的冷却水泵设计工况耗电量，kW；

P_t ——电制冷机组对应的冷却塔设计工况耗电量，kW，可近似按设备铭牌功率取值；

G ——冷却水泵设计工况流量，m^3/h；

H ——冷却水泵设计工况扬程，m；

η_b ——冷却水泵设计工况点的效率。

设置 *SCOP* 限值的目的是要求设计师不仅要选择性能系数高的冷水机组，设计中还应合理确定冷却塔位置和进行冷却水管道设计，以减少冷却水输送系统和冷却塔的能耗。

4.2.1.5　冷水机组能效的理论极限

冷水机组的 *COP* 和 *IPLV* 不可能是无限大的，随着技术的进步，这两项参数会趋近它的理论极限值。文献［周锦生．冷水机组能效的理论极限．制冷学报，2013，1：69-72.］给出了水冷冷水机组在名义工况下的满负荷 *COP* 的极限值为 10.01，*IPLV* 的极限值为 14.51；风冷冷水机组的相应值分别为 7.37/10.25。

4.2.1.6　中央空调制冷系统节能设计应当注意的问题

（1）在《公共建筑节能设计标准》GB 50189—2015 中，*COP*、*IPLV* 都是指冷水机组在名义工况的参数。它们是设备的参数，无需设计师计算，但在选型时，设计师需根据《公共建筑节能设计标准》GB 50189—2015 提出限值要求。

（2）*SCOP* 是系统的参数，需要设计师进行计算后确定，计算 *SCOP* 时，冷水机组采用名义工况的参数，而其中用来计算的冷却水泵和冷却塔的耗电量是在设计工况下的参数。

（3）设计过程中冷水机组选型时应由厂家分别选出机组在名义工况下和设计工况下的参数。

4.2.2　冷水机组数量的设置

应首先考虑采用相同冷量、型号的冷水机组，通过开启台数的多少进行负荷调节。使制冷系统在各种负荷率下均处于高效率运行状态，避免大马拉小车，但是台数不宜过多，否则会造成投资过高。当采用台数调节不能满足最低负荷要求时，如常规的离心机组的最低负荷率为 30%，在负荷率低于 30%时机组会发生喘振而无法正常工作，可采用大小机组搭配，通过计算最低负荷来确定小冷水机组的容量，根据负荷的重要性确定小冷机的台数。如在医院、酒店工程中，常采用多台大容量的离心机组加两台小容量的螺杆机组搭配。

4.2.3　中央空调水系统节能设计具体措施

在设计中央空调水系统时，可以通过下列具体措施来提高系统的能效。

（1）采用 1 级、2 级能效的冷水机组。

（2）采用效率大于 80%的水泵。

（3）水管管径按管内流速来确定。由于机房内设备、管件较多，管道的阻力以局部阻力为主，为了减小阻力，降低水泵的扬程，冷水机房内的水管管径应按管内流速来确定，而不是采用经济比摩阻小于或等于 100Pa/m 来确定，在条件允许的情况下，应保证水流速小于或等于 1.5m/s。

以图 4-18 所示制冷机房内的冷冻水管为例，我们通过计算除冷水机组之外的管路阻力，来比较两种流速下两者的能耗差异。

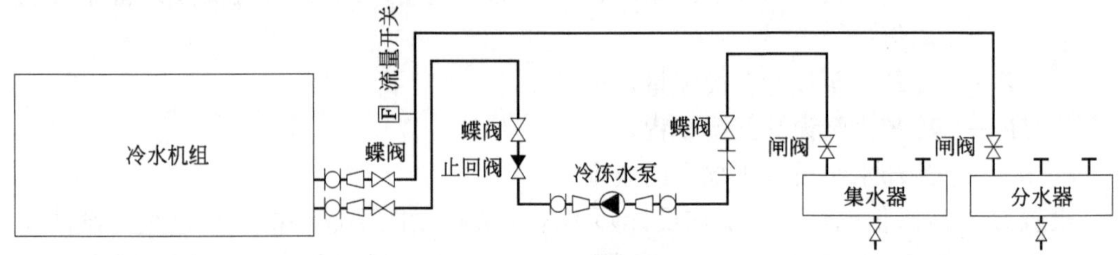

图 4-18　制冷机房内冷冻水流程

图 4-18 中为一台制冷量 2814kW（800 冷吨）的离心式冷水机组，冷冻水流量 $Q=484m^3/h$，由分水器至集水器的焊接钢管长度为 25m。

当管径取 DN300 时，$v=1.82m/s$，比摩阻 $R=100.28Pa/m$；满足比摩阻限值要求，沿程阻力为：$\Delta P_2=25\times100.28=2507Pa$。

当管径取 DN350 时，$v=1.35m/s$，比摩阻 $R=46.48Pa/m$；沿程阻力为：$\Delta P_2=25\times46.48=1162Pa$。

局部阻力按下式计算：

$$\Delta P_j=\xi\times\frac{\rho\times v^2}{2} \tag{4-10}$$

式中　ΔP_j——局部阻力，Pa；

ξ——局部阻力系数，见表 4-4；

ρ——水的密度，1000kg/m^3；

v——水的流速，m/s。

局部阻力系数ξ　　**表 4-4**

设备名称	数量	局部阻力系数ξ	总局部阻力系数Σξ
过滤器	1	3.00	31.82
止回阀	1	7.00	
蝶阀	4	0.30	
闸阀	2	0.08	
变径管(渐缩)	2	0.10	
变径管(渐扩)	2	0.30	
软接头	4	1.20	
焊接弯头(90°)	12	0.78	
水泵入口	1	1.00	
与分水器接口	1	1.50	
与集水器接口	1	3.00	

当 $v=1.82\text{m/s}$ 时，局部阻力 $\Delta P_1=52700\text{Pa}$，总阻力 $\Delta P=\Delta P_1+\Delta P_2=55207\text{Pa}$。

当 $v=1.35\text{m/s}$ 时，局部阻力 $\Delta P_1=28996\text{Pa}$，总阻力 $\Delta P=\Delta P_1+\Delta P_2=30158\text{Pa}$。

两者阻力相差 25049Pa=2.5mH_2O。假如冷冻水泵的扬程为 28mH_2O，由此可以看出，冷水机房内的管路采用低流速，水泵扬程可以减少 9%左右，也就是说冷冻水泵可以节能 9%。

（4）避免重复设置水过滤器和采用低阻过滤器。水过滤器阻力较大，一般会有 2～5mH_2O 的压降，在水泵与机组距离较近时，可仅设一次过滤器，切记设置了全程水处理器后，无须再设置过滤器。采用低阻力过滤器，如扩散/导流过滤器、微泡排气过滤装置，来代替 Y 型过滤器。

（5）避免直角三通和管道走向突变。暖通工程师在做风管设计时，非常注重弯头、三通的连接方式，但在水管管路设计时往往忽略了这一点，制冷机房内的水管连接复杂，水管经常汇合、分流，避免采用直角三通和管道走向突变，可以有效降低水系统的阻力。如表 4-5 所示，对比分流直角三通与分流斜角三通，前者的局部阻力系数是后者的 1.5 倍；对比合流直角三通与合流斜角三通，前者的局部阻力系数是后者的 3 倍。制冷机房内降低三通阻力的连接方式如图 4-19 所示。

各种三通的局部阻力系数 ξ　　　　**表 4-5**

类型	图示	阻力系数	类型	图示	阻力系数
分流直角三通	2 1 → →3	流向：1→2， $\xi=1.5$； 流向：1→3， $\xi=0.1$	合流直角三通	2 1 → →3	流向：2→3， $\xi=1.5$； 流向：1→3， $\xi=0.1$
分流斜角三通	2 1 → →3	流向：1→2， $\xi=1.0$； 流向：1→3， $\xi=0.1$	合流斜角三通	2 1 → →3	流向：2→3， $\xi=0.5$； 流向：1→3， $\xi=0.1$

（6）适当加大冷水干管的管径。由式（4-11）可知，管道的阻力反比于管径的 5 次方，即：

$$\frac{\Delta P_1}{\Delta P_2}=\left(\frac{d_2}{d_1}\right)^5 \tag{4-11}$$

适当加大冷水干管的管径，如敷设于高层建筑管井内的冷水管的管径，不仅可以降低管道的阻力，同时，由于干管的阻力相对于末端支管的阻力较小，这样水系统更容易水力平衡。如果采用 DN300 的管径代替 DN250 的管径，代入上式，管路阻力可以减小 60%。

（7）采用低阻力冷水机组。双流程冷水机组的冷凝器、满液式蒸发器的水阻力一般都在 20～100kPa 之间，对于某一确定系列的冷水机组，影响机组阻力大小的因素是换热器的大小，也就是换热器内部换热管束的多少，对于高能效的冷水机组很容易做到低阻力。这对于输配系统的节能至关重要，*SCOP*、*ECR-Q* 的限值也是对机组蒸发器、冷凝器水阻力的间接限制。在设计和设备招标时限定机组蒸发器、冷凝器的水阻力，力求做到小于或等于 40kPa。

（8）冷却塔靠近冷水机组布置，尽量缩短冷却水管路的长度。

（9）采用大温差。对于输送系统的冷冻水泵、冷却水泵而言，由水泵有效功率公式

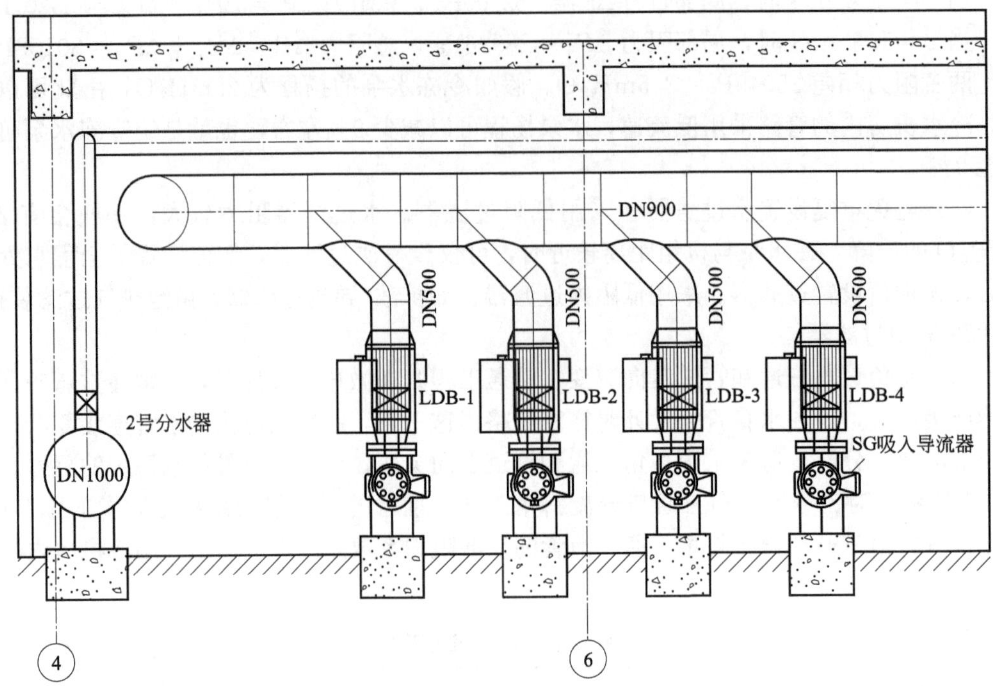

图 4-19 制冷机房内水管三通做法

$N_e = \rho gLH/1000$ 可知，低能耗取决于低流量和低扬程，冷水所输送的冷量：

$$Q = c\rho L\Delta t \tag{4-12}$$

式中 N_e——有效功率，kW；

g——重力加速度，9.8m/s^2；

L——水泵的流量，m^3/s；

H——水泵扬程，m；

Q——水泵输送的冷量，kW；

c——水的定压比热，取 4.18kJ/(kg·℃)；

ρ——水的密度，1000kg/m^3；

Δt——供回水温差，℃。

由上式可知，水泵输送冷量一定时，温差大，流量可以减少，因此泵的能耗会降低。常规的空调系统冷冻水供回水温差及冷却水供回水温差均为 5℃，如果将冷冻水供回水温差加大到 6～9℃，冷却水供回水温差也加大到 6～9℃，则水系统的输送能耗可大幅地减少。

例如：输送相同冷量的冷冻水，当供回水温差采用 $\Delta t = 6$℃代替 $\Delta t = 5$℃时，代入上式可知，水泵能耗降低 17%；当供回水温差采用 $\Delta t = 7$℃代替 $\Delta t = 5$℃时，代入上式可知，水泵能耗降低 29%。

1）冷却水大温差。冷却水大温差有利于冷却塔的散热，冷却塔利用的是空气的湿球温度进行冷却，只要湿球温度低于冷却水水温就能起到冷却作用，工作中的冷却塔的出水温度趋近于周围环境空气的湿球温度，这种趋近程度被称为逼近度。

冷却塔的逼近度＝冷却塔出口水温－环境空气的湿球温度

假定环境湿球温度为 27℃，逼近度为 3℃，冷却塔在：

8℃温差时（30℃/38℃），冷却塔的散热能力为 115%；

5℃温差时（30℃/35℃），冷却塔的散热能力为 100%；

2℃温差时（30℃/32℃），冷却塔的散热能力为 75%。

2）冷冻水大温差。冷冻水系统可以按大温差来设计，现有的常规系统在一定范围内也可以转变为大温差模式运行，但在冷冻水大温差运行模式下，空调系统的冷源、输配和末端环节的设计匹配与常规系统相比都将产生相应的改变。

①冷冻水大温差对冷水机组的影响。常规的空调系统，其冷水机组的进/出水温度为 12℃/7℃，若回水温度 12℃不变，出水温度降低至 5℃，冷水机组的 *COP* 将会下降 6%～8%。若维持其出水温度 7℃不变，通过提高冷水机组进水温度来达到大温差运行，冷水机组的 *COP* 会有所提升，但是提升的程度有限。

②冷冻水大温差对空调末端设备的影响。若回水温度过高，末端空调箱的表冷器和风机盘管性能都将有所下降，其中以除湿能力的衰减最为明显。因此，冷冻水大温差系统设计必须根据设计工况温差来选择表冷器。相比常规的 12℃/7℃工况，大温差工况下，表冷器选型时排数会有所增加或迎风面积增大，对应于风机盘管就是型号需要增大。这将导致设备阻力变大，末端能耗增加，同时提高工程造价。

降低冷水机组的冷冻水出水温度可以减小大温差对表冷器和风机盘管冷却除湿性能的不利影响，但降低供水温度将引起冷水机组能耗的增加。因此，当采用冷水机组直供时，通常冷冻水出水温度不宜低于 5℃。

大温差空调冷冻水系统对冷水机组、冷冻水泵的能耗产生较大影响，但其运行是有适用范围的。只有在冷冻水泵的能耗减少大于冷机能耗的增加时，其节能才有实际意义。

冷冻水大温差系统挖掘了空调输配系统的节能潜力，同时减小了输配设备的尺寸，降低了初投资，特别适用于供冷半径大、输配管道长的系统，如区域供冷系统，可大大降低其初投资和运行能耗。

冷冻水大温差系统特别适用于冰蓄冷空调系统。冰蓄冷空调系统可提供 1～4℃的低温冷水，将大大提高表冷器和风机盘管的冷却除湿能力，从而可以避免末端设备的投资增加。

（10）水泵、冷却塔风机采用变频控制。冷冻水泵变频，即一次泵变流量系统，冷冻水泵根据压差信号变频运行，冷却塔风机根据冷却塔的出水温度变频运行，值得注意的是冷却塔节能的控制不是保证冷却塔的出水温度恒定在 32℃，而是将冷却水温度控制在冷水机组的最优进水温度。

而冷却水泵一般不主张变频，这是因为：一方面，当冷却水流量减少时，冷凝器内水流速下降，将会导致冷却水中的泥沙沉积在换热管上，使换热效果恶化；另一方面，在部分负荷时，冷却水泵变频不一定就节能，因为冷水机组通过定流量来降低冷凝温度可大幅降低压缩机的功耗。总体上是否节能要看冷却水泵功耗在机组的综合性能系数（*SCOP*）中所占的相对密度。如果冷却水泵功耗相对密度较小时，节能效果不明显。只有冷却水泵功耗在机组的综合性能系数（*SCOP*）中所占比例较大，冷却水泵变频的节能效果大于定流量时压缩机的节能效果才有意义。

4.3 制冷机房能效分析

4.3.1 全年冷负荷

通过模拟计算出建筑物的全年逐时空调负荷，并根据全年逐时负荷计算结果来进行制冷机房系统的能效预测分析。

4.3.2 全年负荷率分布

根据模拟出的全年逐时空调负荷计算出不同室外湿球温度下不同负荷率下的运行时间。表 4-6 为某项目全年空调在不同负荷率下的运行时间。

负荷率的区间可以为 10%～100%，间隔为 10%，负荷率的区间也可以为 5%～100%，间隔为 5%，区间越多，负荷预测越准确。

某项目全年空调在不同负荷率下的运行时间（单位：h）　　表 4-6

湿球温度	负荷率										
	＜5%	5%～＜10%	10%～＜20%	20%～＜30%	30%～＜40%	40%～＜50%	50%～＜60%	60%～＜70%	70%～＜80%	80%～＜90%	90%～100%
	0.05	0.1	0.2	0.3	0.4	0.5	0.6	0.7	0.8	0.9	1
＜17℃	2309	51	47	34	19	24	11	30	17	14	17
17℃～＜18℃	187	7	11	13	4	8	4	5	6	4	3
18℃～＜19℃	112	9	7	6	2	5	0	4	4	0	1
19℃～＜20℃	68	5	5	3	2	4	2	3	2	5	1
20℃～＜21℃	36	9	5	15	5	2	7	1	15	3	1
21℃～＜22℃	27	5	4	8	1	4	6	4	3	5	3
22℃～＜23℃	17	9	6	6	5	5	1	8	6	6	4
23℃～＜24℃	15	12	12	12	8	3	7	3	9	8	5
24℃～＜25℃	17	8	12	7	4	9	6	7	6	5	2
25℃～＜26℃	13	3	2	5	8	7	6	9	6	4	8
26℃～＜27℃	0	5	3	3	1	1	0	2	5	6	2
27℃～＜28℃	2	0	1	1	1	0	1	0	1	2	0
28℃～＜29℃	4	0	1	1	0	0	0	2	0	0	0
29℃～30℃	2	0	0	0	0	0	0	0	0	0	0
全年运行小时数(h)	2809	123	116	114	60	72	51	78	80	62	47

4.3.3 主机运行策略

结合制冷主机性能曲线（图 4-20），为确保全负荷段都能保持主机高效运行，不同运行策略的负荷率分段区间有一定重叠，即某些负荷率下可以有多种开机策略，可一定程度上避免主机的频繁启停。根据厂家提供的不同冷却水温度和不同负荷率下冷水机组性能表，定制制冷机房主机的控制策略。

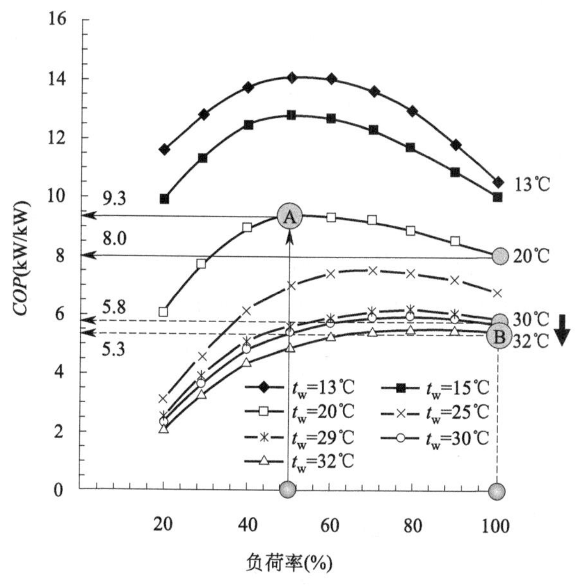

图 4-20　制冷主机性能曲线

拟定制冷主机控制策略见表 4-7。

拟定制冷主机控制策略　　表 4-7

	系统负荷率	100%	90%	80%	70%	60%	50%	40%	30%	20%	10%
系统制冷主机控制策略	主机1	100%	90%	80%	70%	60%(90%)	50%(75%)	60%	90%	60%	30%
	主机2	100%	90%	80%	70%	60%(90%)	50%(75%)	60%	0%	0%	0%
	主机3	100%	90%	80%	70%	60%	50%	0%	0%	0%	0%

4.3.4　水泵运行策略

冷冻/冷却水泵均变频运行，运行功率按供回水温差等于设计值时的相应流量、扬程和综合效率进行计算。其中，冷冻水系统的机房外管路阻力损失及末端设备阻力损失根据系统的流量变化呈平方关系，末端阀门的阻力损失固定不变；机房内管路阻力损失根据对应主机的流量变化呈平方关系，蒸发器及冷凝器的阻力变化查询主机的参数表格。

水泵扬程的计算如下：

$$H_t = H_{t\text{-}1} + H_{t\text{-}2} + H_{t\text{-}3} + H_{t\text{-}4} \tag{4-13}$$

式中　H_t——t 时刻水泵的扬程，kPa；

$H_{t\text{-}1}$——t 时刻机房外可变阻力，kPa，按式(4-14) 计算；

$H_{t\text{-}2}$——t 时刻机房外固定阻力，kPa，为定值即 H_2，根据具体项目管路阻力特性的机房外固定阻力取值；

H_{t-3}——t 时刻机房内可变阻力，kPa，按式(4-15) 计算；

H_{t-4}——t 时刻蒸发/冷凝器阻力，kPa，按主机参数表格取值。

$$H_{t-1}=\mu^2\times H_1 \tag{4-14}$$

$$H_{t-3}=\mu^2\times H_3 \tag{4-15}$$

式中 μ——系统负荷率,%；

H_1——根据具体项目管路阻力特性 100%负荷情况下的机房外可变阻力取值，kPa；

H_3——根据具体项目管路阻力特性 100%负荷情况下的机房内可变阻力取值，kPa。

水泵的综合效率包括本身水泵效率和电机效率两个部分，水泵效率按照选型样本参数，电机效率按 90%考虑。另外考虑到水泵特性，当水泵流量在 90%以上时，综合效率按额定值；90%>流量≥80%时，按效率衰减 5%考虑；80%>流量≥70%时，按效率衰减 10%考虑；流量在 70%以下时，按效率衰减 15%考虑。表 4-8 为某项目负荷率 70%水泵的运行功率计算表。

某项目负荷率 70%水泵的运行功率计算表 **表 4-8**

冷冻、冷却水泵运行功率														
	冷冻水泵	运行台数(台)	额定水量(m^3/h)	运行流量(L/S)	运行流量(m^3/h)	机房外可变阻力 H_1 (kPa)	机房外固定阻力 H_2 (kPa)	机房内可变阻力 H_3 (kPa)	蒸发器/冷凝器阻力 H_4 (kPa)	水泵扬程(kPa)(取 1.1 安全系数)	电动机效率(%)	电动机输入功率(kW)	全年运行小时数(h)	对应时间段的输入功率(kW)
1	冷冻水泵 1	1	190	35.3	130	37.5	93	18.7	20.2	19	0.6	11.5	78	897
2	冷冻水泵 2	1	190	35.3	130	37.5	93	18.7	20.2	19	0.6	11.5	78	897
3	冷冻水泵 3	1	190	35.3	130	37.5	93	18.7	20.2	19	0.6	11.5	78	897
4	冷却水泵 1	1	220	41.3	155	24.8	65	12.4	29	14.5	0.6	10.5	78	819
5	冷却水泵 2	1	220	41.3	155	24.8	65	12.4	29	14.5	0.6	10.5	78	819
6	冷却水泵 3	1	220	41.3	155	24.8	65	12.4	29	14.5	0.6	10.5	78	819
小计														5148

4.3.5 冷却塔运行策略

冷却塔按照尽可能开启更多台数的方案以提高换热面积利用率，但单台冷却塔流量设定不低于 50%。相应地，风量根据流量呈比例变化，变频后的冷却塔风机能耗与风量呈三次方关系，但风机的电机综合效率随风量的下降而下降（与水泵的设定一致）。冷却塔的出水冷幅统一取 3℃。

4.3.6 能效计算原则

按照上述要求，采用分段计算的方法，通过在不同负荷率和室外湿球温度工况下的能效计算，验证优化方案的全年制冷机房系统能效比。系统负荷率按从小到大分为 11 段，分别以 5%、10%、20%、30%、40%、50%、60%、70%、80%、90%和 100%负荷率下的运行工况代表其所在分段的工况；室外湿球温度以每 1℃为节点进行分段。表 4-9 为某项目全年能效计算汇总表。

某项目全年能效计算汇总表　　表 4-9

序号	负荷率分段	代表负荷率	不同负荷率系统总供冷量(kW·h)	系统总费用量(kW·h)	运行时间(h)	系统平均能效 *COP*
1	负荷率<5%	5%	—	—	2809	—
2	5%~<10%	10%	38929.5	9156.265	123	4.25
3	10%~<20%	20%	73428	12037.63	116	6.10
4	20%~<30%	30%	108243	17872.84	114	6.06
5	30%~<40%	40%	75960	12003.18	60	6.33
6	40%~<50%	50%	121536	19501.2	72	6.23
7	50%~<60%	60%	96849	16221.95	51	5.97
8	60%~<70%	70%	172809	26843.43	78	6.44
9	70%~<80%	80%	202560	33235.17	80	6.09
10	80%~<90%	90%	176607	29704.23	62	5.95
11	90%~100%	100%	148755	25475.475	47	5.84
合计			1215676.5	202051.37	803	6.02

第5章

空调系统新技术的应用

5.1 高效空调系统技术应用

5.1.1 目前国内外高效空调系统技术的能效水平

制冷机房系统在公共建筑中是耗电大户，节能潜力大。公共建筑电耗分项占比如图 5-1 所示，制冷机房电耗分项占比如图 5-2 所示。

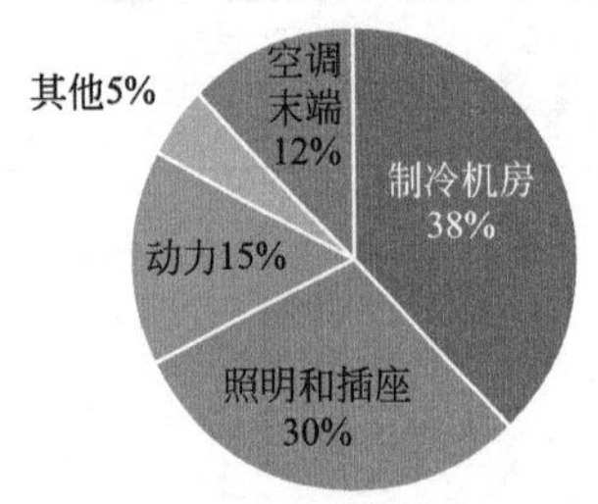

图 5-1 公共建筑电耗分项占比

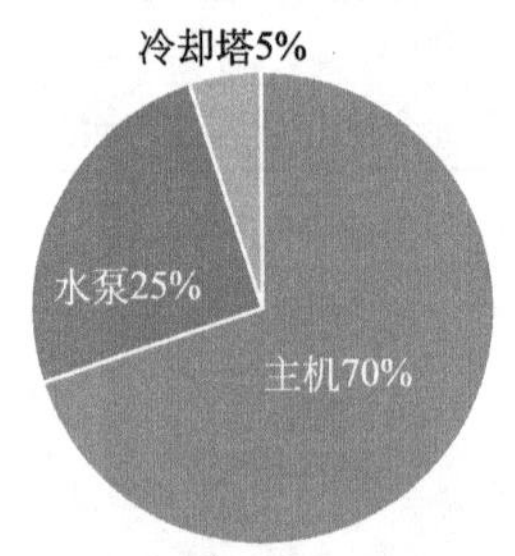

图 5-2 制冷机房电耗分项占比

清华大学建筑节能中心《中国建筑节能年度发展研究报告 2018》调究结果表明：广东省内部分建筑制冷机房 *EER*（制冷性能系数）能效实测值全年平均在 2.0～3.0，一小部分建筑的制冷机房 *EER* 能效实测值甚至低于 1.5，集中空调制冷机房的节能潜力巨大。国内大多数制冷机房没有安装能效监测系统，业主缺乏对制冷机房运行能效的了解；小部分制冷机房安装有能效监测系统，但数据的准确度通常达不到要求。

美国 ASHRAE 于 2007 年刊文指出，过去 5 年对美国国内部分制冷机房系统进行实测的结果表明 90%左右的制冷机房全年平均能效为 2.9～3.5（图 5-3）；新加坡目前建筑面积大于 5000m^2 的新建非居住建筑必须是绿色建筑，绿色建筑对制冷机房的全年运行能效进行强制认证，要求制冷机房系统全年平均运行能效≥5.1（≥500RT）或≥4.7（＜500RT）。

按美国 ASHRAE 能效标准，优秀的制冷机房系统全年能效比应高于 5.0，低于 3.5 时需要改进。

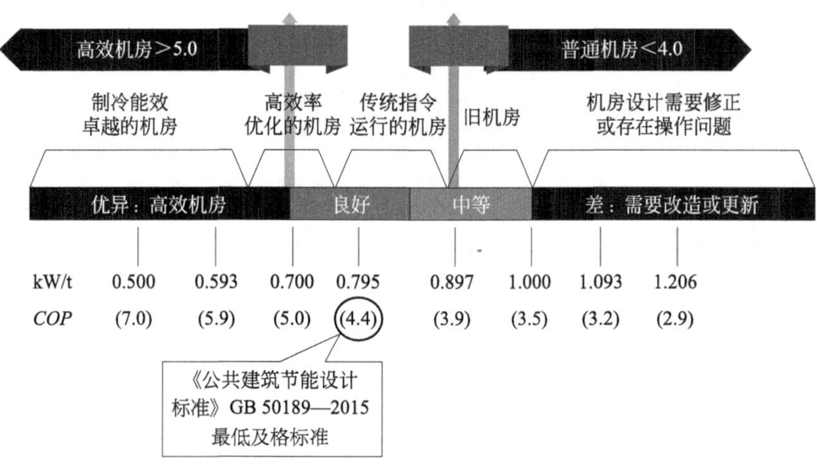

图 5-3　美国 ASHRAE 能效标准

2017 年 12 月 11 日广东省住房和城乡建设厅发布《集中空调制冷机房系统能效监测及评价标准》DBJ/T 15-129—2017；该标准主要借鉴和参考新加坡的标准；2018 年 4 月 1 日起生效，该标准是推动建筑节能的有效手段；执行该标准作为广州市（超）低能耗建筑示范的优先入选条件之一。

5.1.2　高效制冷机房相比于普通制冷机房的优势

5.1.2.1　对制冷机组选型及搭配进行系统优化

根据实际空调负荷合理选配冷水机组，优先采用高能效制冷机组，优化单台机组名义工况下 *COP* 值，确保设计工况下 *COP* 高值。机组选型的原则是：在部分负荷运行情况下，制冷机组均能运行在高效区。优化机组内部设计：在提高换热性能的同时，要求机组蒸发器和冷凝器的阻力不超过 7m。机房尽可能选取大小双机头制冷机组搭配，确保空调系统运行能效高效。离心机不同冷却水温特性如图 5-4 所示，冷水机组冷冻水出水 5℃和

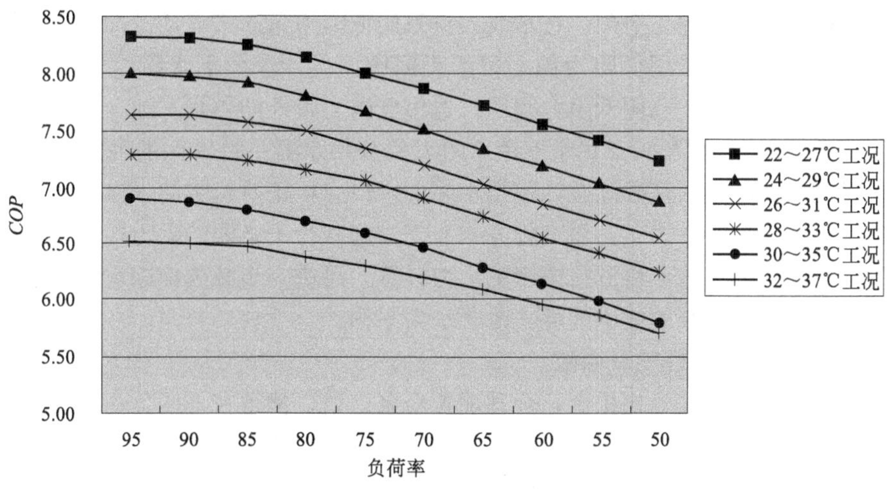

图 5-4　离心机不同冷却水温特性图

9℃时的效率比较如图 5-5 所示，系统布置优化如图 5-6 所示。

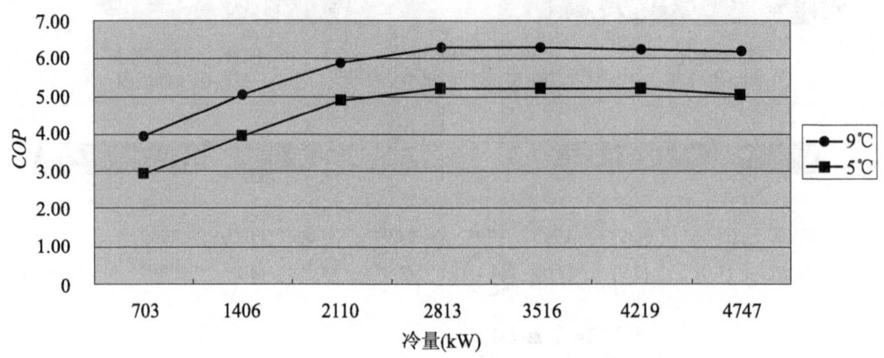

图 5-5　冷水机组冷冻水出水 5℃和 9℃时的效率比较

根据上述制冷机组特性总结：

（1）空调冷却水温度越低，制冷机组能效越高；

（2）制冷机组在 75％以上负荷段，属高能效段，低于 50％，能效较低；

（3）冷冻水温度越高，主机能效越高。

所有关于制冷机组的控制基本围绕上述三个特性展开。

5.1.2.2　采用大温差冷冻水系统，提高出水温度

优化空调末端盘管：采用 10/18℃冷冻水大温差，8℃温差的冷水系统在国内已经有较成熟的设计经验，提高冷冻水出水温度后，能有效提高制冷机组的 *COP*。空调末端盘管优化盘管排数及翅片间距，在提高末端盘管换热性能的同时降低盘管阻力。另外采用大温差系统后，降低了冷冻水量，冷冻水主管会减小（图 5-7），节材且节省空间，从而降低了冷冻水泵的输送能耗，且降低了系统初投资。

5.1.2.3　优化水系统管路路径，因地制宜进行精细化设计，降低水泵扬程，降低能耗

可采用低阻力设计优化管网。采用低阻力管路和低阻力阀件能尽量降低水系统阻力。水泵除了提供合适的水流量外，还要克服传输管道的阻力，因此，通过合理地增大管径，增大弯头半径，大小管优化搭配；在水泵入口采用低阻力角通式自动反冲洗过滤器代替 Y 型过滤器；在水泵出口采用低阻力偏心球形止回阀，设计流量下水阻≤5kPa；在管路设计中减少不必要的弯头，选用低阻力阀门；选用低阻力管件如顺水三通、顺水弯头，尽量选用 135°弯头，避免 90°弯头；尽量取消水阻大的分集水器；将常用的卧式泵调整为立式泵或者双吸泵，调整泵的基础高度，使得水泵的出口直接正对机组的入口，水泵与主机进出管合理调整为斜接管方式（甚至直管方式）等措施减少不必要的阻力损失，选用经济流速。经过以上综合措施后，再进行精密的水力计算，可进一步减少冷冻水泵和冷却水泵的扬程，从而有效降低水泵的输送能耗，改善水力平衡。

5.1.2.4　合理配置水泵性能及台数

水泵的选配与主机性能相协调，合理配置水泵台数，使得在不同负荷情况下，主机和水泵均能运行在高效区，减少系统能耗。优化后制冷机组的蒸发器和冷凝器的阻力不超过 7m 及优化水系统管路，大大降低了水泵扬程及用电。同时结合水泵采用变频技术，大大降低运行能耗。

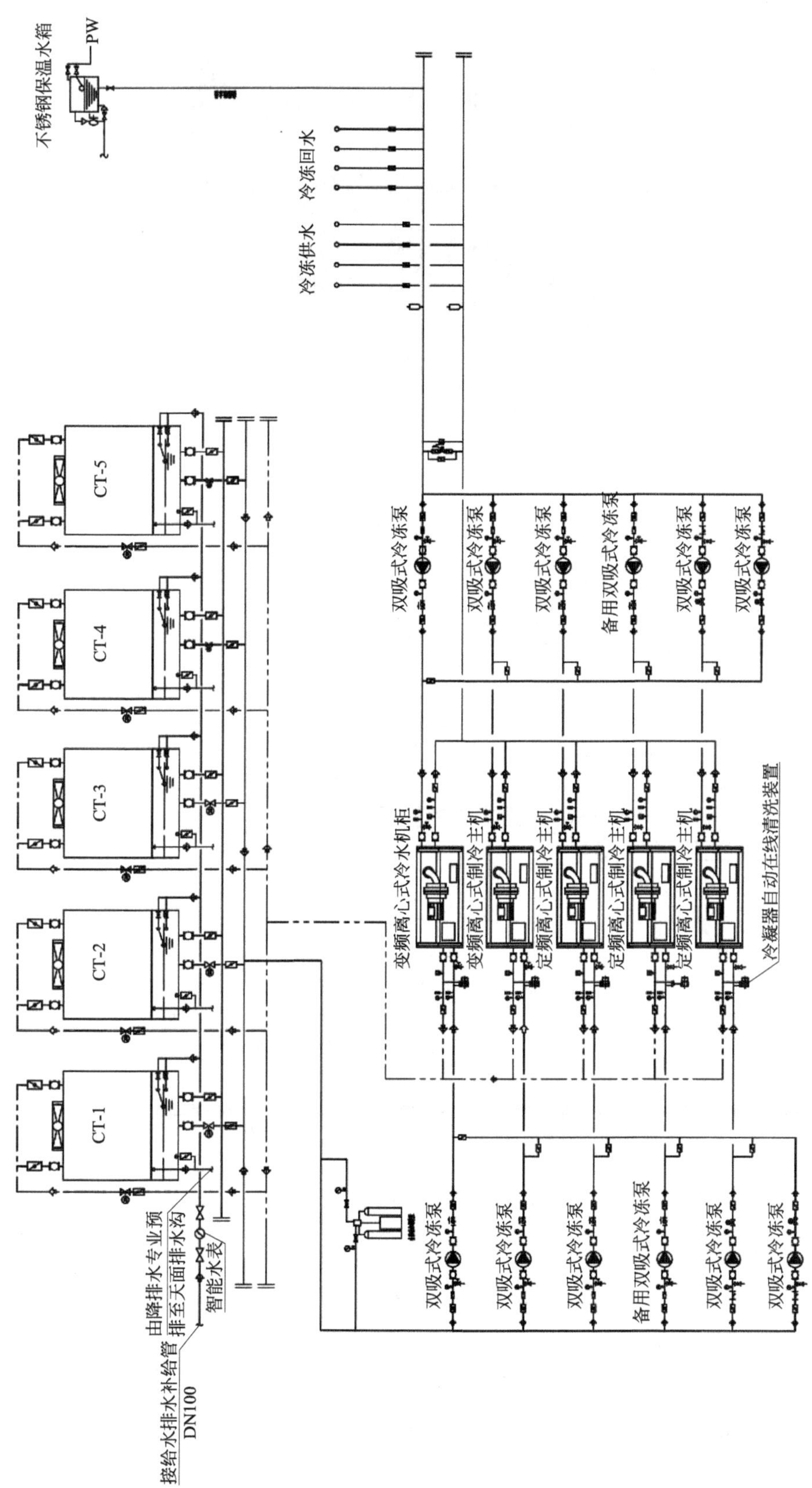

不锈钢保温水箱
PW
冷冻供水
冷冻回水
CT-1
CT-2
CT-3
CT-4
CT-5
由降排水专业预
排至天面排水沟
接给水排水补给管
DN100
智能水表
变频离心式冷水机柜
变频离心式制冷主机
定频离心式制冷主机
定频离心式制冷主机
定频离心式制冷主机
冷凝器自动在线清洗装置
双吸式冷冻泵
备用双吸式冷冻泵

图 5-6　系统布置优化

图 5-7　主机、水泵接法现场照片

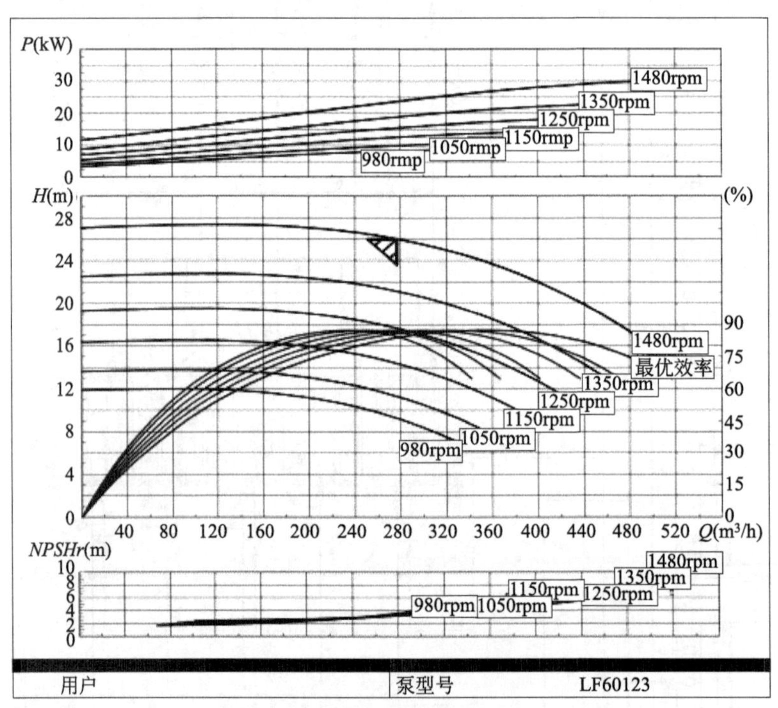

图 5-8　水泵变频特性图（最大功率为 30kW）

（注：——为泵效率曲线）

由图 5-8 可以看出：

（1）水泵在高负荷运行时，效率较高，所以水泵的选型是否合适，对运行效率有直接影响。

（2）通过变频改变转速，在变流量及变扬程的实际运行中，水泵高效区得以延长（由效率曲线可知）。

5.1.2.5　优化冷却塔性能、供回水温及台数

根据相关文献，冷却水温度每降低 1℃，冷水机组 *COP* 可提高 2%～3%。所以考虑

通过加大冷却塔填料面积，降低冷却水出水温度。此外增加填料面积后，在部分负荷工况下，可以充分利用填料面积，在保证冷却塔出水温度的前提下，降低冷却塔风机能耗。冷却塔供回水温度调整为 30.5/35.5℃，同时结合风机变频，最大程度利用填料面积散热，以保证每台冷却塔流量≥冷却塔所需最小流量的原则确定冷却塔的变频运行策略。

通过多开冷却塔，合理增大冷却面积。根据热工原理，冷却塔换热公式为：

$$Q=KSG(H_2-H_1)$$

式中　Q——冷却塔换热量，kW；

K——换热系数；

G——风量，m^3/h；

H_1——进气湿球温度下汽水混合物的焓；

S——换热面积，m^2；

H_2——排气湿球温度下汽水混合物的焓。

根据热工原理，换热量与换热面积和换热风量成正比关系，当换热量相同时，增大面积，可相应减少风量，从而通过风机变频减少耗电。

5.1.2.6　通过精确调试，优化控制策略，采用主动寻优控制策略，实现最佳运行平衡点

制冷机房的运行规律往往是根据气候、空调负荷、末端的需求量等供应制冷量，在设计额定值的 10%～100%之间不停变化，在如此宽广的供冷区域中让制冷机组、水泵及冷却塔都保持高效运行，关键依靠自控系统。精确及时的测量及判断，是既保证供冷，又保证高效率的必备条件。建立远程监控系统可有效监控机房的运行状态，及时发现问题，解决故障，是高效机房的重要保障。

利用模糊控制算法和主动寻优控制策略对自控系统进行优化，采用一套完善的控制系统对系统各设备进行运行参数控制，并对系统进行能耗的分析和统计。

对于相同的室内负荷，可以采用低冷冻水温及小流量，此时冷机能耗高，但水泵能耗低；反之，则冷机能耗低而水泵的能耗高。

对于相同的制冷量，可以降低冷凝压力以减少冷机能耗，但较低的冷凝压力则需要较低的冷却水温度，这可能会增加冷却水泵和冷却塔风机的能耗，反之亦然。

冷水系统不同冷却水温度下的耗电状况如图 5-9 所示。

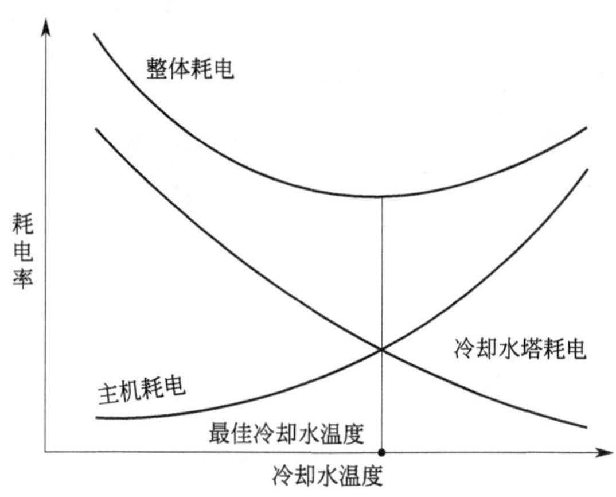

图 5-9　冷水系统不同冷却水温度下的耗电状况

5.1.2.7 操作界面友好直观，便于进行智能分析，并可实现远程移动端查询、分析

自控系统可接入互联网云端，与上层数据库相连，可以实现远程通过手机、电脑等实时查询、分析数据等功能。在制冷机房内同时设置一个工作台，同步传输各类数据。通过软件界面，可以对各水系统设备、风系统设备的运营状态，电量、电流等进行查询及统计，并可以对整个系统进行能效分析。

能效比 *EER*：衡量制冷机房系统运行效率高低的综合指标；

制冷机房 *EER*(瞬时值)＝瞬时制冷量(kW)/瞬时电功率(kW)；

制冷机房 *EER*(全年平均)＝全年累积总用冷量(kW·h)/全年累积总电量(kW·h)

一般自控系统都会显示实时温度、压力及运行状态，高效机房技术可以通过采集汇总机房内所有用电设备瞬间用电量，通过逻辑计算显示出机房的瞬间能效比，直观实用，便于对系统进行能耗的分析和统计。

5.1.2.8 机房采用 BIM 技术三维管线设计，并进行装配式施工

在施工前，可采用 BIM 技术进行三维管线设计，优化管路设计，并进行施工任务拆解，管线分段进行工厂预制，可有效提高施工质量，缩短施工时间，并做到设计图纸与现场完全相同（图 5-10）。

高效机房技术的使用能使机房年平均能效达 5.9～6.0，节能效果显著；目前在广东地区正在大力推广使用。

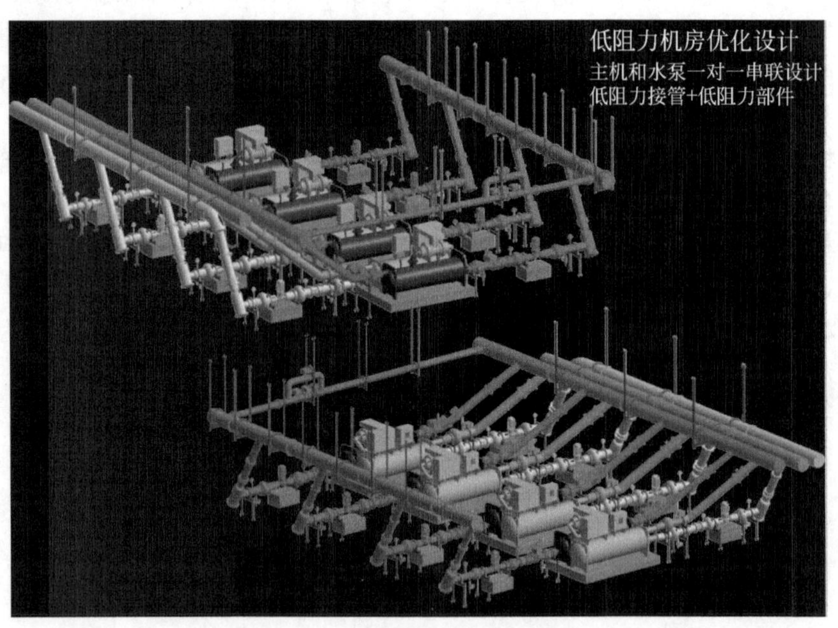

图 5-10 某制冷机房 BIM 系统图

5.1.2.9 空调水系统的分区及优化

每栋建筑功能众多且功能复杂，空调系统需同时满足不同房间的冷热负荷、设计参数等的要求。不同房间在同一时间内存在不同的冷热需求，为了防止水系统内的冷热抵消及便于系统控制，部分功能房如客房部分采用冷热水四管制，而裙楼部分则根据房间不同的需冷、需热时间段，采用分区两管制。

5.1.2.10　空调末端系统优化

空调末端系统采用直流无刷风机盘管变风量控制技术后，既能降低设备噪声，提高了房间热舒适性，又能降低风机盘管能耗。采用后倾机翼型风机，可提高效率，并较普通前弯式风机可节能 15%～35%。

5.1.2.11　空调系统变频控制

全空气空调系统变频技术是采用变频自动调节风机转速，使风机转速自动适应变化，降低风机能耗。通过变频控制，风机能耗约为定风量风机能耗的 50%～60%。

5.1.3　高效空调系统的落地

目前广州地区很热衷于高效制冷机房技术，但笔者认为更应重视高效空调系统，毕竟制冷机房是空调系统很重要的一部分，空调末端及管路系统的输送能效也很重要。采用高效制冷机房技术，年综合能效 *COP* 能达到 5.5 以上。现广州地区已有若干项目采用高效制冷机房技术，实际上经第三方测试，采用此技术后，年综合平均能效可达 5.9～6.0（达到美国 ASHRAE 指引中超高效水平），远超国内平均水平（2.5～3.0）。目前，广州地区已建成的高效制冷机房的案例有：广州白天鹅大酒店、广州科学城兴森快捷工业园厂房二期站房、广州地铁十三号线白江站、新塘站制冷机房等。

5.2　蓄冷和蓄热

冷热源在暖通专业中的投资额相对较大，冷源的规划与配置的优劣将直接影响医院能耗高低。可以依据国家及地方能源政策，利用电网的峰谷电价，在医院空调系统设计上，采用蓄能形式的冷热源，将起到很好的移峰填谷作用，间接提高能源利用率。而且对于医院的手术部、ICU 等重要场所也是一个安全备份措施。因此，有条件时应该鼓励在医院采用蓄能形式的冷热源。

5.2.1　蓄冷

常用于民用建筑的有水蓄冷、冰蓄冷技术，可以转移高峰电力，开发低谷用电，优化资源配置，从而减轻电力系统在夏天冷需求达到高峰时对其他用电企业、单位和发电厂的压力。同时，利用低谷电可以使得区域供冷系统的经济性更好。而且采取蓄冷技术可以降低系统的总制冷能力，在夜间冷负荷低的时候使大型制冷机组连续高效地工作并将产出的冷量以冰或低温水的形式储存起来以备白天使用，从而降低整个系统的供冷机组的装机能力要求。

常规空调系统是根据日峰负荷（最大负荷）确定冷热源大小和空调设备来设计的，而蓄能空调系统则是根据典型设计日总负荷，逐时负荷分布和运行策略（即全负荷蓄冷/热，还是部分负荷蓄冷/热）来设计的。医院建筑在夜间时段内仍有部分供冷的需求，则系统必须考虑增加机载主机以满足这部分供冷房间的使用。基载主机配置的大小多少取决于医院建筑负荷的特性，系统设计与设备选型与普通空调系统相同。当夜间负荷比较小时，一般会采用螺杆机组作为基载主机；当夜间负荷较大时，会采用离心式冷水机组。

水蓄冷技术主要利用水作为媒介，温度一般为 3～7℃。在夜间低电价且城市电网用电负荷较小时，利用水的显热以低温水或冰的形式将冷量储存在蓄冷装置内，待白天高电价且城市电网用电负荷较大时，再释放出来，作为空调系统的部分或全部冷源。与传统的空调系统相比，蓄冷空调系统有降低装机容量、减少设备运行费用的优点，但初期投资相对较高，通过利用消防水池作为蓄冷水槽，可以适当地减少初期费用。

冰蓄冷系统很容易提供 1～4℃的冷介质温度，以实现 4～9℃的送风温度，用较低的相对湿度来提高舒适性，降低风机的风量，减少电耗与风管安装空间，提高医院室内净高，营造良好的舒适环境。

5.2.2 蓄热

根据医院项目的特点，手术室中心供应等医疗区域全年均需供冷，而且医院热水也是常年使用，从节省热水系统的运行及投资费用的角度看，通常可与给水排水专业协调，设置冷却水的热回收系统。在采用全热回收式冷水热泵机组提供大楼冷负荷的同时，回收机组的冷凝热加热生活热水。在供生活热水管网侧设置板式换热器，提供热量交换，逐步加热水箱的水至生活用水温度，保证达到医院对生活热水高水质的要求。充分利用热回收机组的优势大大提高机组的整体运行效率，使医院的运营成本得到极大的节约。全热回收新型技术，可实现热能的二次利用，从而减少能源的直接消耗和排放，以达到节能和环保的目的。

5.3 空调系统大温差

5.3.1 概述

早期的空调技术主要是考虑节省设备材料和建筑空调以及调节控制，随着空调系统和空调设备的大量涌现，空调的能耗已经成为一个引人注目的问题。为了降低空调系统的一次投资和减少空调系统的运行费用，同时进一步提高室内的空气品质，空调系统设计中出现了许多新的技术，如变风量空调、变水量空调、大温差空调、蓄冷空调等。

国内空调常规设计的送风、水温差为 5℃，而大温差是指空调系统的送风、水温差大于常规温差。在国内大温差技术正处于发展时期，到目前为止，该技术在实例中的应用还比较少，与较早应用该技术的发达国家相比，我国的大温差技术还处在吸收和探索的阶段，仍然有许多问题需要进一步深入研究和解决。

大温差系统可分为：大温差送风系统，送风温差可达 14～20℃；冷冻水系统，进出口水温差可达 6～10℃；冷却水系统，进出口温差可达 6～8℃，此外还有和冰蓄冷相结合的低温送风大温差系统和冷冻水大温差系统，风测温差可达 17～23℃，水测温差可达 10～15℃。

5.3.2 大温差系统在空调系统中的应用

大温差送风系统的特点是具有较大送风温差和较小送风量。因送风温度降低，送风温差增大，使送风量大大减小（可减小到常规空调的 50%），从而节省系统的一次投资费用和运行费用，若大温差技术能与蓄冰技术和变风量系统相结合，将会取得更明显的经济效益。

另外，大温差送风系统在较低的送风温度下运行，因送风温度降低，系统管道及设备外部结露的可能性增大，对送风系统的保温要求比较高，在设计中应给予足够重视。

5.3.3　大温差空调系统与传统空调系统的对比

与传统空调系统比较，大温差的目的是优化空调系统各设备间的能耗配比，在保证舒适度的前提下减少系统输配的能耗，减少冷却塔和末端空调箱的能耗，同时降低系统初投资。

在推广大温差小流量空调系统方案时，需考虑以下几个方面内容：

一是水系统不同，最优运行工况可能不同，具体取决于空调负荷特点、外部环境、设备性能等。

二是冷水机组能够在宽广的蒸发温度与冷凝温度范围内可靠地运行，并保持较高的制冷效率。

三是系统流量不是越小越好，水泵及冷却塔节省的能耗大于空调设备的能耗，传热效率可能下降，增加能耗。

5.3.4　大温差对空调系统的影响

5.3.4.1　大温差送风系统能耗分析

对于同一项工程，假定一切条件均相同，忽略空调的物性参数在常规送风与大温差送风时的变化，对常规温度和大温差分析时，送风量和风道阻力都会发生变化。

当系统的送风管道不变时，随着送风温差的增大，单位管长的沿程阻力和所需风机功率减少。当系统的系统温差增大一倍时，风机功率为常规送风的 13.2％。

进行大温差设计时，一般使系统的风速同常规温差风速基本不变，因此，单位管长的沿程阻力装饰随着送风温差的增大而有所增加，但系统的管道直径减少，总体上风机的轴功率随着送风温差的增大而呈下降的趋势。当系统的送风温差增大一倍时，风机功率为常规送风的 76％。

5.3.4.2　大温差空调水系统分析

在空调系统运行中，目前水系统的输配用电量一般占系统总耗电量的 15％～20％，而且按名义工况设计的空调系统，在实际运行中，大多是采用定流量系统，全年大部分时间处于非设计工况运行，且运行时间内冷水温差很小，有时仅为 0.5～1.0℃，在小温差大流量情况下工作，造成冷水特性为小流量大温差，可降低冷水泵输送能耗，容易满足部分负荷运行的特性，实现系统节能运行。

5.3.5　大温差空调系统节能效率

大温差冷水系统可以节约系统的循环水量，相应减少水泵的扬程及运行费用，减少管道的尺寸，节约系统的初投资。冷却水大温差设计时，可以减少冷却塔尺寸，节约冷却塔的占地面积，减少水泵的流量和水管的尺寸，当冷却水温度比常规水温高 2℃时，可减少运行费用 3％～7％，节省一次投资 10％～20％。

5.3.6　大温差空调系统在医院工程中的应用

随着国民经济的快速发展，医院工程越来越大，单个空调系统越来越大，如果采用目前国内空调冷冻水通常使用的 5℃温差（7/12℃），流量很大，运行能耗惊人，为了适应医院如今的大空调系统，采用大温差空调系统。与常规空调系统相比，相同的冷量，循环水泵的流量、功率均变小。首先空调水系统的运行能耗降低，节约能源；其次，流量减少，泵的型号变小，冷冻水管用材大大减少，既可节能也可降低噪声。目前国内大型医院工程采用大温差空调系统的越来越多。

5.3.7 小结

送风大温差系统减少了系统的送风量，冷水大温差减少了系统的冷水量，使管道系统、输送设备和处理设备等型号和尺寸相应减少，节省了空调系统的一次投资和运行费用。另外，采用大温差系统，由于温度较低，增大了管道系统和各设备结露的可能性，对系统的保温提出了更高的要求。

冷冻水大温差系统，当冷冻水供回水温差不变时，冷冻水供回水温度越低，冷水机组的蒸发温度也越低，降低了冷水机组的效能比，单位制冷量的轴功率会增加，另一方面，冷冻水温度越低，空调系统末端装置的型号和尺寸相应减少。当冷水供回水温差不变时，冷冻水温度升高时，提高了冷水机组的效能比，而末端装置的一次投资和运行费用可能增加。

5.4 区域能源

5.4.1 概述

改革开放以来，我国经济的高速发展和人民物质生活水平的不断提高，对电力供应不断提出新的挑战。尽管全国发电装机容量不断增大，然而，电力供应仍很紧张，尤其是夏季有些地方不得不采用拉闸限电的办法解燃眉之急。因而，改善电力供应的紧张状况和电力负荷环境已成为一些大中城市的首要任务。长期以来空调系统是能耗大户，而空调系统用电负荷一般集中在电力峰段，因此对城市电网具有很大的“削峰填谷”潜力。基于这种“削峰填谷”的想法，空调系统中出现了冰蓄冷机组，它利用午夜以后的低谷电制冰，储存到白天用电高峰时供冷。而冰蓄冷技术和低温送风空调系统相结合则更能增强它的竞争力，对于电力生产部门和用户都会产生良好的经济效益和社会效益，并可以实现整个能源系统的节能和环保。因而随着国内冰蓄冷技术的成熟，它在我国将有更广阔的发展前景。

5.4.2 区域能源技术简介

区域供暖、区域供冷、区域供电以及解决区域能源需求的能源系统和它们的综合集成统称为区域能源。这种区域可以是行政划分的城市和城区，也可以是一个居住社区或一个建筑群，还可以是特指的开发区、园区等，总之，人类社会发展至今所有一切用于生产和生活的能源，在一个特指的区域内得到科学的、合理的、综合的、集成的应用，完成能源生产、转换、供应、输配、使用和排放全过程，称之为区域能源。

区域供冷系统是为了满足某一特定区域多个建筑物的空调冷源要求，由专门的供冷站集中制备冷水，并通过区域管网进行供给冷冻水的供冷系统。可由一个或多个供冷站联合组成。区域供冷系统也可以是区域能源系统的一部分，可与分布式能源站、热电厂、城市燃气系统及其他余热利用等组合作为能源梯级利用系统。与自来水、电力一样，区域供冷系统属于公用事业中的一种，是城市的基础设施之一。

区域供冷系统的应用有近 50 年历史，是伴随国际能源紧缺、科技进步和城市化发展、改造而产生的，它是城市或区域能源规划及分布式能源站建设的组成部分之一（图 5-11）。

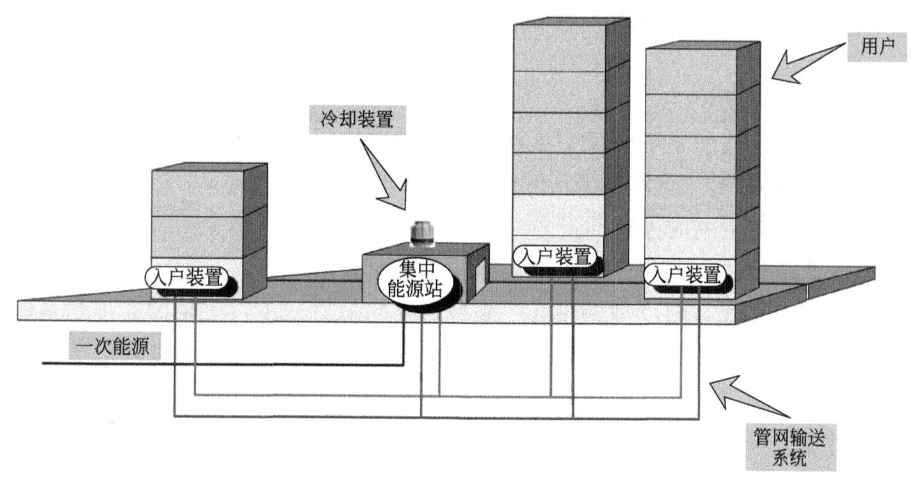

图 5-11 区域供冷系统

适合建设该系统的区域有：城市中心商业区（CBD）、高科技产业园区、大学校园、大型交通枢纽、大型物流仓储中心和工业企业、新开发的高档住宅小区、为改善街区环境而必须进行空调设施改造的区域等。对于气候炎热夏季制冷负荷较大的地区或公共建筑密度较大的地区，区域供冷系统是降低城市运行成本的有效手段之一。

5.4.3 区域供冷系统的构成

（1）中心冷冻水制造工厂

在中心制冷厂中冷冻水通常由电驱动的压缩式制冷机或吸收式制冷机生产出来，如果技术条件和经济条件允许的话，天然的低温水体可以被作为廉价的冷源来提供部分冷量。在某些外部条件下一套独立的区域供冷系统方案在经济上不可行（图 5-12），这时我们可以考虑把区域供冷系统结合到一套热电冷三联供的 CCHP 系统中，从而把眼前的经济障碍通过灵活的技术应用转化为新的节能和赚取最大经济效益的契机。

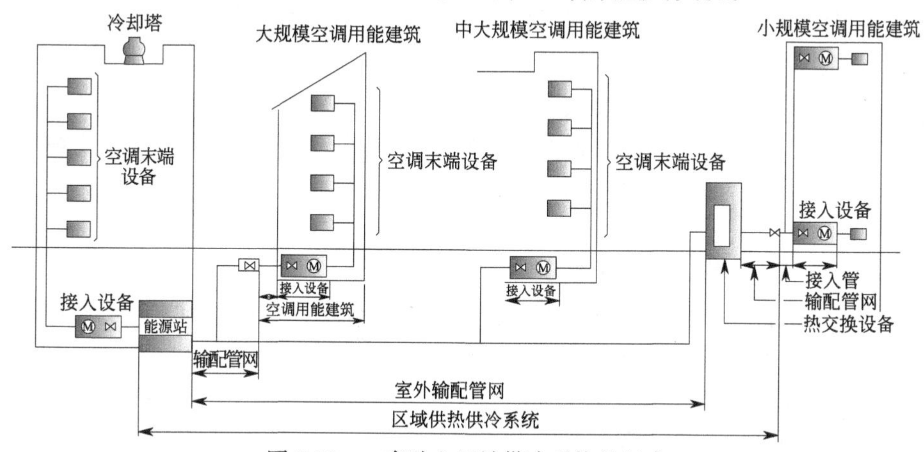

图 5-12 一套独立区域供冷系统的组成

(2) 蓄冷设备

蓄冷是优化一套区域供冷系统中非常关键的一部分，通常它可以减小系统的初投资和运行费用，同时又可以为中心制冷厂中的制冷机创造一个更加平稳的负荷从而提高系统的能效。

(3) 冷冻水输配系统

主干网的冷冻水输配系统实现了将在中心制冷工厂中生产出的、携带着冷量的冷冻水输送到用户端的任务。

(4) 用户端和主干网的连接

用户端的连接是一个大型区域供冷工程中至关重要的部分，这不仅是因为此部分是整个区域供冷系统中实现为用户端供冷这一终极目标的最后一步，更是因为正是系统连接的这些客户的采取何种供冷方式供冷的决定将最终决定该区域供冷系统整体的节能性和经济性，如果在这部分发生问题，潜在的区域供冷用户们出于供冷安全的考虑将采用其他的供冷方案，而区域供冷的最大优点在于其规模效应引起的其他诸如节能、高灵活性等超出传统技术的优点，一旦用户端冷负荷不够稳定或过小，区域供冷将完全没有任何优势可言，甚至不如传统的、独立的、分散式的供冷技术。

(5) 计算机模拟软件

计算机模拟软件近来被越来越多地应用到区域供冷系统的设计和运行中，这些模拟软件能够处理复杂的系统和建筑的负荷计算、不断变化的气候影响和多种技术经济选择。由于大量参数的存在，有些软件是专门进行初步可行性研究的，有的是进行特殊计算的，比如一个互联系统的平衡或确定管道的尺寸。

通常，计算机模拟软件被用于三种条件下：一套新系统的设计、现有系统的扩展和系统的运行中。

5.4.4 区域能源的特点

(1) 区域能源能够控制能源消费增加过快，降低能耗

区域能源实现多种能源的科学、合理、综合、集成的应用，在需求侧-应用侧实现品位对应，温度对口，梯级利用，多能互补，可以使各种能源得到适得其所的应用，发挥其特长，从而降低总能耗，降低单位产品的能耗，降低单位 GDP 的能耗。

(2) 区域能源能够提升能源利用效率

能源革命的目标就是要提高能源利用效率，区域能源科学合理用能，实现能源的对应、对口、梯级、综合利用，把一次能源多级梯次利用，把各种能源综合、集成利用，把能源“吃干、榨尽”，用最少的能源，完成更多的工作，把我国的能源利用率从 36%逐步提升到 50%，直至 90%。

(3) 区域能源能够推动能源消费革命

区域能源能够推动能源方式的改变，把能源用到合理、合适的地方。例如把供暖温度由 95℃降到 75℃甚至 50℃；用吸收式热泵可将工业 20～40℃余热、废热提升至 50～60℃，满足供热需要。

(4) 区域能源能够推进能源供给革命

区域能源能够督促用户选择利用效率高的能源形式。不同的产业需要不同种类的能

源，例如工业冶炼、铸压必须用一次高温的能源，服务纺业的洗染可以用低品低温的余热、废热。居民供暖、地板辐射用30～40℃热水；暖风机、风机盘管用50～55℃热水；散热器用55～75℃热水；区域能源为用户的多种选择提供了可能。

（5）区域能源推进天然气的梯级综合利用，实现“三联供”

天然气是一种高效清洁的化石能源，是下一代人类社会的主打能源。但现在人们更多的是将它们一次就烧掉了，不仅能效低（仅有40%左右），而且排放污染也高。为实现天然气的综合梯级利用，世界各国都在大力发展天然气的分布式能源。利用天然气的高品位——发电产生高品位二次能源；再利用天然气发电的余热——低品位，为各种产业和建筑提供能源。实现汽、热、电“三联供”，梯级利用天然气能效可达90%以上。区域能源为天然气分布式能源提供了广阔的空间，它不仅可以自己形成独立的能源系统，同时它还可以和其他形式的能源集成为一个综合高能效的系统。

（6）区域能源能够大力发展利用可再生能源

少用或不用一次化石能，少烧或不烧可燃物质获得能源，是节能减排追求的目标。可再生能源的利用提供了这种可能：太阳能可直接转化为电能或热能；风能可转化为热能；地热能可转化为电能或热能等。但是可再生能源转化的能源，多是低品位、不连续、不稳定的。人类利用可再生能源时都要考虑辅助措施或辅助能源。区域能源为可再生能源在区域中的利用提供了这种可能和保证。

（7）区域能源能够大力发掘、利用各种低品位能源

各种余热、废热及浅层地能等的低品位热的数量是人类社会消耗有效能源的许多倍，但是目前利用率很低，浪费很大。在区域能耗中，需要量最多、最大的还是低品位能源，特别是建筑用能。所以区域能源可以很好地应用低品位能源，把发掘出来的各种低品位热用于区域能源。

5.4.5 当前区域供冷采用的基本技术

5.4.5.1 水蓄冷区域供冷技术

水蓄冷空调系统在夜间用电低谷期采用电制冷机制冷，将制得冷量以冷水的形式储存起来。

在白天电价高峰期将冷量释放，用以部分或全部满足供冷需求。与常规空调相比，水蓄冷空调系统比常规空调系统增加了一个蓄冷水槽。水蓄冷技术利用水的物理特性，1个大气压的水，4℃水温时其密度最大，为1000kg/m^3，随着水温的升高，其密度在不断减小，如果不受到外力扰动，一般容易形成冷水在下，热水在上的自然分层状态，但水在4℃以下时物性却出现明显的非规律性变化，此时随着水温的降低，其密度却在不断减小，因而水蓄冷水温可利用的下限为4℃。水蓄冷利用的是水的显热变化［4.18kJ/(kg·℃)］。

自然分层式蓄能技术是一种结构简单、蓄冷效率较高、经济效益较好的蓄能方法，目前应用得较为广泛。在夏季的蓄冷循环中，冷水机组送来的冷水由蓄能罐下部的布水器进入蓄能罐，而原来罐内的热水则从蓄能罐上部的布水器流出，进入冷水机组降温。随着冷水体积的增加，罐内冷热水交界的斜温层将被向上推移，而罐中总水量保持不变；在放冷循环中，水流动方向相反，冷水由下部布水器被放冷泵抽出送至用户，经换热后的温度较高的水则从上部布水器进入蓄能罐。其工作过程及原理如图5-13、图5-14所示。

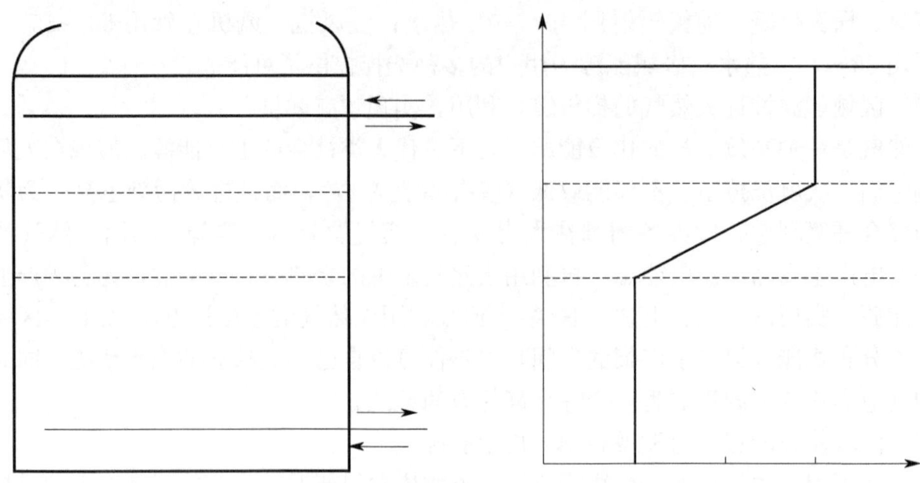

图 5-13　水蓄冷系统工作过程示意图

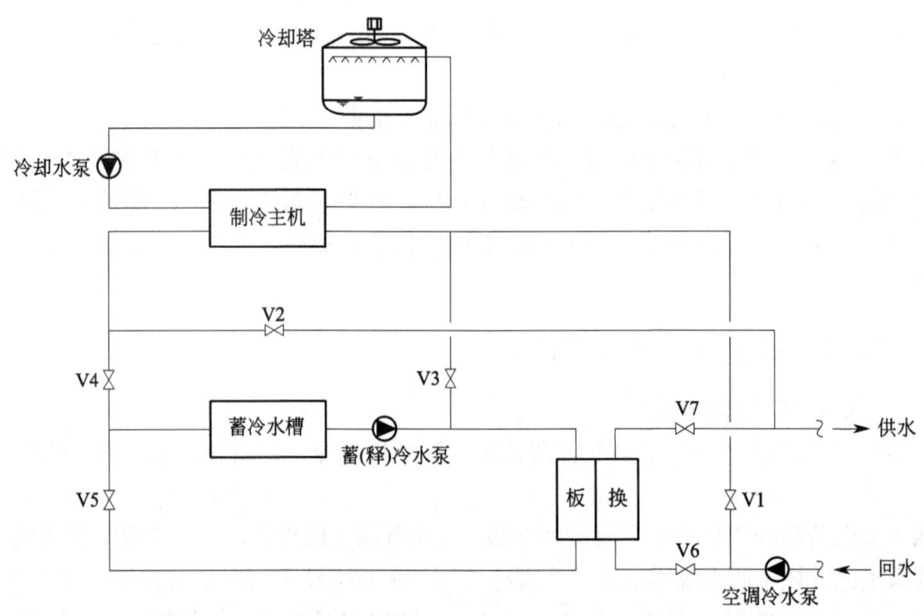

图 5-14　水蓄冷系统原理图

水蓄冷技术由于蓄冷温度（4℃）较冰蓄冷温度（－5.6℃）高 10℃，冷水机组蓄冷过程中 *COP* 较高，但由于冰的溶解热约是水蓄冷（按照可用温差 8℃考虑）能力的 10 倍，蓄存相同冷量，冰蓄冷与水蓄冷的体积空间理论上相差约 8 倍，实际上相差约 4 倍。所以，在能源站区域内有空间布置蓄冷罐或蓄冷水槽场地时，可以优先考虑水蓄冷方案。

5.4.5.2　冰蓄冷区域供冷技术

冰蓄冷技术分为动态与静态。动态的技术有冰浆与冰片滑落式，静态的技术有盘管外结冰（钢盘管、塑料盘管及不锈钢盘管）和封装冰（冰球与冰板）。目前，绝大多数区域供冷项目，都使用钢盘管外结冰技术，而盘管外结冰又分为内融冰与外融冰。

（1）内融冰的区域供冷技术

内融冰的技术特点：内融冰释冷时，经空调负荷加热的高温载冷剂（乙二醇）在盘管内循环，将盘管外表面的冰逐渐融化，载冷剂降温，低温载冷剂通过板式换热器降低从空调用户侧回来的空调冷冻水温度，以满足空调用户需求。

内融冰系统为闭式流程，对系统的防腐及静压问题的处理都较为简便、经济。但由于换热面积仅为盘管表面，内融冰的融冰释冷速度较慢，在运行策略安排方面不如外融冰系统灵活，往往运行费用要高于外融冰系统。与外融冰方式相比，内融冰方式可以避免外融冰方式由于上一周期蓄冷循环时，在盘管外表面可能产生剩余冰，引起传热效率下降，以及表面结冰厚度不均匀等不利因素。内融冰技术由于释冷速度较慢，平均释冷速率在12％～14％之间，融冰温度为 3～5℃，所以多用于单体建筑或规模相对小的区域供冷项目中（图 5-15）。

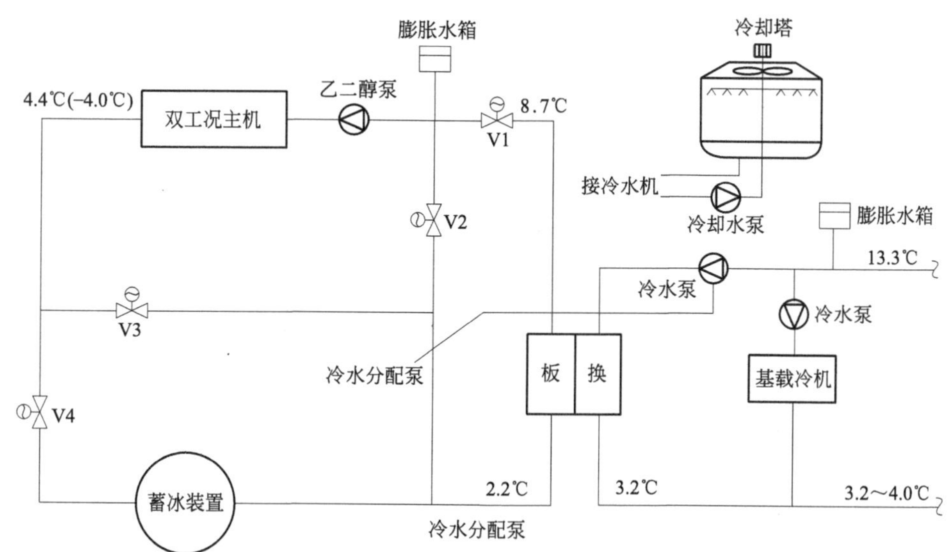

图 5-15　内融冰流程图［内融冰（有基载冷机）主机上游串联系统］

（2）外融冰的区域供冷技术

外融冰方式释冷时，由温度较高的空调回水，直接进入蓄冰槽内循环流动，使盘管外表面的冰层自外向内逐渐融化。蓄冷槽开式，为了使融冰与蓄冰均匀，在蓄冰槽底部设置压缩空气搅拌管道，用清洁的压缩空气气泡增加水流扰动，使结冰与融冰均匀，保障融冰出水温度稳定，避免融冰死角，提高换热效率。

外融冰方式，由于温度较高的冷冻水回水与冰直接接触，融冰释冷速度快，可以在较短的时间内制出大量的低温冷冻水，可以更灵活地安排运行策略，最大限度地节省运行费用。特别适合于短时间内要求冷量大、温度低的场所。

外融冰方式由于所采用的双工况制冷机不同，又分为单机单蒸发器和单机双蒸发器两种流程。目前，由于单机双蒸发器制冷机组价格较高，限制了该技术的使用，仅有少数项目采用这种机型，例如：北京中关村区域供冷项目、美国休斯敦区域供冷项目。国内多数区域供冷项目都是单机单蒸发器的技术。双蒸发器是指：水-制冷剂蒸发器和乙二醇-制冷剂蒸发器，该机组的特点是，日间工况与标准的离心式冷水机组一样，具有较高的 *COP* 值，省去中间乙二醇-水换热器，与单蒸发器相比可提高 *COP* 值 2%～3%，制冷与制冰模式转换控制简便，使整个系统更简洁，运行方便，对机组性能、稳定性要求较高。相信随着区域供冷技术和市场的同步发展，在环境、经济性合适的情况下，双蒸发器会得到越来越多的应用。双蒸发器与单蒸发器的差别在流程图上可以反映出来（图 5-16、图 5-17）。

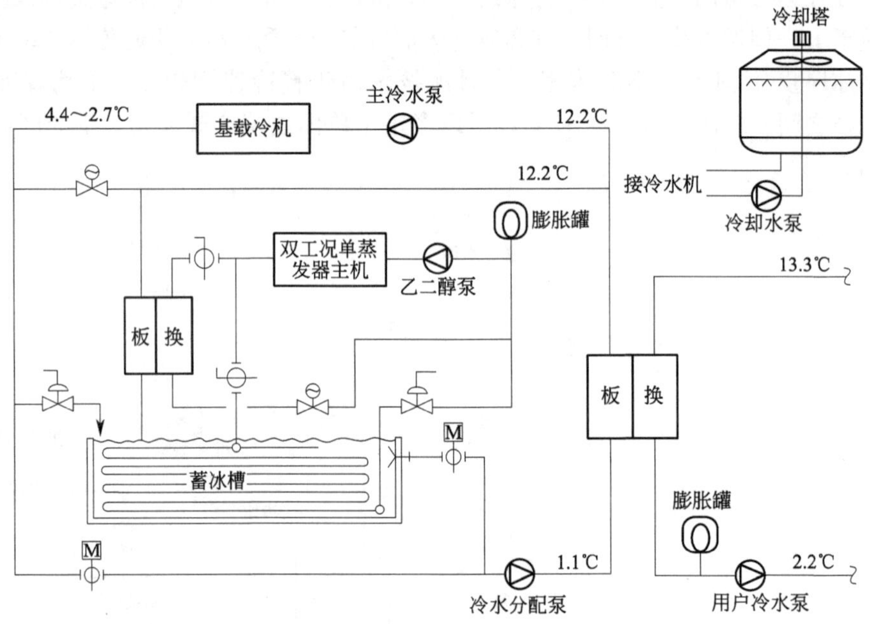

图 5-16　单蒸发器的外融冰流程图［外融冰（有基载冷机）主机上游串联系统］

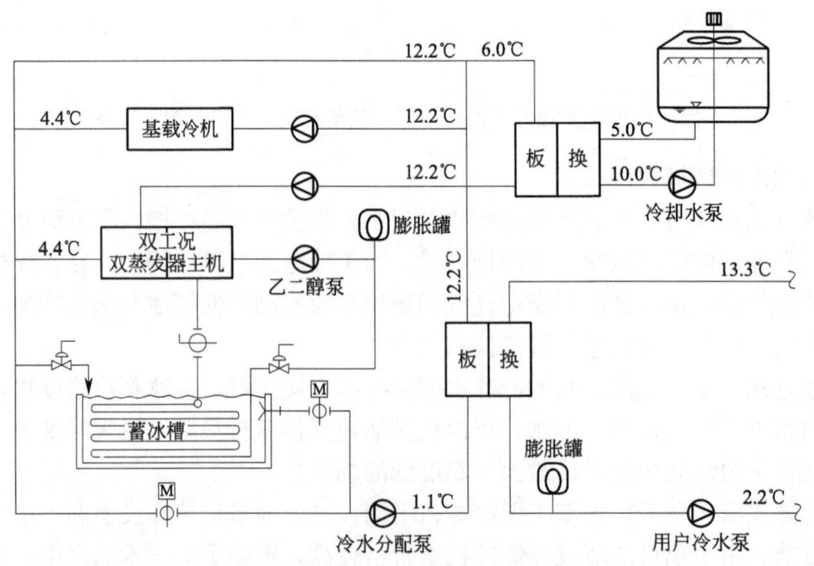

图 5-17　双蒸发器的外融冰流程图［外融冰（有基载冷机、双工况双蒸发器）主机上游串联系统］

外融冰的融冰速率快，严格意义上讲融冰速率没有上限，能够快速适应区域供冷负荷需求波动，融冰温度可以低至 1℃，供回水温差可以达到 10℃，这意味着比常规的 5℃温差的供水量可减少 50%，外管网尺寸可以减少 2 个等级（图 5-18）。换句话说，如果设计供水温度为 3℃，当实际供水温度为 1℃时，供冷能力可以提高 22%。

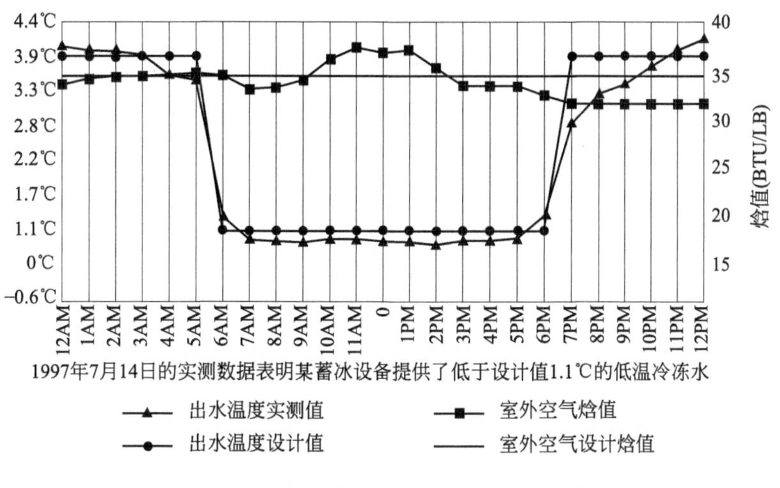

图 5-18　钢盘管外融冰出水温度实测值

此外，在蓄冰槽内的每组盘管底部设置压缩空气管道，融冰时压缩空气所产生的气泡由底部向上流动，冰层周边的水与其他部位的水充分混合，可以用来调整融冰速率快的情况，保持低温供水稳定，供水温度不受外界影响。

鉴于融冰速率快和供水温度低，目前国内外大型区域供冷项目都采用外融冰技术。

5.4.5.3　冰浆外融冰的区域供冷技术

双工况制冷机通过－3℃乙二醇介质与板式换热器换热，将水过冷到－2℃，再通过超声波促晶机制成冰浆，供系统直接使用或间接使用，该技术属于动态外融冰技术，如图 5-19 所示。

该技术特点：双工况主机制冰时（乙二醇介质－3℃），*COP* 会高于钢盘管制冰；冰浆在冰槽内不板结的情况下，融冰速率高；对冰槽场地、规格等要求低，适用于各种能源站场合。

5.4.6　区域能源在医院建设中使用

区域能源应该是我国能源发展的趋势。区域能源不能简单地理解为就是一个大的制冷站或者供热站，而是要遵从区域能源理念，对规模不一的区域内能源资源进行整合，因地制宜地实现合理化的应用和匹配。中国是一个体量庞大的经济体，能源资源的重叠会造成巨大的浪费，并且不利于节能减排和碳中和，因而，城市规划中必须应有区域能源思维，使能源资源的配置不产生错配、漏配或重叠配置。

随着人民生活水平的提高，医院的就诊人数大幅提升，现有医院已经不能满足老百姓的就诊需求，需要升级医院的服务质量，另外，人们的健康理念也发生了转变，医院特别是大型综合医院更是人们追求健康美好生活的公共场所，因此很多大型综合医院进行了改

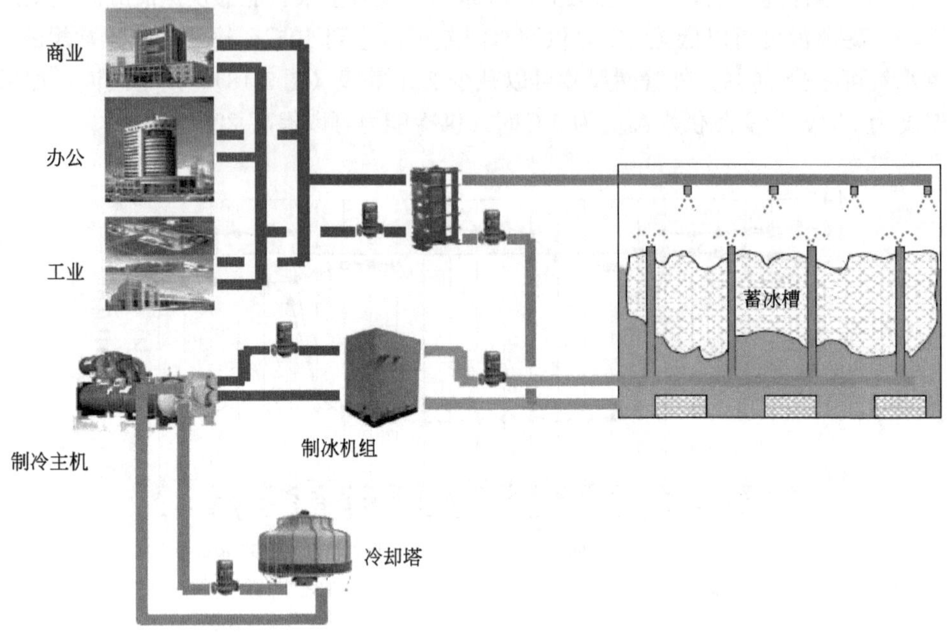

图 5-19 冰浆技术原理图

扩建或新建。随着医院规模的扩大甚至翻番，医院为广大患者提高健康舒适环境的同时，也增加了医院的运行成本，能耗成倍增长。冷热源是医院耗能大户，是节能减排的重点，应尽量选择高能效产品或利用低品位的能源。在新规划片区或旧改片区，政府规划有区域能源站或分布式能源站，针对该区块中设有的大中型综合医院，完全可利用区域能源进行供冷供热等，其意义就是：

（1）集中式供应可以利用单体建筑的负荷参差性来降低冷热源设备的装机容量，减少能源站的占地面积，从而减少投资；

（2）可以实现区域能源配置的整合优化，避免资源错配、漏配和重叠配置；

（3）选用低能耗、绿色环保的用能设备和对能源转换系统的合理选择并优化，以最小的能源输入取得最大的能源输出，通过提高供暖通风和空气调节设备系统的能效比，增进照明设备效率等，达到节能减排的目的；

（4）随着社会资本进入医疗市场，PPP 模式的推广，集中能源系统可以引入专业的管理，实现技术的集约化，提供性价比合适、能源利用率高的供冷供热方式；

（5）可结合国家政策，最大限度地利用清洁能源、可再生能源等；可利用电网的峰谷价差，进行冰蓄冷、水蓄冷、蓄热等；

（6）专业的人做专业的事，社会发展也越来越需要专业化。区域能源站使得原来必须由单体建筑自己解决的供冷供热的服务走向市政化，走向公共化，变成一种公共服务。引入市场竞争，投资主体多元化，提高了整个城市的公共设施水平。好的区域能源系统有更高的运行效率，更低的能耗，有利于城市景观的改善。所以，在新规划片区或旧改片区，如附近规划设有区域能源站，应尽可能优先采用区域能源站供应能源。

5.5 VAV空调变风量系统的应用

5.5.1 VAV空调系统的组成

VAV空调系统主要由新风机、空调机组、风道、VAV box（末端装置）、分风箱、风口、温控器及控制系统组成。

5.5.2 VAV空调变风量系统的发展过程

VAV空调变风量系统刚出现时，并没有得到迅速推广，在当时，CAV系统加末端再加热和双风道系统在很长一段时间内占据舒适性空调系统的主导地位。直到西方20世纪70年代爆发石油危机后，能源危机推动了VAV系统的深入研究和发展应用，经过40多年的发展完善，变风量空调系统在欧美日的中央空调系统应用率高达30%，现已经成为美国空调系统的主流，采用VAV技术的多层建筑和高层建筑已达95%。当今变风量系统已经发展到可以通过计算机网络对空调系统进行实时采样、监测、分析和调控，并成为现代智能化大楼的一部分。VAV系统俨然已成为大空间空调系统发展的主流。

VAV空调变风量系统进入中国市场的时间较短，但随着VAV系统在国外的广泛应用，各项技术在国外发展已十分成熟，同时带来巨大的节能潜力。国内建筑智能化要求的不断提升，需要相应的空调系统更加舒服、安全和节能，我国在不断引进先进技术的前提下，微机技术、控制技术的发展很快，为VAV系统在国内的应用推广奠定了强有力的基础。目前国内已有众多知名工程实例：中国人寿大厦、国贸中心、东方广场、国家电力调度中心、中银大厦、上海花旗银行、证券交易大厦、国际航运大厦、深圳世贸商城、广州新白云国际机场、广州亚运场馆等。我国香港地区VAV空调系统的应用较为广泛，据统计香港地区近期著名建筑物有70%～80%采用VAV空调系统。对于该建筑来讲，变风量空调系统与其他常规系统相比有良好的节能性，与风机盘管比较节能在22%左右，与定风量系统比较节能在35%左右。回收率大约在3～6年之间。由此可见，变风量系统的末端风机虽然全年不间断运行，但该系统的投资运行仍是相当经济的。

经过40多年，VAV系统在系统形式、控制形式、末端产品等方面有了全面发展。但是，由于VAV系统的多变量、强耦合非线性特点，其运行过程中还存在较多需要解决的问题，例如稳定性问题和节能控制问题等。因此，研究学者将更多的注意力放在了VAV系统的优化控制上。

5.5.3 VAV空调系统的原理

在系统中VAV box会根据室内负荷变化（温控器上设定值与实际值之间的温差），来调整末端出口风量以满足负荷要求。出风量的变化引起系统管路中静压变化，静压传感器测量静压变化并传递给风机变频器，变频器根据静压变化信号，去控制空调机电机转速，调整总出风量，维持送风管路系统的静压恒定。

VAV系统能够根据房间里参数和负荷的变化，对送风量自动调节，使房间的各项参数满足全空气空调系统的要求。用少量的耗能提升室内的舒适度是VAV系统追求的品质所在，显著的节能效果是最突出的优点，此外，VAV 系统采用新风作为制冷源，使用灵活。

当室内显热负荷或全热负荷发生变化且要求室内温度保持设计温度不变时，可以有两种途径，一种是固定送风量，改变送风温度；另一种是固定送风温度，改变送风量。前者为传统的 CAV 全空气系统，后者即为 VAV 全空气系统。

VAV 空调系统是相对于传统的 CAV 空调系统而言的一种较为先进的集中式中央空调系统形式，是通过改变送入被控房间的风量（送风温度不变）来消除室内的冷、热负荷，保证房间的温度保持在设定值恒定不变，例如，夏季当室内温度高于设定值时就提高送风量，反之减少送风量；冬季当室内温度高于设定值时就减少送风量，反之提高送风量。

VAV 空调系统的风道系统与 CAV 空调系统的不同之处在于，VAV 空调系统的风道系统设计时可以不考虑同时使用系数，这也是 VAV 空调系统风道系统的特征之一。VAV 空调系统设计中引进了分区的方法，这一点与 CAV 空调系统设计不同。VAV 空调系统设计中可将负荷变化趋势一致的空调分区划归为一个 VAV 空调系统，在这个 VAV 空调系统内同时负荷率为 1 或者接近于 1。在这种场合，VAV 空调系统的风道系统设计不考虑同时使用系数，VAV 空调系统将不需要末端再热，由此可避免冷热抵消而造成能量损失。

将空调系统的外区和内区划分到同一个 VAV 空调系统中时，尽管负荷变化趋势不一致，但是这不同于将不同朝向的外区划分到同一 VAV 空调系统时会出现错峰的状况，内区空调设计负荷被认为没有峰值，所以不会出现错峰，同样可以不考虑同时使用系数。对于外区有可能同时出现供冷供热需求的空调系统，不推荐将外区和内区划分到同一个 VAV 空调系统的设计方案应对外区和内区分别设置不同的空调系统。各外区按朝向分别设置单独的空调系统，各末端装置不设再热器。各内区共用一个变风量空调机组。当外区也采用 VAV 空调系统时，外区和内区宜分别设置不同的空调风道系统。外区按朝向设置独立的空调风道系统是 VAV 空调系统风道系统的特征之一。

5.5.4 VAV 空调系统的优缺点

5.5.4.1 VAV 空调系统的优点

（1）由于空调系统全年大部分时间是在部分负荷下运行，变风量空调系统是通过改变送风量来调节室温的，因此可以大幅度降低送风风机的输送能耗。

（2）每个分区的送风量是随着各区负荷的变化而变化，在同一时刻，即使末端各区具有不同的负荷需求，也可独立调节各自的送风量，实现温度的独立控制，避免在局部区域产生过冷或过热的现象。

（3）VAV 系统的系统设计和控制设计要求准确确定每个末端装置的容量大小，以确保规范所要求的最小风量值。当系统处于部分负荷时，应能灵活地控制空气处理机组送风机的能耗和末端的再热能耗，末端的控制要与空气处理机组和冷水机组的控制一体化。因此，合理的 VAV 系统加上合理的自动控制，可以进一步减少空调系统的能耗。

（4）VAV 系统的冷水管路不经过吊顶空间，避免了冷凝水滴漏和污染吊顶的问题。

（5）变风量系统适合于建筑物的大空间、多功能以及不同舒适性需求。

（6）与 CAV 系统相比，VAV 系统对室内空气湿度的调节控制效果要差些，但对于民用建筑的舒适性空调来说，VAV 系统对湿度的控制可满足使用要求。

5.5.4.2　VAV 空调系统的缺点

（1）VAV 空调系统的控制系统较为复杂，当控制系统设计不合理时，系统将不能很好地实现节能的效果，难以达到预期的理想状态，这也是制约 VAV 空调系统发展的一个最主要原因。

（2）由于系统所需设备较多，系统的初投资较大。

（3）系统在运行过程中容易产生噪声问题，而噪声控制也是 VAV 控制系统设计的一个难题。

（4）VAV 系统需要安装较长的管道，管道内部极易滋生细菌，清洁困难，容易引起疾病的流行和扩散，这是 VAV 系统一个较为突出的缺点。

5.5.5　VAV 空调系统的控制方式

VAV 变风量空调系统在安装和调试中涉及的环节众多，设计缺陷和操作不规范都可能直接影响到系统的工作效率。控制方式是 VAV 系统成败的关键，VAV 风量控制方式主要有三种：定静压、变静压、总风量。送风量控制主要包括：定送风、变送风、回风和送风温度控制，详见表 5-1。

VAV 空调风量与温度控制方式　　**表 5-1**

风量控制方式	送风温度控制方式
定静压控制：确保系统风道里边的几点或者一点有稳定的静压，用 VAV box 风阀调节屋里的送风量；风道里的静压和静压点设置的差额对变频器工作中风机转动的速度进行调节。通过对送风的温度进行设置和调节，确保屋内保持一定舒适度。 变静压控制：确保 VAV box 风阀在全开位置（85%～100%），通过风道里的静压来对系统送风量中的变频器进行控制，对风机转动的速度进行调节，还能够对送风的温度进行设置，确保房间舒适。 总风量控制：调节送风量，调整室内温度，确保回风和送风之间的差值保持稳定，使建筑物顺利排风	定送风温度控制：控制房间里的温度。如果只有送风的温度保持不变，可以通过对送风量进行控制来调节室内的温度。 变送风温度控制：可以通过更改送风的方法，来控制房间的温度，使用变风量或者定风量进行送风或控制，从而确保室内舒适自然。 回风温度控制：采用回风温度传感器对温度进行检测，比较设定值，对温度控制水阀进行控制来调节房间温度。通常只适用于控制定风量。 送风温度控制：采用送风温度传感器对温度进行检测，比较设定值，用温度控制水阀调节房间的温度

在变风量空调系统中，各个点的静压都会受空气流量影响。所以，想要系统能够正常运行，必须符合以下要求：风管静压稳定，从而确保末端的装置能够正常运行；为了减少室外空气的进入，在一定程度上应保证空调范围内有微正压；控制空调区域的新风量，在保证温湿度满足要求的情况下确保最小（经济运行工况除外）。

5.5.6　VAV 空调系统设计安装及调试技术要点

5.5.6.1　设备设计选型

针对不同的功能区域，根据设计图纸结合业主的诉求对设计参数进行复核后，对各功能段进行确认，相关参数经设计、业主确认后选定品牌和厂家，通过厂家专业技术人员配合对机组进行具体的选型和配置。

5.5.6.2 风管设计安装要点

风管安装前要进行初平衡的管路优化。VAV 系统对风管平衡要求很高，为了 VAV 空调末端系统能够调试出较好的效果，根据现场的实际情况合理地布置风管路由。送风管道应尽可能布置成直线形，并尽可能简单，减少各种弯头、管道配件的数量。条件允许的情况下，连续两个分支管道配件之间的距离应为风管大边长的 4～6 倍；支管连接处宜加装调节阀，保证各 VAV box 变风量末端控制阀能尽可能在 85%～95%开度下工作，从而达到比较理想的节能效果。

5.5.6.3 VAV box 进出风管设计安装技术要点

（1）安装进风段风管。通过套接的方法连接进风管和变风量尾端的进风口，完成安装之后，用 4～6 个自攻螺钉加以固定，在连接的地方用胶密封；因为测量毕托管压差需要气流恒定在 5m/s 以上，可以在尾端的进风口连接和它直径相同、超过 3 倍直径长度的直管。

（2）在末端安装出风管。通常采用消声软管（有条件时宜采用硬接）连接出风管，因为软管有很大的摩擦阻力，所以在布置软管的时候，控制好长度，尽量保持在 2m 以内，平直弯曲不宜过大。写字楼或公共建筑的特点导致空调系统在安装中受到诸多建筑因素的影响，为了便于 VAV 空调系统在写字楼或公共建筑中安装，需要对空间进行分割，因此在风口之间采用软管连接的方式。但是在具体的实施过程中，软管连接处松紧不一，扭曲程度严重，部分软管连接长度甚至超过 2m，这将对空调系统的效果产生直接的影响，不仅风量减少，而且噪声会明显增大。

（3）用紧固卡箍的方法连接铝箔金属保温软管，插接的长度≥50mm ，如果有环形凹槽，效果更佳。

（4）可以参考小管径圆形风管来安装铝箔保温软管，用 40mm×4mm 的扁钢制作吊卡箍，也可以在保温层上直接安装吊卡箍，支吊架之间的距离≤1.5m。

VAV 空调系统支管风道风平衡调试：

（1）风平衡调试的前提条件。AHU 机组的工频为 50Hz，打开 VAV box 箱到 AHU 机组送风机之间所有的阀门。首先要确保需要调试的楼层中 VAV box 箱里的电动调节风阀全部打开，其次要确保所有调试楼层的 AHU 机组送风机都正常运行。

（2）计算依据及调试目标。通过对空调机组中风量的设置值，计算出最大的总需求风量，通过两个值的对比分析后，将一次风阀全部打开，计算风量总和。在运行 50Hz 工频 AHU 机组时，VAV 最大需求风量总数大约是空调机组送风量的 1.25 倍。根据以上结论，可以确定 VAV 一次风的调试值可以设置为最大风值的 80%，在实际运行过程中，有可能会出现风管漏风，可以根据实际情况进行微调。

（3）风平衡调试的步骤。先根据手持式气压探测器对机组送风的风道和分叉压力进行探测，以压力为标准对定风量阀再次进行手动调整，保证压力大致平衡。比较 AHU 机组的送风压力和测量压力值、风量测试值和设计参数，如果出现很大的差距，需要厂家对此进行检测。调试人员可以对 BA 管理站监控界面中 VAV 的一次实际风量值进行观察，手动控制 VAV box 箱前面的风阀，确保所有的 VAV box 箱的一次风量实际值都是最大风量的 80%（允许上下波动 10%），就可以说明这一楼层的空调风系统基本符合平衡的要求。

（4）主要影响因素。由系统的组成可以看出，控制对象为室内温度、主送风道静压，检测装置为静压传感器，调节装置是现场 DDC 控制器，执行器是变频器，干扰量是风阀开度、空调负荷。另外，风管系统的严密性也是不可避免的干扰量，风量不平衡、控制方式选择不合理、风管系统漏风量大，不仅会导致各功能区域冷热不均，无法达到预期的效果，而且会影响系统的稳定性。因此，末端装置的形式、风量平衡的调试、自控系统的控制方式、风管系统的严密性是影响 VAV 空调系统功效的关键因素；控制基础就是风平衡。

5.5.7　空调变风量 VAV 系统应用到医院建筑

5.5.7.1　VAV 系统与其他系统在医院建筑中的优缺点比较

下面对医院病房建筑中各种空调方案进行综述。

(1) 一对一形式的分体式空调方案。这种空调方案就是每个病房一个独立的分体式空调，由于机组体积小、安装容易、控制灵活方便等优点，在原无空调的病房改造中，这种空调方式的应用极为常见。尽管是在改造项目中应用这种空调方式，笔者认为这种方案是不可取的，除非房间层高或其他条件太差，否则这种家庭用的空调器不宜用在公共建筑中，因为这种空调方式在用于医院病房建筑中有明显的缺陷。①设备初投资高；②运行能耗大；这一点有两个因素：一是设备本身电耗大；二是因为没有新风供给室内，室内空气品质不好，迫使人们开空调时又开窗户，造成能源人为地浪费，这种现象在我国很普遍；③由于室内机组湿工况运行，在使用时间长时，又不及时清洗，就会造成空气的二次污染；④室内机组为直接蒸发式冷却器，送风温差大，舒适性差；⑤影响建筑外观。

(2) 变制冷剂系统（VRV）空调方案。VRV 空调实质上是另一种形式的分体空调，它与一对一形式的分体式空调相比具有的特点是：

1) 一台室外机组可以拖多台室内机组，而且室外机组为模块型，可以多台组合。组合方式可以由恒速机组与变频调速机组组合，能更好地适应室内负荷的变化，也可以选用热泵型机组，全年运行。一个室外组合机组，可以拖不同规格、不同容量的室内机组 20～30 台。而且冷媒的配管长度为 100m，室内外机组的高差最大可达 50m，室内机组之间的最大高差为 15m。

2) 一个系统中室内机组的总容量与室外机组的容量配比范围是 50％～130％。

3) 室内机组有七种类型，五十多种不同容量的规格，以适应不同的室内空间条件。室内机组使用电磁膨胀阀，该阀可以根据室内温度控制进入室内机组冷媒的状态和流量，以此来控制空调房间的温度。

4) VRV 的控制系统采用双电缆多路传输系统，使布线简化，布线最长可达 500m，无需人为地设定地址。远程控制装置为用户提供了多种控制功能，液晶远控装置具有多种显示功能，如运转显示、除湿程序功能显示、过滤器清洗信号、温度设定显示、故障显示等。该远控装置可以从一处控制 16 个系统的所有室内机组。

5) 制冷剂配管、凝结水配管及控制电缆都能集中安装在一个装饰盖管中，由于随机附件带各种管道配件，制冷剂管与保温结构紧密配合，采用隔热软管排凝结水等，使管路安装便捷、美观。

6) 室外机组可集中布置在屋顶上或相邻的建筑物上，不影响建筑物的外形。

(3) 风机盘管加新风系统。尽管这种空调方式目前已被国内各设计单位和业主认同，应用也极为普遍，但是笔者认为这种空调最好还是应用在酒店、宾馆中。因为应用在医院病房类的建筑中，从多年的使用情况来看，存在着几个方面的缺点：

1）湿工况运行，长期使用后，室内空气品质下降。

2）冷水管道保温层不严或易损坏，滴凝结水，破坏室内装修。

3）风机盘管使用 2～3 年后，噪声变大（优质产品除外）。

4）凝结水的滴水盘和管道内产生藻类，清洗困难。

5）新风风口在某些时候不好布置，如果排风组织不好新风送不进来。在很多设计中，由于每个房间送风量小，设计者往往就忽视排风的问题，结果造成室内发闷的现象。

6）在节省空间方面也不比全空气的空调方式好多少。

（4）风机盘管无新风系统。这样的空调方式在新建和改造项目也有采用，因不符合相关规范和标准，它的缺点和不足，不再赘述；总之不可取。

（5）VAV 空调系统。这种方案在美国最为流行，我国近年来开始采用。这种空调最大特点是节能和舒适性好。它的节能主要包括两个方面：

1）无论什么体形的建筑，使用性质如何，负荷峰值都不可能在同一时刻出现。这就意味着可以把有限的冷量或热量在建筑物内部按照每个房间的负荷的变化而改变送风量，实现冷量或热量的动态分配。从而可以使冷水机组等设备较常规系统小一些，节省初投资和运行费用。

2）由于对风机采用变频控制方式，降低各分区的空气处理机组内风机的能耗（在一个完整的空调系统中各风机输入功率的总和约占冷水机组和水泵总输入功率 1/3）。

它的舒适性靠两方面保证：

1）各房间可以独立地选择自己要求的控制温度，如果选用有诱导作用的末端装置，则会使室内空气分布更均匀，送风温差较小，舒适性提高。

2）虽然该系统对室内相对湿度控制差一点，但是不纯湿运行，空气没有二次污染，空气品质得以提高。

它不能很快地推广主要有两方面原因：

1）末端装置价格很高，使整个系统初投资很大；

2）国内自控公司对该系统不熟悉，系统调试往往不是很成功。

5.5.7.2　VAV 与 VRV 空调系统设计中的几点说明

（1）VRV 系统中的冷负荷因为不考虑新风负荷，所以总负荷量较 VAV 系统要少得多。

（2）VAV 末端装置选用只具有温控功能的控制器，这样考虑有两方面原因：1）因为每个病房负荷基本一样，所以通过设在房间的温控器来控制供给房间的风量；2）可以降低成本。

（3）房间最小送风量和新风的保证。

房间最小送风量可以通过在执行机构上设置最低档的办法来限制。在系统运行中必须保证最小新风量，可以在新风入口处安装一个静压调节器，或在新风管道内安装流速控制器，对新风阀进行控制，从而保证新风入口流速恒定。

（4）运行费用不能只从总输入功率的数值上比较，因为运行费用涉及很多人为因素，特别是在医院病房建筑中更是如此，所以比较运行费用的最好办法是通过一年实测值进行对比。

5.5.7.3　级别及风量可变洁净手术室的建造与应用

《医院洁净手术部建筑技术规范》GB 50333—2013 依据医疗用房的分级将手术部用房分成 4 级，在定义上有所不同。符合Ⅰ级洁净用房的手术室仅涉及有重大手术风险，如用于假体植入、某些大型器官移植、手术部位感染可直接影响生命及生活质量等手术：符合Ⅱ级洁净用房的手术室涉及有较大手术风险，适宜深部器官、组织及生命主要器官大型手术：符合Ⅲ级洁净用房的手术室涉及有一定手术风险，适宜于其他手术；符合Ⅳ级洁净用房的手术室仅涉及有较小风险，适合感染类和重度污染类手术。可见前面三级是保护性手术室，最后一级是有感染源的手术室。《医院洁净手术部建筑技术规范》GB 50333—2013 定义 4 个级别手术室意在便于不同地区、不同医院在建设洁净手术部时根据医院实际情况做合理选择。除了大型综合三甲医院外，一般综合医院宜采用最适宜的两个级别手术室，以保证在实际运营中始终保持这些手术室的最高使用率。但考虑今后的发展，很多医院还是愿意在建设洁净手术部时考虑建设几间Ⅰ级洁净手术室。

《医院洁净手术部建筑技术规范》GB 50333—2013 对《医院洁净手术部建筑技术规范》GB 50333—2002 做了较大的改动，提出一些新概念、新要求与新措施，特别是提出了“手术部建设要有利于提高医疗效率”和“节能运行”的要求。近年来提高手术室使用率、加快手术周转率、降低手术成本与能耗已成为手术室建设发展的一种趋势。国外为提高手术室使用率，强调其通用性，已不太强调设计专用的手术室，而是强调高一级手术室必须能够适用实施低一级手术。如德国，新建成的手术室大多为最高级别手术室。不能因为普通手术而不使用高级别手术室，使其闲置。只有及时、有效、最大限度地（包括昼夜）使用，才能实现它的价值。但是针对我国国情，Ⅰ级洁净手术室的面积大、设施好、造价高，运行费用高，而一般综合医院的关节置换、器官移植等高风险手术量不多，往往会造成Ⅰ级手术室使用率不高。而若用Ⅰ级洁净手术室实施普通外科手术，则每天手术量爆满，会导致手术室不够用，病患如需普外手术只能排队等待，有时因等待时间过长而延误病情。因此，当前还不宜全部建成最高级别的手术室。

新对策、新应用：新规范提出的新要求涉及一个问题，要提高手术室的使用效率，必须要扩大医疗设施使用范围。其关键在于：可否按照实际手术需求变换手术室的级别？可否用最简便、有效的方法，将洁净手术室随意从Ⅰ级变换到其他低级别？

《医院洁净手术部建筑技术规范》GB 50333—2013 要求：Ⅰ～Ⅲ级洁净手术室内集中布置于手术台上方的非诱导型送风装置，应使包括手术台的一定区域即手术区处于洁净气流形成的主流区内。非诱导型送风气流是《医院洁净手术部建筑技术规范》GB 50333—2013 的新定义，《医院洁净手术部建筑技术标准》GB 50333—2002 称为低湍流度的置换流。《医院洁净手术部建筑技术规范》GB 50333—2013 规定的不同级别洁净手术室的性能参数与《医院洁净手术部建筑技术标准》GB 50333—2002 有所不同。由此可见，手术室的级别主要是由手术室的送风量与集中送风装置的面积所决定。另外，手术室送风装置采用的是局部非诱导型垂直送风气流，不是普通风口送出湍流气流。在满足要求的送风量外还需要维持最小截面风速（一般不能低于 0.15m/s），才能达到手术环境控制要求。这就是说采用传统的变风量思路与措施无法实现手术室变级别运行，因为随送风量变小，截面风速也随之变小，当低于最小截面风速时，由于不能保持非诱导型送风气流特性，也就无法保证手术切口区域要求的洁净与无菌的水平，导致手术环境控制失败。因此要变化送风量又要维持截面风速不变，唯一的方法就是改变送风面积。

我们可将Ⅰ～Ⅲ级洁净手术室的集中送风装置面积进行对比（图 5-20），可知不同级别的送风装置送风面的长度是一样的，不同的是宽度。如Ⅰ级与Ⅱ级洁净手术室的集中送风装置送风面相比，每边相差 300mm。Ⅰ级与Ⅲ级洁净手术室的集中送风装置送风面相比，每边相差 500mm，而Ⅵ级洁净手术室不需要集中送风。

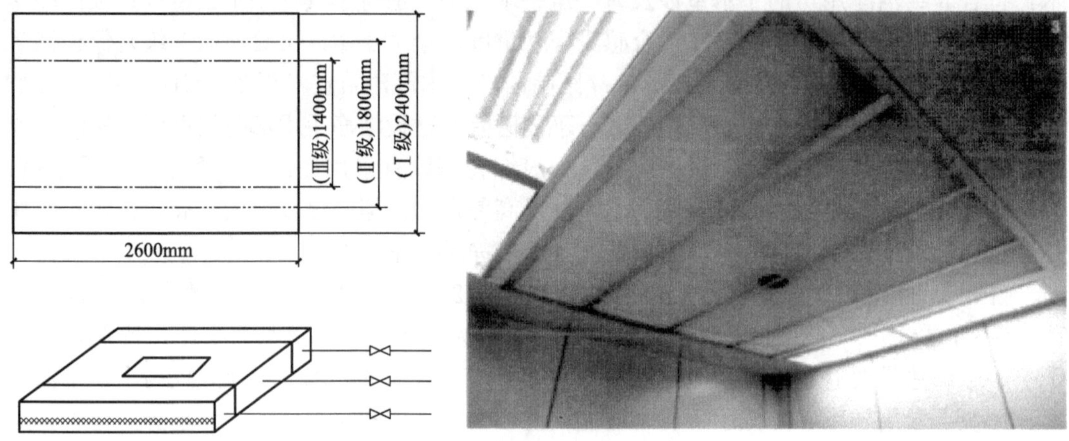

图 5-20　集中送风装置面积对比

这就为我们提供了一条解决问题的思路，将洁净手术室的集中送风装置的一个送风箱体变成 3 个送风箱体（苏州大学的一项专利 CN 203286673U），可完美地解决这一难题。如将Ⅰ级洁净手术室的送风装置（2400mm×2600mm）分为 3 个箱体，中心箱体符合Ⅱ级手术室送风装置（1400mm×2600mm），在宽边两侧各增加一个箱体（500mm×2600mm）。当然中心箱体也可以是Ⅱ级手术室的送风装置（1800mm×2600mm），在宽边两侧各增加一个箱体（300mm×2600mm），同样可成为Ⅰ级洁净手术室的送风装置。现该项专利已由某公司开发成成熟产品，成功应用到手术室。

第6章

空调净化及手术室节能应用

6.1 空气净化的途径

空气污染产生原因很多，无论对非生物微粒还是生物微粒来说，空气净化的途径是共通的，这类途径主要体现在以下几个方面。

(1) 有效地阻止室外的污染侵入室内（或有效地防止室内污染逸至室外）。这是洁净室控制污染的最主要途径，主要涉及空气净化处理的方法、室内的压力等。

(2) 迅速有效地排除室内已经发生的污染，主要涉及室内的气流组织，也是体现洁净室功能的关键。

(3) 控制污染源，减少污染发生量，主要涉及发生污染的设备的设置与管理和进入洁净室的人与物的净化。

对洁净手术室来说，空气净化处理方法（如过滤、消毒等）、室内压力（静压差）、气流组织（单向流等）、进入洁净室的人与物的净化等方法是控制污染的重要途径。手术室中需要消毒灭菌的主要有人体、物体等表面以及空气。各种空气消毒灭菌方法的效果详见表 6-1。

各种空气消毒灭菌方法的效果 **表 6-1**

消毒方式	消毒原理	消毒效率
单区静电	高压电场形成电晕，产生自由电子和离子，因碰撞和吸附到尘菌上使其带电，在集尘极上沉积下来被除去。优点是能清除尘菌而阻力小，缺点是对较大颗粒和纤维的消毒灭菌效果差，会引起放电，且清洗麻烦、费时，必须有前置过滤器，可能会产生臭氧和氮氧化物并形成二次污染	50%（某些产品测试结果只有 20% 左右）*
等离子	气体在加热或强电磁场作用下产生高度电离的电子云，其中活性自由基和射线对微生物有很强的广谱杀灭作用。缺点是无法去除尘粒	66.7%
苍术熏	中药作用	68.20%
负离子	在电场、紫外线和水的撞击下使空气电离而产生负离子，可吸附尘粒等变成重离子而沉降。缺点是有二次扬尘，在空调系统中用处不大	73.4%
纳米光催化	在日光和紫外线的照射下，催化活性物质表面氧化分解挥发性有机蒸汽或细菌，转化为 CO_2 和水。缺点是要求被消毒空气必须与催化物质充分接触且需要一定时间，随表面附尘的增多而消毒效果大减，一定要有前置过滤器，而且二氧化钛表层应烧结严实，清洗时不易脱落。另外，紫外线照射会产生臭氧，实验中的消毒效率甚至会出现负值	75%（某些产品测试结果只有约 30%，甚至会出现负值）*

续表

消毒方式	消毒原理	消毒效率
紫外线照射	应用于空调系统，由于空气流速高、细菌受照剂量小，因此消毒效果差。缺点是只能除菌但不能除尘，有臭氧发生。WHO、欧盟 GMP 都宣布其为通常不被接受的方法，更不能作最终灭菌使用	82.9%
电子灭菌灯	物理方法	85%
双区静电	电离极和集尘极分开	90%（某些产品测试结果只有约 60%）*
臭氧	淡蓝色气体，具有较强的氧化作用，其分解产生的氧原子可以氧化、穿透细菌细胞壁而杀死细菌。缺点是可作为广谱杀菌但不能除尘、使用时室内必须无人、可损坏多种物品、对表面微生物作用小。因对人的呼吸道有危害，不主张使用	91.82%
超低阻高中效过滤器	物理阻隔方法，常规风口上使用阻力仅为 10Pa 左右，是初效过滤器的 1/3，但效率可达高中效水平（对≥0.5μm 的微粒，效率达 70%～80%），质量轻，安装方便，无二次污染	92%～98%*
高效过滤器	物理阻隔，无副作用，一次性。相关消毒规范指出洁净室空气灭菌只可用空气净化过滤方式。缺点是阻力大	99.99%～99.999999%或更高*

注：标注“*”的为一次通过的去除率，未标注的为 1 个循环时间段的效果。

表中既能除尘又消毒灭菌的只有静电和阻隔式过滤器两种，而无论是从一次通过的清除效率还是从经济、方便和安全诸方面考虑，前者都比不上后者。因此，无论是在我国《医院洁净手术部建筑技术规范》GB 50333—2013 中，还是在迄今为止的各国手术室标准中，都只提及净化空调系统和空气过滤，并以此作为不可替代的空气消毒灭菌处理手段。

6.2 国内外洁净手术室分级标准对比

洁净手术室是以细菌浓度来进行分级的，而不是以洁净度 100 级、1000 级和 10000 级等来进行的。菌浓指标是分级的第一要素。我国洁净手术室用房的分级标准参考《医院洁净手术部建筑技术规范》GB 50333—2013，详见表 6-2。

洁净手术室用房的分级标准 **表 6-2**

洁净用房等级	沉降法（浮游法）细菌最大平均浓度		空气洁净度级别		参考手术
	手术区	周边区	手术区	周边区	
Ⅰ	0.2cfu/30min·ϕ90 皿（5cfu/m^3）	0.4cfu/30min·ϕ90 皿（10cfu/m^3）	5	6	假体植入、某些大型器官移植、手术部位感染可直接危及生命及生活质量等手术
Ⅱ	0.75cfu/30min·ϕ90 皿（25cfu/m^3）	1.5cfu/30min·ϕ90 皿（50cfu/m^3）	6	7	涉及深部组织及生命主要器官的大型手术
Ⅲ	2cfu/30min·ϕ90 皿（75cfu/m^3）	4cfu/30min·ϕ90 皿（150cfu/m^3）	7	8	其他外科手术
Ⅳ	6cfu/30min·ϕ90 皿		8.5		感染和重度污染手术

注：1. 浮游法的细菌最大平均浓度采用括号内数值，细菌浓度是直接所测的结果，不是沉降法和浮游法互相换算的结果。
2. 眼科专用手术室周边区洁净度级别比手术区的可低 2 级。

将我国洁净手术室分级标准和国外标准进行对比，详见表 6-3。

国内外洁净手术室分级标准对比　　　　表 6-3

标准	Ⅰ级(高)	Ⅱ级	Ⅲ级	Ⅳ级(低)
中国标准《医院洁净手术部建筑技术规范》GB 50333—2013	特别洁净手术室:局部单向流,手术区为 5 级	标准洁净手术室:置换流,手术区为 6 级	一般洁净手术室:置换流,手术区为 7 级	准洁净手术室:乱流,全室为 8.5 级
日本医院设备协会标准《医院空调设备设计和管理指南》(2004)	生物洁净手术室	—	一般手术室(含感染症手术室)	—
法国标准《医疗设施洁净室及相关受控环境》NFS 90-351(2003)	属第 4 类风险区手术室,为 5 级	未见	未见	未见
瑞士标准《医院供热、通风与空气调节系统》SWKI 99-30(2003)	高度无菌(IA)手术室,手术区为 5 级	无菌(IB)手术室	一般无菌手术室(Ⅱ级)	
奥地利标准《医院设施通风空调设备安装、运行和技术与卫生控制》NORM H6020(2005)				
德国工程师协会标准《医院建筑设施—供热、通风与空气调节》VDI2167-1(2007)				
德国工业标准《医院通风空调》DIN 1946-4(2008)	更高度无菌(IA)手术室	高度无菌(IB)手术室	无菌手术室	
美国建筑师学会(AIA)《医院和卫生设施设计与建造指南》(2006)	局部送风,大型器官移植手术室;整形外科手术室(后又取消);C 类手术室(大面积用麻醉剂或生命维持设备的大型手术)	局部送风,B 类手术室(用麻醉剂的小型或大型手术)	乱流,A 类手术室(不用局部麻醉的小型手术)	—
美国 ANSI/ASHRAE/ASHE 标准 170《医疗设施的通风标准》(2008,2009)	局部单向流,大型器官移植手术室;整形外科手术室(后又取消);C 类手术室(大面积用麻醉剂或生命维持设备的大型手术)	局部单向流,B 类手术室(用麻醉剂的小型或大型手术)	乱流,A 类手术室(不用局部麻醉的小型手术)	—
俄罗斯标准 GOST R52539(2006)	1 级房间组手术区为 5 级(2 级房间组核心区为 5 级),动态浮游菌核心区≤5 个/m^3,周边区≤20 个/m^3	—	—	3 级房间组,全室为 8 级,浮游菌≤100 个/m^3
西班牙标准《医院空调》UNE 100713(2005)	IA 手术室,手术区 5 级	IB 手术室	—	—

6.3 国内外洁净手术室通风标准对比

6.3.1 国内外标准空气处理措施对比

国内外洁净手术室通风标准空气处理措施对比详见表 6-4。

国内外洁净手术室通风标准空气处理措施对比 **表 6-4**

<table>
<tr><th>标准</th><th>措施名称</th><th>过滤级数</th><th>末端过滤器</th></tr>
<tr><td>中国标准《医院洁净手术部建筑技术规范》GB 50333—2013</td><td rowspan="10">以净化空调系统和空气过滤为不可替代手段</td><td>三级过滤(新风和回风→正压段→末端)</td><td>Ⅰ～Ⅲ级手术室末端为高效过滤器；Ⅳ级手术室为亚高效过滤器；Ⅲ和Ⅳ级辅助用房为亚高效过滤器</td></tr>
<tr><td>日本医院设备协会标准《医院空调设备设计和管理指南》(2004)</td><td>三级过滤</td><td>生物洁净手术室末端为高效过滤器，一般手术室末端为高中效或亚高效过滤器</td></tr>
<tr><td>法国标《医疗设施洁净室及相关受控环境》NFS 90-351(2003)</td><td>三级过滤：F6＋F7＋H13(相当于我国的高中效＋高中效＋高效)</td><td>5 级的手术室末端为高效过滤器，其他级别未见</td></tr>
<tr><td>西班牙标准《医院空调》UNE 100713(2005)</td><td>三级过滤：F6＋F7＋H13 或 H14(相当于我国的高中效＋高中效＋高效)</td><td>IA 和 IB 手术室末端均为高效过滤器</td></tr>
<tr><td>英国标准 Rao 用于英国医疗机构标准(2004)</td><td>—</td><td>末端均为高效过滤器</td></tr>
<tr><td>瑞士标准《医院供热、通风与空气调节系统》SWKI 99-30(2003)</td><td rowspan="3">Ⅰ级手术室为三级过滤：F5～F7＋F9＋H13(相当于我国的高中效＋高中效＋高效)；Ⅱ级手术室为二级过滤：F5～F7＋F9(相当于我国的高中效＋亚高效)</td><td rowspan="3">IA 和 IB 手术室末端均为高效过滤器，Ⅱ级手术室末端均为亚高效过滤器</td></tr>
<tr><td>奥地利标准《医院设施通风空调设备安装、运行和技术与卫生控制》NORM H6020(2005)</td></tr>
<tr><td>德国工业标准《医院通风空调》DIN 1946-4(2008)</td></tr>
<tr><td>美国 ANSI /ASHRAE /ASHE 标准 170《医疗设施的通风标准 》(2008,2009)</td><td>大型器官移植和整形手术室，C、B 类手术室为二级 MERV8(相当于我国的初效＋高中效)；A 类手术室为一级 MERV13(相当于我国的高中效)。新标准修订中增加了回风要设 MERV7(即中效过滤器)的要求(以上皆为空调机组中的设置，不包括末端所设高效过滤器)</td><td>大型器官移植和整形手术室，C、B 类手术室末端为高效过滤器；A 类手术室不要求</td></tr>
<tr><td>俄罗斯标准 GOST R52539(2006)</td><td>1 级房间组为三级过滤：(G4＋F7)＋F9＋H14[相当于我国的(初效＋高中效)＋高中效＋高效]；3 级房间组为二级过滤：G4＋F7＋F9[相当于我国的(初效＋高中效)＋高中效]</td><td>1 级房间组末端为高效过滤器，3 级房间组末端为高中效过滤器</td></tr>
</table>

在三级过滤中，关于新风的过滤，我国《医院洁净手术部建筑技术规范》GB 50333—2013 的规定确实与众不同。在传统做法中，国内外洁净室新风过滤只有一道初效，我国《医院洁净手术部建筑技术规范》GB 50333—2013 特别提出新风初效、中效和亚高效的三级连续过滤。在我国《医院洁净手术部建筑技术规范》GB 50333—2013 实施之前，绝大部分国外手术室标准只有初效或中效，个别建议两道过滤，如德国标准《通风和空调系统以及空气处理机组卫生要求》VDI 6022（1998）中的 4.3.9.3 条就建议新风过滤采用二级过滤。我国《医院洁净手术部建筑技术规范》GB 50333—2013 实施之后，新风过滤似乎受到了关注。如国际标准《建筑环境设计—室内空气质量—人居环境室内空气质量的表述方

法》ISO /DIS 16814（1997）针对普通建筑明确提出了如去除居住区的大气污染，应有一级至少是F7过滤器（高中效），最好用F9过滤器（亚高效），之前应设预过滤器。德国标准主编介绍，因德国大气污染浓度降低，特别是大颗粒较少，新风过滤已可不用初效过滤器，而改用两道中效。国外标准中即使仍用一道过滤的，也提高了过滤器的级别，达到了高中效，而如俄罗斯标准的修订则明确定为初效+高中效过滤器。

我国新风三级过滤是从实际进风污染太大这一情况出发的，并建立在理论分析基础之上。据相关调查可知，只有初效新风过滤器的普通空调系统内的积尘积菌严重超标，因此提出了管道定期清扫的要求。在制定我国《医院洁净手术部建筑技术规范》GB 50333—2013时，我国平均大气污染浓度（总悬浮颗粒物）为0.3mg/m^3，是日本的3倍。在现行国家标准《综合医院建筑设计规范》GB 51039中，已将新风过滤器等级和室外可吸入颗粒物浓度级别挂钩，并将亚高效改为高中效。另外，由于新风量比送风量小得多，以我国《医院洁净手术部建筑技术规范》GB 50333—2013来说，最多为1000m^3/h，平均为800～1000m^3/ h，也就是各级只需常规1～2个过滤器就可以满足过滤要求，而三级过滤和只有一级初效过滤相比带来的降低污染和节能的效果则是显著的，根据理论计算可知，表冷器和比新风过滤器个数多几倍至十几倍的高效过滤器的寿命可延长几倍以上。

6.3.2　国内外标准送、回风措施对比

国内外洁净手术室通风标准送、回风措施对比详见表6-5。

国内外洁净手术室通风标准送、回风措施对比　　**表6-5**

标准	送、回风方式	集中顶送面积	可否利用回风	最小换气次数或风量	风速
中国标准《医院洁净手术部建筑技术规范》GB 50333—2013	送风：Ⅰ～Ⅲ级手术室手术台上方集中顶送，不带围挡壁；Ⅳ级手术室为扩散风口分散送风或集中送风。回风：Ⅰ级手术室为手术台两侧墙下连续满布，下边离地面为100mm；Ⅲ、Ⅳ手术室为手术台两侧墙下均布；Ⅰ、Ⅱ级手术室室内不设自循环净化机组	Ⅰ级手术室为6.24m^2（眼科1.44m^2）；Ⅱ级为4.68m^2；Ⅲ级为3.64m^2	可以	Ⅰ级手术室相当于60次/h；Ⅱ级24次/h；Ⅲ级18次/h；Ⅳ级12次/h	Ⅰ级手术室工作区平均风速为0.2～0.25m/s
瑞士标准《医院供热、通风与空气调节系统》SWKI 99-30(2003)	高级别手术室为手术台上方顶送；一般级别手术室为手术台上方顶送	9m^2	可以	高级别手术室为7800～9700m^3/h	高级别手术室为0.24～0.30m/s
奥地利标准《医院设施通风空调设备安装、运行和技术与卫生控制》NORM H6020(2005)					
法国标准《医疗设施洁净室及相关受控环境》NFS 90-351(2003)	IA手术室为手术台上方集中顶送，局部单向流；IB手术室为局部单向流或非单向流；第4类风险区手术室为局部单向流	未见	未见	IA手术室为>30次/h，IB手术室为>50次/h	未见

续表

标准	送、回风方式	集中顶送面积	可否利用回风	最小换气次数或风量	风速
德国工程师协会标准《医院建筑设施—供热、通风与空气调节》VDI 2167-1(2007)	IA和IB手术室为手术台上方集中送风	$9m^2$	可以	IA和IB手术室为≥$8500m^3/h$；一般手术室为>$2400m^3/h$	≥0.23m/s
日本医院设备协会标准《医院空调设备设计和管理指南》(2004)	生物洁净手术室为全室单向流，至少为室内面积的75%；一般手术室为乱流	全室	可以	一般手术室为15次/h	生物洁净手术室垂直单向流为0.35m/s；水平单向流为0.45m/s
美国ANSI/ASHRAE/ASHE标准170《医疗设施的通风标准》(2008,2009)	C、B类手术室为手术台上方集中送风；A类手术室为乱流	比手术台面每边大0.3～0.45m	可以	C、B类手术室为20次/h；A类手术室为15次/h	0.13～0.18m/s
俄罗斯标准 GOST R52539 (2006)	1、2级房间组为手术台上方集中送风；3级房间组为乱流	1、2级房间组为$9m^2$；3级房间组为3～$4m^2$	未见	1、2级房间组为周边区另加30～40次/h；3级房间组为12～20次/h	0.24～0.3m/s

在我国的《医院洁净手术部建筑技术规范》GB 50333—2013 中，提出了1个全新的分级办法和送风技术措施：不论是层流100级还是乱流10000级和10万级的手术室，都采用手术台上方集中送风的方式，只有Ⅳ级手术室规定可用分散风口。《医院洁净手术部建筑技术规范》GB 50333—2013 根据主流区理论计算了适当的集中面积和可以实现的尘浓、菌浓，手术区和周边区据此分别给出了保障的洁净度级别。例如Ⅰ级手术室是由100级的手术区和1000级的周边区来保障的。Ⅱ级和Ⅲ级手术室的气流组织原本是乱流的，但在采用了集中送风，特别是阻漏式送风天花这种送风形式后，也实现了层流（最低也是准层流）的气流组织。现在看来，手术台上方集中送风在国际上已成为一种趋势，其中中国和俄罗斯更实行了分区定级。

我国《医院洁净手术部建筑技术规范》GB 50333—2013 中Ⅰ级手术室集中送风面积的确定是以把手术台边的医生笼罩在主流区气流中为原则，又要尽量节能，所以两边外延90cm，其他级别则减少为60cm和40cm，头尾都只外延40cm。这样的面积小于德国标准中的$9m^2$，德国标准是为了把器械桌都笼罩住。我国迄今尚未发现器械桌在1000级洁净区有什么问题，所以我国《医院洁净手术部建筑技术规范》GB 50333—2013 没有盲目扩大面积。德国标准中的$9m^2$当初曾因面积大、风量小（>$2400m^3/h$）造成热风下不来，在其国内学者中引发了争论，后来才增加了风量。我国Ⅰ级手术室集中送风的面积为$6.24m^2$，与后来德国标准同样风量比较，风速大得多，保证了手术台截面能达到0.25m /s以上的风速，这是层流的基本条件之一。所以说，从面积数值上看我国《医院洁净手术部建筑技术规范》GB 50333—2013 的规定小于德国，但在同样风量下保护效果却更好，且造价也降低了。另外，在美国标准中，相当于我国Ⅰ级手术室的B类手术室集中送风的面积规定为比手术台面每边大0.3～0.45m，即相当于我国《医院洁净手术部建筑技术规范》GB 50333—2013 中Ⅲ级手术室的水平。由此来看，我国《医院洁净手术部建筑技术规范》GB 50333—2013 的规定是适中的。

6.3.3 国内外标准部分设计参数对比

国内外洁净手术室部分设计参数的对比详见表 6-6。

国内外洁净手术室通风标准部分设计参数对比 **表 6-6**

标准	新风量	噪声	温度	相对湿度	照度	压差
中国标准《医院洁净手术部建筑技术规范》GB 50333—2013	Ⅰ级≥1000m³/h；Ⅱ级≥800m³/h；Ⅲ级≥800m³/h；Ⅳ级≥600m³/h。人均为 60m³/h，换气次数为 4～6 次/h	Ⅰ级≤51dB(A)；Ⅱ～Ⅳ级≤49dB(A)	22～25℃	Ⅰ、Ⅱ级为40%～60%；Ⅲ、Ⅳ级为35%～60%	≥350lx	5～20Pa
日本医院设备协会标准《医院空调设备设计和管理指南》(2004)	生物洁净室≥5 次/h；一般洁净室≥3 次/h(排风有麻醉气体时均大于 10 次/h)	≤50dB(A)	夏季为23～26℃，冬季为22～26℃	45%～60%	50～1500lx(文献报道)	未见
瑞士标准《医院供热、通风与空气调节系统》SWKI 99-30(2003)	IA、IB 为 800～1200m³/h；Ⅱ级为 36m³/(h·人)	≤48dB(A)	18～24℃	无菌服要求严格的手术室，应将相对湿度最大值控制在50%(温度控制在22℃)	未见	未见
奥地利标准《医院设施通风空调设备安装、运行和技术与卫生控制》NORM H 6020(2005)						
德国工程师协会标准《医院建筑设施—供热、通风与空气调节》VDI 2167-1(2007)						
德国工业标准《医院通风空调》DIN 1946-4(2008)	IA、IB 为≥1200m³/h，Ⅱ级为 40m³/(h·人)，有麻醉气体时为 150m³/(h·人)	≤48dB(A)	Ⅰ级为19～26℃，Ⅱ级为22～26℃	Ⅰ级未见，Ⅱ级为30%～60%	未见	未见
法国标准《医疗设施洁净室及相关受控环境》NFS 90-351(2003)	手术室全新风大于 30 次/h，第 4 类风险区手术室全新风大于 50 次/h	未见	未见	未见	未见	未见
西班牙标准《医院空调》UNE 100713(2005)	全新风大于 30 次/h	未见	未见	未见	未见	未见
美国 ANSI/ASHRAE/ASHE 标准 170《医疗设施的通风标准》(2008、2009)	B、C 类为 4 次/h 或全新风(应有热回收装置)；A 类为 3 次/h	未见	21～23℃	30%～60%	未见	2.5Pa
俄罗斯标准 GOSTR 52539(2006)	人均为 100m³/h	未见	未见	未见	未见	未见

我国《医院洁净手术部建筑技术规范》GB 50333—2013 规定可从 3 个角度确定新风量，即每人每小时用量、相当于几次换气量和最低限度，取其中的最大值，这是比较科学的办法。国外标准只从 1 个角度出发确定，少数从 2 个角度出发确定。我国未制订《医院

洁净手术部建筑技术规范》GB 50333—2013 时，设计的手术室习惯上取新风量为每间不小于 500m^3/ h。根据未制订《医院洁净手术部建筑技术规范》GB 50333—2013 时的大量测定，最难达到的指标之一就是正压，因为新风量小，压差往往只能擦边。在制订《医院洁净手术部建筑技术规范》GB 50333—2013 时，参照日本 1998 年实施的《医院设计和管理指南》，规定最小新风量为 5 次 /h；美国 1999 年出版的《ASHRAE 手册》应用篇中也规定了最小新风量为 5 次/h；1989 年德国标准 DIN 1946-4 给出的为病房每人 70m^3/ h，每间手术室新风总量为 1200m^3/ h；瑞士标准采用新风量为每人 80m^3/ h。考虑到我国《医院洁净手术部建筑技术规范》GB 50333—2013 中排风系统的设置是连续排风，《医院洁净手术部建筑技术规范》GB 50333—2013 按级设定了不同人数（特大型 12 人、大型 10 人、中型 8 人、小型 6 人，这和后来北京市抽查三甲医院的结果相当吻合）及每人最小 60m^3/h 新风量的规定。比较可知，国外标准新风量的设定都较高，尤以德国的新风量为最大。它考虑的是手术室中哈龙用量为 500mL/h，如果新风达到 1200m^3/ h，则可维持哈龙的浓度在 0.4ppm，而麻醉医师附近将高于此浓度 10 倍，即为 4ppm，此数刚好低于该气体最高允许浓度 5ppm。我国《医院洁净手术部建筑技术规范》GB 50333—2013 考虑的是：1）可以参照德国标准，但对Ⅳ级手术室，麻醉剂用量可能很少，而且麻醉气体释放不应是连续浓度，而我国《医院洁净手术部建筑技术规范》GB 50333—2013 规定的排风是连续的，因此可考虑减少新风量至其一半，约为 600m^3/ h（Ⅲ级手术室相应为 800m^3/ h）；2）从紧考虑，将上述计算哈龙的标准取最大值为 5ppm，则Ⅰ级手术室新风量就变成了不小于 1000m^3/ h。1000m^3/h 是下限，必要时可以提高，所以我国《医院洁净手术部建筑技术规范》GB 50333—2013 新风量的标准也不见得比德国标准低多少。

2004 年日本标准将新风量由原来的 5 次/ h 降为了 3 次/h，但加了注释，即说明如有麻醉气体排放问题，则应大于 10 次/h，那么也相当于 1000m^3/ h 以上的风量了。

总之，我国《医院洁净手术部建筑技术规范》GB 50333—2013 中有关新风量的规定居中上水平，这一数值通过多年测定证明是能够维持手术室正压的。分析可知，分级别制订新风量标准比国外标准各级手术室只制订一个新风量标准更合理、更科学。

6.4 医院净化空调系统

《医院洁净手术部建设技术规范》GB 50333—2013 认为净化空调系统是保障体系的重要一环，要求系统能够控制相应等级用房的室内温度、湿度、尘埃、细菌、有害气体浓度以及气流分布，保证室内人员所需的新风量，并维持室内外合理的气流流向。其中最为重要的是有效控制室内细菌的浓度，以防止在手术过程中对手术伤口感染，提高手术成功率。但是普通的空调系统常常是滋菌积尘的良好场所，尤其是其中的热湿交换设备，无法满足洁净手术部保障体系的要求。根据上述设计理念，要创造一个理想的手术无菌环境，必须采取如下措施：

①采用空气过滤将送风空气中所有的微生物粒子清除掉；

②采用气流技术使室内达到无菌无尘；

③采用正压控制实现整个手术部有序压力梯度分布；

④采用合适的温湿度调节抑制细菌繁殖，降低人体发菌量；

⑤排除室内有害气体与气味，保持室内良好的空气品质。

洁净手术部净化空调系统的作用十分明显且重要。慎重选择手术部的净化空调系统形式是首要任务。如果整个手术部采用集中式空调系统，对于一整天手术都排满的特大型综合性医院，也不乏是一种选择。这种方式在提供温度、湿度、空气净化、去除臭味等方面都可以达到较好的效果；由于机房和房间分开，噪声也可以较好地处理，一般不会出现环境失控的问题。但是各手术室级别不同，洁净手术室与辅助用房设计参数差异较大，一个系统一个送风状态点难以满足。另外在运行调节上会有问题，使用灵活性方面也较差。分散式系统可以在每间手术室附近设空调机房，室外新风直接进入机组，通过独立的净化空调机组向室内送风。这种方法运行费用较低，系统的维护、管理简单易行，适用于单间门诊手术或手术室改造。但是难以实施区域控制，一般不宜使用在新建的手术部中。《医院洁净手术部建筑技术规范》GB 50333—2013 只规定在Ⅳ级准洁净手术室才允许采用带亚高效过滤器或高效过滤器的净化风机盘管机组，或室内立柜式净化空调机组，但决不允许采用普通风机盘管机组或空调器。如果不采用净化空调机组，而直接在手术室内同时安装普通空调器与自净器（包括过滤自净器、紫外线自净器、静电自净器等），这种思路纯粹就是为了达到洁净度指标，而不是建立保障体系，不是在减少手术风险，而是在增加交叉感染隐患。

考虑到洁净手术部的保障体系特点和我国国情，对于净化空调系统，《医院洁净手术部建筑技术规范》GB 50333—2013 强调：①手术部净化空调系统（机组与管路系统）的除菌与防菌的综合措施；②Ⅰ，Ⅱ级洁净手术室采用独立设置的净化空调机组；Ⅲ，Ⅳ级洁净手术室允许 2～3 间合用 1 个系统；③手术部中的洁净手术室与辅助用房分开设置空调系统；④独立新风系统，并且强调手术部不管采用何种净化空调系统，均应使整个手术部始终处于受控状态。不能因某洁净手术室停开而影响整个手术部有序的梯度压力分布。否则会破坏各室之间的正压气流的定向流动，引起交叉感染或污染室内环境。早在 20 世纪 70 年代洁净手术室回风的有效性已得到证实。一般场合不采用全新风净化空调系统，如确实需要全新风系统，则须在系统中配备全热回收装置。但整个手术部不宜采用走廊回风，尤其是Ⅰ级、Ⅱ级洁净手术室，因其容易引起交叉感染。

6.5 医院净化空调节能

关于洁净手术部净化空调系统的节能措施有很多，包括选择二次回风空气处理过程、洁净手术室的正压控制、采用热回收装置和净化空调系统的节能运行等。以下以某医院洁净手术部的净化空调系统设计为例，介绍一些节能措施的具体应用。

6.5.1 手术室概况与平面布局

某医院的新建洁净手术部位于医院建筑的 6 层，其中西侧主要由 8 间洁净手术室、洁净走廊、清洁走廊及手术室洁净辅助用房、内镜室等组成，并且 8 间洁净手术室包括 1 间Ⅰ级手术室、5 间Ⅱ级手术室，2 间Ⅳ级手术室，东南侧包括 3 间内镜室，但是内镜室的净化空调系统与医院手术部相互独立。该医院洁净手术部的建筑平面布局如图 6-1 所示。

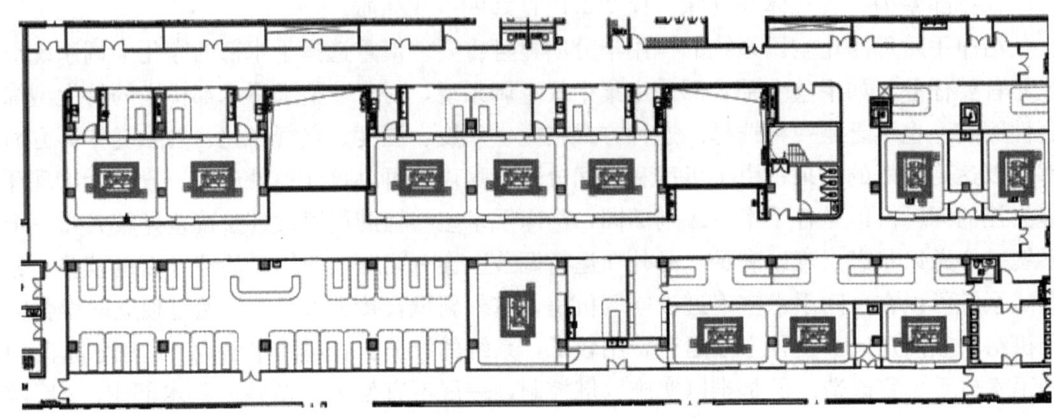

图 6-1 某医院洁净手术部的建筑平面布局

6.5.2 医院手术部净化空调系统的节能方法

6.5.2.1 优化手术部建筑平面布局

如图 6-1 所示，该医院手术部由于手术室数量较多采取了环形布置方案，手术室洁净辅助用房位于建筑平面北侧，这样的布置方案具有流程便捷、效率高的特点。手术部的通道布置采用双通道方式，中间通道设为洁净走廊，外廊设为清洁走廊，这种方式便于做到洁污分明、疏散方便。因此，在此医院手术部的建筑平面布置中，把直接为手术室服务的功能用房（包括一次性物品、无菌敷料及器械与精密仪器的存放室、麻醉准备室、治疗室等）与洁净手术室设置在同一层。

在此医院手术部净化空调设计方案中根据《医院洁净手术部建筑技术规范》GB 50333—2013 所规定的洁净手术室与主要洁净辅助用房分级标准合理设定一些功能用房的洁净等级，比如把手术部洁净辅助用房和洁净走廊设计为 10 万级洁净区域；把恢复室和手术室设计为 30 万级洁净区域，把卫生间、病梯厅、客梯厅以及家属等候等区域设计为非洁净区域（舒适性空调区域）。

因此，优化手术部建筑平面布局的目的不仅是使手术部流程更加合理，而且便于在医院手术部的净化空调设计阶段划分不同功能用房的洁净等级，并将一部分不必划入洁净区域的功能用房设计为舒适性空调，从而根据净化空调和舒适性空调的设计标准的差异，通过降低这些功能用房的送风量和新风量，达到减少送风能耗的效果。

6.5.2.2 合理划分净化空调系统

根据《医院洁净手术部建筑技术规范》GB 50333—2013 的有关规定：洁净手术室应与其辅助用房分开设置净化空调系统；Ⅰ、Ⅱ级洁净手术室应每间采用独立净化空调系统，Ⅲ、Ⅳ级洁净手术室可 2～3 间合用一个系统；新风可采用集中系统；各手术室应设置独立排风系统。因此该医院手术部的净化空调系统划分情况如下：

（1）1 间Ⅰ级手术室和 2 间Ⅱ级手术室采用一拖一形式，设置 3 台净化循环空调机组，空气处理过程采用二次回风方式。3 套系统设置 1 台新风机组集中处理新风，各手术室独立设置排风系统。做到用哪间手术室，开哪间的室内循环机组，以节约能源。

（2）其他手术室分别采用一拖二和一拖三的形式，设置 3 台净化空调机组，空气处理过程采用二次回风方式。3 套系统设置 1 台新风机组集中处理新风，各手术室独立设置排风系统。

（3）手术部的洁净走廊等其他区域设置 1 台净化循环空调机组和 1 台新风机组集中处理新风。

综上所述，根据医院手术部不同区域的冷热负荷的特点，按内外分区方式划分成 7 个净化空调系统，共设置净化循环空调机组 7 台，新风处理机组 3 台。这种内外分区方式不仅便于管理，而且避免了在同一净化空调系统内出现外区需要供热、内区需要供冷，即同时供热和供冷的现象，从空气处理过程的角度出发避免了冷热抵消的现象，从而达到节能的效果。

6.5.2.3　净化空调系统全部采用二次回风处理过程

医院净化空调系统与一般舒适性空调相比，在空调的热湿处理过程中具有送风量大、相对冷热负荷小及送风温差小的特点，传统净化空调系统夏季采用一次回风处理过程，如图 6-2 所示。本净化空调方案夏季所采用的二次回风空气处理过程，如图 6-3 所示。

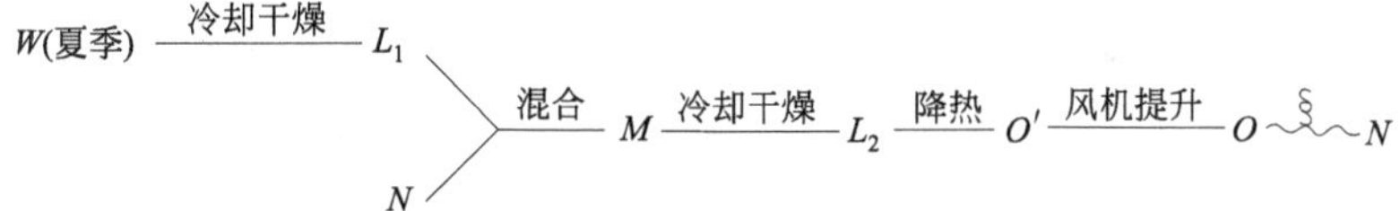

图 6-2　传统净化空调系统夏季采用一次回风处理过程

W—室外空气参数；N—室内空气参数；L_1—室外空气冷却干燥参数；M—室外空气冷却干燥后与室内空气混合后参数；L_2—室内外空气混合后冷却干燥参数；O′—处理后空气经降热后参数；O—处理后空气经风机温升后参数；§—热湿比线

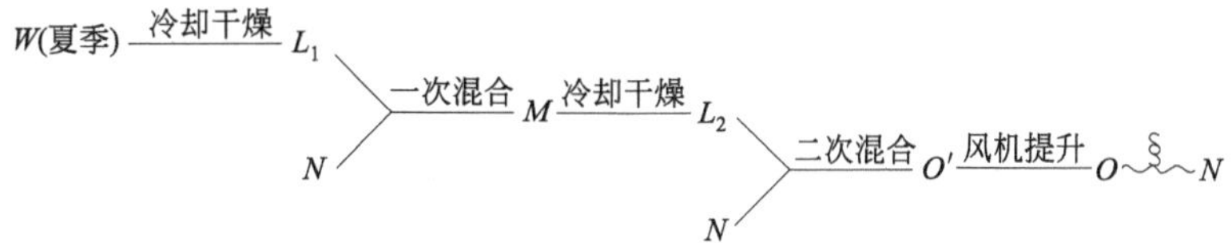

图 6-3　本净化空调方案夏季所采用的二次回风空气处理过程

W—室外空气参数；N—室内空气参数；L_1—室外空气冷却干燥参数；M—室外空气冷却干燥后与室内空气混合后参数；L_2—室内外空气混合后冷却干燥参数；O′—处理后空气与室内空气再次混合后参数；O—处理后空气经风机温升后参数；§—热湿比线

Ⅰ级洁净手术室一次回风和二次回风处理工程的能耗对比　　表 6-7

方案	手术室级别	送风量 (m^3/h)	新风量 (m^3/h)	一次回风量 (m^3/h)	二次回风量 (m^3/h)	循环空调机组制冷量(kW)	循环空调机组制冷量(kW)
一次回风	Ⅰ级	8985.6	1000	8985.6	—	30.1	21.2
二次回风	Ⅰ级	8985.6	1000	1383.9	6601.7	8.9	—

对比一次回风和二次回风的空气处理过程可以发现采用传统一次回风处理过程容易造成手术室净化空调系统设备体积大，冷却、加热盘管冷热抵消的现象，而使用二次回风处理过程来代替再热过程可以有效解决这些问题。下面以一间Ⅰ级洁净手术室（夏季室内温度：23℃，相对湿度：50%，面积：38.10m^2，层高：3.0m，人数：10 人，室内热负荷：4.5kW）为例进行能耗计算以证明二次回风处理过程的节能效果。这间Ⅰ级手术室的一次回风和二次回风的能耗对比见表 6-7，由此可见，对于这间Ⅰ级洁净手术室，若净化循环机组选用小型洁净室用中央空调，根据机组承担的制冷量和制热量则一次回风处理过程

需要的制冷输入功率和制热输入功率分别为 17.2kW 和 17.8kW，二次回风处理过程需要的制冷输入功率是 4.3kW。假设这间Ⅰ级手术室净化空调系统每天运行 12h，电价按 0.8 元/(kW·h) 计算，在夏季空调设计工况条件下（室外干球温度 33.4℃，温球温度 26.9℃），采用二次回风处理过程比一次回风处理过程每天节约电费多达 295 元。因此，对于高净化级别的洁净手术室、洁净走廊采用二次回风的空气处理过程可以明显达到降低设备成本和运行费用、节约能耗的效果。

6.5.2.4 送风主管道安装定风量阀并且新风机组和净化循环机组均采用变频风机

保证手术室的送风量对于手术室洁净效果影响很大，因此要对送风量进行精确的调节。为了保证洁净手术室的正常定风量运行状态并且避免空气过滤器积尘对系统送风量的影响，可以在各手术室送风主管道上安装定风量阀。

另外，可以在新风机组和净化循环机组上采用变频控制。

6.5.2.5 设定洁净手术室非工作状态和过渡季的运行模式

该医院洁净手术部空调净化方案采用净化循环空调机组与独立的新风（正压送风）组合系统，并且新风系统不仅承担正常新风量也承担各手术室的正压风量，每间手术室拥有各自独立的净化循环空调机组，它的风量变化不影响手术部的正压分布。这种方案的优点是可使每间洁净手术室净化空调和维持正压两大功能分离，同时又能将整个洁净手术部联系在一起。

针对处于过渡季节工作运行模式的手术室，利用春、秋两季新风焓值低于或高于室内空气焓值的特点，适当加大净化空调系统的新风量，利用新风替代冷源可以缩短制冷机的运行时间从而达到节能的效果。虽然过渡季节加大新风量将增加新风机组的风机电耗及初、中效过滤器的负荷，但总体来讲仍然节约能耗和运行费用，是目前净化空调系统常用的节能措施。并且，手术室的排风机采用双速风机，过渡季节按高速运行，非过渡季节按低速运行。

因此，设定洁净手术室的非工作状态运行模式，停止运转循环风机及排风机，只提供少量的新风量维持手术室的正压状态，可以降低风机和制冷机的电耗达到节能的效果；设定洁净手术室的过渡季工作模式可以充分利用新风作为天然冷源，通过推迟制冷机的启动时间和降低制冷机的能耗达到节能的效果。

6.5.2.6 在施工中节能

通风主机安装位置：主机安装位置的不合理会导致进口阻力很大，降低主机的运行效率；为了保证气流均匀地进入叶轮，并均匀地充满进口截面，风机入口管以平直管段为佳。对于变径入口管，应尽量采用角度较小的渐扩管，避免突扩管和突缩管。

减少漏风率：漏风会使得通风能耗大大浪费，主要体现在以下两方面，管道漏风将使得一部分风量没有送入（排出）房间，导致能量浪费；管道漏风将造成风机与管网的匹配发生偏差，导致风机低效运行。弯头、变径、三通等管网组件，应按照标准进行制作，减少由于施工不当引起的局部阻力过大。

6.5.2.7 在运行中节能

在过渡季节或者室外温湿度适宜的时候进行通风，来消除室内的余热余湿，从而不开空调，达到节能的目的。同时，根据室内的实际通风需求，进行变风量运行，以达到节能。总之，在运行中应通过前期的合理设计的智能控制系统，设置合理的运行控制来达到节能的目的。

第 7 章

医院空调自控系统

7.1 关于医院空调自控系统

7.1.1 医院空调自控系统简介

空调自动控制系统是利用自动控制装置，保证某一特定空间内的空气环境状态参数达到期望值的控制系统。

医院的空调自控系统建设，一般包含在建筑设备监控系统（简称 BA）中。建筑设备监控系统监控的设备范围包括冷热源、供暖通风和空气调节、给水排水、供配电、照明、电梯等，空调自控只是其子系统之一。

BA 系统采用实时监控、集中管理、分布控制的方式，系统由服务器、管理工作站、通信网络、现场控制器（DDC）、各类传感器及执行机构、操作系统软件和应用软件等构成，常见系统架构如图 7-1、图 7-2 所示。

在 BA 系统中，空调自控子系统的功能包括为建筑物内的空调设备（如冷水机组、水泵、冷却塔、空气处理机等）提供一个最优化的控制，为建筑物提供一个舒适的空调环境。其基本控制功能包括设备控制、循环控制、最佳启/停控制、数学功能、逻辑功能、趋势运行记录、报警管理等。

7.1.2 医院空调自控系统对空调节能的作用、意义

医院建筑是公共建筑的一种，它独特的功能造成其特殊的用能特点，也是能耗最多的建筑之一。

在医院建筑中，建筑总能耗的构成比例与其他公共建筑有所不同。医院的能耗主要是电能、燃气，其中电能占大头。根据资料，医院的用电主要由空调和供暖系统用电、办公设备用电、照明用电、食堂用电、动力及大型医疗设备用电和其他用电 6 部分构成。以某一医院用电情况为例，根据用电设备的配备情况和设备运行记录，医院建筑的各用电设备系统耗电量的比例如图 7-3 所示。

其中空调和供暖系统所占比例最大，达到 54%，其次为办公设备、动力及大型医疗设备用电，达 25%。因此，空调和供暖系统的节能是医院建筑节能的重点。

根据资料，空调系统在实际运行中仅 10%的时间可达到最大负荷，若在系统运

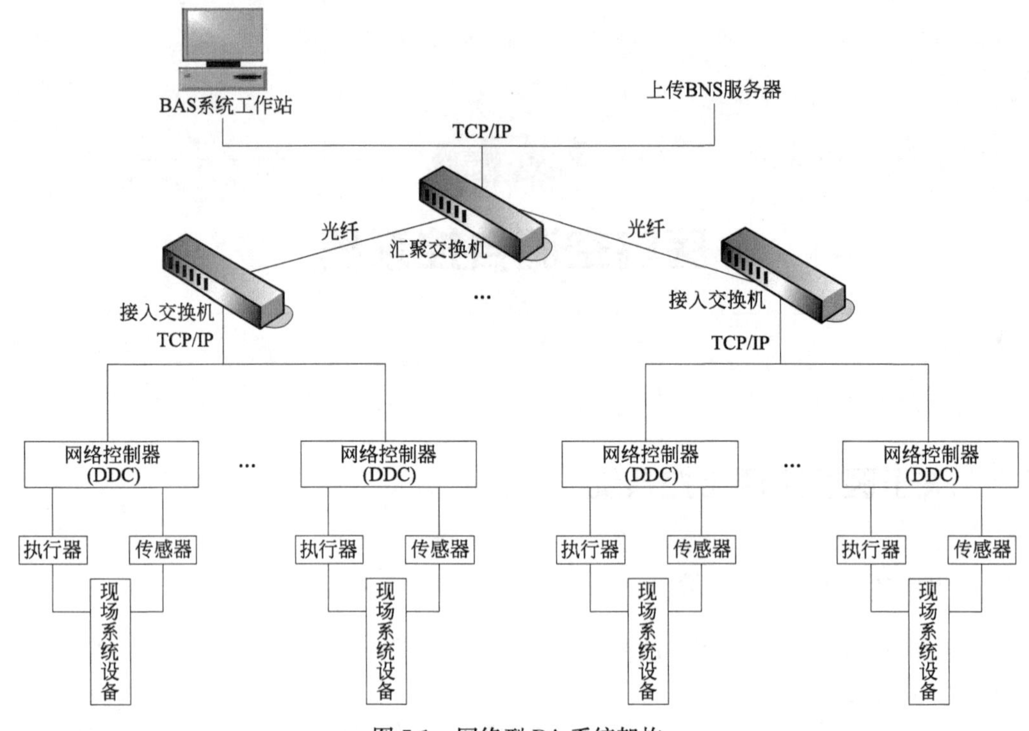

图 7-1　网络型 BA 系统架构

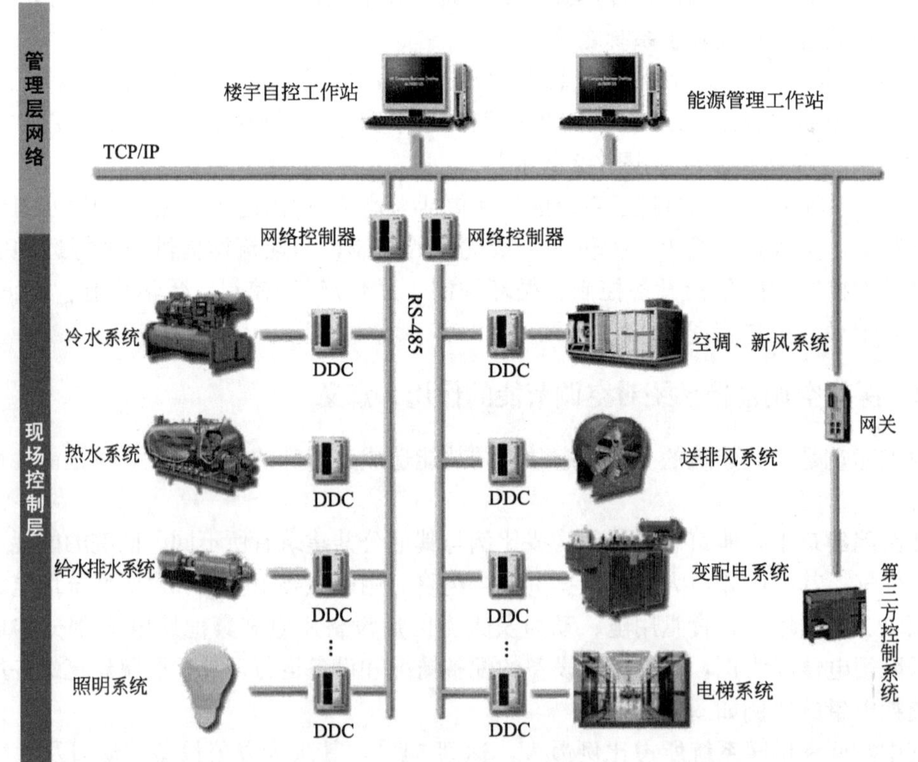

图 7-2　总线型 BA 系统架构

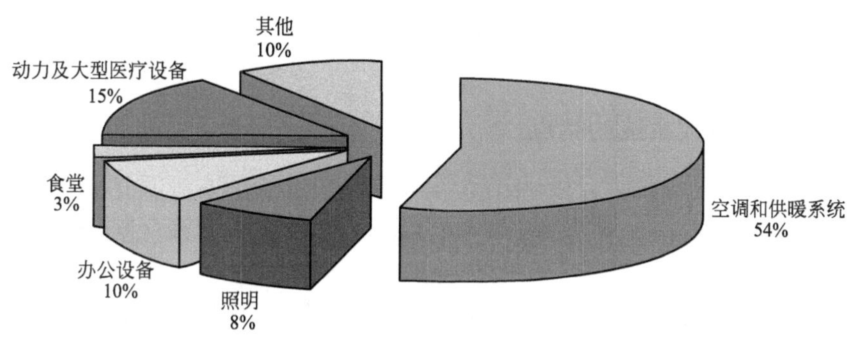

图 7-3　医院建筑能耗比例

行中不对设备进行调控，则会造成能耗、费用增加，尤其是对于一个无自控或自控性能较差的空调系统来说，其 *EER* 值较低，空调长期处于高负荷状态，尤其表现在制冷机房当中，各方面效率低且能耗大。此外空调系统几乎需要维护人员全人工处理，操作烦琐，且电力人力等资源耗费明显，维护周期短，可供正常使用的年限短。

而对于有着优良自控的中央空调系统来说，其优势如下：

(1) 自控系统可以根据环境的需求，以及整体或单体运行的效率来改变控制人员所想要改变的机器工作特性，从而使机器处于高效率状态，空调的负荷也可以根据不同运行情况进行调整，起到负荷随动的作用，进而起到节能效果。

依据有关文献，在针对空调机房自控系统改造后，节能效果明显，系统综合节能率能达到 25%；在针对空调末端自控系统改造后，同一性能情况下，风机能耗下降 10%～40%，而冷冻水流量下降 20%～40%，中央空调系统能耗大幅降低。

(2) 在冷冻水系统中，自控系统可以将出水与回水温差自主调节在设定值左右，避免"大流量小温差"，控制流量的变化，提高冷冻效率。

(3) 不同的诊室有着不同的空调风需求，部分诊室对房间的温湿度有着严格的把控。对其设立不同的自控系统，可使其在精确到需求值的同时，达到节能的效果。

(4) 对于医院环境来说，大多数是使用新风。而风机也是空调系统的主要能耗之一。应用自控系统，可以准确使用运行策略对风机进行调控，从而改变送风量，尽量避免高能耗低效率的情况。

(5) 优良的自控系统可以有效节省人力、物力，一方面延长了设备使用周期，另一方面节省了工作人员配备和工作强度，并强化了对一线人员的管理，包括定期维护保养，排除故障。

(6) 配合能源管理系统，可提高空调系统的管理水平和能源综合利用水平，提高空调系统的运行效率，降低能耗。

从上述内容可以看出，在医院空调系统改造中，自控系统的改造，具有明显的社会效益、经济效益，是十分必要和重要的。

7.2 医院空调自控系统的特点及设计原则

7.2.1 医院空调自控系统的特点

医院相比其他公共建筑，有其共同点——普遍存在较大的节能潜力，但由于医院独特的功能，以及医疗、卫生对空气环境的特殊要求，使得医院的空调自控系统又具有鲜明的特点。

（1）综合医院一般为园区建筑群，建筑规模庞大，其单体建筑包括门诊医技楼、病房楼（外科楼、内科楼、感染楼）、住院楼、附属楼（办公、后勤、设备、停车）等。由于使用功能不同，各建筑、各区域的空调系统就不尽相同。一般可分为两种，一种为舒适空调，适用于门诊、病房等；另一类为洁净空调，适用于中心供应、手术室等特殊区域。不同类型的空调需采取不同的控制方法。

（2）医院是治疗疾病的场所，医院空调着重于预防及治疗疾病，避免交叉感染。空调系统采取了空调分区、空气净化和除菌、控制各区的气流和风速、保证不同区域之间合理的气流方向和压差等方法，来满足医院对空气品质的特殊要求。空调自控应遵循医院空调规范要求、卫生要求、管理要求、空调工艺，确定合理的控制方式，以便能够确保各区空调要求的参数，减少不同区域间的不利影响，也便于管理和维护、降低运行费用。因医院这些特殊要求，空调节能控制的难度非常大。

（3）医院空调自控需满足各房间空调运行时间上不同的要求。如门诊中心、管理部门、洗衣房、厨房餐厅按作息时间运行；住院部、新生儿室、早产儿室、康复室、特别护理室需要全天运行；紧急手术室、急救室、分娩室需要随时运行等。

（4）医院有部分区域为需常年使用空调的空调内区，这个区域只存在人员、设备和照明的长期负荷，即使在冬季也需要常年供冷。针对空调内区的特点，也要实行有针对性的自控方式。

（5）当今医院院区范围不断扩大，医院建筑楼层不断升高，集中供热和供冷系统的供应半径也扩大许多，导致管道输送能耗增加，管道沿程水温变化较明显，尤其是末端设备的冷冻水温度上升，不利于对热湿比较小的区域进行湿度控制。需要自控系统针对这种情况调节空调系统，恢复制冷能力。

（6）医院空调自控系统具有多干扰性。对于医院环境来说，主要包括热扰动和湿扰动两类，空调房间受到的热扰动有太阳辐射进入室内的热量，根据天气状况不同而辐射热量不同。室外空气渗透进入的热量，空调房间内照明设备，以及室内人流量变化导致室内热量的变化都直接影响到空调房间内温度的变化，造成热扰动。而湿扰动包括天气的变化以及医用设备所引起的空气变化。例如门诊楼人员流动性非常大，就诊高峰时人员密集，温度上升，空气质量下降。

（7）被控对象具有复杂性。对于空调系统中的温度、湿度、最小新风量等不同的控制对象，在相同的干扰下，各个被控对象随时间产生变化过程不同。空调自控系统的任务就是为了克服这些干扰因素，维持医院内人员舒适性或者满足其他特殊环境要求，这不仅取决于自控系统的性能，更取决于需要合理设计调节空调自控系统适应调节对象的特性。

(8) 温湿度的相关性。对于空调系统的控制，大部分地区很多时候主要是控制室内空气的温度和相对湿度这两个参数，往往空调系统中某一被控对象的这两个变量的控制参数需要同时调整，另外这两个被调量相互制约、相互影响。在医院环境中，由于人流量较大，空调室内温度会受其影响，导致空气中饱和蒸汽压力变化从而相对湿度也发生连锁变化，而只有相应的自控系统才能控制好该系统特性。

(9) 整体协同控制。在空调自控系统中，控制中枢是房间的温度和相对湿度，对于房间内的舒适度要求，需要通过控制空调系统的各个部分协同整体进行控制，不可能单一地只调节某一环节。

7.2.2 自控设计原则

(1) 确定设计方案前，应调查摸清系统情况，包括：

1) 通过查阅图纸和现场调查，了解空调自控系统结构、设备配置、性能、系统调节控制方法；

2) 了解空调自控系统运行状况及运行控制策略等信息；

3) 医院空调运行的特点；

4) 熟悉空调系统改造的图纸、设备参数、工艺流程等。

(2) 应依据空调系统设计图纸和调研结果，结合医院的运营管理，确定空调自控的改造范围，设计冷源、水系统、通风和空气调节系统等各子系统的控制方案，同时针对存在的问题（如温湿度失控、空气质量不高等），设计各空调区域的空调控制策略。

(3) 空调自控系统的改造应满足医院管理和运行的需求。

(4) 空调自控系统的改造和运行都应在充分满足医疗工艺和卫生要求的前提下实施，避免因空调自控影响到医疗工艺和卫生的要求。

(5) 空调自控系统的节能改造应结合自控系统（或BA系统）主要设备的更新换代和空调设备的更新换代进行。

(6) 考虑到节能改造过程中的设备更换、管路重新铺设等，可能会对建筑物装修造成一定程度的破坏并影响医院的正常运行，应尽量采用无线传输技术或物联网技术，以减低改造的成本，提高改造的可行性。

(7) 空调自控系统的改造应纳入能源管理系统的建设或改造。通过设置供暖通风空调系统的供冷、供热量的计量和主要用电设备的分项计量，用户可及时了解和分析目前空调系统的实际用能情况，并根据分析结果，自觉采取相应的节能措施，提高节能意识和节能的积极性。

(8) 空调自控节能改造后应具备按实际需冷、需热量进行调节的功能。

(9) 涉及调节修改冷水机组、水泵、风机等用电设备运行参数时，应做好保护措施。

(10) 改造或新增的空调自控系统，应采用标准、开放的接口（如OPC接口），以便与其他智能化系统集成。

7.3 冷源系统自控设计

空调系统是医院能耗的重点，空调系统能耗的重点是冷源系统。据统计，冷源系统能耗占到整个中央空调系统能耗的85%左右，所以空调系统节能设计，控制好冷源系统的能耗就是重点（图7-4）。

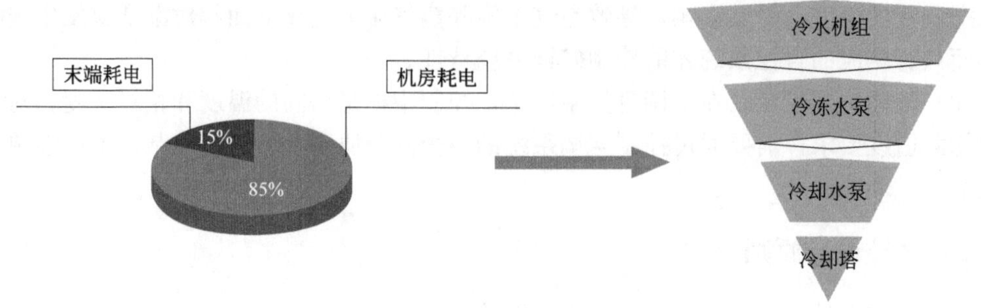

图7-4　冷源系统的能耗比例

冷源系统的自控设计，关键是构建冷源群控系统。在冷源群控系统实施过程时，应遵循以下原则：

（1）调查摸清空调机组、水泵、冷却塔等冷源设备的铭牌参数。

（2）对空调机组、水泵、冷却塔等冷源设备进行性能测试、记录及性能分析（与空调专业一起或利用空调专业成果）。

（3）对冷源系统进行性能分析（与空调专业一起或利用空调专业成果）。

（4）根据性能分析、经济效益分析以及空调系统改造方案拟定自控设计方案。

7.3.1　冷源群控系统

冷源群控的基本要求与目标是主机的群控，水泵及冷却塔的启停及优化控制，监控设备的运行状态、监控流量/温度/压力参数等。

冷源群控系统分为三个架构，分别为管理层、控制层、设备层，主要由管理电脑、DDC（或PLC）、传感器、执行器、通信接口等组成。典型的冷源群控系统图如图7-5所示。

冷源群控的控制策略包括以下几个方面。

7.3.1.1　冷机启动

当室外温度低于设定要求的时候，冷水机组停止运行；当室外温度>设定点+波动范围的时候制冷机组将重新启动来满足空调的要求。

7.3.1.2　机组加减载控制

当今医院空调系统多采用多台不同制冷量的冷水机组并联运行，以使系统能够更好地适应负荷的变化，降低机组的能耗。但要实现真正的节能运行，还需制订合理的运行策略。

机组运行策略的核心就是机组加减载的条件判定。行业内提出了多种逻辑，限于篇幅，本书介绍常见的两种。

1. 根据实际负荷、机组*COP*累计值确定机组加、减载

冷源群控需根据建筑所需冷负荷、机组瞬时功率、机组运行能效比瞬态值（*COP*）、

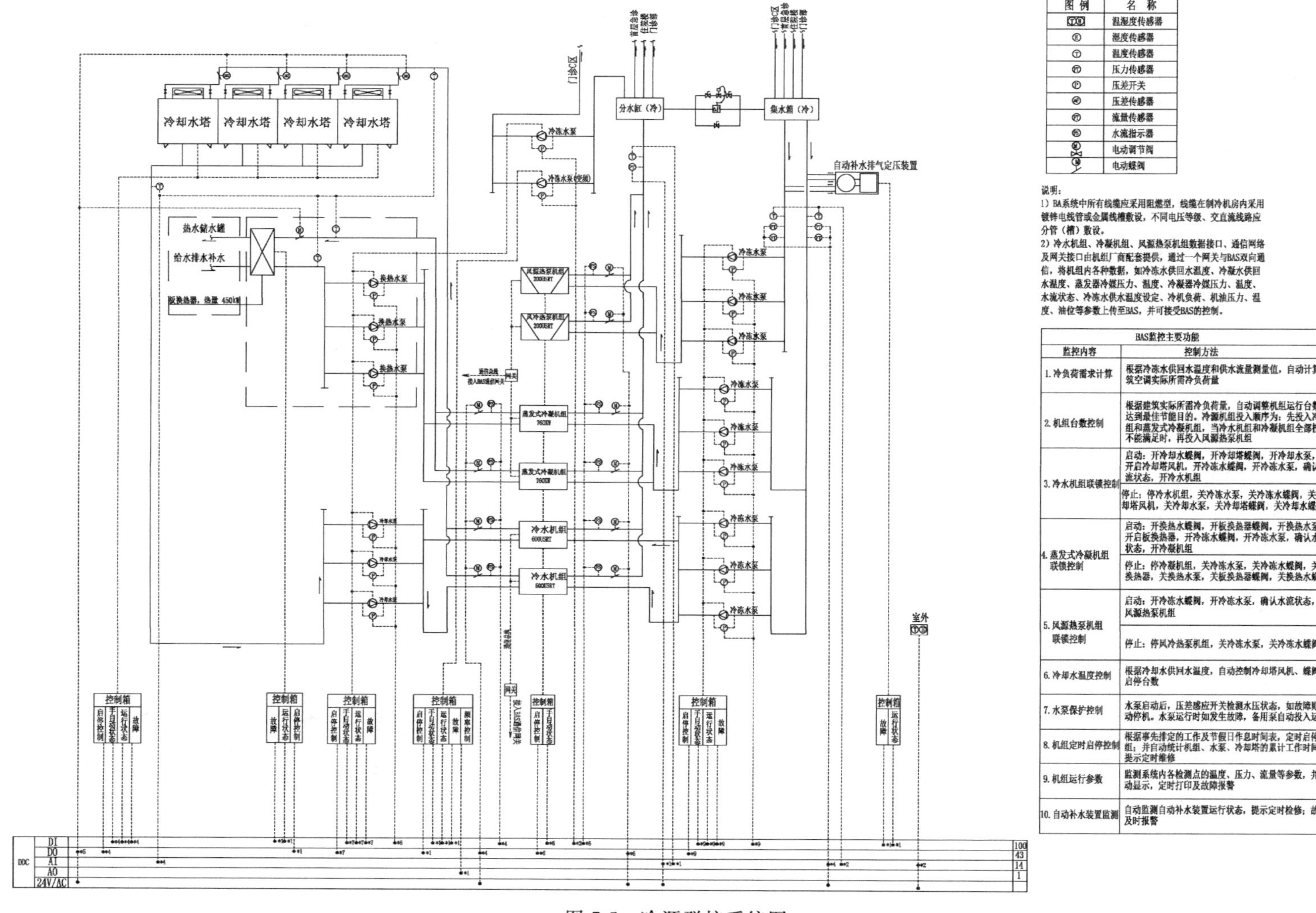

图例	名称
	温湿度传感器
	湿度传感器
	温度传感器
	压力传感器
	压差开关
	压差传感器
	流量传感器
	水流指示器
	电动调节阀
	电动蝶阀

说明：

1）BA系统中所有线缆应采用阻燃型，线缆在制冷机房内采用镀锌电线管或金属线槽敷设，不同电压等级、交直流线路应分管（槽）敷设。

2）冷水机组、冷凝机组、风源热泵机组数据接口、通信网络及网关接口由机组厂商配套提供，通过一个网关与BAS双向通信，将机组内各种数据，如冷冻水供回水温度、冷凝水供回水温度、蒸发器冷媒压力、温度、冷凝器冷媒压力、温度、水流状态、冷冻水供水温度设定、冷机负荷、机油压力、温度、油位等参数上传至BAS，并可接受BAS的控制。

BAS监控主要功能	
监控内容	控制方法
1. 冷负荷需求计算	根据冷冻水供回水温度和供水流量测量值，自动计算建筑空调实际所需冷负荷量
2. 机组台数控制	根据建筑实际所需冷负荷量，自动调整机组运行台数，以达到最佳节能目的。冷源机组投入顺序为：先投入冷水机组和蒸发式冷凝机组，当冷水机组和冷凝机组全部投入仍不能满足时，再投入风源热泵机组
3. 冷水机组联锁控制	启动：开冷却水蝶阀，开冷却塔蝶阀，开冷却水泵，开启冷却塔风机，开冷冻水蝶阀，开冷冻水泵，确认水流状态，开冷水机组
	停止：停冷水机组，关冷冻水泵，关冷冻水蝶阀，关冷却塔风机，关冷却水泵，关冷却塔蝶阀，关冷却水蝶阀
4. 蒸发式冷凝机组联锁控制	启动：开换热水蝶阀，开板换热器蝶阀，开换热水泵，开启板换热器，开冷冻水蝶阀，开冷冻水泵，确认水流状态，开冷凝机组
	停止：停冷凝机组，关冷冻水泵，关冷冻水蝶阀，关板换热器，关换热水泵，关板换热器蝶阀，关换热水蝶阀
5. 风源热泵机组联锁控制	启动：开冷冻水蝶阀，开冷冻水泵，确认水流状态，开风源热泵机组
	停止：停风冷热泵机组，关冷冻水泵，关冷冻水蝶阀
6. 冷却水温度控制	根据冷却水供回水温度，自动控制冷却塔风机、蝶阀的启停台数
7. 水泵保护控制	水泵启动后，压差感应开关检测水压状态，如故障则自动停机。水泵运行时如发生故障，备用泵自动投入运行
8. 机组定时启停控制	根据事先排定的工作及节假日作息时间表，定时启停机组；并自动统计机组、水泵、冷却塔的累计工作时间，提示定时维修
9. 机组运行参数	监测系统内各检测点的温度、压力、流量等参数，并自动显示，定时打印及故障报警
10. 自动补水装置监测	自动监测自动补水装置运行状态，提示定时检修；故障及时报警

图 7-5 冷源群控系统图

机组运行能效比累计值及差压旁通阀开度，自动调整冷水机组运行台数，达到最佳节能目的。

冷水机组群控策略的目的是尽量让冷水机组处于最高的效率下运行。

冷机 *COP* 瞬态值可通过表 7-1 方法测得。

冷机 COP 瞬态值测得位置和测量仪器 **表 7-1**

编号	物理量	符号	单位	测点位置	测量仪器
1	冷机进出口冷冻水水温	t_{in} t_{out}	℃	冷机冷冻水干管进出口	热电偶或温度自记仪
2	冷机冷冻水流量	G	m^3/h	冷机冷冻水干管	电磁流量计或超声波流量计
3	冷机耗电量	W	kW	冷机配电柜	电功率计

通过如下计算公式即可得到冷机瞬态 *COP*：

$$Q=\frac{c_P\rho G(t_{in}-t_{out})}{3600} \tag{7-1}$$

$$COP=\frac{Q}{W} \tag{7-2}$$

$$W=\sqrt{3}UI\cos\varphi \tag{7-3}$$

式中 Q——运行工况下制冷量；

c_P——水的比热，取 4.187kJ/(kg·℃)；

ρ——水的密度，取 1000kg/m^3；

U——电压，V；

I——电流，A；

$\cos\varphi$——功率因数。

通常，选取以下两种工况测量瞬态 *COP*：

(1) 冷负荷最大的工况。如：出现室外气温达到最高值、人员负荷达到最高值等情况。

(2) 典型工况。如：室外气温接近当地制冷季气温平均值、人员设备负荷处于正常状态。

机组群控策略是否节能，最终还需考察冷水机组的 *COP* 值。冷机群控应遵循最少运行台数＋主机系统 *COP* 值最大的原则，从而使冷机在能源使用率最高的状态运行。

2. 根据实际负荷和回水温度确定运行台数

当回水温度在一段时间内（如 30min，具体视现场条件确定）高于某个值（如 13℃），同时系统负荷和机组制冷量之间满足开机条件，则决定增开机组；反之，当回水温度在一段时间内（如 30min，具体视现场条件确定）低于某个值（如 11℃），同时系统负荷和机组制冷量之间满足停机条件，则决定减开机组。

对于负荷和机组制冷能力的关系，可以用下式表示：$Q'=K\times(N\times C)$

式中 Q'——系统负荷量；

K——比例常数；

C——冷水机组制冷量；

N——当前冷水机组运行台数。

加机条件为：

(1) $Q'\geqslant K\times(N\times C)$ $K=95\%$

(2) $T_{回水} \geqslant T_{设定}$

减机条件为：

(1) $Q' \leqslant K \times [(N-1) \times C]$　　$K = 105\%$

(2) $T_{回水} \leqslant T_{设定}$

实际负荷加回水温度控制法的分析：

(1) 检测流量和供回水温度能综合反映系统运行的实际状况；

(2) 与只通过计算负荷不考虑温度相比，此方法能较符合实际地判断是否需要加开冷冻机；

(3) 可以通过计算负荷对机组的运行效率进行判断。

3. 根据供水或回水温度、机组 *COP* 累计值确定机组加、减载

因为多数冷机生产厂商其冷机负荷（制冷量）的控制是根据冷冻水的供水或回水温度。当供水或回水温度大于（远离）本机设定温度时，其冷机压缩机做功就加大，使冷机负荷（制冷量）增大，直至 100%。当供水或回水温度降低接近于本机设定温度时，其冷机压缩机做功就维持不变，使冷机负荷（制冷量）不变。当供水或回水温度小于本机设定温度时，其冷机压缩机做功就减小，使冷机负荷（制冷量）减小。

判断冷机是否要加载时，应根据冷冻水总管的供水或回水温度。

(1) 当供水或回水温度接近或等于设定温度时，冷机不应加载。而该设定温度应等于单台冷机的本体控制设定值（温度），并且参与群控的所有冷机的本体控制设定温度应该一致。

(2) 当供水或回水温度远离（高于）设定温度时，冷机应加载。当然还应受其他一些条件的约束，如：加载延时判断时间，冷源系统运行时间段，是否有待命的可加载冷机等。

判断冷机是否要卸载时，应根据冷冻水总管的供水或回水温度及目前冷机的负荷。

(1) 当供水或回水温度远离（高于）设定温度时，冷机不应卸载。

(2) 当供水或回水温度低于或接近于设定温度时，表明已运行的冷机已提供了足够的冷量来满足建筑物的需求。但能否卸载一台冷机还必须检查当前冷机的负荷（制冷量）。例如：有 3 台 1000 美国冷吨的冷机运行的负荷都是 70%，那么，即使冷冻水供水或回水温度已接近于设定温度，但仍不能卸载。因为如果只运行 2 台冷机，其最大的制冷量只有 2000 冷吨。如果这 3 台冷机的运行负荷都是 65%，那么就可以卸载 1 台冷机。

以上控制策略中是测量供水温度还是回水温度应跟随单台冷机的本体控制逻辑，如冷机本体的控制逻辑是比较冷冻水的供水温度与设定温度来控制压缩机的做功，那么冷机群控策略中应根据冷冻水总管的供水温度；反之，应根据冷冻水总管的回水温度。

基于以上控制策略，再结合 *COP* 值最大原则，从而使冷机在能源使用率最高的状态运行。但有些冷机厂商其冷机性能在 70%～100%负荷时的 *COP* 值相差不大，这种情况下可简化控制策略。

总结：医院的既有空调冷源多为多种机型、多套系统的组合，机组类型有离心、螺杆、活塞等，每种机型的 *COP* 曲线不一样（图 7-6），机组的制冷量也不一样，这就要求我们需要根据项目具体情况，配合空调专业，根据多个典型设计工况合理设置各种运行模式及其切换条件，其各项控制参数还需要在不同运行工况下分阶段调试。

7.3.1.3　机组联锁控制

启动：冷却塔蝶阀开启，开冷却塔风机，冷却水蝶阀开启，开冷却水泵，冷冻水蝶阀开启，开冷冻水泵，开冷水机组。

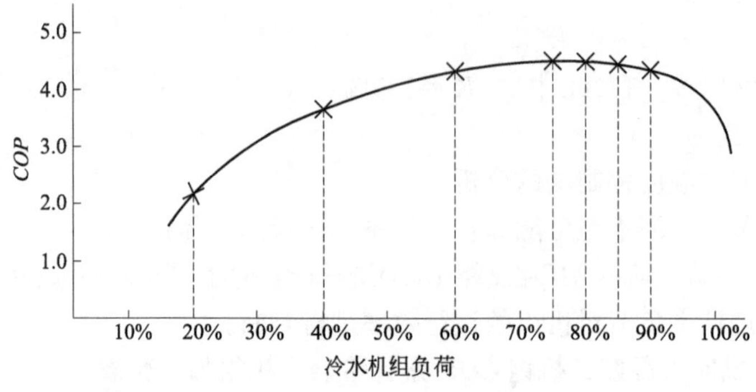

图 7-6 冷机 *COP* 曲线图

停止：停冷水机组，关冷冻泵，关冷冻水蝶阀，关冷却水泵，关冷却水蝶阀，关冷却塔风机、蝶阀。

7.3.1.4 优化冷冻水出水温度的设定

冷冻水供水温度的优化控制用来优化冷水机组和冷冻水分配系统的运行，在满足建筑冷负荷需要的同时，实现制冷水机组和冷冻水泵能耗的最小。

当冷冻水的供水温度升高时，空调末端系统的传热效果将会恶化，因此需要更多的冷冻水量，冷冻水泵能耗将增加。当冷冻水供水温度降低时，末端的传热效果将会改善，因此需要较少的冷冻水量，但是随着冷冻水量的减少，制冷水机组蒸发温度及蒸发压力也会降低，因此会增加制冷压缩机的能耗，合理的优化方法应该使冷水机组和冷冻泵的总能耗最小。

在设计负荷时冷冻水温度应该在设计温度 7℃，但冷机运行多数情况是在部分负荷。因此在部分负荷时冷冻水供水温度不一定要在设计温度，可以通过系统再适当提高冷冻水供水温度到 7～9℃，通常情况可以节电 5%～10%。

在医院的空调系统改造中，因医院对湿度控制要求较高，优化冷冻水出水温度的控制方法要慎用，一般只能应用在没有医疗工艺和卫生要求的附属建筑空调系统中。需依据设备性能参数，建立冷水机组和冷冻水泵的能耗模型，通过求取能耗最小值，得到冷冻水供水温度优化设定值。

7.3.1.5 冷冻水压差控制

空调一次泵系统和二次泵系统都涉及冷冻水供回水压差设定值的问题，不同之处在于一次泵（定频运行）系统常用压差设定值调节分集水器间的旁通阀开度，二次泵系统常用压差设定值控制二次冷冻泵的运行频率；在一次泵变流量系统中，也常用压差设定值控制一次冷冻泵的运行频率，压差旁通装置（或流量旁通装置）按保证冷水机组最小流量控制。

压差设定值的作用经常被施工单位和调试人员所忽视，如果设置不适当，压差控制系统或压差旁通阀形同虚设，系统压力不稳定。从水力工况来分析，压差设定值偏低，旁通阀在末端系统压差不足时打开，或者旁通量过大，造成末端的冷冻水流量不足，末端设备供冷不足，无法保证室内环境的温湿度要求；而压差设定值偏大，旁通阀门旁通流量偏小，造成系统超压，管路阀门和设备易泄漏，水泵易损甚至电机烧毁，也影响冷水机组正常的运行负载和台数调节，增加空调主机和水泵的功耗，对于二次泵系统，还影响一级泵和二级泵系统的耦合，造成系统水力失调，增加系统能耗。压差值应根据设计工况下末端水系统供回水压差设定，且在安装之前应进行模拟调节。

7.3.1.6　冷冻水变流量控制

目前的冷冻水系统中往往存在水泵选型过大问题，工作点严重偏离，泵的效率只有40%～50%，造成的结果是功率偏大，浪费了大量的水泵能量。

水泵选型过大还会造成末端空调机组电动调节阀两端压降过大，水泵的能量都白白消耗在阀门的压降上，同时还会造成空调机组电动调节阀调节温度时在很小的行程上工作，对末端设备的控制精度也会造成影响。

冷冻水采用变流量控制系统，即采用变频器控制冷冻水流量。使冷冻水流量随系统变化，这样即减小了能量损失又可以保证系统压差。根据冷冻泵的动力消耗与流量的三次方成正比，可以减少 60%～75%的能源消耗。比如当冷冻水流量为额定流量 70%时，泵的能源消耗为 70%的三次方约 35%，泵的动力消耗可以减少约 65%。

变流量的控制方式主要有压力或压差控制、温度或温差控制、流量控制及在以上控制方式的基础上形成的综合控制等。不同控制方式有不同特点，应针对不同的系统采用合适的或最佳的控制方式，获得既能稳定运行又能最大限度节能的效果。

各种控制方式简要比较见表 7-2。

各种控制方式简要比较　　表 7-2

控制方式	特点					要求	适用场合
	传感器/变送器	稳定性、可靠性、快速性	成本	维护保养要求	节能效果		
压差或压力控制	压力或压差传感器	好	低	一般	良	压力设定值能保证所有空调用户的正常工作，用户管路上有二通调节阀限制最小流量	一般舒适性空调系统都适用；同时并联运行的台数较少、泵性能曲线较陡峭的系统更佳
温度或温差控制	温度传感器、压差传感器	一般	低	一般	中	系统中有旁通管或旁通阀或温度能自动随负荷变化；控制上要与冷水机组等协调限制最小扬程	供回水温度随负荷变化幅度较大、管路特性基本不变的系统；对空调相对湿度或除湿能力有较高要求的系统
流量控制	流量传感器	差	一般	一般	差	对最小扬程进行限制	管路简单、管路系统特性基本不变的系统
分段控制	压力传感器、流量传感器	较好	高	高	优	用户要提供具体的控制方法和高性能的控制器	控制精度较高、流量变化范围较大、管路较复杂的系统
变设定压差值控制	压力传感器、流量传感器	好	高	高	优	配备高性能、多功能的控制器	控制精度高、流量变化范围大、各用户端压差不同的复杂系统
阀门开度或阀位控制	能反映阀门开度或阀位的电动调节阀	未知	较高	高	未知	需要同时对阀门所处位置或系统压差进行监控	冷冻水管路系统简单、支路较少的空调系统

目前在工程实践中，应用最多的还是压差控制方式。

压力或压差控制：主要由压力或压差传感器、变频控制器（DDC 或 PLC）、冷冻水泵及其管路等组成，它要求空调系统中空气处理末端装置的冷冻水管路上必须设置能随负荷变化而调节流量的二通阀，如电动阀、电磁阀等，空调冷冻水系统示意如图 7-7 所示。

在这种控制方式中，采用冷冻水管路中最不利点（通常是离泵最远的空调用户端）的

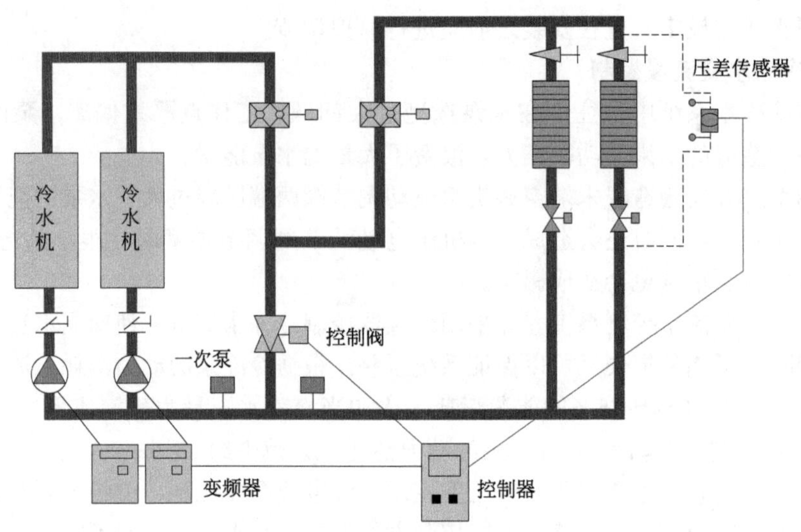

图 7-7　空调冷冻水系统示意图

压差 ΔP 作为变频控制器的采样输入信号。当空调负荷改变时，由于相应管路上阀门开度的自动变化而引起管路上压差的改变，控制器检测到这一变化后（通过与其设定值比较），按照预先设定的控制算法计算出偏差，并产生输出信号控制冷冻水泵电机的运转频率或转速，从而通过改变冷冻水泵的流量和扬程等来适应空调负荷的变化。由于采用的是冷冻水环路中的压力（压差）信号，受环境温湿度干扰的影响较小，反应较快、较灵敏，一旦系统中某处压力产生变化时，系统能及时感知并采取控制动作。系统中任何地方的负荷变化都能在压力或压差检测点得到反映（由于静压传递的关系），由于该压力或压差与冷冻水系统的流程、流动阻力等有密切关系，可以比较准确地反映系统内部冷冻水流动的变化，甚至是空调用户数量与位置的变化。但对于医院空调这种对除湿要求较高的空调系统，需注意对空调末端热交换器的温度进行合理设置，以免影响除湿效果。

此外，当各支路正常运行所要求的压差各不相同，而靠唯一的定压差值控制时，则要求该定压差值能确保所有空调用户都能正常运行，否则，有可能出现部分用户空调效果差或失效的现象。

采用变流量控制系统需注意两个问题，一个是防止空调末端水量不足。空调末端水量不足往往不是水泵功率不够的原因，系统水力平衡做得不好会直接造成分末端水力不足，因此需配合空调专业做好水力平衡。二是要控制好压差旁通阀，保证冷冻机组蒸发器冷冻水最低流量。保证冷冻机组蒸发器冷冻水最低流量非常重要，否则会破坏冷冻机组的正常工作状态甚至引起制冷机损坏。

7.3.1.7　冷却水温度优化控制

冷却塔是冷源系统的重要组成部分，功能是排除冷水机组冷凝器侧的热量，其性能的优劣将直接影响冷水机组的能耗。

常规的冷却塔控制方法是依据冷却水回水温度控制冷却塔开启台数或风机频率，这是大部分空调冷却水系统现行的控制方法。通过冷却塔效率的实时监测，可大致判断冷却塔的运行效果。

冷却塔冷却效果的评价客观而言，应该利用冷却塔出水温度与室外湿球温度的差值，也就是固定逼近度，运行良好的冷却塔的出水温度应该比室外湿球温度高 3～5℃。改造工程可采用的措施有：

（1）设置室外温湿度计，计算室外湿球温度，通过比较冷却塔出水温度和室外空气湿球温度来实时监测冷却塔运行效果。

（2）设置温度传感器、冷却塔电控和风机变频，使用冷却水回水温度和室外湿球温度的差值控制冷却塔运行台数和风机频率。

（3）对于不投入运行的冷却塔及时关闭其冷却水管路水阀，防止冷却水旁通影响冷却塔运行效率。

7.3.1.8　冷却水进水温度优化设定

对于冷水机组而言，冷却水温越低，冷水机组的冷凝压力越低，所以在一定范围内尽量降低冷水机组冷却水进水温度可以提高冷水机组效率。

但在冷却水系统中，冷水机组和冷却水泵、冷却塔的性能在很大程度上是相互关联、相互影响的。较低的冷却水供水温度可以提高冷水机组的性能系数，进而消耗较低的电能。然而较低的冷却水供水温度要求较大的冷却水量和较大的风量来增加冷凝器侧的排热能力，因而冷却水泵和冷却塔风机将会消耗更多的电能。尽管较高的冷却水供水温度能够节省冷却水泵和冷却塔风机的功耗，但它降低了冷凝器的传热效果。

为了获得相同的空调冷负荷而需要冷水机组消耗更多的电能，因此冷却水进水温度必须要优化以减少冷水机组、冷却水泵、冷却塔风机的总功耗，使冷水机组、冷却泵和冷却塔总能耗最小。

7.3.1.9　冷却水变流量控制

当空调系统对冷冻水流量需求降低时，冷却水流量需求也会降低。此时可以利用变频器降低冷却水泵频率，从而降低系统能耗。

当空调系统负荷降低时，可以采取降低冷却水流量、降低冷却塔风机转速、减少冷却塔风机台数、提高冷却水进水温度多种方式降低能耗。

实际应用过程中，应依据不同项目的设备性能参数，建立冷水机组、冷却塔和冷却水泵的能耗模型，通过求取能耗最小值，采取相应节能措施。

7.3.1.10　主机系统参数监测

空调自控系统通过网关与冷水机组双向通信，读取机组内各种数据，如冷冻水供回水温度、冷凝水供回水温度、蒸发器冷媒压力和温度、冷凝器冷媒压力和温度、水流状态、冷冻水供水温度设定、冷机负荷、机油压力和温度等参数。

7.3.1.11　冷冻水和冷却水恒温差控制

在既有医院的空调系统中，经常存在冷冻水或冷却水供回水温度远小于 5℃，冷冻泵或冷却泵全功率运行，即大流量，小温差问题，水泵的能量被大量的浪费。此时应通过对冷冻冷却水泵变频控制减少在一定范围内减少水流量，或者通过提高冷冻水出水温度加大冷却塔换热提高供回水温差同时提高冷水机组效率。

冷水机组冷冻水供水温度持续高于设定值或者冷冻水供回水温度持续大于 5℃时，说明空调负荷已经超出冷水机组最大负荷，需根据负荷计算判断是否增加冷水机组运行数量。

冷水机组冷却水供回水温度远大于 5℃，应减小冷却塔风机负荷或在一定范围内减少冷却水水流量。

因此空调自控系统尽量采用冷冻水和冷却水恒温差控制。

7.3.1.12 水泵保护控制

水泵启动后，水流开关检测水流状态，如遇故障则自动停机水泵运行，备用泵自动投入运行。

7.3.1.13 冷冻水和冷却水侧旁通问题

在空调系统中，部分冷水机组停止运行时，冷冻水和冷却水依然流经不运行的冷水机组，很多建筑的空调系统中都存在此类问题。在自控系统中可方便地设置一些电动开关型水阀杜绝这些问题，下面简要阐述旁通问题导致的能耗浪费现象。

以 2 台冷水机组和 2 台冷冻泵的空调一次泵系统为例，如果仅有 1 台冷水机组和冷冻泵运行，而冷冻水流经未开启冷水机组，则依据水力工况可知，流经工作冷水机组的流量仅为冷冻泵流量的一半，若按常规空调系统冷冻水回水温度为 12℃，供水温度为 7℃，实际冷冻水总供水平均温度仅为 9.5℃。如果停止冷水机组水阀关闭，冷冻水没有旁通，则达到同样的空调输送冷量，运行冷水机组送水温度可以提高 2.5℃，水量达到额定水量，冷水机组 *COP* 可提高 7%左右。如果旁通的冷水机组数量更多，则对运行的空调系统能耗影响更大。

7.3.1.14 机组定时启停控制

根据事先排定的工作节假日作息时间表，定时启停机组自动统计机组各水泵、风机的累计工作时间，提示定时维修。

7.3.1.15 水箱补水控制

自动控制进水电磁阀的开启与闭合，使膨胀水箱水位维持在允许范围内，水位超限进行故障报警。

7.3.2 冷水机组和风冷热泵联控

在广州地区医院空调系统中，因医院制热需要常配置风冷热泵系统，可以很好地起到节省能耗的效果。

风冷热泵是空调行业内区别于风冷冷水机组的一种空调机组，除具备风冷冷水机组制取冷水的功能外，风冷热泵机组还能切换到制热工况制取热水。风冷热泵的基本原理是基于压缩式制冷循环，利用冷媒作为载体，通过风机的强制换热，从大气中吸取热量或者排放热量，以达到制冷或者制热的需求。

对比风冷冷水机组，风冷热泵在机组内部至少增加了一个四通换向阀，作为制冷或制热的功能切换。风冷热泵的适用环境温度一般不得低于－5℃，否则会因为结霜除霜过于频繁而导致机组效率下降或者不能正常运行。目前比较先进的涡旋机中，采用了低温喷焓技术的机组往往能够适应更低的环境温度，同时拥有更高的机组效率。

由于市面上所调查的冷水机组与风冷热泵相比，风冷热泵的 *COP* 值要略低一些。通常情况下，在制冷情况下，室内温度与室外温度的温差在设定值（如 3℃）以内优先使用风冷冷水机组，而超过设定值的情况下同时使用风冷热泵与风冷冷水机组。而在制热情况下，则单独启用风冷热泵机组。当然，风冷热泵的群控要依据空调系统的设计，而对于群控设计，可以参考冷水机组群控技术来实现。

7.3.3　一次泵变流量节能控制策略

7.3.3.1　水泵变频的节能原理

水泵的转速变化会引起水泵水流量和输入功率的变化，水流量与转速成正比，扬程与转速的二次方成正比，输入功率与转速的三次方成正比，相关公式如下：

$$G_1/G_2=n_1/n_2 \tag{7-4}$$

$$H_1/H_2=(n_1/n_2)^2 \tag{7-5}$$

$$P_1/P_2=(n_1/n_2)^3 \tag{7-6}$$

式中　G——流量；

n——转速；

H——扬程；

P——输入功率。

由上述公式可得到如下结论，当空调系统末端所需的冷负荷降低时，冷水机组的冷冻水流量会相应降低，通过改变冷冻水泵的转速来改变冷冻水流量。例如：有一按满负荷要求设计的空调系统，在某一工况下，系统需要按满负荷的 60%运行，则实际冷冻水流量为设计流量的 60%，因此可以通过调节输入功率来调节冷冻水泵转速为额定转速的 60%，此时冷冻水泵的输入功率为：

$$P=P_e\times 0.6^3=0.216P_e \tag{7-7}$$

由上式可以看出，当负荷率 60%时，冷冻水泵的功率仅为额定功率的 0.216 倍，节能率高达 78.4%。

7.3.3.2　一次泵变流量控制系统节能控制策略

一次泵变流量控制系统采用变频控制方式。冷冻水泵的启停是通过设置在末端设备上的传感器读取压差来控制的。

7.3.3.3　水泵频率及台数控制

在一次泵变流量控制系统中，需要实时监控通过冷水机组的水流量，对于一般冷水机组，正常运行的最低水流量为额定水流量的 30%（需要与冷水机组厂家确认），如果一次泵变频导致水流量过低时，会导致冷水机组的停机，所以当系统检测到水流量不足时，先调高水泵频率，再开启旁通阀旁通一部分水量使机组正常运行。当某台水泵不正常停机时，备用水泵立即开启维持系统正常运行。

冷冻水泵的频率及台数控制是通过在空调末端安装压差传感器来实现的，压差传感器可以实时监控空调末端的压差情况，当末端冷负荷需求减少时，空调末端上的控制阀自动关闭，压差增大，为了维持压差恒定，冷冻水泵频率控制器通过降低频率来减小水泵转速，从而减少流量。同理，末端冷负荷需求增大时，水泵频率上升。

一次泵变流量控制系统流程如图 7-8 所示。

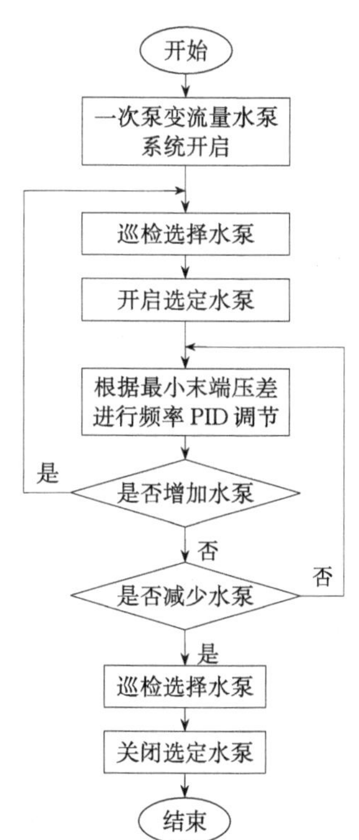

图 7-8　一次泵变流量控制系统流程图

7.3.3.4 频率的 PID 调节

当系统启动时，系统会根据历史数据的记录来选择一台运行状况良好的水泵运行，此水泵的频率控制器会通过频率调节水泵的转速逐渐增大，同时末端的压差传感器会实时监控压差值，以此控制水泵的最终运行转速。

1. PID 调节逻辑

当空调末端的负荷发生变化时，安装在末端的电动调节阀会打开或关闭，此时会引起末端压差的变化，安装在末端的压差传感器会实时监控末端压差变化，当检测到变化时，系统为了维持压差恒定，会通过 PID 运算给冷冻水泵频率控制器输出一个调整值来改变水泵的频率，以此改变水泵转速达到控制冷冻水流量的目的。

在 PID 调节时，必须要清楚水泵的频率调节范围，频率过小或过大都有可能导致水泵的不正常工作，甚至会引起其他系统的故障。

最小频率：由于水泵的频率减小会导致水流量的减小和水泵扬程的大幅降低，当冷冻水流量过低时，即使将压差旁通阀开到最大也有可能会导致冷水机组蒸发器结冰，铜管爆裂等危险；而且当扬程过小时，最远末端设备的水流量有可能达不到要求，从而导致系统制冷效果不良。因此必须控制水泵的最小频率。一般来说，系统最远端压差不应小于 0.1MPa。

最大频率：在我国用电设备频率一般是按照 50Hz 设计的，但在中央空调系统中，由于受具体安装限制频率可能达不到 50Hz，具体应根据现场调试确定。

2. PID 参数整定步骤

（1）整定比例环节：将比例参数由小至大进行调整，记录对应的响应曲线，直到得到反应快、超调小的平滑曲线。根据国内外相关经验发现，一般情况下参数最初可以设置为 40Hz。

（2）整定积分环节：首先将比例参数调小，然后设置一个稍大的积分时间，观察响应曲线，然后多次减小积分时间，反复通过测试得到满意的效果。一般情况下最初积分参数设置为 10s。

（3）整定微分环节：一般来说，经过上述比例和积分调节，自控系统都能达到良好的控制效果，不需要再进行微分调节。

3. 频率升高策略

系统采用最不利压差控制方式，即当任何一个末端的压差传感器检测到冷冻水压差低于设定值时，系统自动启动频率升高程序，使当前运行水泵的频率同步上升，最高到 50Hz 的水泵最高频率。

4. 加泵策略

如果当前运行水泵达到最高频率运行时，冷冻水泵出水量仍不能使最不利端压差平衡，则系统会启动加泵程序，考虑到原运行水泵都以最高频率运行，此时若不做任何保护直接接入另一台水泵，则水泵可能会因为瞬时电流过大而烧毁。

所以在接入另一台水泵前，应将正在运行的水泵频率同步降低，然后再接入另一台水泵并升高运行频率，使这几台水泵同频率运行，此时通过末端压差传感器检测末端压差，系统自动同步加载水泵组频率使冷冻水流量达到末端负荷要求。

5. 频率降低策略

系统采用最不利压差控制方式，即当任何一个末端的压差传感器检测到冷冻水压差高于设定值时，系统自动启动频率降低程序，使当前运行水泵的频率同步下降。

6. 减泵策略

由于水泵具有最佳工作区间，即当水泵在某一频率下工作时其效率最高，则如果有 3 台水泵同时投入工作，系统检测到它们的频率低于最佳工作区间，则系统自动计算以 2 台水泵高频运行其工作区间的情况，如果 2 台运行更优，则系统启动减泵程序，关闭 1 台水泵并升高另外 2 台水泵频率，使 2 台水泵同频运行。

7. 停泵策略

当按下停止按钮时，变频器变频使当前水泵转速同时下降直至完全停转。

7.3.4　冷却塔节能控制策略

冷却水温度每下降 1℃，大约可以使机组能耗下降 3%，因此应该尽量使冷却水温度下降以提高制冷效率。冷却塔控制的目的主要是自动控制冷却塔的开启台数和控制冷却塔风机开启台数及转速保证空气质量流量，以使冷却水温度降低。具体来说系统对冷却塔主要进行以下几种控制。

1. 风扇控制

风扇控制范围：风扇的频率控制和风扇的开启台数控制。系统通过检测流入冷却塔的冷却水温度来计算冷却塔的最佳工作点，然后通过控制风扇的开启台数和运行频率来达到控制空气质量流量的目的。但必须注意的是，冷水机组只能在一定的冷却水温度下工作，如果冷却水进水温度低于冷水机组的设计范围就会出现系统故障。

2. 液位控制

冷却塔上设置有水盘，应在水盘内设置液位传感器监控水盘内冷却水的液位，当系统检测到水盘内冷却水液位高于或低于上下限值时会发出报警，防止由于缺水导致制冷效果下降。

3. 温度控制

在冷却水系统中应设置冷却塔旁通管，当系统在冬季或室外气温较低时开启，有可能会使进入主机的冷却水温度过低导致机组运行故障，此时应打开旁通管路上的旁通阀混合一部分常温水以提高冷却水温度使系统正常运行。

7.3.5　冷却塔控制步骤

系统通过测量室外温湿度得到湿球温度 T_{wet}，冷却水供水温度在经过冷却塔散热后可下降至 $T_{wet}+\Delta t$（Δt 一般取 3℃），所以可以设 $T_{wet}+\Delta t$ 作为冷却水温度的控制设定值，系统实时监控冷却水进水温度，尽量使其接近设定值。

（1）在夏季时，广州地区一般温度在 30℃以上，此时需要多台主机同时运行，为了尽可能降低冷却水进水温度应该同时开启所有冷却塔，提高主机制冷效率。

（2）在过渡季或环境温度不高时，如果经系统判断只需要投入 1 台冷水机组运行时，系统会自动开启所有冷却塔进水蝶阀而不开启冷却塔风机，使冷却水自然降温，同时系统会通过传感器监测冷却水进水温度，如果温度高于 25℃，则依次开启风扇并监控冷却水温，直到冷却水温度降低到 25℃为止。

（3）在冬季时，由于室外寒冷，此时若开启冷水机组进行降温是一种浪费，系统会停用冷水机组和冷却塔，开启冷却塔蝶阀利用自然降温降低冷却水温度，如果冷却水温度达不到要求时可以开启冷却塔风扇辅助降温。

冷却塔风机控制流程如图 7-9 所示。

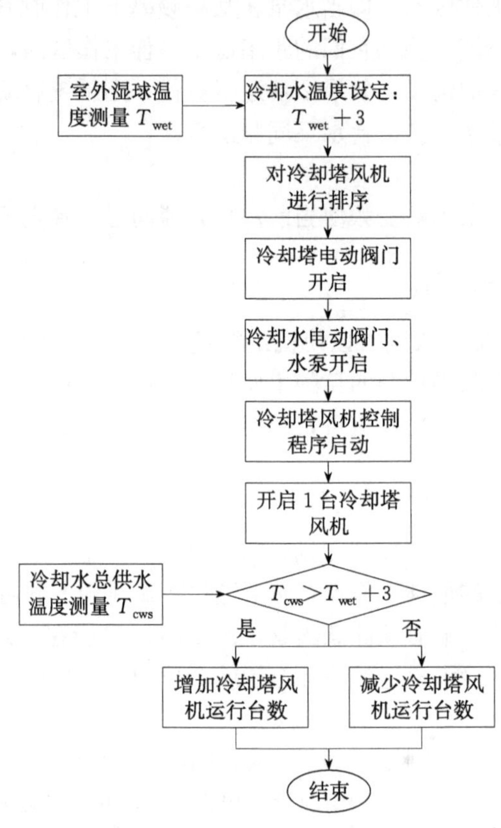

图 7-9 冷却塔风机控制流程图

7.3.6 制冷机房全年系统能效 $EER_{sys(y)}$ 及机房群控策略

7.3.6.1 制冷机房系统能耗优化策略

制冷机房的各设备单项控制经过优化已经达到了节能运行标准，但是如果不将各设备进行连锁控制而是通过人工的操作独立开关各设备，势必会造成整个系统总能耗的增加。因此需要研究整个制冷机房设备的连锁控制及最优化运行。

制冷机房精细化设计中的控制系统设计必须把制冷机房年平均能耗系数 $EER_{sys(y)}$ 作为节能目标来设定系统群控策略，如下：

$$EER_{sys(y)}=Q_{制冷量}/(W_{冷水机组}+W_{冷冻水泵}+W_{冷却水泵}+W_{冷却塔}) \tag{7-8}$$

式中 $EER_{sys(y)}$——制冷机房年平均能耗系数；

$Q_{制冷量}$——系统全年输出的制冷量，kW；

$W_{冷水机组}$——系统冷水机组全年的耗电量，kW；

$W_{冷冻水泵}$——系统冷冻水泵全年的耗电量，kW；

$W_{冷却水泵}$——系统冷却水泵全年的耗电量，kW；

$W_{冷却塔}$——系统冷却塔全年的耗电量，kW。

7.3.6.2　制冷机房主动寻优控制策略

制冷机房中冷水机组、冷冻水泵、冷却水泵、冷却塔之间的关系是耦合非线性的，调整其中一台设备的工作状态，其他设备的工作状态变化无法通过简单的数学推导方式列出关系表达式，在这种情况下，利用模糊控制算法和主动寻优控制策略可以跳过中间复杂的关系，依据历史数据库和自学习功能，在调节的过程中保持制冷机房整体的 *COP* 最佳。

在制冷机房控制系统中有以下几个相互耦合的变量联系。

(1) 提高冷水机组冷冻水出水温度，一般来说提高冷冻水供水温度1℃或降低冷却水供水温度1℃，主机 *COP* 可提高2%～3%。而冷冻水温度升高，空调表冷器换热效果下降，系统需要提供更大的冷冻水流量，冷冻水泵能耗可能会升高。

对于机组冷冻水温度与冷冻水泵频率可以采用主动寻优控制，以设备的输入功率占比为依据，动态调节两者，保证机房整体 *COP* 最高。

(2) 提高冷却水供回水温差，可以有效降低冷却水泵频率，而冷却水供回水温差拉大，机组冷凝器换热效果会下降，机组 *COP* 可能会下降。

对于冷却水供回水温差与机组 *COP* 可以采用主动寻优控制，以设备的输入功率占比为依据，动态调节两者，保证机房整体 *COP* 最高。

(3) 提高冷却水供水温度，可以有效降低冷却塔风机的运行数量和运转频率，而冷却水供水温度上升，机组冷凝器换热效果会下降，机组 *COP* 可能会下降。

通过以上分析可知，降低冷却水供水温度可以提高冷水机组的运行效率，然而为了获得更低温度的冷却水就必然要提高冷却塔风扇的转速及开启台数来获得更大的空气质量流量，这会导致冷却塔能耗三次方指数增长。如果冷却水供水温度较低，在末端需求负荷量不变的情况下，根据能量守恒原理，冷却水回水温度也必然较低，在冷却水回水温度较低时，冷却塔的运行效率下降。

因此一定存在一个最佳工作工况，在此工况下，冷水机组及其附属设备的总功耗最小，当末端负荷不断变化时，系统可以进行主动寻优控制，制冷机房主动寻优控制流程如图7-10所示。

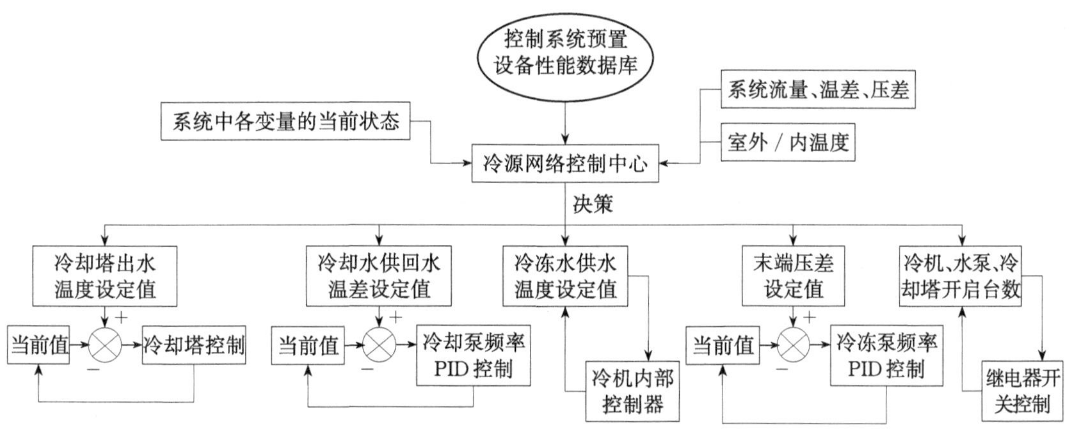

图7-10　制冷机房主动寻优控制流程图

7.3.6.3 制冷机房群控管理软件介绍

系统采用集中管理、分散控制的集散式控制方式，整个系统分为现场层、控制层和管理传输层，这种网络架构既解决了数据集中分析的管理要求，又可以实现控制层各设备的独立控制，正好满足系统既要求单项节能又要考虑总体运行节能效果的要求，并且能有效降低系统的故障率，提高系统的稳定性与可靠性。

7.4 空调末端自控设计

医院的空调末端系统常见有以下两种：

（1）风机盘管＋新风系统＋机械排风：门诊楼、医技楼、住院楼等。

（2）全空气处理系统＋机械排风：门诊楼大厅、住院楼大厅等。

变风量系统在广州地区医院应用很少，这里不做讨论。

7.4.1 控制原理和控制功能

上述两种空调末端系统的设备有新风机、空调机（空气处理系统）、盘管、排风机等，各设备的自控原理如图 7-11 所示。

空调末端系统的自控功能包括：

（1）风机状态显示；

（2）送风温度测量；

（3）回风温度测量；

（4）过滤器状态显示及报警；

（5）回风二氧化碳测量；

（6）启停控制；

（7）过载报警；

（8）冷热水流量调节；

（9）风门控制；

（10）风机、风门、调节阀之间的联锁控制；

（11）送回风机与消防系统的联运控制。

空调末端系统自控的主要控制内容：

（1）于预定时间程序和最佳启/停程序下控制空调箱，具有任意周期的实时时间控制功能。

（2）根据送风/回风温度，调节冷水二通阀，使送风/室内温度保持在设定范围内。

（3）季节室内外焓值变化来控制新回风比。

（4）风机、盘管水阀连锁程序：

启动顺序：开盘管水阀、启风机，调冷水阀；

停机顺序：停风机、关水阀。

（5）自动监测过滤网两端压差，堵塞时报警，提示清洗过滤网，提高过滤效率。

（6）空调机与各设备进行联锁控制：空调机停止时，关闭各二通阀。

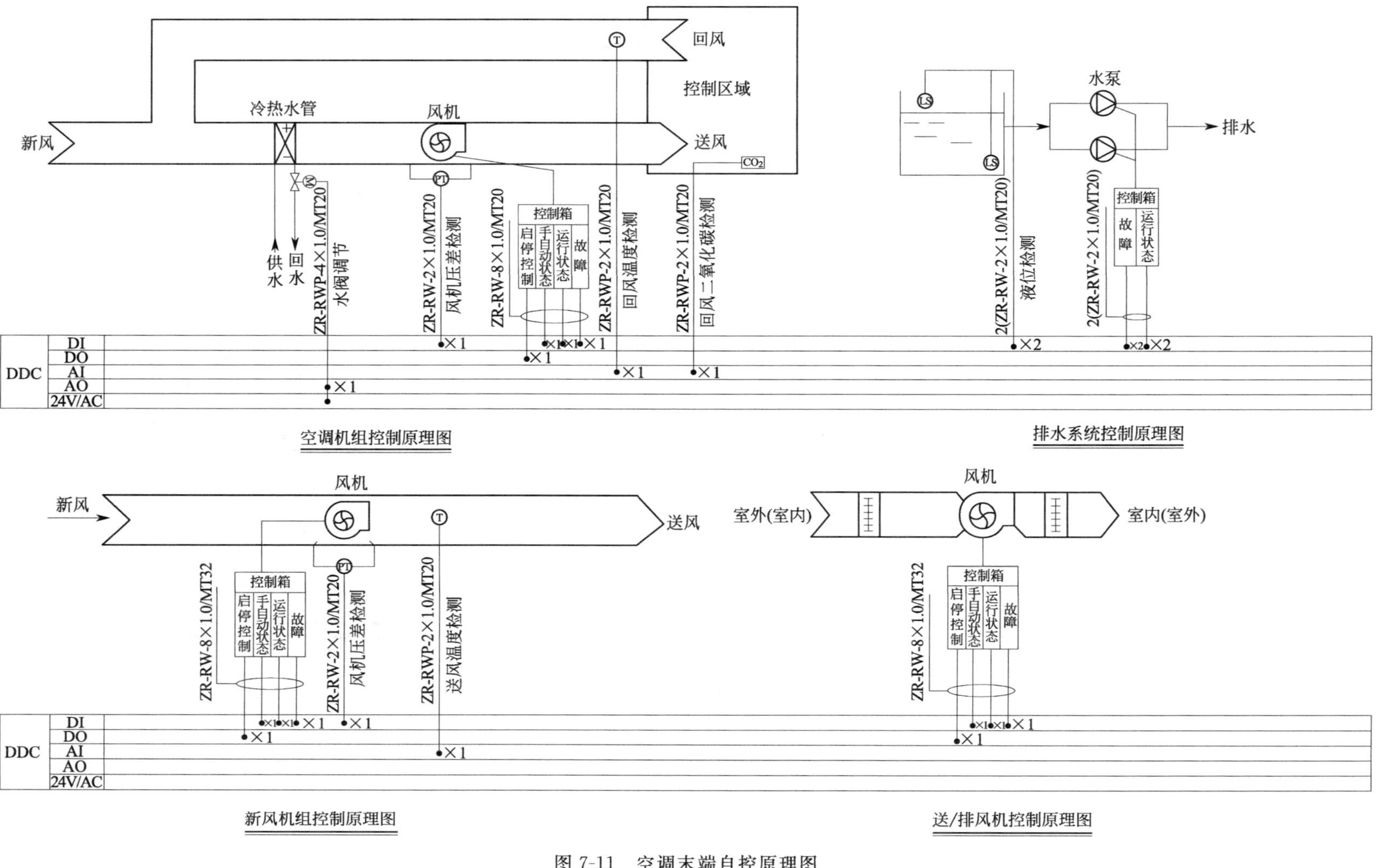

图 7-11　空调末端自控原理图

（7）显示不同的状态和报警，显示每个参数的值，通过修改设定值，以求达到最佳工况。

（8）根据 CO_2 浓度，调节风机转速或风阀，达到合理新风量。

送排风机的自控功能：

（1）风机运行状态显示；

（2）风机启停控制；

（3）风机过载报警。

送排风机的主要控制功能：

（1）时间程序自动启/停送排风机，具有任意周期的实时时间控制功能。

（2）累计风机运行时间。

（3）根据 CO_2 浓度自动启/停送排风机。

上述空调末端自控方案只是常见设计，实际改造过程中，应首先对建筑中使用多年的设备进行调查、检测与评估，然后根据空调专业改造方案、医院分区的功能特点、经营状况、气候波动、运营管理特点，制定量身定做的节能控制系统。

7.4.2 新风量控制

在医院空调中，采用风机盘管＋新风系统这种末端配置的空调面积最大，加上医院卫生要求高，使得医院比其他公共建筑的新风量大、新风负荷高。控制和正确使用新风量，是医院空调系统最有效的节能措施之一。

7.4.2.1 根据 CO_2 浓度来调节新风量

在新风系统设计中，新风量等于人均新风量指标与人员数量的乘积，人均新风量在现行国家标准《民用建筑供暖通风与空气调节设计规范》GB 50736、《综合医院建筑设计规范》GB 51039 中均有明确规定，因此确定新风量的主要问题是确定人员数量。

医院运行时，人流量变化较大，但实时统计人数难度较大，这时可参考室内 CO_2 的浓度来调整新风比，以达到系统节能运行的效果（图 7-12）。

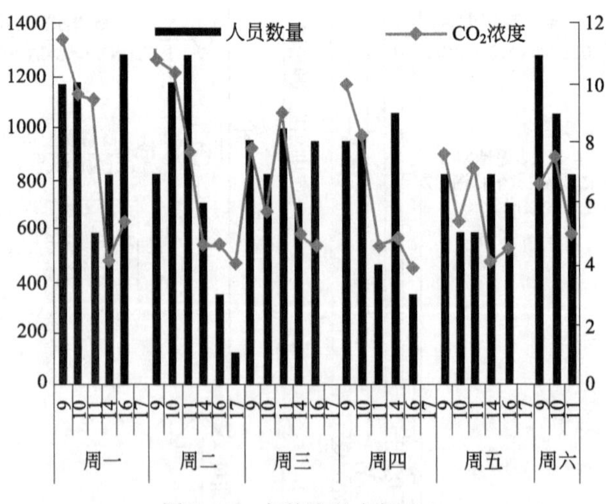

图 7-12 内科诊室内部 CO_2

CO_2 浓度监测控制法是在室内人员密集处设置 CO_2 浓度传感器检测 CO_2 浓度，通过 CO_2 浓度传感器调节变频风机转速，以保持合理的新风量。这种控制方法简单易行，适合诊室、候诊区、取药处、挂号收费处等人员密集的地方，不适合于人员密度较低的场合。因为当人员在室率很低时，不能控制非人为因素产生的其他有害物质所需的最小新风量。空气质量包含很多综合因素，如 VOC 浓度等，条件允许可增加空气综合质量传感器，以更好地控制空气质量。

7.4.2.2 根据人流量来调节新风量

前面说过，确定新风量的主要问题是确定人员数量，技术的发展使我们可以借助摄像机＋智能视频识别技术，轻松统计区域内的人员数量。

智能视频人数统计系统通过视频分析算法检测活体目标的形状，并计算通过制订区域和方向的目标数量达到精确统计的目的，统计精度高于 98％以上。系统所需的硬件设备少，主要通过内嵌视频分析软件的网络摄像机来完成目标检测和数量统计。

从适用环境来划分，人数统计系统可分为断面式和区域式。断面式系统是对一个二维断面通过不同方向的人数进行统计，适用于有明确的出入口，室内或者走廊等场合。区域式系统是实时统计出一个指定区域内的总人数。

智能视频人数统计系统已是十分成熟的技术，在火车站、广场、商场、热门景区等应用很多。当然，这种技术造价较 CO_2 浓度监测控制要高，适合预算比较充足的项目（图 7-13）。

图 7-13　人数统计

7.4.2.3 根据运营时段来控制

通过调查统计医院各区域在不同时段大致的就诊人数，得出人流量的时间曲线和规律，如挂号处、取药处、交费处、候诊区的高峰期时段、高峰人数，急诊部的接诊高峰期、人数等，从而按此规律调整新风量。

7.4.2.4 根据运行工况来调节新风量

医院一些特殊房间，如治疗室，对新风量、换气次数有特别要求。这些房间的空调如长时间运行，会造成很大的能耗，可将这些房间空调的运行工况分为运行状态和值班状态。在等待治疗期间，可以按值班工况运行，降低房间新风量和排风量，这样既保证房间卫生要求，确保治疗室一直处于待用状态，又减小了风量和冷量，降低了能耗。

7.4.2.5 设置过滤网压差和风机变频联控

医院的末端风柜，基本上都有两级或三级过滤器，随着过滤器的不断积尘使系统阻力随之上升，为保证在过滤器阻力下也能达到设计风量，可对风柜风机采用变频技术，在过滤器设压差传感器，两者联动控制，保证风量不变。

7.4.3 地下车库空气质量控制

地下车库设置与送排风机联动的一氧化碳浓度监测装置，根据一氧化碳浓度和时间安排联动控制送排风机。

7.4.4 空调末端自控技术研究方向

现如今有以下几点：

(1) 算法研究：控制算法的精确。当前技术下，中央空调可使用的优化算法有PID控制算法、模糊控制算法、基于神经网络的控制算法等。

(2) 单一针对水流量或风量的研究改造。在这一方面，针对冷冻水流量或温差以及风机的改造文献较多。

(3) 末端机组的风水联调：出于对系统节能的考虑，通常在室内冷负荷需求下降时，优先降低风机的转速，之后才会对冷水阀的开度进行调节。这样做的好处就是使末端风系统节能最大化，且不会增加循环水系统的阻力，同时也意味着水系统的节能。

(4) 风机盘管的自控研究：这方面的研究较少。依据参考文献，徐晓宁教授表冷器饱和特性，运用解耦控制系统策略的方法，针对末端进行了基于定末端设备冷冻水温差的风水联调控制的研究，从而使末端的冷冻水流量在不同负荷下有10%～40%的节能效果，而风机功率也可有20%～40%的节能效果。空调末端控制原理如图7-14所示。

其控制策略为：

1) 在运行过程中，以房间设定温度与设定温度的偏差值优先调节送风量（风机转速），使室内温度达到设定值；

2) 达到室内温度要求后，若供回水温差未达到设定值，以供回水温差偏差值调节冷冻水流量（调节阀开度），使供回水温差达到设定温差；

3) 供回水温差达到给定温差后，如果室内温度仍然偏离允许的范围，则以室内温度实测值和给定温度的差值调节送水量；

4) 不断重复上述步骤，直至房间温度和供回水温差达到允许偏离的范围。

对比四种研究方向，从研究的难易度来说，风水联调与神经网络的控制算法研究最大，但效果也最佳。

对于基于神经网络的PID算法，这种类型的控制器可以随着环境与设备的变化而自适应改变PID参数，从而可以在较长的年限内使冷水机组维持高*COP*的状态。但这

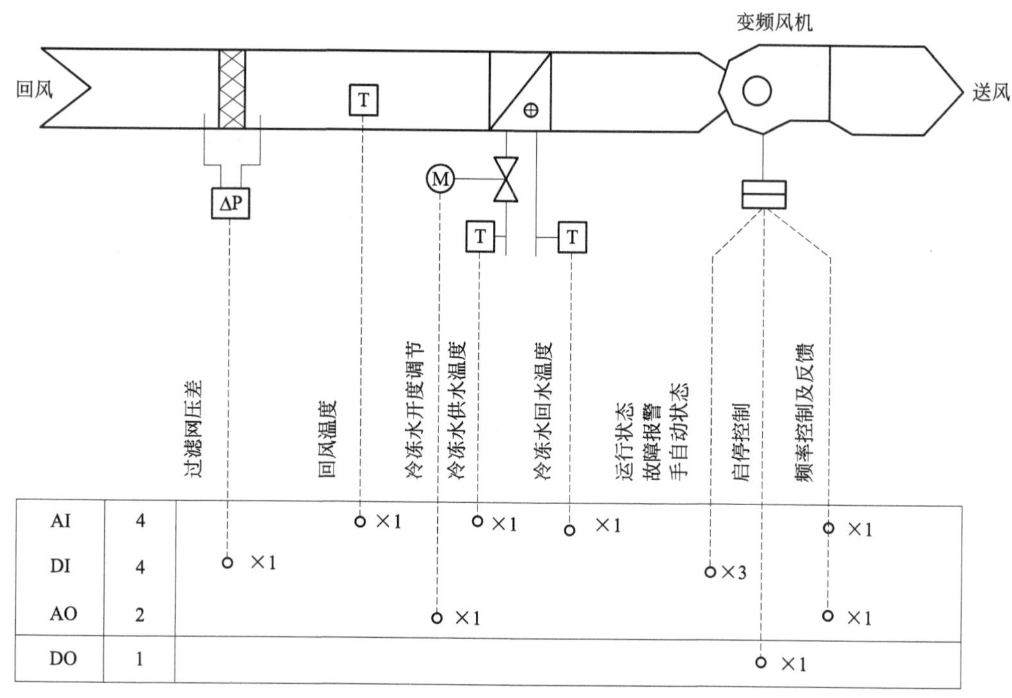

图 7-14 空调末端控制原理图

种方法需要专业知识足够多，同时需要调研搜集的数据也很多。而针对性地改造 PID 控制器，即根据医院空调的现有自控情况，进一步优化 PID 参数，也可以起到明显的节能效果。

风水联调的难度则在于设计解耦控制系统结构，这需要较高的数学与专业知识要求。这种结构可以同时控制风量与冷冻水流量两个输入变量，让系统在不同负荷情况下，快速调节冷水机组与风机状态，使它们的能效比达到最大化，不但起到节能效果而且整体优化了系统动态性能。但其在传统的三速风机盘管上节能效果会差一些，最好是采用能连续调节的直流无刷风机盘管并采用浮点阀取代比例调节阀，增加供回水温度传感器，改造难度大。

单一针对水流量或风量的研究改造，在研究领域内资料很多，但是实际运用在机房内的却不多，原因是改造难度大，效果不明显。

7.5 自控与水力平衡

中央空调靠自控系统进行温度控制，自控的基础是水力平衡。没有正确的流量，自控不能正常控制温度。水系统不平衡，自控失去基础，部分区域的舒适度还不如外挂空调。

水力平衡是对中央空调管路的阻力进行重新分配，使每个末端的流量都到达设计要求，从而使自控正常工作，并以最小的能耗使室内的所有区域达到舒适度要求；平衡是系统，不只是阀门。只有进行设计计算和调试，管路的阻力才可能平衡。只安装平衡阀而不进行调试，平衡阀将增加阻力，而不是达到平衡，所以引进专业的队伍进行全面水力平衡计算和调试非常必要（图 7-15）。

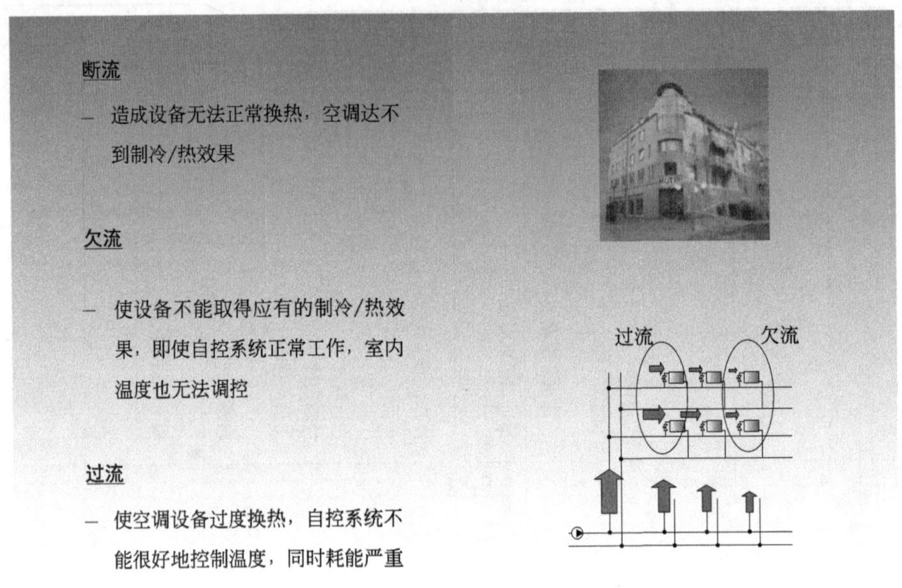

图 7-15 自控系统对室温的控制取决于正确的流量

7.6 洁净空调自控技术

洁净空调应用于医院的手术室、ICU、中心供应、检验科、实验室等特殊科室，其环境控制一般需要做到：

（1）过滤空气，将送风空气中所有的微生物粒子清除掉；

（2）采用气流技术使室内达到无菌无尘；

（3）控制压力使整个控制区域压力梯度有序分布；

（4）设定合理的温湿度，抑制细菌繁殖，降低人体的发菌量；

（5）排除室内污染气体，保持室内良好的空气质量。

洁净空调的特性有：

（1）智能化控制。可自由设定洁净度、温度、湿度，通过调整 DDC 设置，可自由设定从洁净度 100000 级到 100 级的空气洁净度，满足从一般外科手术到移植手术的不同空气洁净度要求，采用室内温、湿度传感器自动智能调整室内温、湿度，满足设定的恒定温、湿度的要求。

（2）低噪声与低振动。保证了使用场所安静，舒适的环境。

（3）正负压控制严格。为了防止粉尘或病菌扩散，以及防止病毒细菌的扩散引起交叉感染，洁净房间的正负压控制非常重要。

（4）拥有良好的过滤系统。洁净室一般至少要经过三级过滤，空气处理机组配备初、中效过滤器，送风末端配高效过滤器。

（5）稳定性和可靠性。洁净空调所应用房间都是医院内较为重要的房间，因此要求洁净空调的故障率低，其过滤系统也应严格按照国家标准规范进行把关。

具体洁净空调系统如图 7-16、图 7-17 所示。

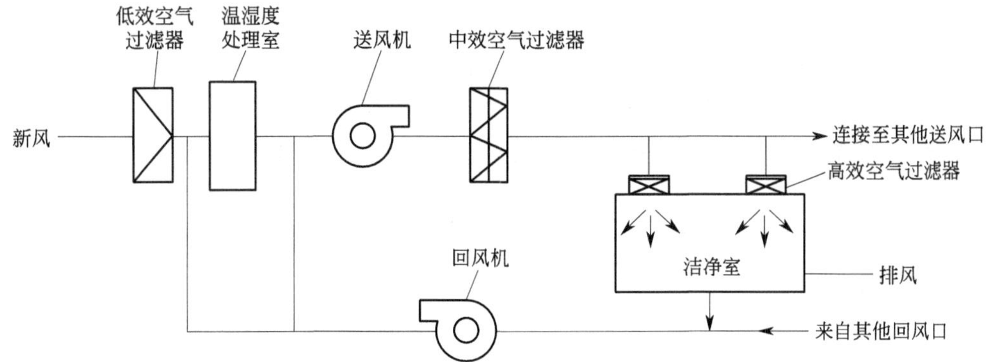

图 7-16　洁净空调简单结构

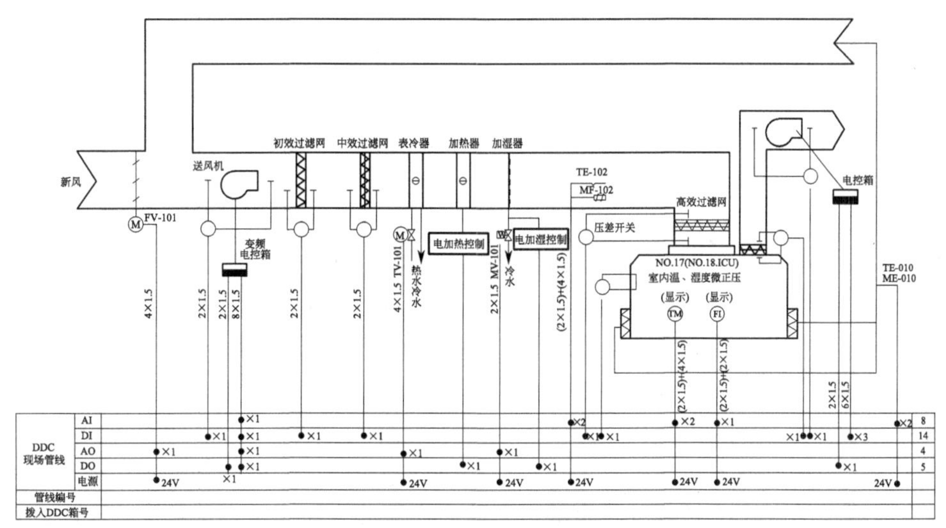

图 7-17　利用 DDC 控制器实时监测并控制洁净空调每一部分

洁净空调的特殊要求对节能运行造成了很大的困难，常规自控节能技术与措施很难在洁净空调上应用。

目前来说，洁净空调方面的节能通过以下几种策略进行节能改造。

(1) 末端内部自净化系统（二次回风处理系统）。在项目的实际应用中往往采用固定一二次回风比的二次回风方式，利用二次回风再热，减少再热负荷，同时通过冷盘管处理的风量减少，冷量也随之减少。系统不需要再热或只需要少量的再热量用于微调由于室内负荷发生变化而产生的送风温差的变化，就足以满足室内温湿度调节的需要。因此，采用二次回风能够达到很好的节能效果，是目前工程实践中应用较多的一种有效节能方式。

(2) 换气次数的调整。根据华南地区的空气含尘量的情况，可以在保证洁净效果的前提下，采用较低的换气次数可以实现良好的节能效果。因此，可适当减少换气次数，减少多余的能耗。但是送风量的设定不能只考虑换气次数，要充分考虑医院房间的结构以及多种参数情况。

（3）新风比策略。根据不同情况选择合适的新风比，对洁净空调来说，满足室内污染指数和洁净等级的要求是前提，在此前提下，适当调整新风比，多利用回风，合理搭配好设备性能，可以在能源利用的角度上起到节能的效果。因此，新回风量正确的确定方式是在满足控制室内生产操作工艺和人员需求的前提下，采用尽可能低的新风比。

（4）传感器的增设。多点监测运行数据，增设足够的传感器，并在关键节点实时监测，如遇故障，则进行报警维护。

（5）多工况运行策略。如将手术中心空调系统的运行工况应分为手术运行状态和值班运行状态。在等待手术期间，可以按值班工况运行，降低房间送排风量，这样既保证房间洁净度和手术中心各部分的压力梯度，保证手术室一直处于待用状态，又减小了风量和冷量，降低了风机和制冷机的功耗。

7.7 空调自控管理系统

空调自控管理系统是空调自控系统的上位管理系统，目的是实现空调自控设备的全面管理，以及空调系统的节能运行。

在改造过程中，空调自控管理系统的改造有两个方向。一是与BA系统集成，作为BA系统的一个子系统，适合既有BA系统的医院空调系统改造。对于无BA系统的医院，我们认为在条件许可的情况下，在空调自控系统改造的同时，引入BA系统全面监控机电设备是非常有必要的。BA系统监控的设备不仅局限于空调系统，还可对其他机电设备（给水排水系统、热水系统、蒸汽锅炉系统、电梯、照明等）进行监控，即实现在一个平台对所有机电设备进行统一监测、控制。医院建筑面积一般都较大，机电设备非常庞大，且分布区域广，需要投入非常多的工作人员对设备进行维护、监测和控制。各种机电设备是否正常合理运转，直接影响到建筑的运营状态，因此，对于无BA系统的医院，在空调自控系统改造的同时，引入BA系统全面监控机电设备是非常有必要的，可以提高管理效率，降低能源消耗和管理成本。

二是单独设置空调自控管理系统，主要面对无BA系统的医院空调系统改造。空调自控管理系统主要由以下三部分组成：

（1）系统软件及平台硬件：包括数据服务器、监控工作站，以及系统监控管理软件、能效统计分析软件、室内环境参数优化软件和末端设备管理软件。

（2）冷源集成优化管理控制系统：包括冷源能效管理控制系统、水泵冷塔变频设备、主机网关、电动调节阀、水温传感器、压差传感器、室外温湿度传感器等。

（3）末端精细化管理控制系统：包括数据采集协调器、室内综合舒适性采集器、风机盘管无线控制节点、新风机无线控制节点、室内无线通信总线系统等。

空调自控管理系统结构示意如图7-18所示，空调自控管理系统软件功能、组成和末端精细化管理控制系统组成见表7-3～表7-5。

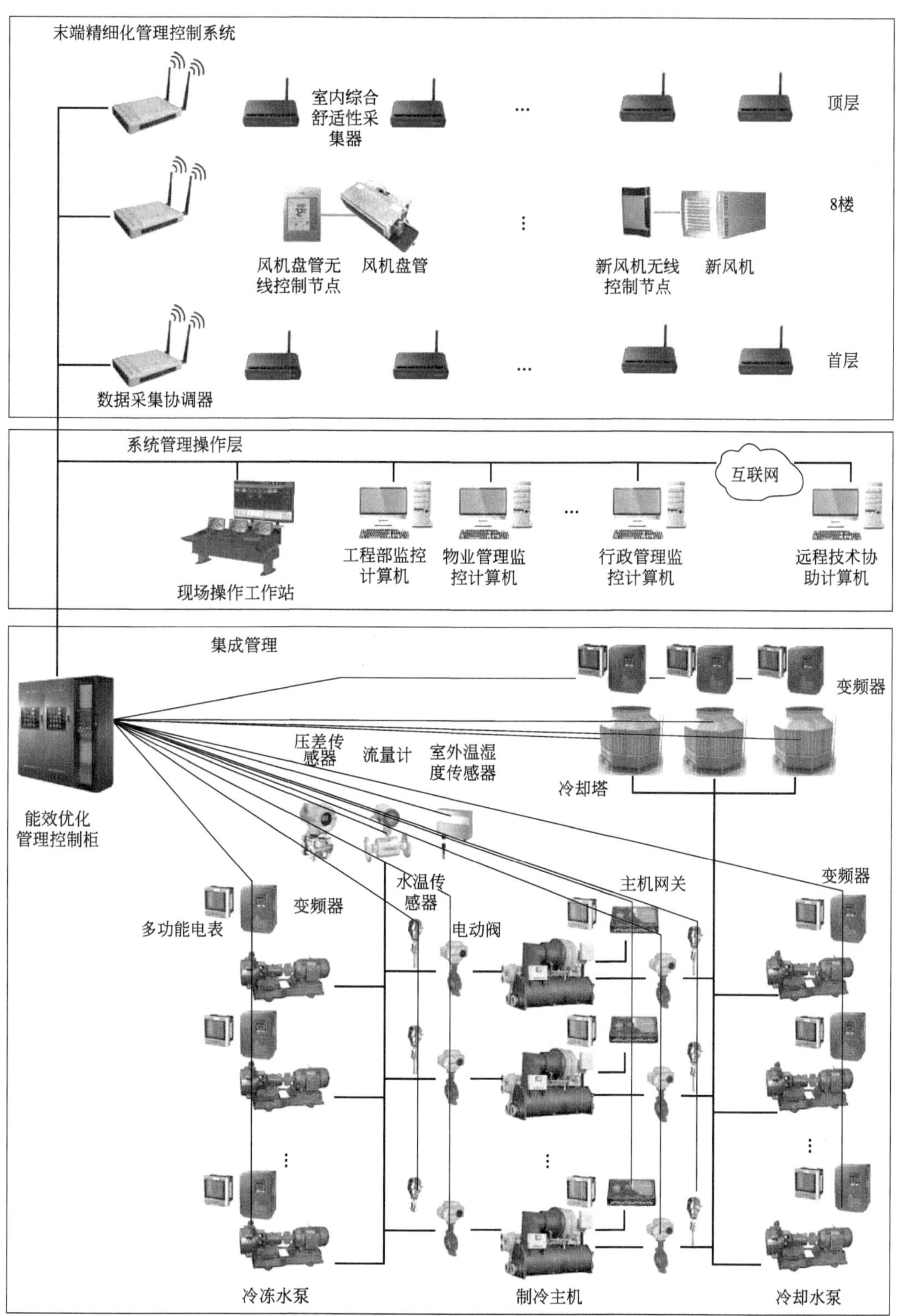

图 7-18　空调自控管理系统结构示意图

空调自控管理系统软件功能 表 7-3

软件	功能
系统监控管理软件	运行于监控计算机，提供直观的人机操作界面，用户可通过该软件对中央空调系统的运行情况进行实时监测，并可对中央空调系统进行远程操作、运行参数调节和日程任务的安排等
能效统计分析软件	运行于数据服务器，记录冷源设备的运行情况及具体参数，对制冷主机和整个冷源系统的运行能效进行计算与分析，为空调自控管理系统提供调节依据
室内环境参数优化软件	运行于数据服务器，对室内舒适性参数进行实时采集、分析与存储，并通过对末端设备参数调整，提高室内环境舒适程度
末端设备管理软件	运行于数据服务器，管理数量庞大的末端空调设备的运行及进行参数优化

空调自控管理系统软件组成 表 7-4

功能模块	可实现的功能
系统控制模块	冷源系统设备群组控制 冷源系统多段定时控制 冷源系统强化供冷控制 冷源系统能效优化控制
制冷主机控制模块	制冷主机运行参数检测与调节 制冷主机维护及故障识别与记录 制冷主机远程启/停控制 制冷主机多段定时控制 制冷主机群控 制冷主机参数优化调节 制冷主机能效检测及记录
冷冻水/冷却水调节阀控制模块	电动阀状态检测 电动阀维护记录 电动阀故障识别与记录 电动阀远程启/停控制 电动阀远程顺序自动控制 流量旁路调节
水泵控制模块	水泵运行状态检测 水泵远程启/停控制 水泵多段定时控制 水泵变频参数检测及调节 水泵维护记录 水泵故障识别与记录 水泵群控 水泵多级强化供冷控制
冷却塔风机控制模块	冷却塔风机运行状态检测 冷却塔风机远程启/停控制 冷却塔风机多段定时控制 冷却塔风机变频参数检测及调节 冷却塔风机维护记录 冷却塔风机故障识别与记录 冷却塔风机群控

末端精细化管理控制系统组成　　表 7-5

功能模块	可实现的功能
室内舒适性采集模块	室内环境温湿度实时检测 系统数据实时互联
新风机控制子系统	新风机变风量控制 新风机远程控制 新风机自定义分区分类定时控制 新风机参数优化调节 新风机启停时间记录 新风机故障识别与记录 电动调节阀智能控制
风机盘管控制子系统	风机盘管远程控制 风机盘管自定义分区分类定时控制 风机盘管参数优化调节 风机盘管启停时间记录 风机盘管故障识别与记录 电动调节阀智能控制

空调自控管理系统远程监控软件人机界面（示意图）如图 7-19 所示。

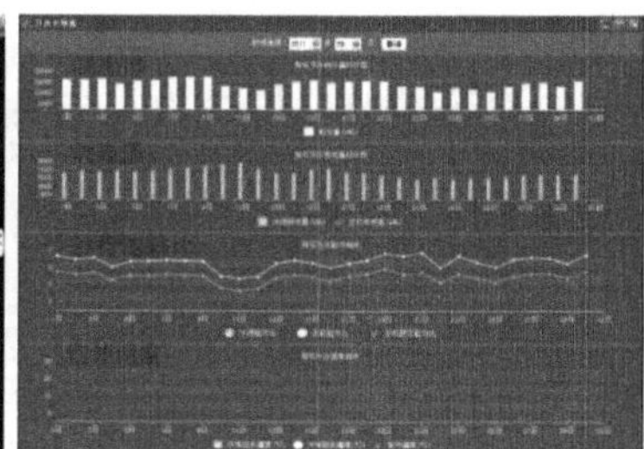
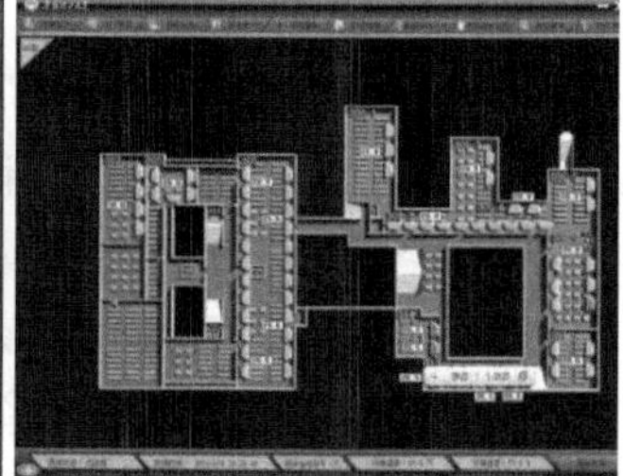

图 7-19　空调自控管理系统远程监控软件人机界面（示意图）

7.8　能源管理系统

7.8.1　实施能源管理系统改造的必要性

医院属于耗能大户，其中以消耗电能、天然气、水能为主。根据国家和广东省的节能规划和相关政策，公共建筑应建立能源管理平台和上传能耗数据。

一般的空调自控系统可以完成进行各种空调设备的监视、集中控制和管理，但缺少对各种能耗数据的统计、分析，也缺乏结合医院的运营面积、内部的功能区域划分、运转时间等客观数据，缺乏对整体的能耗进行统计分析并准确评价建筑的节能效果和发展趋势。

能源管理系统可提高医院的能源精细化管理水平，减少业主的运营成本。该系统能对公共建筑分类和分区域能耗计算，采用远程传输等手段即时采集能耗数据，实现在线监测和动态分析功能，可大幅提高能源管理自动化和信息化水平。

7.8.2 计量点

能源管理的基础是计量数据，根据国家相关规范标准，医院空调系统应设置的计量点包括：

（1）用电量分项计量。空调系统用电量应单独进行计量，系统中各类设备的用电量应分项计量，包括：

1）冷水机组总用电量；

2）冷冻水系统循环泵总用电量（如有高低分区还应包括高区板式换热器二次侧冷冻水循环泵）；

3）冷却水系统循环泵总用电量；

4）冷却塔风机总用电量；

5）空调箱和新风机组的风机总用电量；

6）供暖循环泵总用电量；

7）送、排风机的总用电量；

8）其他必要的空调系统设备的总用电量（如蓄冷空调系统中的溶液循环泵等）；

9）科室或楼层的总用电量（根据医院管理需要）。

（2）热驱动冷水机组能耗计量。使用热水、蒸汽等驱动的吸收式冷水机组，应对冷水机组的耗热量进行计量。

（3）供冷、供热量计量。应对冷热站的总供冷量、供热量分别进行计量。采用外部冷热源的单体建筑，应对建筑消耗的冷热量分别进行计量。

（4）空调系统补水量计量。

（5）空调系统能耗计量要求。

对（1）～（4）中空调系统消耗数据，应固定时间间隔记录，宜采用自动记录，集中监测。

7.8.3 系统架构

常见的建筑能源管理架构如图 7-20 所示。

7.8.4 系统功能

（1）能耗数据采集

对水、电、天然气、冷/热源等能源进行实时自动采集，通过增加各种电力仪表、流量变送器、温感变送器、压力和压差变送器等采集设备，既保证了能耗数据记录的及时、准确、完整，数据也可以以各种形式（表格、坐标曲线、饼图、柱状图等）加以直观地展示。有助于根据用能分项记录和重点用能设备的数据及时发现运行异常、分析节能空间，也进一步提高了公共建筑的工作效率和运行管理水平，减少烦琐的人工抄表工作量（图 7-21）。

（2）能耗和设备管理。系统按照能耗类型的不同分别进行管理，对其分类分项计量的数据进行统计计算，对实时数据、历史数据进行横向、纵向分析对比；并对高能耗设备进行重点能耗监测，得到设备的负荷变化特征，作为设备诊断和运行效率分析的依据。通过细化统计、分析能耗数据，更加能从管理方式上实现节能的可能性。

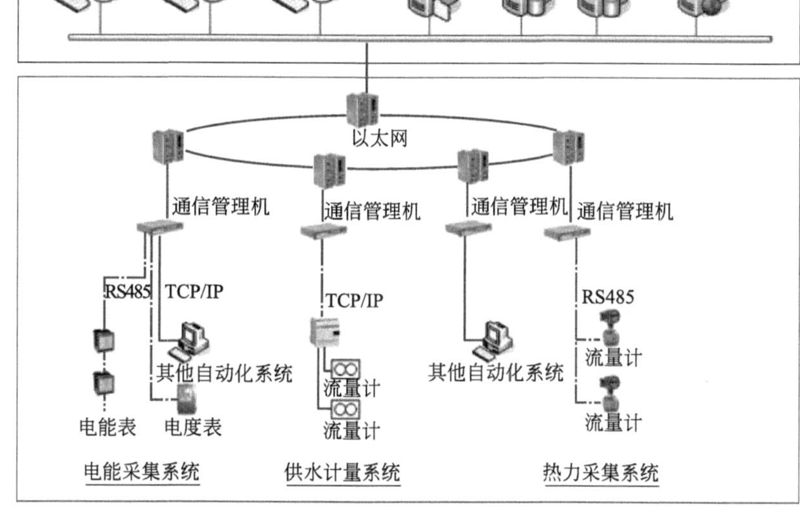

图 7-20　建筑能源管理架构图

图 7-21　各种电子仪表

（3）能耗综合查询。对能耗进行统计和分析，按时、日、月、年不同时段，或不同区域、不同的能源类别、不同类型的耗能设备对能耗数据进行统计，自动生成实时曲线、历史曲线、预测曲线、实时报表、历史报表、日/月报表等资料，为节能管理提供依据，为技术节能提供数据分析。

（4）能源审计。主要按照单位服务量能耗指标、无量纲指标和时段动态指标对于企业的能耗情况进行分析，根据企业的发展情况进行半年或一年期的审计工作。

（5）决策支持。借助能源预测分析算法，结合能耗结构、业务特点，对能源消耗做出预测，以曲线方式直观展现。为企业管理者和决策者提供了能源决策、能源分配和能源平衡的支持，综合反映用户的节能意识和管理水平。

7.9 小结

在广州地区医院空调系统节能运行设计的基础上，对空调冷源系统、末端系统、水力平衡、管理系统等各方面的自控改造方案、技术进行了分析、研究。空调自控系统的设计没有放之四海而皆准的方案，在实际改造过程中，必须充分考虑空调专业设计方案、建筑情况、现场情况、运行记录、医院运营管理特点等，量身定做，才能做好医院空调系统的自控设计。

第8章

疫情下暖通专业的思考

8.1 地区性传染病医院设立的思考

8.1.1 必要性

新型冠状病毒肺炎，简称新冠肺炎，其病原体为新型冠状病毒，是一类传染性极强的疾病。国际卫生组织（WHO）已将该疾病正式命名为2019冠状病毒病（Corona Virus Disease 2019，COVID-19)。从确诊患者的病例中看出，新型冠状病毒经呼吸道飞沫传播、接触传播和气溶胶传播是新冠肺炎主要的传播途径，目前多地已经从确诊患者的粪便中检测出新型冠状病毒，因此新冠肺炎同样存在粪口传播的风险。从全国患者的年龄分布来看，各年龄段人群均对新型冠状病毒没有抵抗性，只要满足传播条件均有可能被感染。我国人口基数庞大，易感染患者和疑似患者数量也较多，再者由于呼吸道传染病医院建设较为滞后，在应对突发性传染病暴发的措施上，当前医疗设施和防控条件存在着严重的不足，甚至出现较多不规范的做法。众多患者在感染初期没有得到及时治疗与隔离控制，不仅给周围的亲朋好友带来交叉感染的风险，还导致患者病情加重，甚至造成死亡的危害。在防疫抗疫的2年多时间里，我国取得了很多经验，比如早期临时建设火神山和雷神山应急医院，并在体育馆、会展中心建设应急“方舱医院”，这些措施在一定程度上缓解了新冠肺炎患者不能集中隔离收治的状况，对新冠肺炎疫情的防控起到重要的作用，也是我国抗疫的最好经验。

新冠肺炎患者症状特征与需求。据研究表明，新冠肺炎患者分为四种类型：普通型患者、轻症患者、重症患者和危重症患者，其中，普通型患者和轻型患者占比90％，重症患者和危重症患者占比10％。新冠肺炎会危及生命安全，甚至导致死亡的情况发生。新冠肺炎患者主要表现为急性呼吸道感染，发病时常见症状为发热、咳嗽、肌痛或疲劳，不典型症状包括咳痰、头痛、咯血和腹泻。临床治疗中，所有患者均存在肺炎疾病，大约半数患者出现呼吸困难、淋巴细胞减少，并发症患者包括急性呼吸窘迫综合征、急性心脏损伤和继发感染。确诊后的新冠肺炎患者，普通型患者和轻症患者需要接受吸氧、机械通气、静脉抗生素和奥司他韦治疗，部分重症患者需要接受机械通气治疗和体外膜肺氧合治疗，极少部分危重症患者需要接受重症监护室（ICU）治疗，必要时进行有创通气治疗。

在具备有效隔离条件和防护条件的定点传染病医院，必须对确诊病例和疑似病例进行隔离诊治。重症患者和危重症患者收治入院治疗，由呼吸科或传染病专科医护人员进行救治；普通型患者和轻症患者关键在隔离，不需要特殊治疗，或仅仅是对症治疗。没有新冠肺炎症状的人，但与新冠肺炎患者接触的隐性感染者不需要特殊治疗，必须对其采取 14 天的医学观察，可以征用专门的医院病房、学校宾馆等进行隔离管理，配备医护人员，做到定期巡诊，尽量不占用有限的病房床位、专科治疗和医护人员等医疗资源。传染病医院的隔离空间功能需要满足医护人员与患者分区分流、洁污分区分流、人与物品分区分流、传染病与非传染病分区分流、不同传染病分区分流等基本要求，而诊疗空间功能则必须严格划分出污染区、半污染区、清洁区，这样有利于防控应急情况下各区域展开有效的隔离工作，从而遏制疫情扩散蔓延。在气流组织上，传染病医院必须考虑空气压力梯度，要求气流从洁净区、半洁净区、污染区单向流动，其目的是清晰组织传染病医院的各种人流、物流，使其各行其道，避免发生交叉感染。

随着疫情逐步得到控制，建设强大的传染病防治体系会纳入国家工作规划，尤其在人口稠密地区或人流密集的进出口岸区域，新建永久性传染病医院十分必要，且迫在眉睫。

8.1.2 传染病医院通风空调系统

从 2020 年初新冠肺炎暴发，到目前为止国内才得到基本控制，国外抗疫形势更不容乐观。经过这次疫情，各地医院纷纷改建、新建用于收留、治疗传染病患者的场所，建设区域性的传染病医院势在必行。现行国家标准《传染病医院建筑设计规范》GB 50849 的发布，加快了我国医院建设的步伐，给医院建设者指明了道路，提供了依据。在进行空调通风系统设计前先要明确的是服务区域的病原体的传染途径，根据不同的传播途径划分不同的传染病区，不同的传播途径，气流组织也不一样。传染病医院主要收治的对象是带有传染性病原体的病人。病原体可以是病毒、细菌、原生生物、寄生虫等；传染病的传播途径可以分为空气传播和接触传播两大类，不过凡是能通过空气传播的也能通过接触传播。传染病区分为呼吸道传染病区和非呼吸道传染病区以及负压隔离病房，而负压隔离病房的主要预防对象就是空气传播，其与呼吸道传染病区的区别在于负压隔离病房控制是空气中致命性的病原体，需要的是密闭性的空间，不能自然通风，因此所需要的换气次数也高。负压隔离病房属于比较特殊的病房。

8.1.2.1 通风系统设计

应急传染病医院应设置机械通风系统；机械送、排风系统应按半清洁区、半污染区、污染区分区设置独立系统，空气静压应从半清洁区、半污染区、污染区依次降低。半清洁区送风系统应采用初效、中效（不少于）两级过滤；半污染区、污染区送风系统应采用初效、中效、亚高效（不少于）三级过滤，排风系统应采用高效过滤。负压病房送风口、排风口的位置应参照负压隔离病房的规定设置（表 8-1）。送风、排风系统的各级空气过滤器应设压差检测、报警装置。隔离区的排风机应设置在室外；隔离区的排风机应设在排风管路末端，排风系统的排出口不应临近人员活动区，排气宜高空排放，排风系统的排出口、污水通气管与送风系统取风口不宜设置在建筑同一侧，并应保持安全距离。新风的加热或冷却宜采用独立直膨式风冷热泵机组，并应根据室温调节送风温度，严寒地区可设辅助电加热装置。应急传染病医疗设施根据当地气候条件及围护结构情况，隔离区可安装分体冷暖空调机，严寒、寒冷地区冬季可设置电暖器。分体空调机应符合下列规定：

（1）送风应减小对室内气流方向的影响；

（2）电源应集中管理。CT 等大型医技设备机房应设置空调。

负压隔离病房的规定 **表 8-1**

房间名称		负压病房	负压隔离病房	ICU
静压值		负压	−15Pa	−15Pa
换气次数		≥6 次/h	≥12 次/h	≥12 次/h
送排风量差		排风≥送风量+150m^3/h	排风≥送风量+150m^3/h	排风≥送风量+150m^3/h
过滤	新风	初效+中效+亚高效	初效+中效+亚高效	初效+中效+高效(房间送风口处)
	排风	高效(位置不限设于风机入口处)	高效(房间排风口处)	高效(房间排风口处)
风口		普通百叶	普通百叶	高效风口
压力梯度		有序压力梯度负压设计	严格压力梯度 相邻空间不小于 5Pa 压差	严格压力梯度 相邻空间不小于 5Pa 压差
气流组织		上送下回	上送下回	上送下回
空调形式		未明确说明	全新风直流	全新风直流

8.1.2.2 负压隔离病房设计

负压隔离病房应符合下列规定：

（1）应采用全新风直流式空调系统；

（2）送风应采用初效、中效、亚高效过滤器等不小于三级处理，排风应采用高效过滤器过滤处理后排放；

（3）排风的高效空气过滤器应安装在房间排风口部；

（4）送风口应设在医护人员常规站位的顶棚处，排风口应设在与送风口相对的床头下侧；

（5）负压隔离病房与其相邻相通的缓冲间、缓冲间与医护走廊的设计压差应不小于 5Pa 的负压差；门口宜安装可视化压差显示装置；

（6）重症患者的负压隔离病房可根据需要设置加湿器。

应急传染病医院的手术室应按直流负压手术室设计，并应符合现行国家标准《医院洁净手术部建筑技术规范》GB 50333 的有关规定。隔离区空调的冷凝水应集中收集，并应采用间接排水的方式排入医院污水排水系统统一处理。

传染病医院或传染病区应设置机械通风系统，各区域的机械送、排风系统应独立设置。一般来讲，综合性医院传染病区分设呼吸道病区和肠道消化病区。150 床以上的传染病医院除设置呼吸道病区和肠道消化病区外，可根据规模来分别设置肝炎病区、肺结核病区以及其他病区。这里的呼吸道病区也应该包括肺结核病区，其余病区均为非呼吸道病区。

负压病房与负压隔离病房术语解释见表 8-2。

负压病房与负压隔离病房术语解释　　表 8-2

标准	负压病房	负压隔离病房
《医院隔离技术规范》WS/T 311—2009	通过特殊通风装置，使病区（病房）的空气按照由清洁区向污染区流动，使病区（病房）内的压力低于室外压力。负压病区（房）排出的空气需经处理，确保对环境无害	无
《传染病医院建筑设计规范》GB 50849—2014	采用平面空间分隔并配置空气调节系统控制气流方向，保证室内空气静压低于周边空气静压，并采取有效卫生安全措施防止传染的病房	无
《医院负压隔离病房环境控制要求》GB/T 35428—2017	无	用于隔离通过和可能通过空气传播的传染病患者或疑似患者的病房，采用通风方式，使病房区域空气由清洁区向污染区定向流动，并使病房空气静压低于周边相邻相通区域空气静压，以防止病原微生物向外扩散
《负压隔离病房建设配置基本要求》DB 11/663—2009	无	通过净化空调系统，使病房内空气静压低于病房外相邻环境空气静压的病房
《新型冠状病毒感染的肺炎传染病应急医疗设施设计标准》T/CECS 661—2020	采用空间分隔并配置通风系统控制气流流向，保证室内空气静压低于周边区域空气静压的病房	采用空间分隔并配置全新风直流空气调节系统控制气流流向，保证室内空气静压低于周边区域空气静压，并采取有效室内气流控制和卫生安全措施防止交叉感染和传染的病房

负压病区：一般由负压病房、负压隔离病房、配套用房、辅助用房和相应公共空间组成。

负压病房：是指病房内采用机械通风系统控制气流流向，使病房气压低于病房外气压的病房。

负压隔离病房：采用空间分隔并配置全新风空气调节系统控制气流流向，使病房气压低于病房外气压，并采用有效卫生安全措施防止交叉感染和传染的病房（图 8-1）。

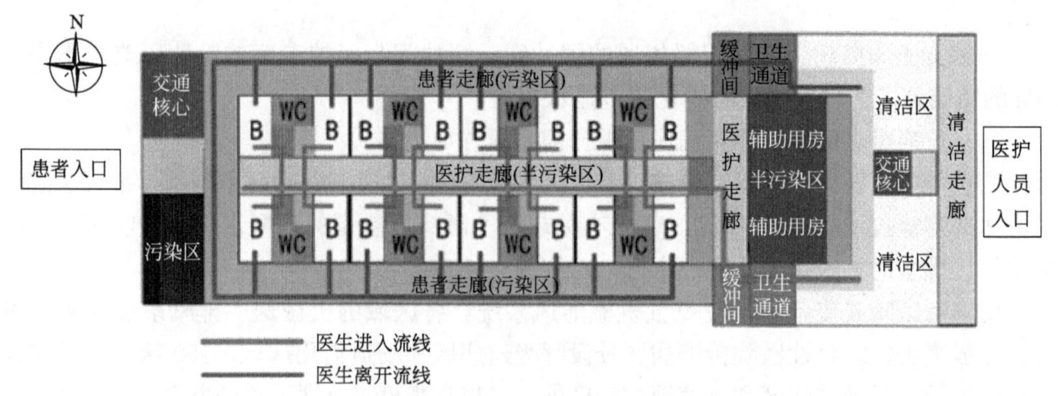

图 8-1　负压隔离病房的流线

8.1.2.3　压力梯度

传染病病区均分为三个区域：清洁区、半污染区、污染区。清洁区主要为医生、护士办公区域，需要正压。半污染区主要为治疗室、处置室等治疗区和护士站、走道等；污染区主要为病房及与之相连的污物通道，门诊则为各病区的门诊医技用房。其压力梯度依次为清洁区＞半污染区＞污染区，建议压力梯度 5～10Pa，呼吸道区域再比相邻区域低 5～10Pa。

为确保各功能区之间的压力梯度值满足工艺要求，应使空气压力从清洁区至污染区依次降低，清洁区为正压，污染区应为负压（图 8-2）。气流需沿半污染区医护走廊→病房缓冲间→病房→卫生间方向流动，且相邻房间压力梯度不小于 5Pa。病患走廊为与室外空气相通的开敞走廊，压力值为 0。病房区与医护区之间的缓冲间应保证绝对正压区，有效阻隔病房区空气流入医护区。将病房送排风系统小型化，并在每间病房送、排风支管上设置定风量阀及电动密闭阀，既有效保证了压力梯度，又极大方便了系统调试。同时，风机风量的合理控制避免了风机运行噪声和振动对病房人员的影响。

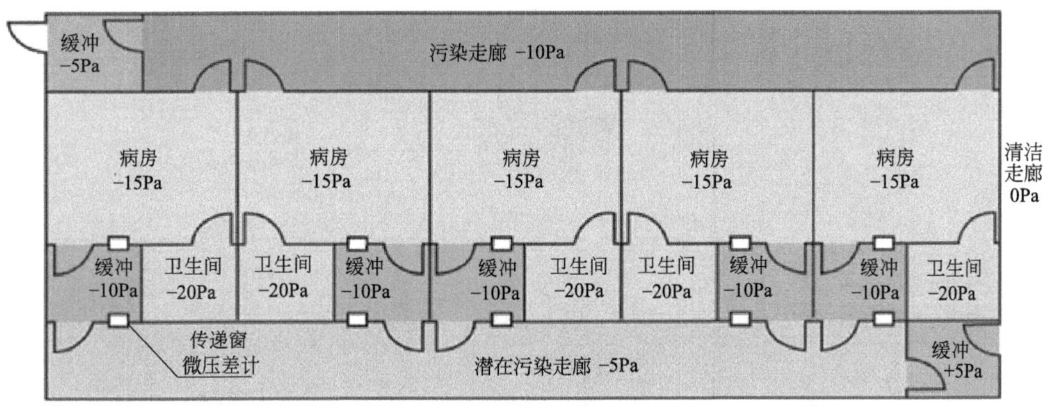

图 8-2　各功能区压力

病房与医护走廊的墙面上装有显示不同区域压力差值的微压差计，各区相邻区域设置压差表，便于医护和维护人员实时观察房间压力梯度并由此推断送、排风系统是否运行正常。

8.1.2.4　压差换气次数的取值

一般清洁区保持对室外和半污染区的压力为 0～5Pa，半污染区为－5Pa，污染区走道为污染区核心区域如病房、门诊医技用房等为－30Pa。

流量与压差的关系如下：

$$Q=3600\mu F(\Delta P/\rho)^{1/2} \tag{8-1}$$

式中　μ——流量系数，一般取 0.3～0.5；

F——缝隙面积，m^2；

ΔP——压差，Pa；

ρ——空气密度，kg/m^3；

Q——泄漏风量，m^3/h。

也可根据经验估值：压差为 5Pa 时，换气次数为 1～2 次/h，压差为 10Pa 时，换气次数为 2～4 次/h；经计算压差风量为 $150m^3/h$ 时，压差值为 20～25Pa，满足要求。

8.1.2.5 搏力谋 VAV 解决方案——压差和余风量控制

压差和余风量控制、VAV 控制如图 8-3 所示。

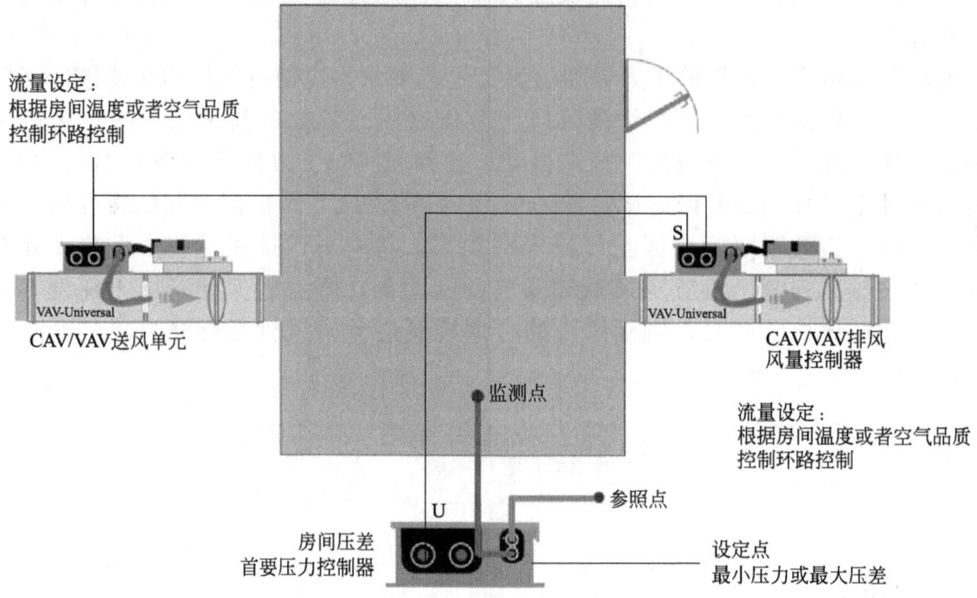

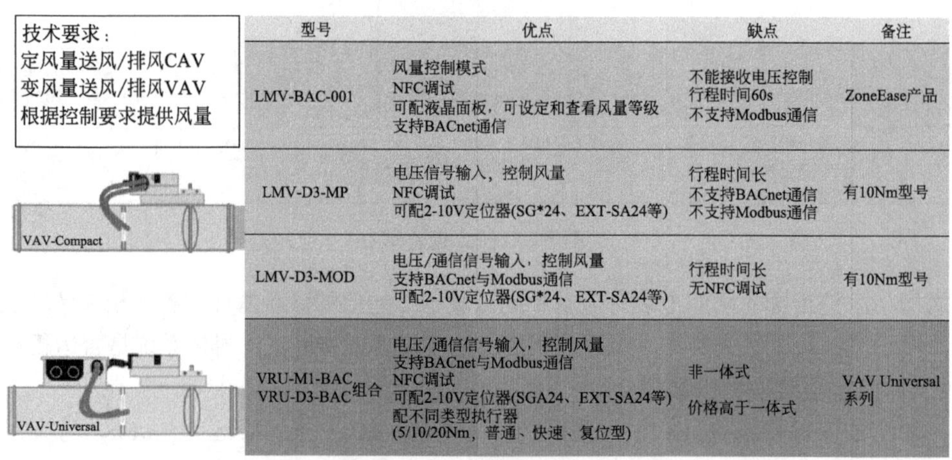

型号	优点	缺点	备注
LMV-BAC-001	风量控制模式 NFC调试 可配液晶面板，可设定和查看风量等级 支持BACnet通信	不能接收电压控制 行程时间60s 不支持Modbus通信	ZoneEase产品
LMV-D3-MP	电压信号输入，控制风量 NFC调试 可配2-10V定位器(SG*24、EXT-SA24等)	行程时间长 不支持BACnet通信 不支持Modbus通信	有10Nm型号
LMV-D3-MOD	电压/通信信号输入，控制风量 支持BACnet与Modbus通信 可配2-10V定位器(SG*24、EXT-SA24等)	行程时间长 无NFC调试	有10Nm型号
VRU-M1-BAC VRU-D3-BAC组合	电压/通信信号输入，控制风量 支持BACnet与Modbus通信 NFC调试 可配2-10V定位器(SGA24、EXT-SA24等) 配不同类型执行器 (5/10/20Nm，普通、快速、复位型)	非一体式 价格高于一体式	VAV Universal系列

图 8-3 压差和余风量控制、VAV 控制

8.1.2.6 空调冷、热源

传染病病区冷、热源可以单独设置，也可以和整个医院冷、热源合用。其形式有两种：一种为制冷剂系统，一种为空调水系统；空调系统采用风机盘管独立新风系统，北方地区如无空调系统，应采用集中供暖，设置散热器+独立新风系统。

8.1.2.7 新风量计算

呼吸道传染病区的门诊、医技用房及病房、发热门诊新风量的最小换气次数应为 6 次/h，清洁区每个房间的新风量大于排风量 150m^3/h，污染区每个房间排风量大于新风量 150m^3/h。因此清洁区和半污染区的新风换气次数要远远高于 2 次/h，假设一间门诊按 15m^2，吊顶高度按 3m 计算，150m^3/h 的风量差，换气次数差值就要 3.3 次/h，清洁区和半污染区的新风换气次数最少就要 5.3 次/h。同时还需要满足人员最小新风量 40m^3/(h·人) 的要求，换气次数有可能更高，冷、热负荷就大了，因此在负荷计算和风量平衡计算时需要引起注意，对不同面积房间的新风换气次数要不断进行修正，以满足规范要求。

非呼吸道病区的门诊、医技用房及病房新风量的最小换气次数应为 3 次/h，只要求污染区房间保持负压，每个房间排风量应大于送风量的 150m^3/h。非呼吸道传染病区也应该遵循清洁区、半污染区、污染区的有序压力梯度要求，只不过对清洁区和半污染区的新风换气次数降低了要求，只需要满足规范要求的新风量以及相应的排风量。

8.1.2.8　气流组织

病房气流组织如图 8-4 所示。

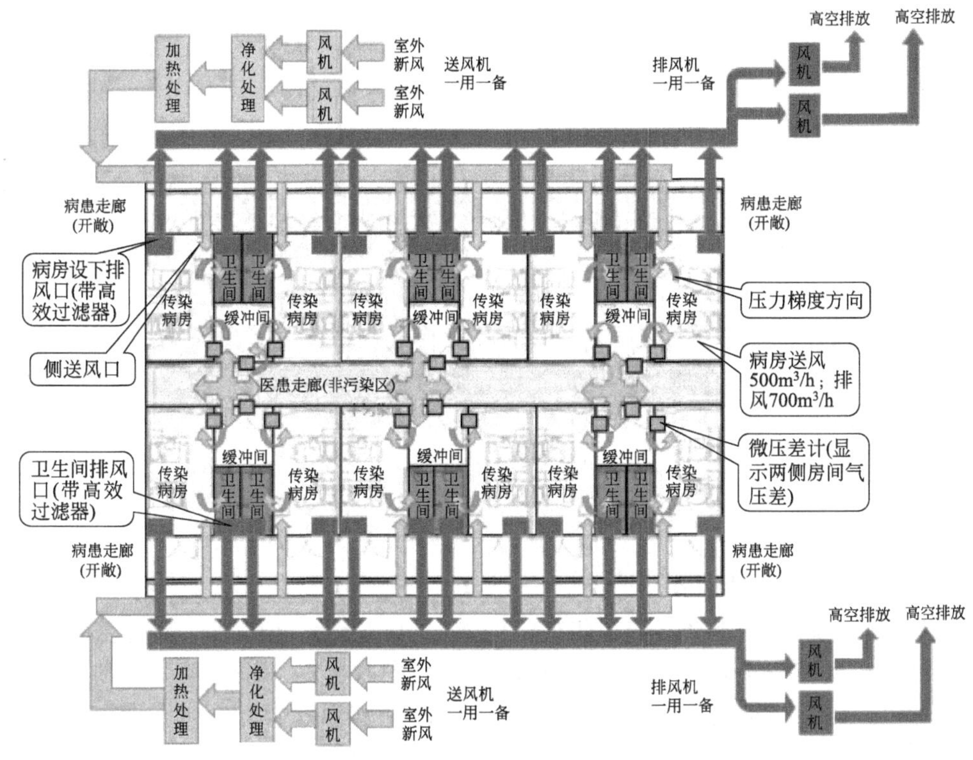

图 8-4　病房气流组织图

（资料来源：吕中一，陶邯，张银安《负压隔离病房通风空调系统设计与思考》）

通风系统通过风量设置及风口位置来控制气流流向，确保气流按清洁区→半污染区→污染区的方向流动，形成有序的压力梯度，以达到有效阻断病毒传播，保证医护人员安全健康的目的。室外新鲜空气经加热处理及过滤净化后，通过送风口送至病房医护人员停留区域，然后流过病人停留的区域进入排风口，保证气流流向的单向性，及时排走病床附近的污染空气。负压隔离病房采用顶部侧送风的形式，排风口则设置在病房内靠近床头的下部，空调送风口不应设置在病人头顶，而应该让气流经过医生护士位置后再经病人区排走，可以在极大程度上保护医生、护士和病人家属。非呼吸道传染病区可以采用上送上回的方式。呼吸道传染病区采用上送下侧回的方式，排风口设在病床侧下方或对着房间门的那面墙下方，设计成回风柱，排风口底边距地不小于 100mm，上边距地不高于 1.5m，风速不大于 1.5m/s，有利于及时排走污染空气。

8.1.2.9 过滤、杀菌

风机盘管+新风系统因系统简单、可靠，可独立控制，在舒适性空调系统中应用最为广泛，但也存在滋生细菌，形成二次污染的风险，其主要原因是空调末端盘管长期有冷凝水产生，空气中的病菌与水接触，易繁殖形成二次污染，因此空调末端需要采用过滤杀菌消毒的措施。由于风机盘管余压最大只有 50Pa，更高的余压就需要定制，不仅造价高，噪声和能耗也高了，普通的尼龙过滤器是达不到此要求的。根据现行国家标准《综合医院建筑设计规范》GB 51039 要求：集中空调系统和风机盘管机组的回风口必须设初阻力<50Pa、微生物一次通过率≤10%和颗粒物一次计重通过率≤5%的过滤设备。病毒主要通过依附于空气中的悬浮颗粒物来传播，因此降低室内空气悬浮颗粒物浓度能有效减少病毒的传播。新型冠状病毒直径为 60～220nm，附着有冠状病毒的悬浮颗粒直径大于 0.1μm，H13 高效过滤器过滤效率高于 99.9%，能有效过滤空气中 0.1μm 及以上的悬浮颗粒。因此送风系统均设置初效、中效及高效三级过滤器；排风系统则设置高效过滤器，同时接至高于屋面 5.4m 的高度高空排放。屋面新风取风口与排风口的水平间距不小于 20m 或垂直间距不小于 6m，避免送排风气流短路。通过上述过滤措施可有效保证送入的空气洁净度及安全性，并避免排风对周边环境的污染。同时在室内排风口附近设置紫外线杀菌装置，以达到消毒杀菌的作用。

传染病医院为了维护各区域压差、人员呼吸换气次数以及防感染要求，均需要设置新、排风系统。由于医院所服务的人群不同，周边空气带有不同浓度、不同类型的病原体，并根据当地室外 PM10 的年平均值，在新风通道上设置 1～2 道过滤系统，为了安全考虑，新风通道上还应该设置杀菌净化装置；房间排风系统尤其是呼吸道传染病区的排风系统，其排风通道上也应该设置过滤、杀菌净化装置；所有的过滤、杀菌净化装置均设置于风机出风段。

8.1.2.10 空调冷凝水的排放

对于采用空调冷、热水系统的传染病医院，其水系统与其他医院病区没有区别，但对于冷凝水系统来讲，各病区要分开排放，集中收集处理后才可与医院废水一同排入污水处理站。传染病医院的不同传染病区由于其致病源不一样，末端设备回风与冷凝水接触，使冷凝水也带有致病源，如果和其他传染病区合用冷凝水系统的话，空调系统停止运行后，致病原有可能侵入其他传染病区，造成交叉感染，因此不同传染病区，空调冷凝水排放实行分区排放，集中处理；排入市政管网的废水还要经过二级生化处理。

8.1.2.11 管道及设备布置及系统运行维护

病房及卫生间的送、排风管均由侧墙直接进入室内，病房内未设置任何横向风管，空间简洁。医护走廊及缓冲间的送风管由医护走廊顶部进入后分别开设侧送风口，确保走道合理净高，同时避免管道穿越污染区。所有送、排风支管上均设置定风量风阀，每间病房的送、排风支管上均设置电动密闭阀，并可单独关断进行房间消毒。风机及主风管设置在屋面，并在风机入口设置与风机联动的电动密闭风阀。

通风空调系统运行维护应符合下列规定：

（1）各区域排风机与送风机应联锁，半清洁区应先启动送风机，再启动排风机；隔离区应先启动排风机，再启动送风机；各区之间风机启动先后顺序应为半清洁区、半污染区、污染区；

（2）管理人员应监视风机故障报警信号；

（3）管理人员应监视送、排风系统的各级空气过滤器的压差报警，并应及时更换堵塞的空气过滤器；

（4）排风高效空气过滤器更换操作人员应做好自我防护，拆除的排风高效过滤器应当由专业人员进行原位消毒后，装入安全容器内进行消毒灭菌，并应随医疗废弃物一起处理。

8.1.2.12　平疫结合控制（推荐方案）

平疫结合控制如图 8-5 所示。

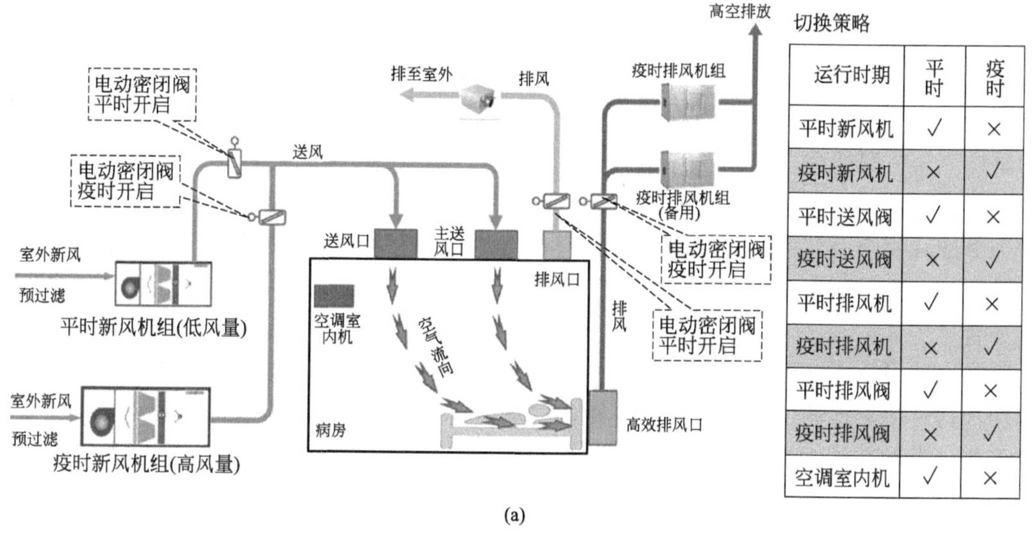

运行时期	平时	疫时
平时新风机	√	×
疫时新风机	×	√
平时送风阀	√	×
疫时送风阀	×	√
平时排风机	√	×
疫时排风机	×	√
平时排风阀	√	×
疫时排风阀	×	√
空调室内机	√	×

(a)

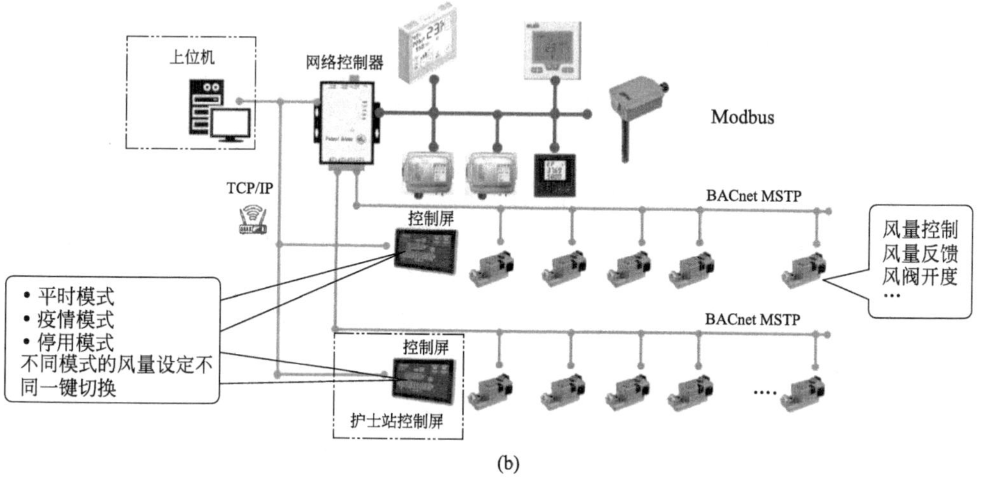

(b)

图 8-5　平疫结合控制

（a）平疫结合末端控制图；（b）平疫结合系统控制图

8.2 普通三甲综合医院改建应急医院的思考

新型冠状病毒感染肺炎疫情严重威胁人民群众生命安全，党中央、国务院高度重视新型冠状病毒感染肺炎疫情防控工作，各地依法依规启动突发公共卫生事件应急响应，出台严厉的防控措施，联防联控。根据相关文件，要求300万常住人口及以上的城市建设200张床位，确保市级至少设置5间具备负压条件的病房，故必须将部分现有普通三甲综合医院改建为应急医院，以满足抗疫需求。

8.2.1 应急医院改建的问题与难点

普通三甲综合医院（非传染病医院）的改建因其本身的医院建筑属性，在医疗设备、医疗配置上有一定的天然优势，但是由于现状建筑自身条件的限制，在实施过程肯定会遇到很多困难，这些困难问题的解决，为今后传染病医院建筑设计积累了宝贵的经验。

（1）功能布局问题：国内综合医院一般均只设置发热门诊，无传染病病区，无法收治传染病患者，只能将其转至传染病专科医院进行治疗，因此规划设计很少考虑传染病功能，与此同时，相关医院对传染病接触也比较少，缺乏充足的经验。因此原始设计均是按常规标准和每个医院的实际使用流线进行布局，当改造为传染病医院时需满足传染病医院感染防控要求，而多数医院在布置“三区两通道”时，由于原有建筑的功能限制，很难做到尽善尽美。

（2）建设标准问题：在此次疫情中，我们承接了多个非传染病医院的改建项目，但是每个项目从使用性质、功能、规模到布局、场地等都大相径庭，且交付阶段各异，有的使用多年，有的在建，还未交付。如：某妇幼保健院的改造就属于其中比较特殊的。在改造前，这栋建筑还未施工完毕，主体结构和水电管网基本安装完成，但是室内装修部分还有大量工作没有完成，对现场工期和使用影响较大的是地面和病房门的问题。现场地面基本处于毛坯状态，未进行面层处理，无法满足传染病房的环境要求，如果按正常地面施工，工期、材料和人工都很难满足要求。这些情况给设计工作造成了很大的阻碍，设计师在出完方案之后，必须现场发现问题、解决问题，然后再修改设计图纸，如此反复，不分昼夜，直至交付。

（3）机电设备问题：非传染病医院在自身建设过程，由于没有“三区两通道”的限制，配套的设备管线在布局时，考虑更多的是便于使用和维修，但是传染病医院需要严格地按照“三区两通道”的布局来设置，以此来确保医务人员的安全，因此，配套的设备管线也必须分区设置，只有这样才能确保污染区、半污染区与洁净区之间没有空气流通，从而确保医务区的安全。实际改建过程中，我们发现，设备管道的封堵和整改既是一个不可忽视的重点，也是一个难点。以武汉市某中医医院改造为例，公共走道部分吊顶采用的是可拆卸式铝扣板，吊顶拆卸很便捷，可是拆了部分吊顶后，发现上面的管线基本布满了整个吊顶，而且有些管线需要贴墙边施工，导致后续改造的施工空间非常有限，加大了施工难度。

（4）项目团队问题：所有非传染病医院改建的设计和施工都是在和时间赛跑，和生命赛跑，和病毒的蔓延速度赛跑，因此设计和施工周期跟正常的周期完全无法相提并论，均属于边设计边施工边修改的“三边”工程。因此项目团队的经验、应变能力、综合协调能力以及执行力在整个工程当中显得尤为重要。对于经验丰富、协调能力及执行力强的团队，对项目的整体把控及细节，在前期方案确定的时候已经基本考虑到位，一旦图纸确定，施工单位便全力安排人员、采购材料、划分工作标段，一气呵成，比如某附属医院院区的改建工作，除因材料采购渠道受限和工人数量有限导致工期受到影响，施工过程中基本没有出现设计修改和返工现象。但是如果团队组织能力较弱，缺乏经验，项目会因此不断出现新的问题，导致整个工程进展缓慢。

8.2.2　应急医院改建的措施

针对上述遇到的问题，国内不少参与抗疫的单位不断地思考、总结，提出以下建议。

（1）平疫结合的设计。此次疫情带给我们的另外一个问题是病区的改建，由于医院建设标准和其他条件限制，住院单元往往较为紧张，改为临时传染病病区难度较大，而在平时医院设计与院方沟通过程中，我们发现，住院单元医辅区的要求实际是较高的，但往往因为床位数量的要求，医辅区的设计常常被压缩，这样会导致传统病区改建为临时传染病病区的难度增加，很难充分满足严格的医院感染防控要求。因此在设计中，应充分考虑疫时需求，医辅区及医疗流线兼顾疫时及平时的使用要求，做到疫时稍加处理即可满足严格的传染病医院的感染防控要求，避免如此次疫情开始的情景，因慌乱导致措手不及。可以采取如下措施。

1）合理预留“三区两通道”：按照传染病医院设计要求，“三区两通道”是基本的，也是必需的要求，因此，在医院建筑设计时，适当考虑通道及空间的预留，增加医辅区域的面积，可以有效提高改造的质量、效率和安全性。

2）设备管网的水平分区：根据上述“三区两通道”的要求，医院空间可分为污染区、半污染区与洁净区三个区，设备专业（给水排水，电气，暖通）管网的布置，也必须按这三个区域，分区布置，避免病毒通过管道传播，确保医护人员安全。

（2）适当提高医院建设标准。此次疫情带给我们沉痛的教训，适当提高医院建筑的建设标准，防患于未然是当务之急，现有医院建设标准只能满足平时正常医疗环境下的医院建设需求，一旦面临疫情，病患快速扩张，现有传染病医疗资源瞬间耗尽，医疗系统无法发挥应有的作用。结合此次疫情，制订“平疫结合”的建设模式，适当提高医院建筑的建设标准十分必要。

（1）设备管网的垂直分区：为了避免内部交叉感染，在管道的垂直方向也有相应的处理措施，给水排水专业的水系统必须有阻止回流的措施，同时排水管的通气孔必须设置高效过滤器或者其他可靠的消毒设备。暖通专业的排风系统需独立对外或者在屋面设置大功率排风系统，确保管道负压，排出的气体不会出现无组织流窜。

（2）预留消毒过滤装置：传染病医院除了要做好自身的分区及防护，还应该做好对外的防护工作，所有排出的废水、废气均应经过过滤和消毒之后才能排入市政管网或者室外，因此，在设计之初就考虑预留好消毒过滤装置，可以减少对室外环境的污染。

上述标准的提高可以有效地提升医院防护水平，但提高标准也是一个综合性问题，如建设成本的提高，必然导致普通老百姓的看病用药成本提高，或者国家医疗资金投入的提高，这些都需要专业部门综合分析、综合评价，最终形成一套系统的方案，达到共赢的结果。

8.2.3 住院部独立设置

结合此次疫情的经验，现有医院由于场地、流线设置的限制，门诊、医技与住院部相结合的建筑不在少数，这类建筑在平时使用较为方便，但是改建为临时传染病医院时，各类出入口的设置与平时使用流线很难结合，导致工程变得复杂烦琐，不利于实现快速改建的要求。而单独设置的住院楼流线相对简单，改建为临时传染病病区较为容易，而且区域独立之后，也便于管理，同时作为单独的传染病区域，也不会对其他区域的使用造成很大的影响。

8.2.4 疫时物资的储备

在非传染病医院的改建过程中，发现一些常用的改造材料的储备不足，导致现场施工只能选择一些替代品，给后期的使用带来一些不利因素。以现有的改造工程为例，隔墙面层材料均为石膏板，这种材料的弊端很明显——不耐水，被水浸泡一段时间，就会失去原有的强度，并且容易滋生细菌，对现有的环境造成污染。因此，储备一些易施工、安全可靠、防火防水、耐污耐腐的材料，可以有效地节约改造时间，确保有洁净要求房间的清洁度。

应急传染病医院作为抗疫过程中必不可少的环节，它的改建是一个系统的工程。

8.3 普通医院建筑空调通风系统运行对策

新冠肺炎疫情期间，医院空调系统暴露了许多设计和运行使用上的问题。从防治新冠肺炎的角度来看，多数医院空调系统都存在着不同程度的不合理性：空调系统划分不科学、新风量偏低、新风口与回风口的布置不合理、压力梯度划分不明确、风系统及冷凝水系统均存在交叉感染的隐患、系统的杀菌消毒措施不健全等。

（1）系统划分不科学。自从发生新冠肺炎疫情以来，收治新冠肺炎病人的老医院及改造与改用成治疗新冠肺炎病人的医院，以及新建的隔离医院、隔离病房，其空调系统必须按照病区划分，严禁不同病区合用一个空调系统。但现有的多数医院的空调系统并不是严格按照病区划分的，门诊楼的各个单元合用一个空调系统，病房楼的不同病区也是合用一个空调系统。

（2）新风量偏低。高效持续的新风量保证以及新风供应在整个空调建筑内的均好性，有力保证了室内温湿环境的恒定性，是衡量高标准空调系统的关键和核心内容。普通医院的室内空气品质低，令人气闷，容易疲劳，呼吸不畅通，另外由于医院环境的特殊性，甚至使人产生窒息感。许多医院的房间窗户是封闭的，换气次数少，这也是造成室内空气品质低的原因之一。

（3）新风口与回风口的布置不合理。新风口和排风口在同一侧，因而不能确保空调系统新风口所吸入的空气为新鲜清洁的室外空气，可能造成新风口与排风口之间气流短路。

走廊和大厅的送风口布置过于稀疏，造成工作区风场不够均好，形成一些空调通风死区。医院的风机盘管大多采用吊顶安装，房间的风机盘管的回风箱直接采取吊顶回风方式，这样不仅使得吊顶内积存的灰尘会通过风机盘管进入室内，而且容易造成各房间通过连通的吊顶引起的空气相互串通和掺混。

（4）压力梯度划分不严格。对于医院内的空调通风系统与空调房间没有严格匹配相应的压力调节与控制手段，不能保证污染区、半污染区和清洁区的空气压力级差，也无法保证病区内空气的有序流动。

（5）风系统及冷凝水系统均存在交叉感染的隐患等。空调机房内空调箱的新风进气口可能间接从机房内、楼道内和天棚吊顶内吸取新风，增大造成交叉感染的几率。房间排风一般是利用正压渗透以及卫生间排风扇排风，通过排风扇排入管道井里的排风立管集中起来统一排放，而排风扇的开闭具有不确定性，而且排风没有经过杀菌消毒处理，由此存在交叉感染的隐患。

凝结水一般是由凝结水盘收集后，通过凝结水干管收集起来统一排放。医院的风机盘管多是吊顶暗装形式，凝结水盘多年得不到清洗消毒，里面聚积了大量的灰尘、水垢，成为病毒病菌滋生的温床。由于凝结水管为非满管流，容易引起房间空气串通，带有病菌病毒的空气或液滴进入其他房间，形成交叉感染，另外由于灰尘和水垢问题还出现凝结水管堵塞问题，导致滴水、漏水等。风机盘管回风处的过滤网常年没有清洗，而聚集了许多灰尘的过滤器容易成为滋生病毒病菌的场所。

（6）系统的杀菌消毒措施不健全。新冠肺炎疫情突如其来，医院对于空调系统的杀菌消毒采取了一些应急措施，比如采取了清洗、化学药剂喷洒及熏蒸等措施。这些只是应急对策，并不能从根本上解决问题。多数医院空调通风系统内没有装备完善、合格的各级空气过滤装置与消毒装置。另外，还需注意到一个问题，很多医院的病房楼中间是一敞开式的天井，其底部为终年阴影区，阴暗潮湿，并有苔藓生长。里面密集布置空调室外机，室外机向天井排放热量，导致天井内部形成上升的热气流，容易引起交叉感染。

医院空调预防新冠肺炎采取的应急措施和对策：面对新冠肺炎疫情，医院应该制订空调通风系统预防和控制新冠肺炎病菌传播的相应对策。根据医院空调系统自身的特点，明确空调通风系统所服务的建筑物和房间的具体情况，制订相应的预防措施以及突发情况的应对之策。

（1）医院的空调系统各部件的清洗消毒工作。空调通风系统运行使用前，必须对整个系统进行全面的清洗消毒。初效、中效过滤器与过滤网、热交换器表面，空调房间内的送、回风口，明、暗装风机盘管的凝结水盘，使用 0.2% 的过氧乙酸或者 50～1000m/L 的含氯消毒剂喷洒消毒。空调箱封闭消毒，采用过氧乙酸熏蒸（用量为 $1g/m^3$）或用 0.5%过氧乙酸溶液喷洒后封闭 60min，然后再用高压水冲洗掉尘埃与残余消毒剂。在系统运行中，有新冠肺炎突发的建筑，空调系统的所有过滤器，必须先消毒，后更换。消毒时间应安排在无人的晚间，消毒后应及时冲洗与通风，消除消毒溶液残留物对人体与设备的有害影响。要定期地对系统这些部件进行清洗、消毒或更换，空调系统的关键部位应定期消毒。另外，空调系统的易积尘部位应定期杀菌消毒。

（2）加强室内外空气流通，最大限度引入室外新鲜空气。在新冠肺炎疫情期间，以循环回风为主，新、排风为辅的全空气空调系统，采用全新风运行，以防止交叉感染。采用专用新、排风系统换气通风的空气-水空调系统，应该按照最大新风量运行，且新风量不得低于 $30m^3/(h \cdot 人)$ 的最小新风量标准。达不到标准则应该通过合理开启门窗，加强通风换气，以获取所需新风量。对于只采用独立式空调器（机）供冷供热的房间，应合理开启部分外窗，使空调房间有良好的自然通风；当空调关停时，应及时打开门窗，加强室内外空气流通。对于无法按全新风运行的全空气空调系统，建议在空调回风总管内或其他部位安装 C 波段紫外线灯。也可采用其他可靠的消毒或过滤装置，如高效过滤器或静电除菌装置等。对于新冠肺炎病人区采用独立的全新风空调通风系统。

（3）重新设置新风口和排风口，正确排风、引入新风。空调系统新风进口周围环境必须保持洁净，以保证所吸入的空气为新鲜的室外空气，空调系统的排风口应设置在下风侧、新风口设置在上风侧并与排风口保持一定的距离，一般为 20m；严格禁止新风与排风系统排风口短路。所处空调系统的所有空气过滤器应集中消毒后再焚烧处理。

（4）冷却塔与冷却水系统的清洗消毒，改善冷却水水质。疫情期间，对于开式冷却塔进行彻底清洗消毒，通过提高冷却塔的排污量以及增加补水量的方法，来改善冷却水的水质，降低含菌量。冷却水系统多数是开式系统，是病菌病毒定植、繁殖的温床，系统的清洗和消毒做法是：在运行前先用高压水冲洗冷却塔填料层和其他部位，然后注满水，投放 100mg/L 的含氯杀菌剂，运转水泵两个小时左右。每周投放一次液氯或者过氧乙酸；因为氯对金属设备有腐蚀性，所以每天投放一次苯并三氮唑铜缓蚀剂。要不定期地抽检冷却塔水中的含菌量。

（5）疫情期间，医院空调系统中禁止采用任何形式的绝热加湿装置。

（6）对于医院“隔离区”空调系统的特殊性要求。在新冠肺炎疫情期间，医院应急改造成治疗新冠肺炎病人的隔离病房，必须按照病区划分空调系统，隔离病房区不得与普通病房区合用一个空调通风系统；对于有循环回风的全空气系统，必须停止运行。医院隔离病房内空调通风系统必须按照排风量大于送风量进行设计、调试和运行，以确保各病房内空调通风在负压状态下运行。采取压力梯度调节和控制措施，以确保清洁区、半污染区和污染区的空气压力级差、病房相对于有医护人员的区域应该为“负压”，压差一般可控制在 5～10Pa，具体压差控制应该根据实际的系统划分而定。要保证病区内空气能有序流动。匹配完善的各级空气过滤装置与消毒装置。鉴于冷凝水系统的非满管流特性，隔离病房的空调凝结水必须分区集中收集，经消毒处理后才可排入下水道。

8.4 电梯井道的通风

新冠肺炎传染疾病等大部分都可以通过空气、接触、飞沫等方式传播。加强体育锻炼、减少外出一定程度上减少了感染的几率，但电梯作为一个公共的场合，出现在每个城市的高层建筑物之中，其通风情况直接影响着疾病的传播。电梯的轿厢就像一个黑箱子，没有窗户，仅仅通过通风孔与井道相通。空间不大，人员较多，如果轿厢内气流走向不合理，将达不到通风效果，并且人员会产生热量和湿度，在天气炎热时，影响整体乘坐环境。电梯轿厢通风就是使轿厢内的空气流动，从而达到控制温度、湿度，改善轿厢环境的过程。目前国标并未对轿厢内相关空气参数进行规定，所以轿厢内的设计也无法参考相关标准。通风方式各式各样，容易造成轿厢内通风效果差，一方面影响着乘客的舒适，另一方面无法预防疾病的传染。影响轿厢内空气质量有以下几个方面：（1）轿厢内新鲜空气的输送；（2）轿厢内的装饰材料及其他污染源；（3）气流的流动；（4）空气的温度、湿度及流速。当然，实际轿厢内的空气质量也由人的主观意念决定，比如乘客对各类污染物的容忍度不同，乘客的年龄不同，对于温度、湿度的要求也有所不同等。

根据目前轿厢通风的研究，国内电梯轿厢内通风有以下问题：（1）通风口位置设计不科学，导致有的地方风大，有的地方没有风，造成了温差不均；（2）轿厢内的湿、热无法排出去，轿厢内温湿度较高；（3）电梯上下动态运行时，对于自然排风口产生了影响，当排风口处于涡流区，排风量减少，产生不了排风作用；（4）自然排风的空气交换量达不到实际需求。为了达到乘客乘坐舒适、减少疾病传染的目的，电梯通风必须有新风可以进入，同轿厢内的空气进行交换，整个轿厢形成流通的通道，避免风流不到的死点。这就必须对电梯井道进行通风换气，如果通风条件不好，将非常危险，疾病将会通过井道来传播，传染给每一层的居民。目前井道主要采用自然通风、机械通风、自然与机械相结合的通风方式。井道的通风一般连在机房，机房的通风效果对井道以至于轿厢的通风都起着影响。有大量机房在设计过程中，没有考虑到通风，或者因为客观原因使机房不通风，一方面造成了机房温度过高，电梯设备故障率增加，另一方面对疾病起不了预防作用，井道内通风效果差。目前电梯井道的通风换气，如果采用机械通风，需在电梯底坑安装风机设备，一方面占用空间，另外也由于底坑进水容易发生故障，加上运行时的噪声，现在基本上还是依靠电梯井道内热气流形成的自然通风。自然通风受环境影响较大，在寒冷的冬季，井道内的温度要高于室外温度，会发生风的倒灌，影响了通、排风，而在炎热的夏季，通风效果又得到了加强，故要在电梯机房加强通风换气措施，确保电梯井道的通风顺畅。

如何防止电梯轿厢成为病毒传播的高危场所，是在抗疫阻击战中义不容辞且刻不容缓的社会责任。在新冠肺炎时期，对于由中央空调系统实施空气调节的电梯井道，井道空气净化问题则应由空调系统全盘考虑。对于不方便实施机械通风的电梯井道，在井道内安装紫外线消毒灯或轿厢顶安装紫外线消毒灯也是一种十分可行的选择。

第9章

消声及减振

通风空调系统的噪声主要来源于通风及空调系统，其主要的噪声源有以下几个方面：(1) 制冷机组运行的噪声与振动、冷却塔运行的噪声与振动，此外还包括其辅助设备水泵、水处理等；(2) 送风口送风形成的风声；(3) 空气在风管内流动摩擦振动产生的噪声；(4) 冷冻水管内的水流声及水管振动产生的噪声；(5) 风机盘管及空调器等设备运行及设备振动产生的机械噪声；(6) 外界其他噪声源与上述噪声源可能产生的共鸣声等。

消声器是一种具有吸声内衬或特殊结构形式的，能有效降低噪声的气流管道，它既可以有效地降低噪声，又可以使气流顺利通过，通常需要在通风管道内安装消声器来降低噪声声压级，主要是为了控制空调机组等设备的噪声通过通风管道传到空调服务区及风道内气流噪声传到空调服务区内。在噪声控制技术中，消声器是应用最多最广泛的降噪设备，常用在空调系统送回风管道的消声，以及冷却塔进出风口的消声等，还被应用于空调机房、锅炉房、冷冻机房等设备机房进出风口的消声。

9.1 消声器种类

(1) 阻性消声器。阻性消声器利用布置在管内壁的吸声材料或吸声结构，依靠吸声材料的孔隙，使声波在其中引起空气和材料振动而产生摩擦及黏滞阻力，将声能转化为热能而被吸收，使沿管道传播的噪声迅速衰减。

阻性消声器对中、高频噪声的消声效果较好。影响阻性消声器性能的因素有：吸声材料的种类、吸声层厚度及密度、气流通道断面形状及大小、气流速度及消声器长度等。

吸声材料的吸声性能用吸声系数 α 来表示，它是材料吸收的声能与入射声能的比值，吸声系数越大，吸声性能越好。阻性消声器有管式、片式、格式（蜂窝式）、折板式、声流式、小室式以及弯头等。

1) 管式消声器：只适用于较小的风道，直径一般不宜大于400mm；

2) 片式和格式消声器：将较大的风道断面划分成若干个小格；

3) 折板式、声流式消声器：将片式消声器的吸声片改制成曲折式可提高中、高频消声效果；

4) 小室式消声器：在大容积的箱（室）内表面贴吸声材料，并错开气流的进出口位置。

(2) 抗性消声器。抗性消声器由风管和小室相连而成，利用管道内截面的突变，使沿管道传播的声波向声源方向反射回去，而起到消声作用。由管和小室相连而成；为保证一定的消声效果，消声器的管段截面变化应大于 5。

抗性消声器具有良好的低、中频消声性能，不需内衬多孔性吸声材料，故能适用于高温、高湿或腐蚀性气体等场合，但消声频程窄，空气阻力大，占用空间多。

(3) 共振型消声器。通过管道开孔与共振腔相连接，穿孔板小孔孔颈处的空气柱和空腔内的空气构成一个共振吸声结构。

这种消声器具有较强的频率选择性，一般用于消除低频噪声。

(4) 复合型消声器。

1) 阻抗复合型：对低频声的消声性能好；

2) 阻抗共振复合型：空调工程中广泛应用。

对在空调系统中不能采用纤维性吸声材料的场合，可采用金属结构的微穿孔板消声器。

(5) 其他类型消声器。

1) 消声弯头：当机房地方窄小或对原有建筑改进消声措施时，可以在弯头上进行消声处理而达到消声的目的。

2) 消声静压箱：在风机出口处或在空气分布器前设置静压箱并贴以吸声材料，既可起到稳定气流的作用又可起到消声器的作用。消声静压箱的消声量与材料的吸声能力、箱内面积和出口侧风道的面积等因素有关。

3) 风口消声器和消声百叶窗：风口消声器主要用于送回风的消声；消声百叶窗是把百叶窗叶片改成消声叶片。

9.2 消声器的选用与设置

对中、高频噪声源，宜采用阻性或复合型消声器；对于低、中频噪声源，宜采用共振型消声器、膨胀型消声器等；对于脉动低频噪声源、变频带噪声源，宜采用抗性或微穿孔板阻抗复合型消声器。

确定空调系统所需消声量后，根据具体情况选择消声器形式，之后根据已知的风量、消声器设计流速和消声量，确定消声器的种类、型号、数量。消声器一般应设于空调机房和空调房间之间靠近空调机房，且气流稳定的直管段上。

一般地说，通过室式消声的风速不宜大于 5m/s，通过消声弯头的风速不宜大于 8m/s；通过其他类型的消声器风速不宜大于 10m/s。

对噪声有严格要求的房间，或风管系统中风速过大时，则应对气流噪声进行校核计算。

9.3 空调设备的振动

冷水机组、风机、水泵、空调机等设备在运转过程由于旋转部件的惯性力、偏心不平衡产生的扰动力而会使设备产生剧烈的振动。振动除产生高频噪声外，还通过设备底座、管道与构筑物的连接部分引起建筑结构的振动。当振动达到一定程度时会影响设备的使用寿命，同时也会影响建筑的使用寿命。在建筑结构中，空调等设备的振动能量以声的形式向空间辐射产生固体噪声，从而污染环境，影响人们正常的工作，严重时甚至会危害身体健康。

为防止和减少空调器、热泵、冷水机组、风机、水泵等产生的振动沿楼板、梁柱、墙体的传递，在设备底部安装隔振元件（阻尼弹簧隔振器、橡胶隔振器）、在管道上采用橡胶挠性接管（或金属波纹管、金属软管）、在风机进出口处用帆布接头等变刚性连接为柔性连接，并对管道支架、吊架、托架等同时进行隔振处理，可达到防止或减小振动的传递。

9.4 隔振装置的种类

隔振装置包括金属弹簧隔振器和多种隔振弹性衬垫材料及制品两大类。

9.4.1 金属弹簧隔振器

金属弹簧隔振器用途很广，它能承受的荷载幅度大，从几公斤至几十吨静态压缩量幅度也很大，最大可达几十毫米。它的优点可归纳为如下几个方面：

（1）自振频率低，因此，低频的隔振效果优于其隔振装置。

（2）使用年限长，且能抗油、水的侵蚀，而且不受温度的影响。

（3）力学性能稳定，设计计算方法比较成熟，计算值与实验值较为接近。

（4）便于加工生产，特性变化小。

（5）价格低廉。

它的缺点是阻尼比小，共振时放大倍数大，容易传递高频振动，水平方向上的稳定性较差。因此，在选用金属弹簧隔振器的同时都会配置橡胶隔振垫。

由于金属弹簧隔振器的上述优点，特别是自振频率低、隔振效果显著等，特别适用于空调、制冷设备的基础隔振工程。

9.4.2 橡胶隔振器

目前，在空调、制冷设备，特别是通风机和水泵等设备中橡胶隔振器的应用也较为普遍，其优点有如下几个方面：

（1）自振频率较低，它仅次于金属弹簧隔振器。

（2）对高频固体声有很高的隔振作用。

（3）设备振动在通过系统的自振频率时，不会引起明显的共振。

（4）设置橡胶隔振器后设备本身不会有较大的振动。

但它的缺点是：易受温度、油质、氟利昂和氨液的侵蚀；在长期的静荷载下，变形会不断增加。因此，要定期检查或者更换，一般使用年限为3～5年，容易老化。

分析了橡胶隔振器的优缺点后，可以得出：

（1）风机、水泵可采用橡胶隔振器。

（2）冷冻机、压缩机和高温区不宜采用。

（3）在采用由橡胶和金属组合的隔振器时，严格控制设计荷载，使之不超过产品铭牌上标明的值，并留有安全值。

（4）防止基座板下各弹性支撑点荷载不均匀，导致全部隔振器损坏。

9.4.3 橡胶隔振垫

橡胶隔振垫的最大优点是安装简便，它的类型很多，但从隔振效果来看，差别不大。目前国内外采用的橡胶隔振垫大致有：平板橡胶垫、肋形橡胶垫、三角槽橡胶垫、凸台橡胶垫、XD型橡胶垫、SD型橡胶垫。

9.5 隔振装置的选择

在分析了金属弹簧隔振器、橡胶隔振器和各种隔振衬垫材料后，隔振装置的选择，固然应首先考虑隔振效果，但在空调、制冷设备的隔振设计中，并非所有的设备都要求最好的隔振效果，而是应根据不同的隔振要求、设备所处的位置和环境、设备扰动频率的高低等具体条件进行选择。

通风机和空调器的扰动频率在10～20Hz范围内，要获得一般的隔振效果，必须选用自振频率较低的隔振装置，在这种情况下，选用金属弹簧隔振器最为适宜。有时为了提高隔振效果，还可以选用双层隔振金属弹簧，这样可以使自振的频率降低。当对隔振要求不高时，可以采用橡胶隔振器。在选择橡胶隔振器时，应注意支撑点的荷载不应超出产品表内所表明公称压力，同时要求各支撑点公称压力必须均匀，否则会引起其中一个支撑点因为超载而损坏，导致各个支撑点的隔振器全部损坏。

冷冻机的转速高，相应的扰动频率也高。采用金属弹簧隔振器当然可以获得满意的隔振效果，但当没有必要时，也可以采用除橡胶以外的中弹性隔振衬垫材料，隔振衬垫的厚度和支撑面积应根据计算求得。当支撑面积大于计算面积时，隔振衬垫变硬，会降低隔振效果，不能达到隔振的目的，在设备的底盘下满铺隔振衬垫材料就为解决这一问题。

水泵的扰动频率在24～48Hz范围内，同时水泵的中心与基座板的几何中心偏离很小。因此，采用金属弹簧隔振器或者隔振衬垫都能获得比较好的隔振效果。但由于在空调系统中，水泵的数量较多，引起的振动较大，在项目中为了达到较好的建筑效果，一般采用金属弹簧减振器。

冷却塔的振动是由风机和落水产生的，扰动频率不高，通常配置在屋顶，为减小振动大部分需采用金属弹簧隔振器。

9.6 管道隔振

空调设备的振动，除了通过基础沿建筑结构传递外，还可以通过管道和管内介质以及固定管道的构件传递并辐射噪声。因此，管道也是传播振动的桥梁。

管道隔振是通过设备与管道直接的软连接实现的，它与基础隔振不同之处在于管道隔振后，管内介质的振动仍然可以沿管道传递，因而在振动力和辐射面相当的条件下，其隔振降噪的效果不如基础隔振显著。虽然如此，管道隔振仍是不可忽视的，因为它不仅可能降低毗邻房间的噪声级，同时还由于设备基础隔振后，设备本身的振动增加了，在这种情况下，管道如果不用软连接而仍用刚性连接，则对机组的正常运行和使用寿命有不利影响。此外，软管还可以起到温度、压力和安装补偿作用。目前在工业和民用建筑中，软管的应用已经很广泛。6 号以下规格的风机，软管合理长度为 200mm，8 号以上规格的风机，软管合理长度为 400mm。

水管、风管敷设时，在管道支架、吊卡、穿墙处也应做隔振处理，通常的办法有管道与支架、吊卡间垫软材料，采用隔振吊架。

9.7 浮筑地板隔振隔声系统技术要求

9.7.1 概述

浮筑地板用于设备层的设备振动及噪声阻隔、衰减，就是在地面层与承重楼梯之间配置弹性装置，把地面层浮于结构楼板之上，从而有效隔绝设备振动对大楼结构的影响，减少振动的传递。对于面积较小的机房可满铺浮筑地板，较大面积机房，从施工成本和难度综合考虑，可以仅铺设于设备基础底座面积外扩 100mm 的范围。由工程经验可知，铺设浮筑地板可以获得有效的减振隔声效果。浮筑地板的设置技术要点如下：

（1）浮筑地板隔离系统必须安装在不少于 150mm 厚标准重量加固混凝土（密度达 2200kg/m^3）结构楼板之上，隔离系统在设计上要能够弹性支撑正常重量的混凝土浮筑地板及估计空间要求的活动负载，而不会造成浮筑地板的破损。在浮筑地板及结构楼板之间有空气层分隔，浮筑地板之下的空隙需要加入玻璃棉作隔声用途。

（2）浮筑地板与结构楼板和设备之间不可有刚性连接，与房中系统连接的除外。

（3）在浮筑地板下的楼板必须做整平及防水处理，个别混凝土台阶必须用隔离胶垫提高整平，与混凝土楼板的整平相同。在支撑隔离胶垫下的空隙不可有杂物、尘沙或污垢。

（4）整个浮筑地板隔离系统必须由隔离系统厂家负责深化设计及安装施工，混凝土的加固及灌浆除外。

9.7.2 浮筑地板性能

（1）静挠度，在实际现场运作及负重情况下，隔离物质必须达到足够的静挠度以提供不大于 10Hz 的自然频率。为了达到自然频率的要求，隔离系统厂家应选择合适的物料以及安装位置。必须与建筑师及结构工程师协调现场运作及负重情况。所有设备负载数据包括固定及可移动设备，必须提供给浮筑地板制造商作为产品设计条件。

（2）浮筑地板应有能力承受额外负重，而不会使物料变形及受损。

（3）制造商必须提交由第三方独立实验室提供的声学检测报告，以证明其产品安装于 150mm 结构楼板之上，强化混凝土浮动地板之下，撞击声压级改善量达 32dB(A) 或以上。

（4）隔离胶垫必须是满足 AASHTO（美国国家公路与运输协会）要求的桥梁支撑物质或是弹性的玻璃纤维物质。弹性隔离胶垫一般应为 50mm 厚，以提供足够的自然频率。浮筑减振胶使用年限不少于 40 年，且需提供由第三方出具的浮筑减振胶使用年限检测报告。隔振块厚度 50mm，变形量大于 5mm。

（5）隔离胶垫于围墙四周布置时，其中心分隔距离应不大于 600mm，并满足制造商给出的相关规范及负重要求。重型设备位置必须合理分布以分散负载。

（6）压缩组件：根据《橡胶性能的标准试验方法-压缩装置》ASTM D-395 测试方法

B-空气中恒定挠力下的压力永久变形的要求，压缩率不可大于 25%，或按照当地相关测试标准进行检验。

(7) 臭氧抵抗性：根据 ASTM D-1149，1 PPM 臭氧比率，在 20% 静挠度、100℉的测试中，声学装置不应有破裂现象出现，或按照当地相关测试标准进行检验。

9.7.3　现场隔声表现

浮筑地板安装完成后，根据 ASTM E-336，或按照《声学 建筑和建筑构件隔声测量 第 4 部分：房间之间空气声隔声的现场测量》GB/T 19889.4—2005 的测试标准，测试程序量度须至少有 NIC（Noise Insulation Class）65 或 R'_w=65dB(A) 的隔声表现。声学隔声性能见表 9-1，浮筑地板大样如图 9-1 所示。

声学隔声性能　　**表 9-1**

空间分隔	实验室数值(ASTM E-90 或 GB/T 19889.3—2005)隔声等级	现场实测数值(ASTM E-336 或 GB/T 19889.4—2005)实测隔声值
由噪声源空间至下层噪声敏感点	STC 70[R_w=70dB(A)]	NIC 65[R'_w=65dB(A)]及 50dB(A) @125Hz

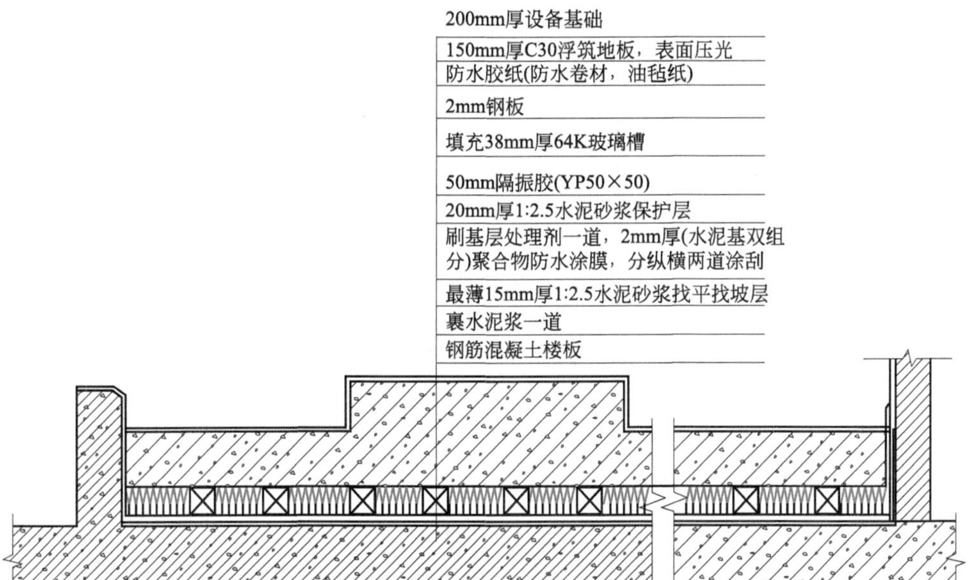

图 9-1　浮筑地板大样图

第 10 章

结论与展望

随着人们生活水平的不断改善，人们对居住环境的要求也越来越高。随着我国医疗事业的蓬勃发展，人们的物质生活逐渐丰富多彩，对于物质的追求也逐渐提升到精神层次，人们不再只追求生活上的安逸，更向往人与自然和谐相处的长远发展，医院建筑能耗大的问题将越来越突出。这不仅给能源、环保带来巨大的压力，也给医院的经营者、广大的就医者带来不小的经济负担。在建设工程设计阶段合理的技术方案与可靠的控制手段，可以从开始阶段就降低医院的建筑能耗与有关的投资。只有精心设计、用心管理，用科学的方法周密地组织与实施，才能把节能工作落到实处，才能创建一个节约型社会。

10.1 暖通设计中的节能总结

20 多年来，我院设计了大量医院建筑，随着科技的进步，暖通空调产品也不断提升。医院建筑中常见的有害于健康的污染物包括臭气、蒸汽、有害气体、粉尘、致病微生物等，必须设置通风换气系统来保证建筑内的空气质量；空调系统节能设计不仅要满足医疗设备的功能及其保障系统和保证规范要求的室内温度、湿度，还不能牺牲舒适度。

在医院设计中常采用的节能设计措施有：

(1) 在方案、施工图设计阶段必须根据当地的气象条件和对医院所有房间进行热负荷和逐项逐时的冷负荷计算。精确的冷、热负荷计算，可以避免冷热源设备选型过大而造成日后冷热源设备长期低负荷运行，能耗过高。

(2) 空调冷热源方案的选择首先应考虑空调工程的使用性质和具体使用要求，然后因地制宜，全面分析（初投资、年运行费用、维护保养费、能源供应、环境影响等因素），综合评价。根据医院不同季节的使用要求，常常采用单冷离心式水冷机组＋螺杆式冷水机组＋水-水热泵机组（带热回收）为主要空调设备。夏季，冷源由单冷离心式水冷机组＋螺杆式冷水机组＋水-水热泵机组（带热回收），同时水-水热泵机组提供热回收量到给水排水专业。对于冷凝热量的回收，水冷式冷水机组产生的大量冷凝热，一般是由冷却水通过水泵、冷凝器、冷却塔组成的开式回路排放到大气中。为了保证冷水机组的 *COP* 值，冷却水温不会很高，但水量通常很大，这是个低温热源。如果这部分热量不加以利用而排放到大气中，既是能量损失，又会污染环境。住院楼的病房通常需要 24h 的生活热水供应，这时可以考虑选用热回收型冷水机组，利用冷凝热作为热水制备的预热热源，再另设辅助加热设施以达到热水的设计供水温度。

（3）对制冷机房进行精细化设计，采用高效系统，提高能效比；单冷离心式水冷机组、螺杆式冷水机组和水-水热泵机组设置电动控制阀门进行自动切换或手动控制切换。

（4）冷水机组及水-水热泵冷水机组一般进、出冷冻水温度设计为 12/7℃，热回收进、出水温度设计为 50/55℃。有条件的可采用大温差 13/6℃技术，减小设备和管道的投资，降低水泵能耗。

（5）合理设计新风量。由于新风负荷占空调总负荷的 30%～40%，控制和正确使用新风量是空调系统最有效的节能措施之一。空调季的最小新风量除了要满足现行国家标准《公共建筑节能设计标准》GB 50189 和《医院洁净手术部建筑技术规范》GB 50333 中的规定外，还应不小于补偿排风和保持室内正压所需新风量。

（6）空调部分冷冻水泵采用变频控制。医院的建筑单体通常有若干个，如果是规模较大的医院，单体可能会比较分散且单体的建筑面积都比较大，这时冷冻水系统应采取二次泵系统。一次泵以恒定的流量通过冷水机组，使其发挥最大恒定的传热效率；二次泵根据用户的性质和远近分别配置不同扬程的变频泵，做到扬程不短缺，不过剩，获得最佳输送效率。大型医院在经济比较合理时，一、二次泵均可采用变频控制。

（7）冷水机组、风冷机组、空调水泵、空调机组风机及通风机等设备均选用效率较高的设备，均需满足现行国家标准《公共建筑节能设计标准》GB 50189 的相关要求。

（8）住院楼病房风机盘管采用无刷直流电机替代传统的单相交流异步电机。DC 电机与 AC 电机相比，具有节能性好、调速性能好、噪声低、故障率低、寿命长等优点。虽然采用 DC 电机提高了采购成本，但是考虑到病房风机盘管为 24h 运行，用户一般不到一年时间，就可以通过减少能耗费得到补偿。而 DC 电机噪声低的优点则可以为病房提供安静的环境。

（9）当前的医院建筑，不可避免地存在着大面积的内区。有些重要的医技房间和诊疗房间则必须设置在内区。目前医院最常见的空调形式是风机盘管系统加独立新风系统，在机房面积和层高允许的条件下，应该把内区和外区的新风系统分设，不但调节控制方便，而且在过渡季及冬季，可以利用室外新风，消除内区的余热，达到节能的目的。此时内区新风应采用简易变风量系统。

（10）大型医院的门诊楼大厅都比较高，往往挑空三、四层。在夏季，采用分层空调方式，只保证下部人员活动区的舒适性，上部区域设机械排风带走热量，可减少空调机组的风量和冷量。

（11）合理的能量回收利用：排风能量的回收。医院的排风系统多，排风量大，回收排风系统的能量有明显的节能效果。夏季当室内排风的焓值低于室外新风的焓值时，可以回收排风中的冷量预冷新风；冬季当室内排风的焓值高于室外新风的焓值时，可以回收排风中的热量预热新风。当全热换热器采用时，为防止交叉感染，设备选用与设计时应注意选用细菌转移率低的设备，并将全热换热器设置在最终过滤器的上游侧，保证排风不混入新风中。对于那些室内带有严重污染物质的排风，宜采用液体循环式热回收装置回收能量。大型医院建筑单层面积大，形成了内区、外区和周边区，内区四季无围护结构冷、热负荷，但有人员、灯光、发热设备等，因此全年均有余热，即有冷负荷，有条件的对内区设置热回收系统。

（12）项目工程的集中空调、通风系统尽量采用直接数字式楼宇控制系统（即 DDC 系统），保证空调系统节能高效运行。建筑通风、空调、照明等设备设置自动监控系统技术合理，系统高效运营。

（13）部分内区新风机采用变频风机，在过渡季节和人流量小的情况下可以低负荷运行，以便风机的节能；全空气空调系统采取实现全新风运行或可调新风比的措施，全空气系统最大新风比≥70％。

（14）根据通风空调系统风机的单位风量耗功率和冷热水系统的输送能效比，按现行国家标准《公共建筑节能设计标准》GB 50189 第 5.3.26、5.3.27 条的规定对节能设备与系统进行选型采用。

（15）采用集中空调的建筑，根据房间功能区域部分设置四管制系统，使房间内的温度、湿度、风速等参数符合现行国家标准《公共建筑节能设计标准》GB 50189 中的设计计算要求。

（16）室内采用 VAV box 变风量系统等方便调节空气环境的措施提高房间舒适性。

（17）特殊区域例如：中药房、西药房、配药区等有特殊气味并且量大的房间设置机械排风系统，并且排风机为变频设计，根据使用方需求可以在特殊情况下加大排风量保证室内环境气味要求。

（18）洁净手术部净化空调使用二次回风处理过程来代替再热过程，避免冷热抵消的现象，以节约能源。新风机组采用变频风机，保证各手术室净化循环空调机组的新风量在冬、夏季工作班运行模式按设计工况新风量运行；在非工作模式按维持手术室正压状态所需的最小新风量运行；在过渡季工作运行模式按最大新风量运行。

10.2 工作展望

医院建筑是一种非常特殊的公共建筑，其能耗一般比公共建筑高许多，具有很大节能潜力。医院建筑的节能研究一直有进展，但效果呈现较缓慢，首先是因为医院的访问限制，获取医院建筑相关的数据较困难，其次由于医院安全第一的原则，某些节能改造工程不适宜在医院实施。对于医院建筑节能工作的研究，还有相当长的路要走，除了本书研究的相关内容外还可以进行以下研究：

（1）本书对岭南地区医院空调节能和广东省 20 家大型医院进行了设计总结，该地区外的其他医院本书均未涉及，而医院等级、地域的不同导致其能耗特征有很大区别，所以在今后的工作中随着单位业务的拓展，也将扩大研究范围以进一步分析各地区、各级别的医院能耗差异。

（2）由于医院建筑能源结构的复杂性，医院能耗指标一直没有确定的标准，国内外学者对医院建筑能耗进行了较多的影响因素分析，可能由于医院的类型、地域、能耗统计方法等差异，得出来的结论有差异，甚至出现了研究结果相斥之处，对于医院建筑能耗标准，还需要对大量的医院数据进行研究，找到更为合适的评价指标体系。

（3）目前国内对医院建筑节能的研究主要还是以设备和系统设计节能改造为主，关于医院建筑的节能管理研究得比较少，这种低成本、高收益的节能方式值得推广。只有逐步改善空调设备运行和维护的节能效果，减少空调系统运行过程中产生的消耗，才能有效地控制空调节能。

第11章

医院及区域能源站设计案例

11.1 广州市妇女儿童医疗中心

项目地点：广州市珠江新城中心区

设计单位：广州市城市规划勘测设计研究院、柏瀚·华方建筑设计有限公司

主要设计人：李刚、吴哲豪、刘妮、刘汉华

设计时间：2007年1月完成施工图设计，2009年10月完成修改变更设计

竣工时间：2010年5月竣工验收合格后投入使用

本文执笔人：刘汉华、李刚

本项目暖通专业获**2011年度广东省优秀工程奖建筑环境与设备专业三等奖**；2014年度获**第五届中国建筑学会优秀暖通空调工程设计奖三等奖。**

11.1.1 项目概况

建于广州市天河区珠江新城A5-2地块，位于珠江新城中心区，邻近广州新的城市新中轴线，南面为金穗路，东面为华夏路，北面为华强路，西面是规划路。东南面邻近广州地铁三号线“花城大道站”，是一座以妇女、儿童为主要服务对象，集预防、医疗、保健、科研为一体的大型医疗服务中心，建成后将成为广州医疗卫生系统的标志性建筑。总规划用地面积约为27600m^2，总建筑面积86156m^2。建筑由一幢15层高的板式塔楼和5层裙楼组成，建筑高度70.9m。建设规模为700床位，日门诊量约5000人次，为三级甲等综合性妇女儿童专科医院，建设投资为6.6亿元人民币。地下停车位共259个，自行车库850m^2（图11-1)。

（1）地下1层面积14861m^2，为停车库和设备用房，兼作五级人防和配电用房。

（2）裙楼1～6层为门诊、手术室、PICU、ICU等。

（3）塔楼7～15层主要为病房、办公等。

11.1.2 空调设计

（1）门诊大楼、住院楼等空调面积61800m^2，夏季负荷8600kW，冬季负荷2200kW，装机容量：2台2800kW水冷离心+2台1400kW水冷螺杆+2台1050kW风源热泵，夏季以水机为主（制冷机房设置在地下1层），冬季以风源热泵为主（机组设置在裙楼天

图 11-1　广州市妇女儿童医疗中心项目概况

面)，大小搭配，保持低负荷高能效运行。

(2) ICU、PICU、NICU、手术室、急诊等区域空调面积 5340m^2，夏季负荷 1238kW，冬季负荷 550kW，装机容量：3 台 350kW 风源热泵（机组设置在裙楼天面)。

(3) 隔离间采用全新风热交换直流空调系统、MR 及机房采用独立恒温恒湿空调机组系统，液氮、停尸房等区域都采用独立空调系统。

(4) 地下车库、中庭、走道、封闭的空间等都设置了机械排烟系统，不能满足自然排烟的疏散楼梯设置了机械加压送风系统。

(5) 医院多为房间，空调系统的形式主要采用风机盘管＋独立新风（直接送入室内）的方式，空调系统内区和外区分开设计新风和排风，包括冷冻水系统。大部分门诊区域、病房在考虑造价的前提下（定额设计）采用双管系统，局部区域，例如：ICU、CCU、NICU、PICU、手术室等采用四管制系统。冷冻水立管和水平管采用同程式，广州市妇女儿童医疗中心项目平面及效果如图 11-2、图 11-3 所示。

11.1.3　室内设计参数

广州市妇女儿童医疗中心项目室内设计参数见表 11-1。

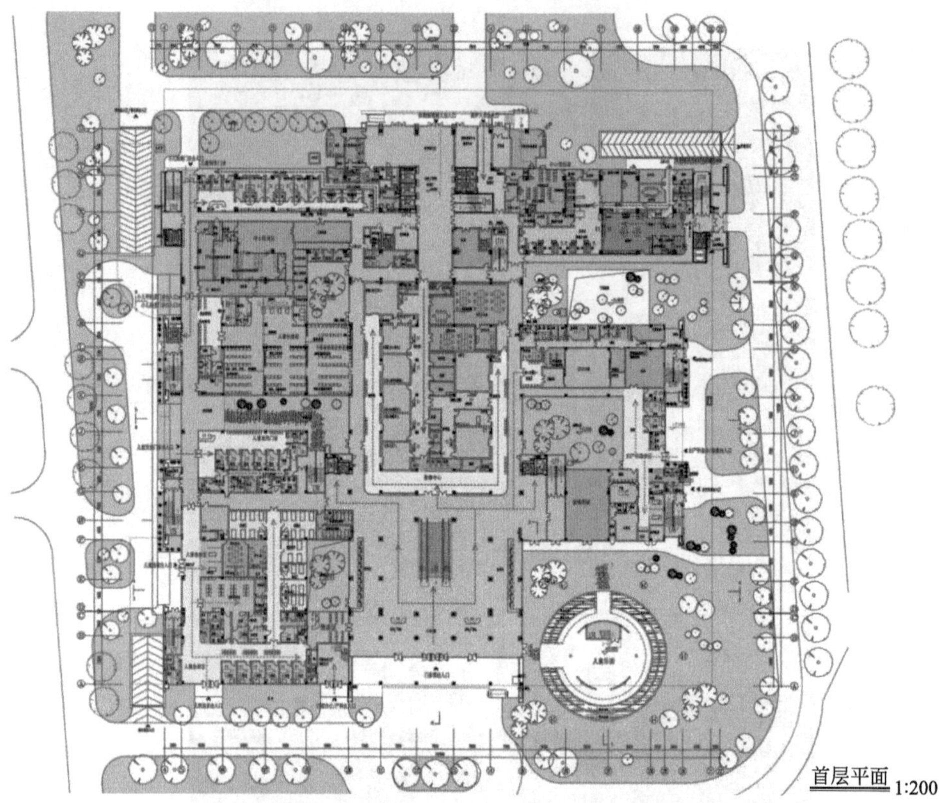

图 11-2 广州市妇女儿童医疗中心项目平面图

图 11-3 广州市妇女儿童医疗中心项目效果图

广州市妇女儿童医疗中心项目室内设计参数　　表 11-1

	区域	房间	夏季温度（℃）	夏季湿度（%）	冬季温度（℃）	冬季湿度（%）	新风量标准	噪声[dB(A)]	洁净度	正压/负压
地下1层	停尸房	污衣室	26～28	50～70			100m^3/(间·h)	小于 50		−
		洁衣室	26～28	50～70			100m^3/(间·h)	小于 50		+
		病理解剖室	24～26	45～65	15～18	40～70	5m^3/(m^2·h)	小于 45		−
		医疗垃圾间	24～26	45～65			2m^3/(m^2·h)	小于 45		—
首层	儿科急诊	手术室	24～26	45～65	16～20	40～60	6m^3/(m^2·h)	小于 40	1 万级	+/−
		其余房间	25～28	50～70			30m^3/(P·h)	小于 50		+
	发热门诊	各个房间	25～28	50～70	16～20	40～65	30m^3/(P·h)	小于 50		+
	呼吸道门诊	各个房间	25～28	50～70	15～18	40～70	30m^3/(P·h)	小于 50		+
	肠道门诊	各个房间	25～28	50～70	15～18	40～70	30m^3/(P·h)	小于 50		+
	影像中心	MRI 房	19～23	45～65	18～22	40～60	100m^3/(间·h)	小于 40		—
		DSA/CT/X 光房	26～28	45～65	18～22	40～60	30m^3/(P·h)	小于 40		—
		其他房间	25～28	40～70			100m^3/(间·h)	小于 50		+
	影像中心	手术室	24～26	45～65	16～20	40～60	6m^3/(m^2·h)	小于 40	1 万级	+/−
		其余房间	25～28	50～70			30m^3/(P·h)	小于 50		+
2 层	隔离门诊	各个房间	25～28	50～70	15～18	40～70	30m^3/(P·h)	小于 50		+
	儿童补液	各个房间	25～28	50～70	15～18	40～70	30m^3/(P·h)	小于 50		+
	儿童内科	各个房间	25～28	50～70	15～18	40～70	30m^3/(P·h)	小于 50		+
	儿童口腔	手术室	24～26	45～65	18～22	40～60	6m^3/(m^2·h)	小于 40	1 万级	+/−
		X 光房	26～28	45～65	16～22	40～60	30m^3/(P·h)	小于 40		—
		其余房间	25～28	50～70			30m^3/(P·h)	小于 50		+
	高级特诊	各个房间	25～28	50～70	15～18	40～70	30m^3/(P·h)	小于 50		+
	妇婴外科	各个房间	25～28	50～70			30m^3/(P·h)	小于 50		+
	妇婴内科	各个房间	25～28	50～70			30m^3/(P·h)	小于 50		+
	产科门诊	各个房间	25～28	50～70	15～18	40～70	30m^3/(P·h)	小于 50		+
	职工餐厅	各个房间	24～27	45～65			30m^3/(P·h)	小于 50		+

续表

	区域	房间	夏季温度(℃)	夏季湿度(%)	冬季温度(℃)	冬季湿度(%)	新风量标准	噪声[dB(A)]	洁净度	正压/负压
3层	儿童保健	各个房间	25～28	50～70	16～20	40～70	$30m^3$/(P·h)	小于50		+
	妇女保健	各个房间	25～28	50～70	15～18	40～70	$30m^3$/(P·h)	小于50		+
	儿童中医	各个房间	25～28	50～70			$30m^3$/(P·h)	小于50		+
	妇女保健	各个房间	25～28	50～70	15～18	40～70	$30m^3$/(P·h)	小于50		+
	儿童外科	手术室	24～26	45～65	18～22	40～60	$6m^3$/(m^2·h)	小于40	1万级	+/−
		洁净走道	25～27	45～65	16～20	40～60	$2m^3$/(m^2·h)	小于40	10万级	+/−
		其余房间	25～28	50～70			$30m^3$/(P·h)	小于50		+
	检验中心	检验室	26～29	50～70	15～20	40～70	$3m^3$/(m^2·h)	小于40		−
		分子生物室	26～29	50～70			$3m^3$/(m^2·h)	小于40		−
		细菌室	26～29	50～70			$4m^3$/(m^2·h)	小于40		−
	功能检查	各个房间	25～28	50～70	15～20	40～70	$30m^3$/(P·h)	小于50		+
	妇科门诊手术	各个房间	25～28	50～70	15～18	40～60	$30m^3$/(P·h)	小于50		+
4层	儿童耳鼻喉	各个房间	25～28	50～70			$30m^3$/(P·h)	小于50		+
	儿童眼科	各个房间	25～28	50～70			$30m^3$/(P·h)	小于50		+
	生殖中心	手术室	25～27	45～65	18～22	40～60	$2m^3$/(m^2·h)	小于40	1万级	+/−
		洁净走道	25～27	45～65	16～20	40～60	$2m^3$/(m^2·h)	小于40	10万级	+/−
		其余房间	25～28	50～70			$30m^3$/(P·h)	小于50		+
	PICU/ICU	隔离房间	25～28	40～70	16～22	40～60	$150m^3$/(间·h)	小于40	100级	+
		护士站	26～29	45～65	16～20	40～60	$30m^3$/(P·h)	小于45	1000级	+
		办公房间	25～28	50～70			$30m^3$/(P·h)	小于50		+
5层	办公、教室	各个房间	25～28	50～70			$5m^3$/(m^2·h)	小于50		+
	筛查、病理	各个实验室	26～29	45～65			$300m^3$/(间·h)	小于50		−
		其余房间	25～28	50～70			$4m^3$/(m^2·h)	小于50		+
	微创	各个房间	25～28	50～70			$4m^3$/(m^2·h)	小于50		+

续表

	区域	房间	夏季温度(℃)	夏季湿度(%)	冬季温度(℃)	冬季湿度(%)	新风量标准	噪声[dB(A)]	洁净度	正压/负压
6～14层	产区	分娩间	24～27	45～65	18～21	40～60	$6m^3/(m^2 \cdot h)$	小于 40	1 万级	+
		走道	25～28	50～70	18～21	40～60	$2m^3/(m^2 \cdot h)$	小于 40	10 万级	+
		产前病区	25～28	50～70	17～21	40～60	$30m^3/(P \cdot h)$	小于 50		+
		产后病区	25～28	50～70	17～21	40～60	$30m^3/(P \cdot h)$	小于 50		+
	病房	隔离病房	24～27	45～65	16～20	40～60	$6m^3/(m^2 \cdot h)$	小于 40	1 万级	—
		NICU	25～29	45～65	16～20	40～60	$6m^3/(m^2 \cdot h)$	小于 40	10 万级	+
		其余房间	25～28	50～70			$30m^3/(P \cdot h)$	小于 50		+

11.1.4 空调系统设计

(1) 制冷的系统设计

门诊、住院等主楼选用 2 台 2800kW 水冷离心机组（*COP*＞5.51）＋2 台 1400kW 水冷螺杆机组（*COP*＞5.49），综合部分负荷性能系数 *IPLV* 达 6.33。ICU、NICU、PICU、手术室等区域选用 3 台 315kW（*COP*＞2.93）风源热泵机组。所有机组的 *COP* 值均高于当时国家标准《公共建筑节能设计标准》GB 50189 以及广东省实施细则的要求。

(2) 采用冷却水热回收系统

由于医院热水是常年使用的，为了节省热水的运行费用，与给水排水专业共同协调设计了冷却水的热回收，当时机组的热回收还不成熟，中间设置了板换器，在每年 5～10 月份都可以回收大约 700kW 的热量提供给热水预热，将水冷机组的 *IPLV* 值提高到 6.79。医院热水总负荷为 1100kW，大幅度减少了夏季热泵的投入运行费用（需与给水排水专业配合）。

(3) 门诊新风机采用板式热回收

考虑医院的新风量比较大，使用周期长，过渡季节内区新风机也要开，直接排放浪费大，所以采用了板式热回收，避免二次空气污染，减少了制冷机组的装机容量（8.3%）和平时空调的运行费用（与旧医院对比，按照面积指标减少了 4%～6%用电负荷）。回收周期理论值为 7 年左右（篇幅受限，现场照片本书未放入）。

11.1.5 空调水系统的设计

(1) 由于医院楼层不高，但是平面大，多以风机盘管为主，冷冻水系统设计不好，很容易导致局部房间不冷，为此，在冷冻水设计方面采用了平面水管和立管同程。分科室布置冷冻水干管，并设置计量装置，并入 BA 系统。采用一次泵变流量空调水系统。

(2) 冷却水在 15 楼设置一组板换，与给水排水专业补水连接。

(3) 主楼的风源热泵与手术室的主冷冻水管之间做旁通连接，保证主楼的机组可作为手术室系统的备用机组，不必另外设置备用机组，减少初投资。

(4) 供应给 4 层 12、13 号手术室的空气处理机组配置了直冷式盘管（独立空调）和电加热装置，可满足在 30min 内对手术室内的空气温度从 25℃急降至 16℃和从 16℃急升至 30℃的要求。

11.1.6 空调风系统的设计

(1) 新风分内区和外区，在过渡季节，有窗户的外部区域自然通风，没有外窗的内区，主要以室外低焓值的新风经初效和中效过滤送入室内。公共区域、候诊、门诊、办公等不同功能区域分别设置独立的新风机组，大部分区域为正压要求，部分污物区域为负压，手术室可以正负压控制。特别是输液区，该区域与其他医院不太一样，儿童输液区人数往往比一般医院人数多一倍以上，主要是陪同人员较多，所以新风的设置最好为一台以上。

(2) 排风系统分类设置，厕所排风井经竖井上天面排放，其余排风的设置跟新风一样分功能设置，在层间排放。液氮房设置下排风口，排风机需要设置备用风机。停尸房需独立设置排风系统，最好能上天面，没条件的需经处理达到国家排放标准后排放。

(3) ICU、PICU、NICU、手术室等空调打破传统的空气处理方式，夏季把新风处理得到较低的绝对含湿量，再与循环风混合送入室内，在避免产生大量冷凝水的同时也避免了传统恒温恒湿处理方式中的大量冷热量抵消，使系统的整体能耗大大降低。冬季新风与循环风先混合后再处理送入室内，充分利用新风的冷量，减少空调设备的能耗。所有空调送风、排风采用变频控制。

11.1.7 空调运行节能控制系统的设计

本工程设常规空调自控系统，所有的空调、通风系统均设置自动控制，除了风机盘管外，均纳入 BAS 楼宇自控系统进行启停及运行和节能控制，包括相关条件参数和控制参数的检测、运行控制、设备运行模式转换、相关联动控制、能量计量、运行数据记录等。

冷却塔风机，可根据冷却水出水温度进行启停控制，节省风机运行能耗。与风机变频控制相比，效果良好，节省投资，更适合系统间歇运行条件下的节能需求。

输液区、候诊大厅等人员变化大的区域，采用多台新风机的方式，可根据人数启停新风机的数量，也有同样的节能运行的效果。

11.1.8 设计的创新和发展

(1) 创新设计

结合给水排水专业协调一起设计，把制冷系统产生的余热提供给水排水专业，大幅度减少给水专业的热水运行费用，综合利用制冷系统余热。

洁净空调风系统节能设计，在实际项目运行中，比常规的洁净设计有更为显著的节能效果。

(2) 设计发展

空调与给水排水专业结合的这种设计思路在酒店、医院、会所等需要同时制冷和供应热水的项目中会越来越多地被采用，可避免两个专业相互的能源浪费，相互利用，节能效果明显。

首层发热门诊采用 2 套变频新风、排风机组，紧急时可以采用全空气系统。

11.1.9　新材料、新设备

（1）灭菌装置

非典过后，卫生部门建议公共区域宜安装空气净化装置。医院又是病源较为集中的地方，再加上儿童的特殊性，门诊、病房等区域空调末端送风管安装了光氢离子空气净化装置，对于竣工交付使用前期消灭装修材料的有害异味起到了很大的作用，提升了医护工作人员及门诊区域的工作环境，检测报告显示空气中含有的有害气体成分远低于国家标准。

（2）新风热回收机组

医院人员多，新风量较大，排风直接出室外，浪费大，本项目采用了新风热回收机组（板式），回收了部分排风中的冷、热负荷，减少空调全年的能耗。

11.1.10　新技术

（1）制冷机组的热回收新技术。

（2）主楼机组与洁净机组互为备用，主楼机组作为洁净机组的备用机组，减少初投资。

（3）输液中心采用 2 台变频新风机组，满足不同状况（人员变化大）的运行要求，节省能耗。

11.1.11　附图

广州市妇女儿童医疗中心现场效果及照片如图 11-4、图 11-5 所示。

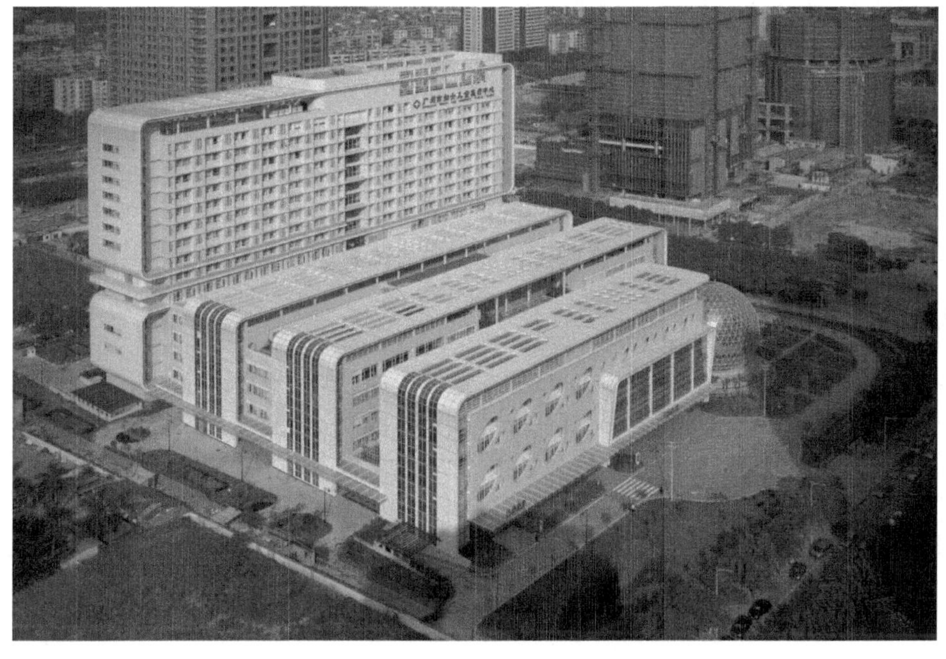

图 11-4　广州市妇女儿童医疗中心现场效果

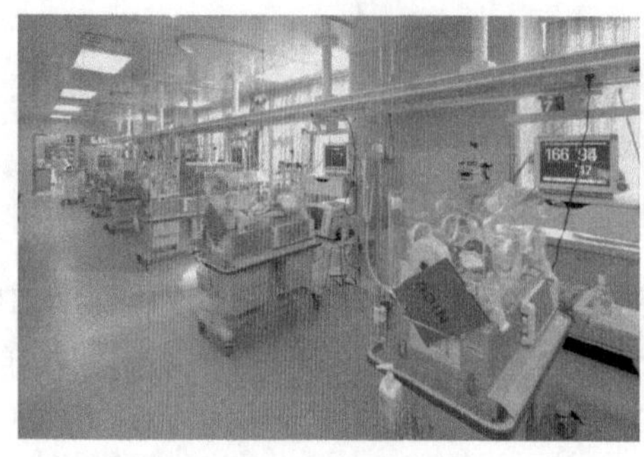
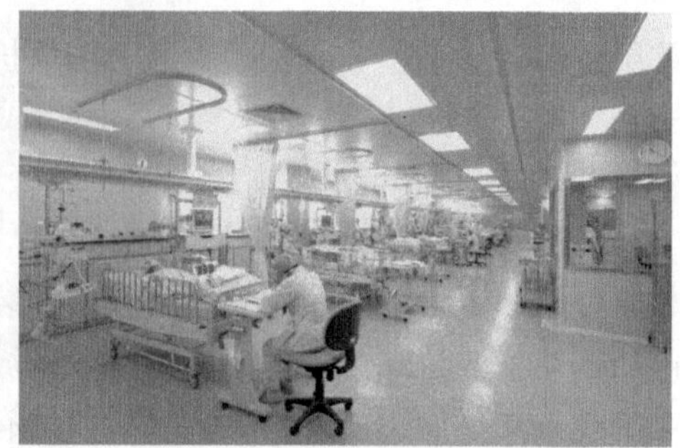

图 11-5　广州市妇女儿童医疗中心现场照片

11.2　中山大学附属第六医院医疗综合大楼一期工程

中山大学附属第六医院，又名中山大学附属胃肠肛门医院（简称中山六院）。

项目地点：广州市天河区员村二横路 26 号

设计单位：广州市城市规划勘测设计研究院

设计时间：2009 年 12 月

竣工时间：2012 年 7 月

主要设计人：魏焕卿、谭玉云、刘汉华、吴哲豪、刘邦超、陈浩、李刚

本文执笔人：刘汉华、魏焕卿

本项目暖通专业获 **2014 年度广州市优秀工程奖建筑环境与设备专业一等奖。**

11.2.1　项目概况

本项目属一期工程，是一栋地上 25 层、地下 4 层的综合性医疗大楼，呈 L 形布局形式，总建筑面积 94897m^2，顶标高 99.95m。按照三级甲等教学医院标准，医院用 3～5 年的时间，建设成为设置床位 1000 张，其中胃肠肛门专科设置床位 400～500 张，综合学科设置床位 500～600 张，以食管、胃、肝胆脾胰、小肠、结直肠、肛门等的良恶性疾病诊疗为特色的现代化综合医院（图 11-6）。

11.2.2　空调负荷

总空调面积为 54960m^2，门诊及住院部夏季空调冷负荷 8928kW，冬季供热负荷

图 11-6　中山六院项目图

3050kW，净化手术室空调冷负荷 1920kW，放射科及设备用房空调逐时冷负荷 298kW。

11.2.3　空调室内设计参数

空调室内设计参数见表 11-2。

空调室内设计参数　　表 11-2

	干球温度(℃)		相对湿度(%)		新风量标准	允许噪声标准[dB(A)]
	夏季	冬季	夏季	冬季		
病房	26	20	≤65	>40	50m³/(人·m²·h)	≤45
诊室、治疗室、药房、办公、实验室、护士站	26	20	≤65	>40	6m³/(m²·h)	≤45
会议室、候诊	26	20	≤65	>40	8m³/(m²·h)	≤45
餐厅	26	20	≤65	>40	13m³/(m²·h)	≤50
大堂、过道	27	18	≤65	>30	3m³/(m²·h)	≤50

续表

	干球温度(℃)		相对湿度(%)		新风量标准	允许噪声标准[dB(A)]
	夏季	冬季	夏季	冬季		
贵重药品库房	≤23	≤23	40～70	40～70	$3m^3/(m^2 \cdot h)$	≤45
停尸间、解剖室(负压)	25	16	≤65	>40	$6m^3/(m^2 \cdot h)$	≤45
DSA/CT	22	20	≤65	>40	$100m^3$/(间·h)	≤45
X光房	25	20	≤65	>40	$100m^3$/(间·h)	≤45
MR房	≤25	20	30～75	30～75	$100m^3$/(间·h)	≤45
ICU(Ⅲ级洁净)	25～27	20～22	40～60	40～60	$15m^3/(m^2 \cdot h)$	≤35
手术室(Ⅱ级)、产房	22～24	20～22	40～60	40～60	$200m^3$/(间·h)	≤35
手术室(Ⅲ级)	22～24	19～21	40～60	40～60	$200m^3$/(间·h)	≤35
洁净走道	24～26	18～22	40～70	40～70	$2m^3/(m^2 \cdot h)$	≤45
隔离病房	26	20	≤65	>40	$150m^3$/(间·h)	≤45

11.2.4 空调主机系统

采用2台4100kW离心式冷水机组+2台1230kW螺杆式全热回收热泵机组，冷冻机房设置在−4层；同时屋顶设置2台625kW风冷螺杆热泵机组作为净化空调的备用冷热源。采用8台热源塔在夏季为机房主机进行冷却降温，在冬季加热吸冷。

制冷系统冷热源使用闭式热源塔热泵新型设备，夏季，热源塔作为冷源塔使用，是直接蒸发冷却设备，冷源塔利用高焓值循环水在换热层表面形成水膜直接与低焓值空气充分接触，高焓值的水膜表面水蒸气分压力高于低焓值空气中的水蒸气分压力，形成压力差成为水蒸发的动力，水的蒸发使得循环水温度降低，趋近于空气的湿球温度，为水循环制冷空调提供了温度较低的冷源；冬季，热源塔是直接采集室外低品位能的设备，热源塔利用低焓值盐类循环溶液在换热层表面形成液膜直接与焓值较高的湿冷空气充分接触，把冷量传给空气，接触传热的循环液体温度趋近于室外空气的湿球温度，为水循环热泵空调提供了稳定的热源。系统能够在原有水冷却单冷机节能只能在夏季使用的基础上，通过自带高效热源塔吸收低品位能作为热泵热源，有效地取代传统的锅炉、电热等辅助热源，实现冷暖空调生活热水三联供。冬天时，需在水管网投入防冻溶液，防冻溶液依靠动力强制循环，流速快、传热均匀、效率高，溶液浓度不受外界空气温度变化影响，其冰点性能稳定，管理方便，保证热源塔在冬季最恶劣的天气下仍然能正常工作。此系统已运行九年多，目前系统运行情况良好。

11.2.5 空调风、水系统

采用一次泵变流量系统，夏季冷冻水供回水温度为7/12℃，冬季热水供回水温度为45/40℃；夏季冷却水供回水温度为32/37℃，冬季供回水温度为5/2℃。

医院为25层高的大楼，房间众多，冷冻水系统管网庞大，因此空调水系统的设计至关重要，设计不好的话很容易导致局部房间冷量不足。为保证系统的每个末端都能在设计负荷下运转，既不欠流也不过流，设计时在冷冻水方面采用了立管平面异程式，局部同程式，并设置计量装置，并入 BA 系统。同时，在楼层分支管的回水管上设压差式动态平衡阀，供水管及各较小的分区回水支管设静态平衡阀。独立回路的风柜则每台设压差式动态平衡调节一体阀，盘管和新风柜则分别在每台回水管设开关式或比例式电动二通阀。各环路在进出水系统的集水器及分水器支管上设有检修阀门及检测仪表。

传统净化空调系统，夏季工况恒温恒湿处理方案采用先抽湿降温，再用热水加热升温至送风温度的送风方法，这种方法使大量的冷热量相互抵消，导致系统的能耗非常庞大，给业主带来非常大的运行费用。结合多年的实践经验，总结实践出一套先进、低能耗的空气恒温恒湿处理方案：在夏季工况，将新风集中降温除湿处理，通过新风机内足够多的盘管确保将新风除湿处理到较低的绝对含湿量，经过这样集中除湿处理的新风与循环风混合，再由循环机组经过纯温度处理至送风温度。采用这种处理方法，过干的新风可以抵消室内的散湿，循环机组只需处理温度，不用除湿，使机组盘管趋向于干盘管方式运行，在避免产生大量冷凝水的同时也避免了传统恒温恒湿处理方式中的大量冷热量抵消，使系统的整体能耗大大降低。

冬季工况，针对手术室室内散热量大的特点，为充分利用新风的冷量来抵消手术室内的散热，新风经过集中过滤之后与回风混合，再通过循环机组对循环空气进行温度、湿度处理至送风状态点，通过这种处理方式可以充分利用新风的冷量，节省院方的冬季运行成本。中山六院地下冷冻主机房如图 11-7、图 11-8 所示，配合装修的室内空调末端盘管及风口如图 11-9 所示，空调水系统原理如图 11-10 所示，净化空调保障冷热源水系统原理如图 11-11 所示，系统供冷、供热、供热水总原理如图 11-12 所示，机房设备及管线布置如图 11-13 所示。

图 11-7　中山六院地下冷冻主机房 1

图 11-8　中山六院地下冷冻主机房 2

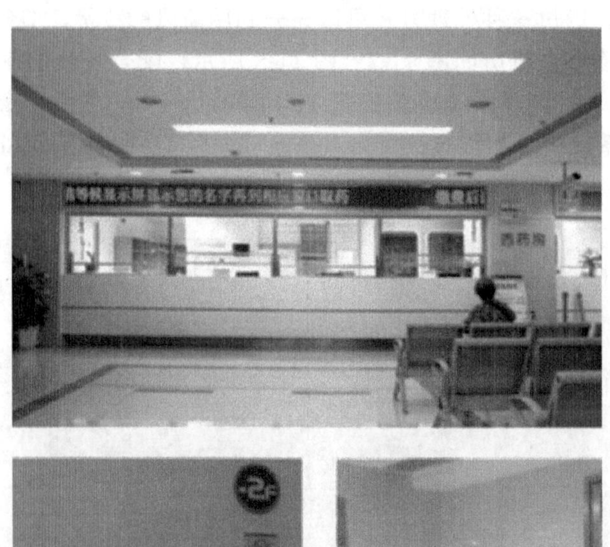

图 11-9　配合装修的室内空调末端盘管及风口（一）

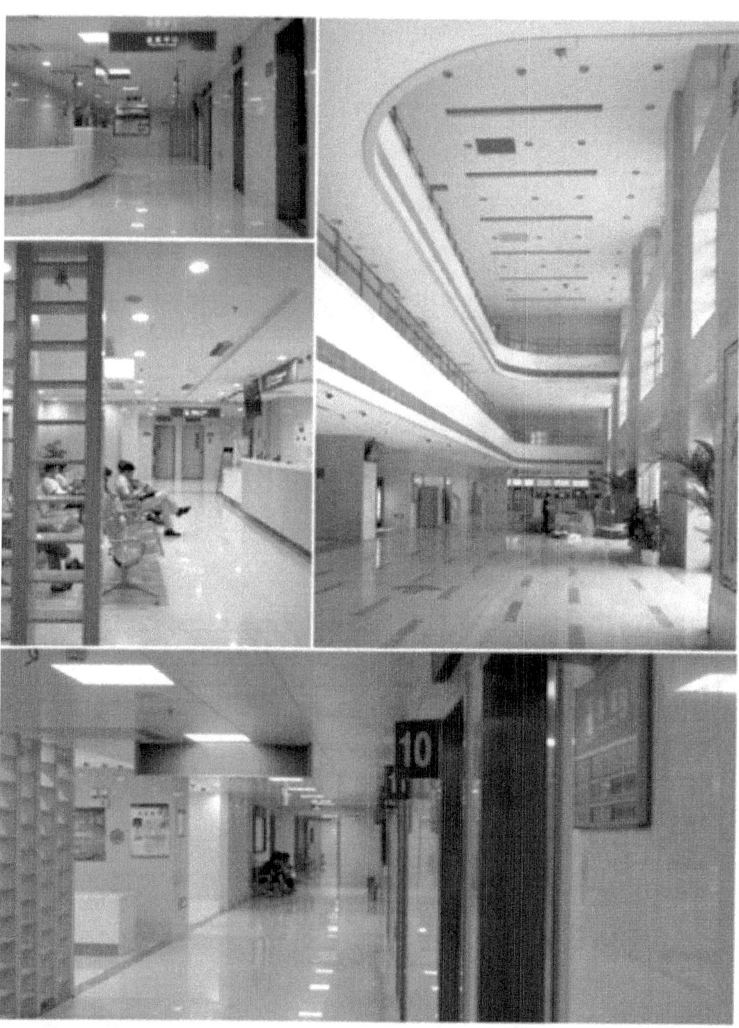

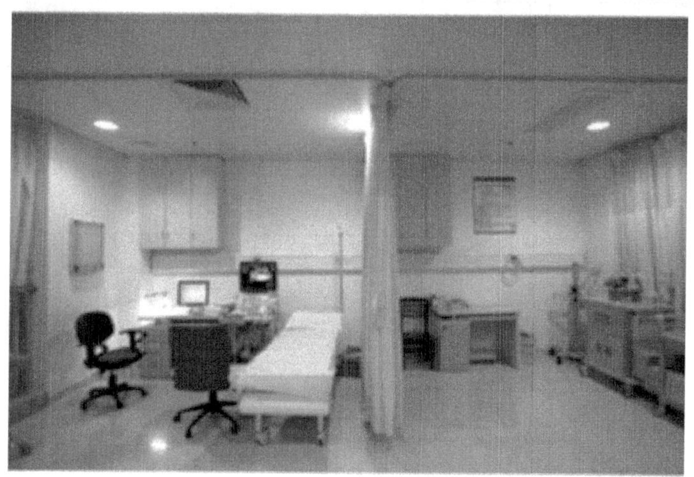

图 11-9　配合装修的室内空调末端盘管及风口（二）

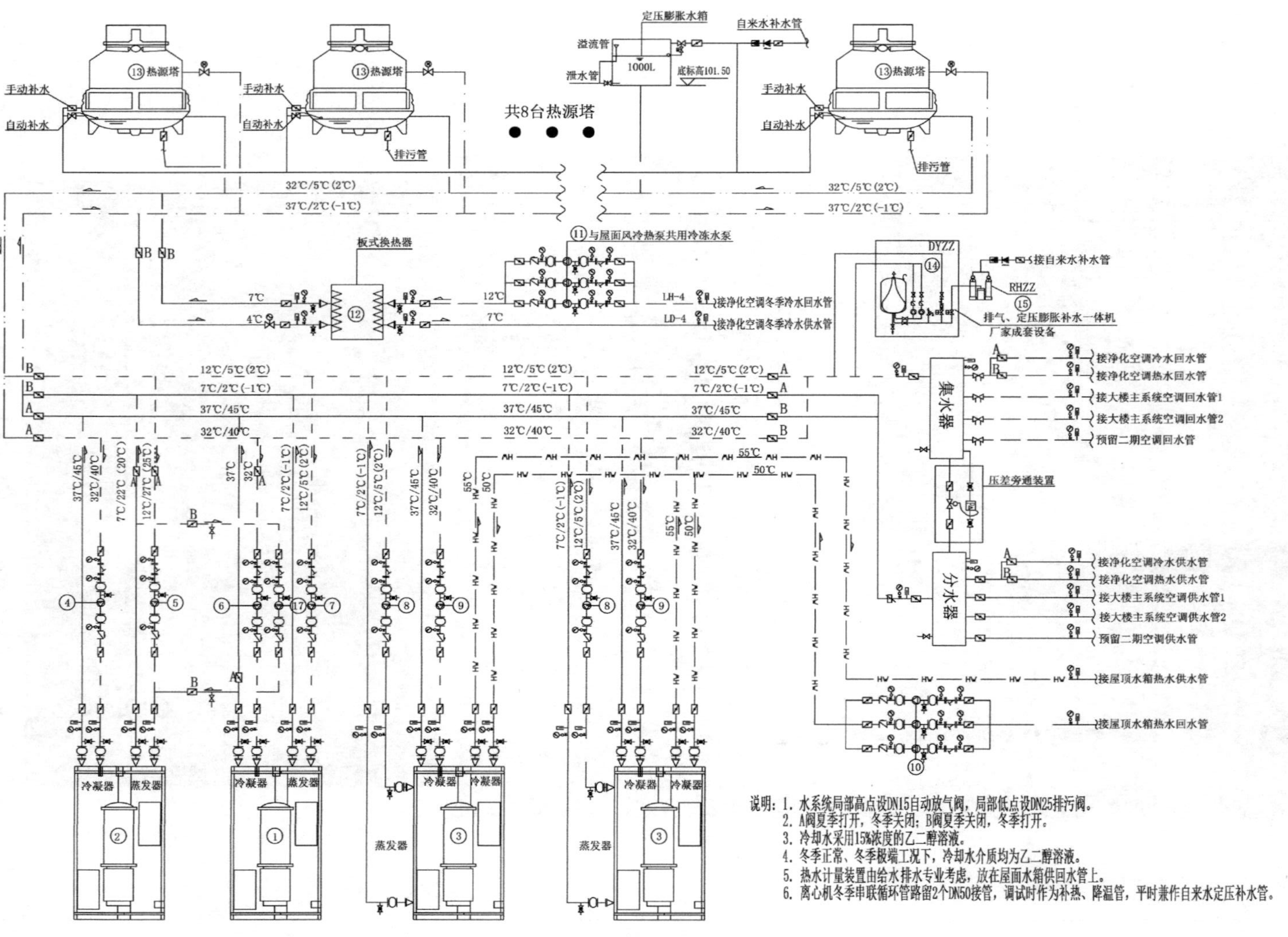

图 11-10 空调水系统原理图

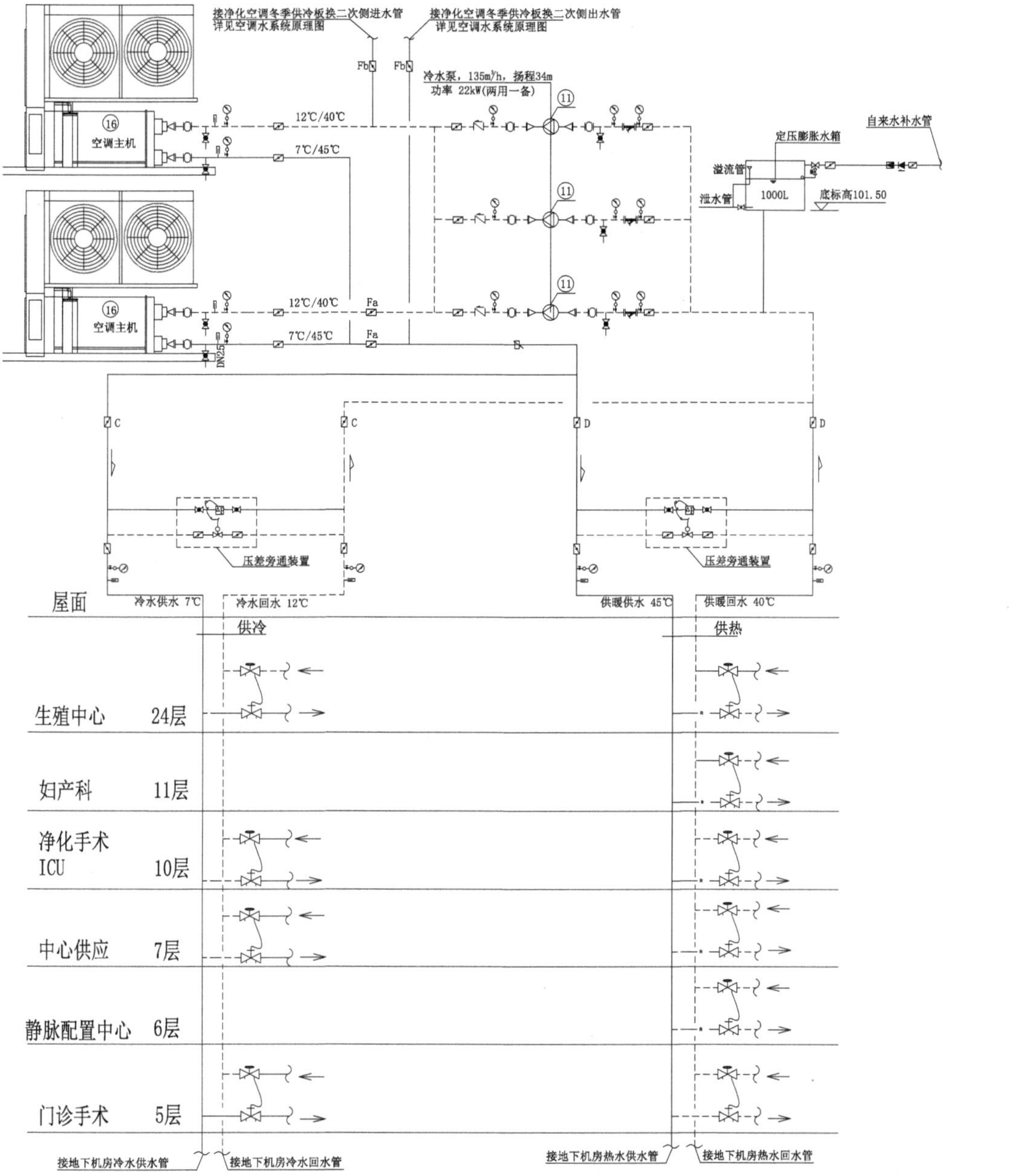

接净化空调冬季供冷板换二次侧进水管
详见空调水系统原理图

接净化空调冬季供冷板换二次侧出水管
详见空调水系统原理图

Fb　Fb

冷水泵，135m³/h，扬程34m
功率 22kW(两用一备)

⑪　⑯ 空调主机　12℃/40℃　7℃/45℃

自来水补水管
定压膨胀水箱
溢流管
泄水管
1000L
底标高101.50

⑪　⑪　⑯ 空调主机　12℃/40℃　Fa　7℃/45℃　Fa　DN25

C　C　D　D

压差旁通装置　压差旁通装置

屋面　冷水供水 7℃　冷水回水 12℃　供暖供水 45℃　供暖回水 40℃

供冷　供热

生殖中心　24层
妇产科　11层
净化手术
ICU　10层
中心供应　7层
静脉配置中心　6层
门诊手术　5层

接地下机房冷水供水管　接地下机房冷水回水管　接地下机房热水供水管　接地下机房热水回水管

说明：1. 本系统为重点手术室的保障冷热源系统；手术室冷热负荷及末端系统由净化专业公司提供或另行设计
2. 末端水系统图详见洁净图纸。
3. 夏季图中阀门Fb关闭，Fa开启。正常情况下阀门C关闭，D开启，为净化空调供热；当能源站水源热泵无法为净化空调区域供能时，阀门D关闭，C开启，采用保障热源风冷热泵为系统供能。
4. 冬季图中正常情况下阀门Fa、D关闭，阀门Fb、C开启，当能源站水源热泵无法为净化空调区域供能时，阀门Fa、D打开，Fb、C关闭，采用保障热源风冷热泵为系统供能。

图 11-11　净化空调保障冷热源水系统原理图

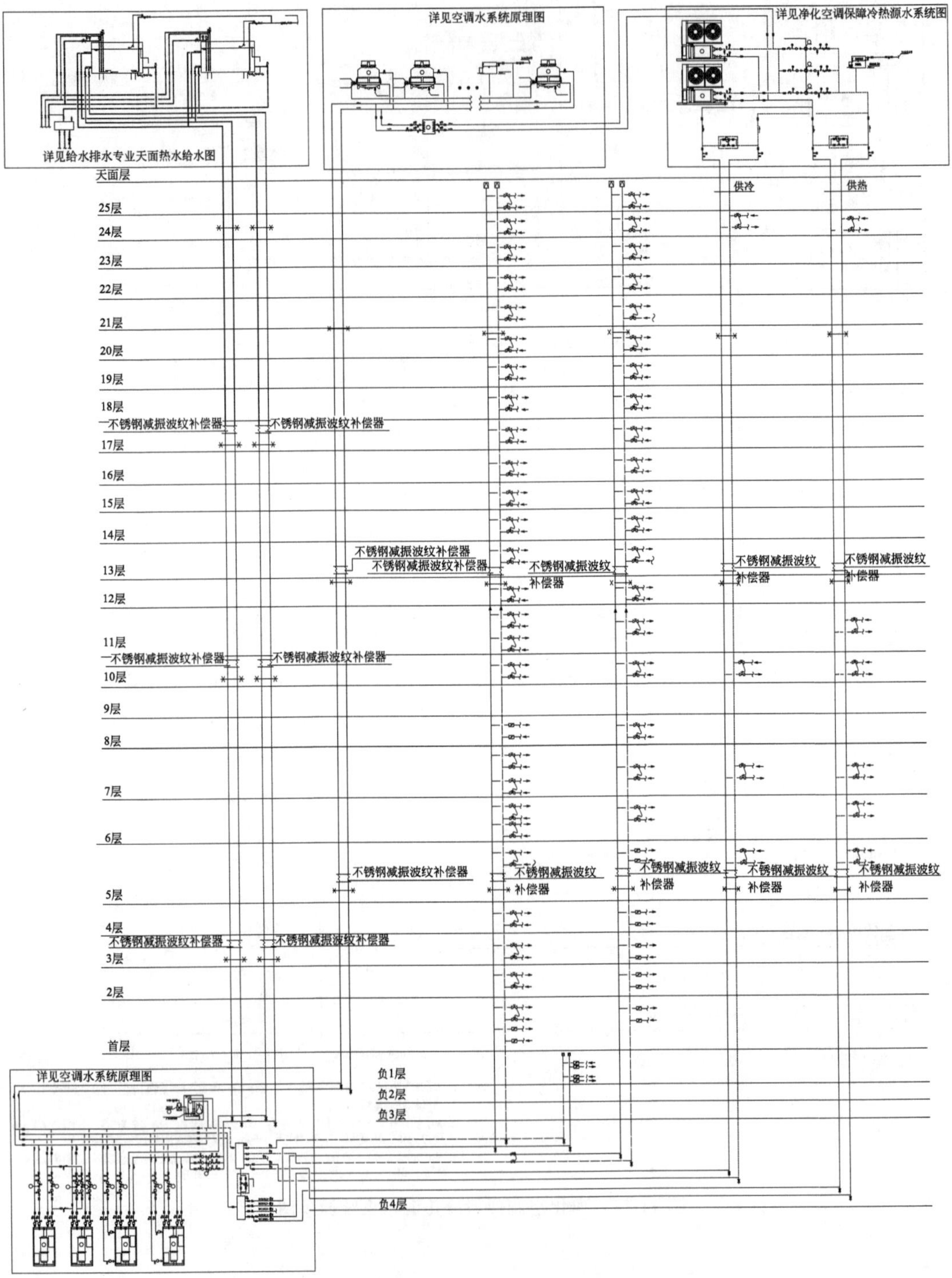

图 11-12　系统供冷、供热、供热水总原理图

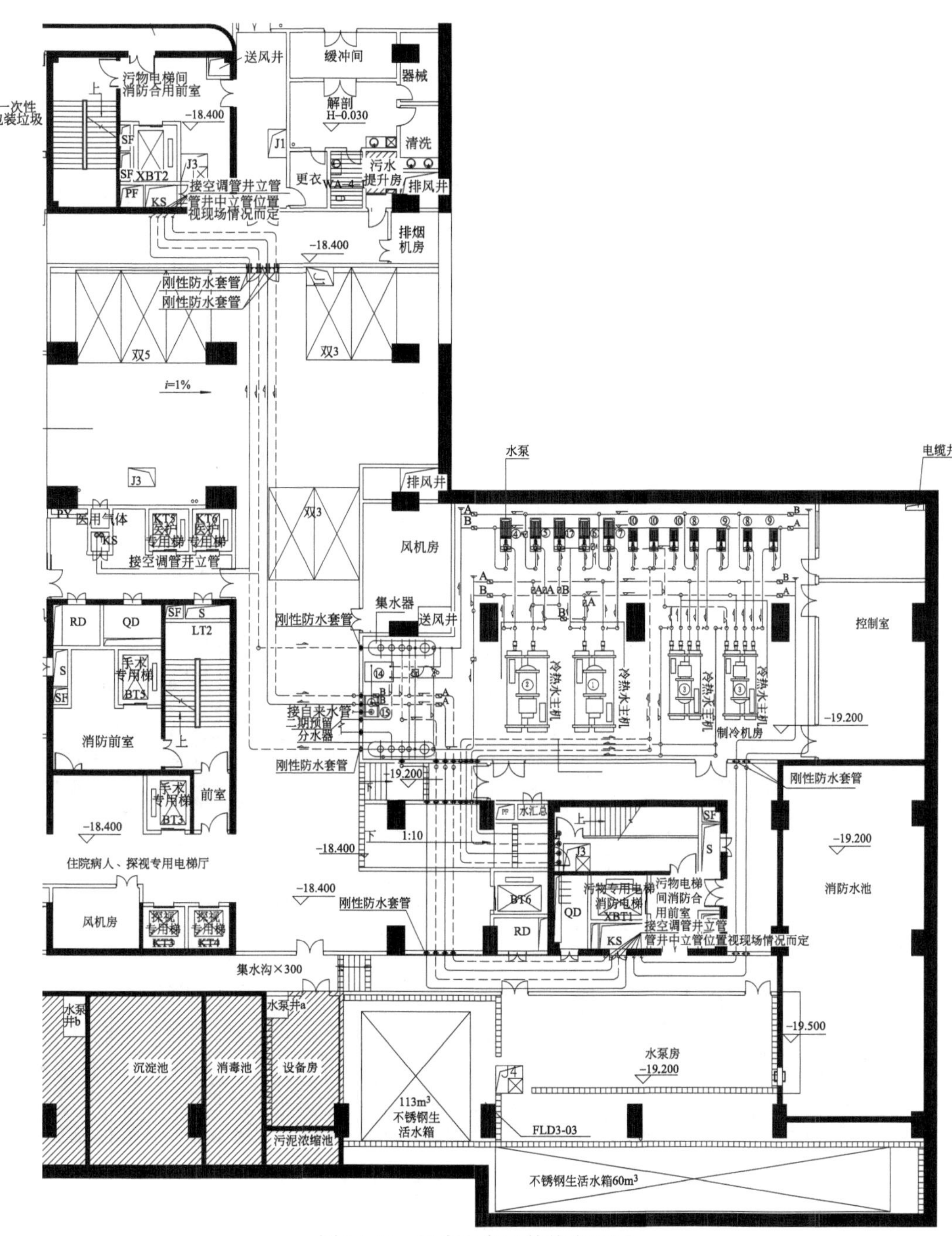

图 11-13　机房设备及管线布置图

说明：管道标高为相对空调机房地面高度。

11.3　中山大学附属第三医院岭南医院（萝岗中心医院）

项目地点：广州科学城开创大道南侧

设计单位：广州市城市规划勘测设计研究院

主要设计人：李刚、吴哲豪、刘汉华、刘妮

设计时间：2009 年 4 月完成施工图设计

竣工时间：2011 年 5 月验收使用

本文执笔人：刘汉华、李刚

本项目暖通专业获**2011 年度广州市优秀工程奖建筑环境与设备专业二等奖**；2014 年度获**第五届中国建筑学会优秀暖通空调工程设计奖三等奖。**

11.3.1 项目概况

萝岗中心医院工程是由广州开发区萝岗新城建设指挥办开发的萝岗区中心医院。工程用地位于广州科学城开创大道南侧，总用地面积约为 8.7hm^2，前期建设规模为 600 床位，日门诊量达 3000 人次，总建筑面积 9.15 万 m^2。远期考虑可持续发展因素，总面积可扩到 17 万 m^2。医疗综合楼总建筑面积为 84165m^2，病房楼为 10 层的板式塔楼，高 43.2m，裙楼为 5 层高的门急诊医技楼，高度为 23.1m；感染楼总面积为 2678m^2，建筑高度为 9.6m；医院值班配套用房总建筑面积为 4513m^2，建筑高度为 17.4m；另停尸房、垃圾收集站独立成栋，面积为 144m^2（图 11-14）。

图 11-14 萝岗中心医院项目效果图

11.3.2 空调室内设计参数

空调室内设计参数见表 11-3。

空调室内设计参数 **表 11-3**

	干球温度(℃)		相对湿度(%)		新风量 [m^3/(m^2·h)]	允许噪声标准[dB(A)]
	夏季	冬季	夏季	冬季		
病房	25～27	18～22	45～65	40～55	50/人	≤45
门诊	25～27	18～22	40～60	40～60	4	≤55

续表

	干球温度(℃)		相对湿度(%)		新风量[$m^3/(m^2 \cdot h)$]	允许噪声标准[dB(A)]
	夏季	冬季	夏季	冬季		
办公	26～28	18～20	40～65	40～55	6	≤45
手术室、产房	25～27	22～26	40～60	40～60	200/间	≤45
治疗室	25～27	18～22	40～60	40～60	6	≤45
大堂、过道	>25	16～18	40～65	>30	3	≤50

11.3.3　空调设计概况

(1) 门诊大楼、住院楼等空调面积 52000m^2，夏季负荷 7150kW，冬季负荷 1400kW，装机容量：2 台 2110kW 水冷离心＋2 台 760kW 蒸发式螺杆（带热回收）＋2 台 700kW 风源热泵，夏季以水机为主（制冷机房设置在地下 1 层），冬季以风源热泵为主（机组设置在裙楼天面）。夏季蒸发式机组运行制冷的时候提供免费的热水，最大可以热回收 900kW。

ICU、手术室等区域空调面积 2800m^2，夏季负荷 700kW，冬季负荷 450kW，装机容量：2 台 350kW 风源热泵（机组设置在裙楼天面）。

感染楼采用全新风热交换直流空调。MR、CT、影像中心等机房采用独立恒温恒湿空调机组。液氮、停尸房等区域都采用独立空调，液氮房设计事故排风，排风机一用一备，风机设置在独立的排风机房内，排风管独立到室外高空排放。停尸房设置独立空调。

地下车库、中庭、内走道、封闭的空间等不满足自然排烟的区域都设置了机械排烟，不能满足自然排烟的疏散楼梯设置了机械加压送风系统。

医院多房间空调系统的形式主要采用风机盘管＋独立新风（直接送入室内）的方式，由于裙楼体型较大，中间医生工作区域（B 超、影响中心等）没有直接对外的窗户，空调系统内区和外区分开设计新风和排风，包括冷冻水系统也是分开设计的。大部分门诊区域、病房在考虑造价的前提下（定额设计）采用双管系统，局部区域采用四管系统。

(2) 采用冷却水热回收系统。与给水排水专业共同协调设计了主机的热回收，在每年 5～10 月份都可以回收大约 460kW 的热量提供给热水预热，使水冷机组的 IPLV 值提高到 6.79。医院热水总负荷为 1100kW，大幅度减少了夏季热泵的投入运行费用（图 11-15）。

(3) 考虑医院的新风量比较大，使用周期长，过渡季节内区新风机也要开，直接排放浪费大，所以门诊 1～5 层新风机采用蒸发冷凝式热回收新风机组，避免二次空气污染，减少了制冷机组的装机容量（8.3%）和平时空调的运行费用（与常规综合医院对比，按照面积指标减少了 4%～6%用电负荷），回收周期理论值为 7 年左右。

11.3.4　空调水系统的设计

(1) 本项目为一套冷冻水系统，采用一次泵变流量系统，冷冻水供回水温度分别为 7/12℃，冷却水进出水温度分别为 37/32℃。本医院总供暖负荷为 1410kW（门诊），710kW（ICU)。热源由风源热泵提供，与冷冻水系统统一管网，进入末端设备，供水进出温度为 45/40℃。

由于医院楼层不高，但是平面大，多以风机盘管为主，冷冻水系统设计不好，很容易

图 11-15 屋顶冷却水热回收系统

导致局部房间不冷，为此，在冷冻水设计方面采用了平面水管和立管同程。分科室布置冷冻水干管，并设置计量装置，并入 BA 系统。

（2）结合给水排水专业协调一起设计，把制冷系统产生的余热提供给给水，大幅度减少给水专业的热水运行费用，综合利用制冷系统废热。

（3）蒸发式新风换气机组设置在天面，与给水排水专业补水连接。

（4）主楼的风源热泵与手术室的主冷冻水管之间做旁通连接，保证主楼的机组可作为手术室系统的备用机组，不必另外设置备用机组，减少初投资。

（5）供应 4 层 4、7 号手术室的空气处理机组配置了直冷式盘管（独立空调）和电加热装置，可满足在 30min 内对手术室内的空气温度从 25℃急降至 16℃和从 16℃急升至 30℃的要求。

11.3.5 空调风系统的设计

（1）新风分内区和外区，在过渡季节，有窗户的外部区域自然通风，没有外窗的内区，主要以室外低焓值的新风经初效和中效过滤送入室内。公共区域、候诊、门诊、办公等不同功能区域分别设置独立的新风机组，大部分区域为正压要求，部分污物区域为负压，手术室可以正负压控制。特别是输液区，与医院其他区域不太一样，儿童输液区人数往往比一般医院人数多一倍以上，主要是陪同人员较多，所以新风最好设置一台以上，并且新风、排风考虑变频控制。

（2）排风系统分类设置，厕所排风井经竖井上天面排放，其余排风的设置跟新风一样分功能设置，在层间排放。液氮房设置下排风口，排风机需要设置备用风机。停尸房需独立设置排风系统，最好能上天面，没条件的需经处理达到国家排放标准后排放。

（3）ICU、手术室等空调打破传统的空气处理方式，夏季把新风处理得到较低的绝对含湿量，再与循环风混合送入室内，避免产生大量冷凝水，同时也避免传统恒温恒湿处理方式中的大量冷热量抵消，使系统的整体能耗大大降低。冬季新风与循环风先混合后再处理送入室内，充分利用新风的冷量，减少空调设备的能耗。所有空调送风、排风采用变频控制。

（4）净化空调系统。

首层 DSA 及急诊手术室：Ⅳ级 DSA 及导管室合用 1 台净化空气处理机组，Ⅳ级急诊手术室及洁净辅助用房合用 1 台净化空气处理机组。净化空气处理机组采用自取新风的方式。

2 层产房：Ⅲ级产房手术室及缓冲合用 1 台净化空气处理机组。净化空气处理机组采用全新风的方式。

3 层生殖中心：Ⅲ级 IUI 手术室、Ⅲ级 IVF 手术室、Ⅲ级移植手术室合用 1 台净化空气处理机组，万级 IVF 实验室、三十万级实验室、洁净走廊及其辅助用房合用 1 台净化空气处理机组。净化空气处理机组采用自取新风的方式。

4 层手术中心、内外科 ICU 及 NICU：Ⅰ级手术室及Ⅲ级正负压手术室采用一拖一形式，即 1 台净化空气处理机组供应 1 间手术室，Ⅲ级手术室采用一拖二或一拖三的形式，手术部洁净走廊及其辅助用房分区采用 2 台净化空气处理机组，内科 ICU 大厅及其辅助用房合用 1 台净化空气处理机组，外科 ICU 大厅及其辅助用房合用 1 台净化空气处理机组，NICU 病房采用 1 台净化空气处理机组。手术部非洁净区采用普通风机盘管加新风的形式，并设计 2 台新风预处理机组分别集中供应新风。

9 层 CCU：开放式 CCU 大厅、单人正压病房 6 间及洁净辅助用房合用 1 台净化空气处理机组。净化空气处理机组采用自取新风的方式。

10 层骨髓移植病房：百级层流病房采用一拖一形式，即 1 台净化空气处理机组供应 1 间病房，万级洁净走廊及其洁净辅助用房合用 1 台空气处理机组，并设计 1 台新风预处理机组集中供应新风。净化空气处理机组采用新风预处理的方式。

11.3.6　空调运行节能控制系统的设计

空调自控系统见图 11-16，设计内容参见第 11.1.7 小节。

图 11-16　空调自控系统照片

11.4　广州市第八人民医院二期工程

广州市第八人民医院（广州市传染病医院）为华南地区 2020 年抗疫重点隔离救治

医院。

项目地点： 广州市白云区嘉禾尖彭路

设计单位： 广州市城市规划勘测设计研究院

主要设计人： 刘汉华、李刚、吴哲豪、廖悦、张湘辉

本文执笔人： 刘汉华、吴哲豪

竣工时间： 2020 年 3 月 27 日经验收合格后投入使用

本项目暖通专业获 **2020 年度广州市优秀工程奖建筑环境与能源利用专业一等奖，2021 年度广东省优秀工程奖建筑环境与能源利用专业二等奖，2020～2021 年度全国建筑应用创新大奖（综合奖）。**

11.4.1 项目概况

广州市第八人民医院二期工程位于白云区嘉禾尖彭路，建设总占地面积 35000m^2（图 11-17），规划建筑面积 50000m^2，设置床位 800 张。其中感染病住院楼：建设用地位于医院西南侧，总建筑面积 25746.8m^2，地上建筑面积为 14700.2m^2，地下建筑面积为 11046.6m^2。建设规模为 300 床（其中包含 100 床羁押病房），其中约 280 个负压病床。

图 11-17　广州市传染病医院项目

感染病住院楼地上 8 层，地下 2 层，建筑高度为 35.0m。感染病住院楼内布置了感染病门诊、影像和感染病护理单元等功能房间。扩建医技楼：建设用地位于一期医技楼东南侧，总建筑面积 8603m^2，其中地上建筑面积 6335.8m^2，地下建筑面积 2267.2m^2。扩建医技楼地上 5 层，地下 2 层，建筑总高度 23.95m。扩建医技楼内布置了介入中心、功能检查、检验科、病理科、研究所、P3 实验室、病案室、库房等功能房间。

11.4.2 室内设计参数

室内设计参数见表 11-4。

室内设计参数表 表 11-4

房间名称		干球温度(℃)		相对湿度(%)		新风量标准	噪声标准[dB(A)]
		夏季	冬季	夏季	冬季		
手术室	Ⅰ、Ⅱ级	22～25	19～22	40～60	40～60	6 次/h	≤40
	Ⅲ、Ⅳ级	22～25	19～22	40～60	40～60	4 次/h	≤40
产房、新生儿		24～26	19～22	40～60	40～60	4 次/h	≤40
重病监护		≤21	≤21	40～60	40～60	15%	≤40
医疗功能用房		24～26	18～20	40～75	40～75	30m³/(h·人)	≤45
诊室、检查室		24～26	24～26	40～75	40～75	30m³/(h·人)	≤45
病房		25～26	19～23	40～75	40～75	30m³/(h·人)	≤45
大厅、走道		25～27	18～20	40～60	40～60	4 次/h	≤40
中心供应		25～28	20～23	—	—	30m³/(h·人)	≤45
办公用房		25～26	18～22	40～75	40～75	30m³/(h·人)	≤45
餐厅		26	18～20	40～65	40～65	20m³/(h·人)	≤50

11.4.3 空调冷热负荷

感染病住院楼和扩建医技楼均采用中央空调，夏季制冷和冬季供暖，不同参数下负荷计算分别见表 11-5、表 11-6。

感染病住院楼不同参数下负荷计算 表 11-5

楼层	功能区域	建筑面积(m^2)	空调面积(m^2)	空调冷负荷(kW)	空调热负荷(kW)
首层、2 层	门诊、影像	3990	3000	600	240
3～8 层	病房、办公	10440	8300	1245	620
汇总		14430	11400	1845	860

扩建医技楼不同参数下负荷计算 表 11-6

楼层	功能区域	建筑面积(m^2)	空调面积(m^2)	空调冷负荷(kW)	空调热负荷(kW)
地下 1、2 层	病案室、库房	2268	1800	250	100
首层、2 层	介入中心、功能检查、检验科	2418	2180	436	175
3～5 层	病理科、研究所、P3 实验室	3642	3300	660	264

续表

楼层	功能区域	建筑面积(m^2)	空调面积(m^2)	空调冷负荷(kW)	空调热负荷(kW)
汇总	地下区域	2268	1800	250	100
汇总	地上区域	6060	5480	1096	439

11.4.4 空调系统

1. 制冷（供暖）机组

（1）感染病住院楼，采用2台风源涡旋热泵冷水机组（冷量175kW、制热量200kW）+1台风冷螺杆式热泵冷水机组（冷量350kW、制热量400kW）+3台风冷螺杆式冷水机组（冷量350kW）。机组与配套水泵均设置在天面。

制冷实际装机容量为1750kW，并能保证冷量的调节范围在10%（175kW）~100%（1750kW）之间都能使各机组及相应的水泵保持高效率地运行，供暖实际装机容量为800kW。

（2）扩建医技楼。

1）地上区域：采用2台风冷螺杆式热泵冷水机组（冷量210kW、制热量220kW）+2台风冷螺杆式冷水机组（冷量300kW）。机组与配套水泵均设置在天面。

制冷实际装机容量为1020kW，并能保证冷量的调节范围在20%（210kW）~100%（1020kW）之间都能使各机组及相应的水泵保持高效率地运行，供暖实际装机容量为440kW。

2）地下区域：采用1台多联变频中央空调机组（冷量107.4kW、制热量120kW）+1台多联变频中央空调机组（冷量90kW、制热量100kW）+2台多联变频新风机组（冷量28.5kW、制热量33.5kW）。机组设置在首层室外。

制冷实际装机容量为254.4kW，供暖实际装机容量为287kW。

2. 空调水系统

（1）感染病住院楼、扩建医技楼地上区域：根据相应的制冷机组配备冷水泵，其中各有一备用水泵，提供冷冻水动力，供给末端设备。为了保证水管路的质量，在冷冻水管网安装过滤器及旁通式水处理装置，冷暖水共用一套管网系统。夏季制冷系统与冬季供暖系统共用一个管网，立管采用四管制，水平管采用双管制，空调冷热水由设置在地下层的空调主机通过水管网输送至每个服务区域。

水平回水干管设置压差式动态平衡阀，同时设置冷量计量装置。

（2）本项目采用水平同程走管，保证各病房远近之间阻力尽量平衡。

（3）冷冻水均采用一次泵（变频）变流量系统：冷冻水泵转速根据管网最不利环路末端压差和冷水机组最小允许流量确定。

3. 空调风系统

（1）感染病住院楼

感染病门诊、影像采用风机盘管加新风系统，新风采用定风量阀，经初、中效二级过滤处理后直接送至风机盘管出风管混合后送入房间。每间没有外窗的房间设置排气扇排至排风管内，然后经排风机排入竖井，排出天面。

3～6 层的感染病房区域采用全空气系统，平时满足新风和回风混合处理通过送风管送到每个房间并且每个房间具有调节功能保证房间负压，在特殊疫情时期，该设备实现全新风运作，对新风处理后送入室内，而回风管上的排风机实现全排风功能（图 11-18）；负压病房换气次数符合现行国家标准《传染病医院建筑设计规范》GB 50849 的要求。

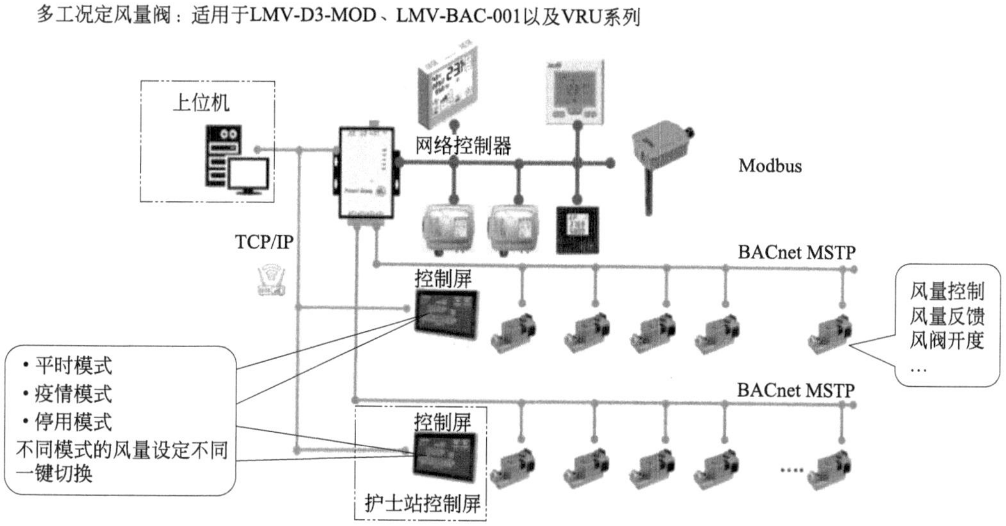

多工况定风量阀：适用于LMV-D3-MOD、LMV-BAC-001以及VRU系列

图 11-18　平疫结合空调末端控制系统图

7～8 层的感染病护理单元小开间采用风机盘管加新风系统，新风经初、中效二级过滤处理后直接送至风机盘管出风管混合后送入房间。每间房间设置排气扇，直接排入竖井或排至排风管内，然后经排风机排出室外。

感染楼的负压病区空调系统末端采用平疫结合医院设计，主要设计理念为全空气系统（双风机）＋独立排风机：①作为传染、感染病医院，全空气系统杜绝水，减少房间内污染源和细菌的滋生，保证空气质量；②传染、感染病医院要达到压力差，密闭性很重要，尤其医院的内区，对温度、湿度要求更高，而风机盘管的处理湿负荷能力弱，全空气系统处理湿负荷能力强；③考虑平战结合，疫情来临时，风机盘管＋新风系统的新风量巨大，无法保证全新风运行，而全空气系统可以保证足够新风量和处理的新风负荷；④负压病房关键技术参数的控制；新冠肺炎疫情期间，为了保护进入病房的医护人员的健康，防止交叉感染，通过进行压差气流组织的控制，提出负压病房关键参数控制技术（图 11-19）；⑤新风预冷蒸发除湿技术：为了给病人营造一个安全舒适的病房环境，防止室内新风由于广州市梅雨季节的空气湿度过大导致在病房内遇冷凝结，故采用新风预冷蒸发除湿技术，将送入病房的新风进行除湿处理。负压病房温度、湿度、负压值及压力梯度控制、新风量、空气洁净度级别、换气次数、噪声等技术指标参照国内最新标准、规范及国际标准执行，项目建成后，经院方测试合格后投入使用，在本项目病区收治了 2020 年全年广东省 90％以上的新冠肺炎患者，救治率在全国及全球领先，达到国际先进水平。

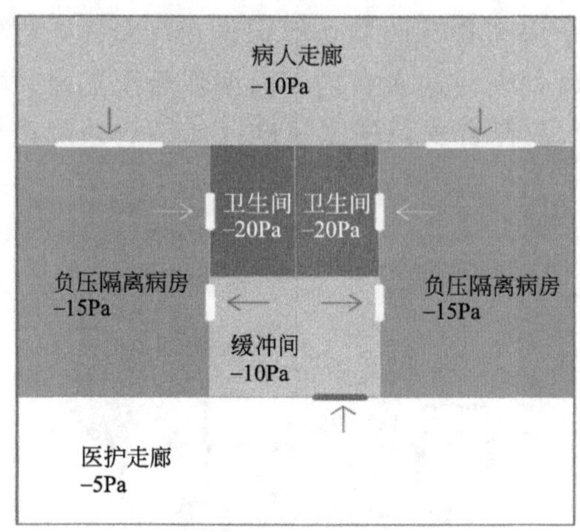

图 11-19　负压病房布置

新风质量处理技术：当室外空气品质不佳时，新风处理机组可根据需求选配不同功能段，对送入室内的新风进行多种预处理，以确保新风安全、洁净、新鲜，实现对室内空气品质和湿度的调节（图 11-20）。

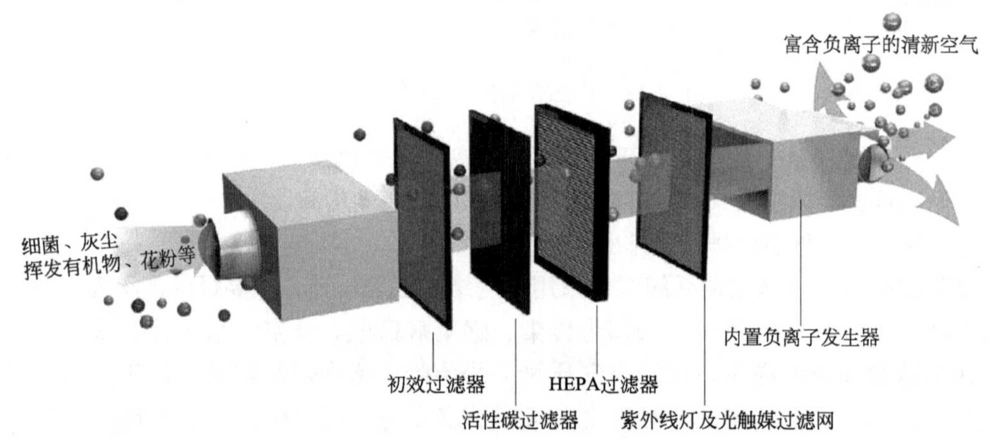

图 11-20　新风系统工作原理

（2）扩建医技楼

公共、普通区域采用风机盘管加新风系统，新风处理后独立送入室内，无外窗的房间设置机械排风。

部分实验室区域采用全空气系统和负压设计，具体由专业公司负责设计，已预留用于独立排风处理的排风井。

消防控制中心设单冷分体空调器，电梯机房采用分体式空调器。

污物的处置室也要进行排风，排风的换气次数不小于 6 次/h，并要防止室外空气从排风口中倒灌进来。各末端机组均配置杀毒灭菌装置。

11.4.5　通风系统

（1）各区域通风系统根据表 11-7 参数设计。

各区域通风系统参数设计　　　　**表 11-7**

区域	排风量(次/h)	备注
变配电室	15	室内负压
卫生间	15～20	室内负压
地下设备用房	7	室内负压
药库排风	3	室内负压
化验科室	3	室内负压
暗室	10	室内负压
中心供应(分类清洗、消毒)	8	室内负压
ICU	不小于新风 90%	室内正压
监时观察、体液	3	室内负压
候诊厅	不小于新风 90%	室内正压
会议室	不小于新风 90%	室内正压
地下车库	按规范	自然进风与机械送风相结合

（2）卫生间每间设有排气扇及独立排风系统，排风机设在屋顶上，排风箱风量为新风总量的 90%选用，经排风竖井排出室外。

（3）地下变配电室按其发热量计算，夏天送冷风，室内循环，其他季节设机械送、排风系统。

（4）地下设备用房均设机械送、排风系统，把余热排出室外。

（5）污洗间设独立机械送、排风系统，把异味、臭气、湿气排出室外。

（6）地下车库按面积自然进风与机械送风相结合，按防烟分区设机械排风兼排烟系统，换气次数 6 次/h。

（7）ICU、病理解剖标本室等设计机械排风除臭。

11.4.6　自控与调节

1. 冷冻水泵及制冷机组等进行程序控制

冷冻水泵、制冷机组一一对应连锁运行，根据系统冷负荷变化，自动或手动设置制冷机组的投入运转台数（包括相应的冷冻水泵等）。开机程序：冷冻水泵→制冷机组。停机程序相反，而湿冷机组、冷冻水泵等也可单独手动投入运转。

各冷冻水泵、制冷机组等均独立由有关电气控制元件和执行元件来控制启、停、能量控制、安全保护、运行参数监控等，也可进行单机自控或群控。

2. 空调机组（新风机组）控制

空调机组的水路上装有电动调节阀，由回风温度感测元件和水路上电动调节阀调节水量控制送风温度。

新风机组的水路上装有电动调节阀，通过送风口温度感测元件调节水量控制送风温度。

净化空调机组除冷（热）水路电动阀控制温度、湿度外另需电加湿器，使室内温度、湿度达到要求。净化空调自控含：①风机启停控制及状态显示，故障报警；②温度、湿度等参数显示，超限报警；③ 温度、湿度、焓值控制及防冻保护控制；④风过滤器堵塞报警控制。病房通风控制见图 11-21。

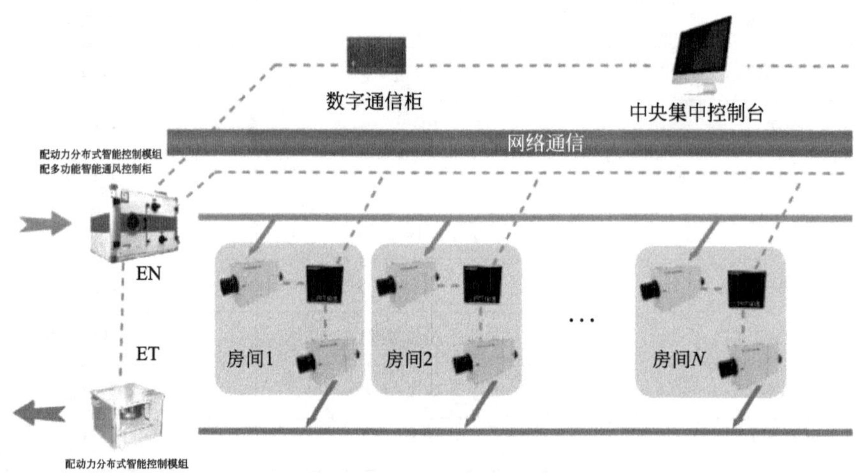

图 11-21　病房通风控制图

3. 风机盘管的控制

每个风机盘管设有温度控制器（带季节转换四档三速开关，电动二通阀的室内恒温器），根据室内回风温度手动调节风机盘管的风量大小和自动控制水路的断、开。

每层楼的空调回水管路上装有电动阀，当该楼层不用时可关闭。

4. 通风系统

（1）通风系统的启停及联锁控制；

（2）风机运行状态显示，故障报警（图 11-22）。

11.4.7　项目效果

项目建成后，经院方测试合格后于 2020 年 3 月 27 日投入使用，为广东省抗疫提供了 1080 床（含一期）负压病房，本项目救治了 2020 年 2～5 月广东省 90％以上的新冠肺炎患者，救治率在全国及全球领先，达到国际一流水平。针对广州市第八人民医院二期建设项目和应急收治工程项目设计中采用的新技术、新设备、新工艺等进行整理总结汇成《新冠疫情期间传染病院建设关键技术集成》课题，是多学科跨专业融合正向推导设计的过程，形成技术重大创新，可为类似的项目提供参考与借鉴。该课题主要创新点有：

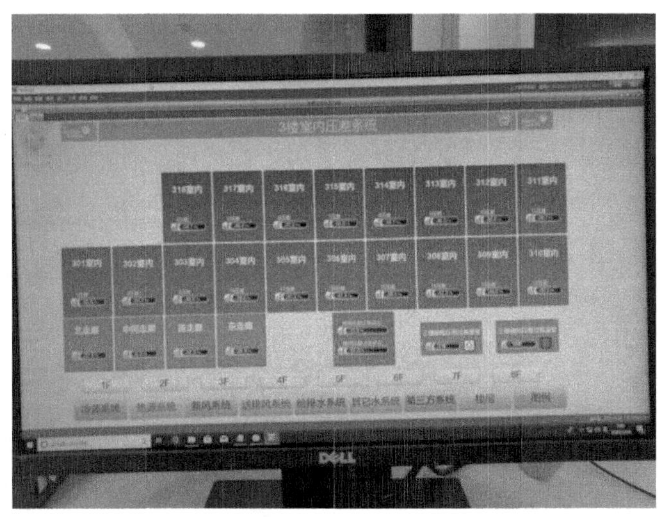

图 11-22　系统控制照片

(1) 平疫结合的医院建设体系，体现了国内“平战结合”的设计理念，且已竣工投入使用；

(2) 负压病房关键技术参数的控制；

(3) 新风预冷＋蒸发除湿技术；

(4) 病区（三区两通道）的压力梯度控制技术，严格将患者流线与医护流线分开，保证空气从清洁区、半污染区、污染区的有组织流动等。

该课题荣获**广东省工程勘察设计行业协会科学技术二等奖**；广州市第八人民医院二期工程暖通空调专业设计获 **2020 年度广州市优秀工程奖建筑环境与能源利用专业一等奖**（图 11-23）。感染病住院楼五、六层空调风管平面如图 11-24 所示，感染病住院楼空调末端水系统如图 11-25 所示，感染病住院楼五、六层空调风口平面如图 11-26 所示，感染病住院楼屋面层空调平面如图 11-27 所示，感染区平面整体压力梯度如图 11-28 所示，隔离确诊病房送、排风系统监控原理如图 11-29 所示。

图 11-23　项目获奖资料（示意图）

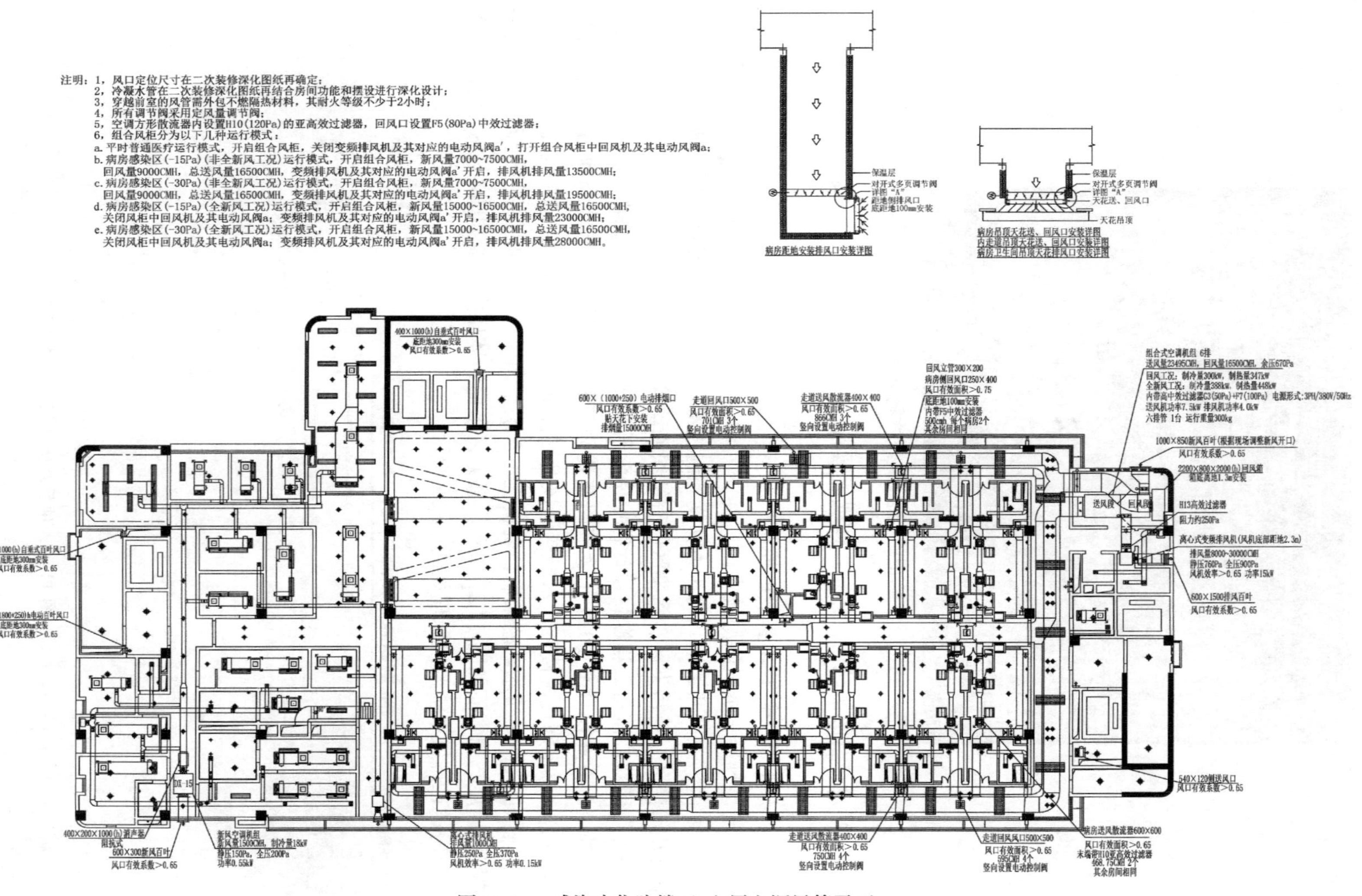

图 11-24 感染病住院楼五、六层空调风管平面

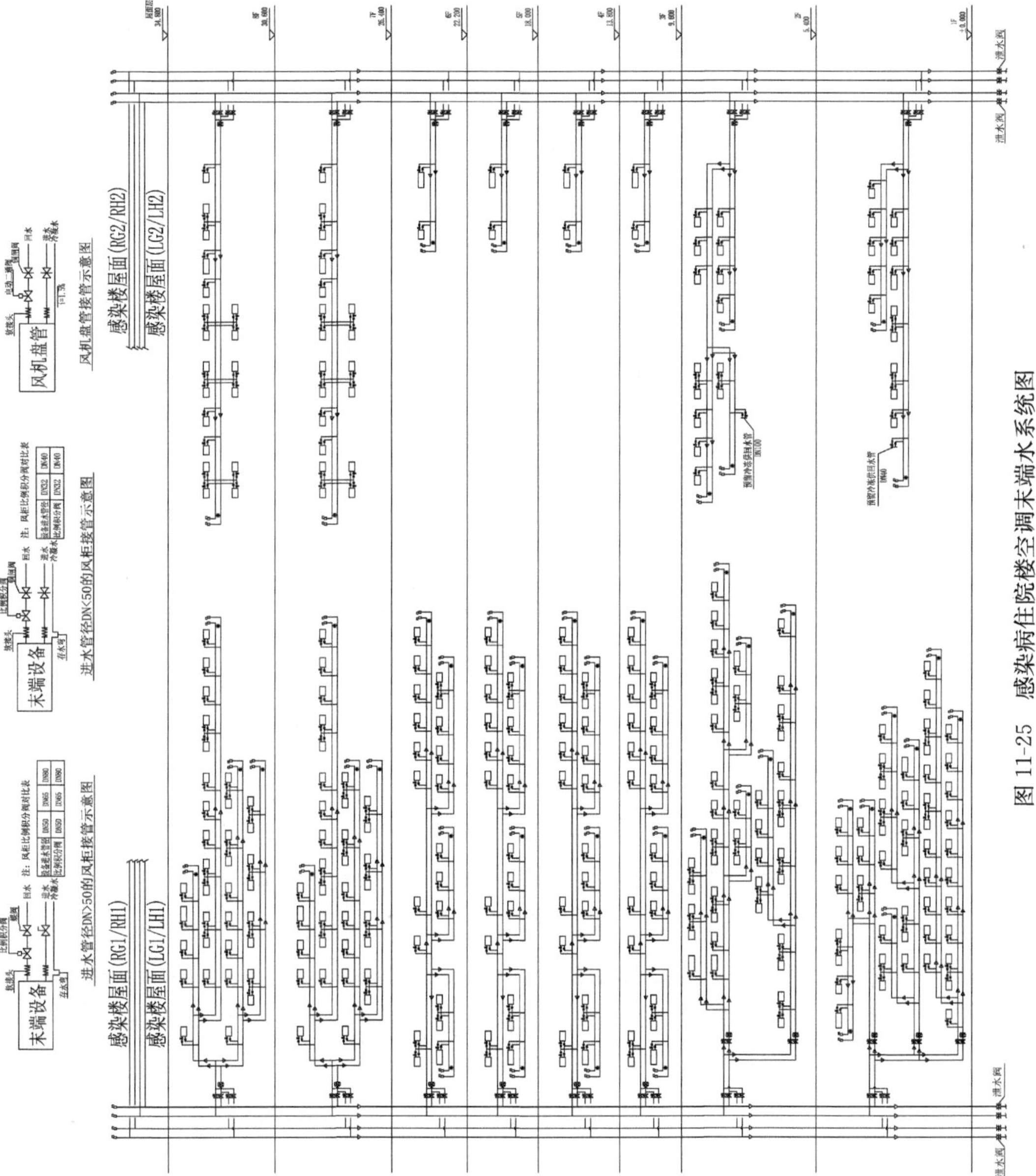

图 11-25　感染病住院楼空调末端水系统图

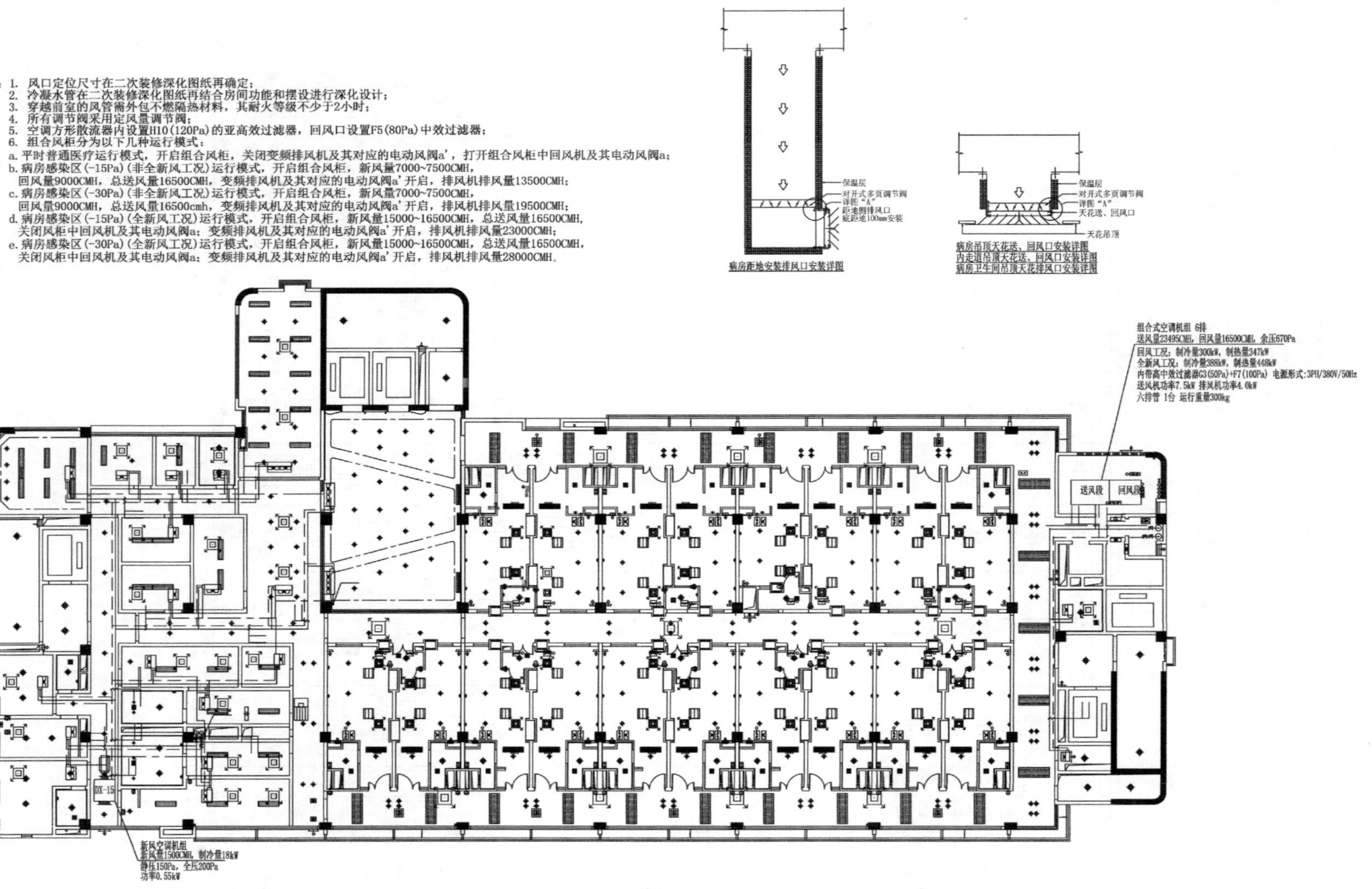

图 11-26 感染病住院楼五、六层空调风口平面

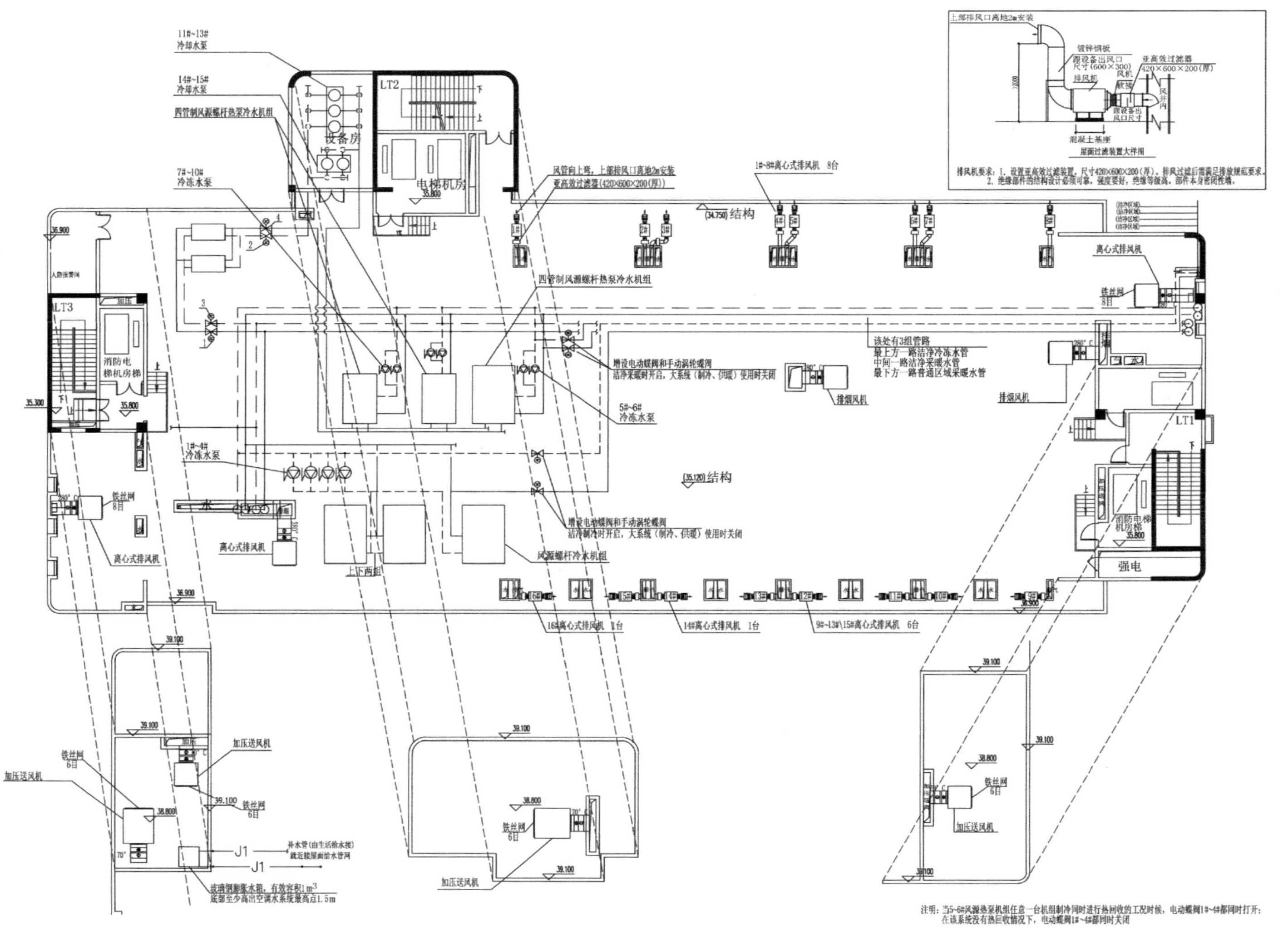

图 11-27　感染病住院楼屋面层空调平面

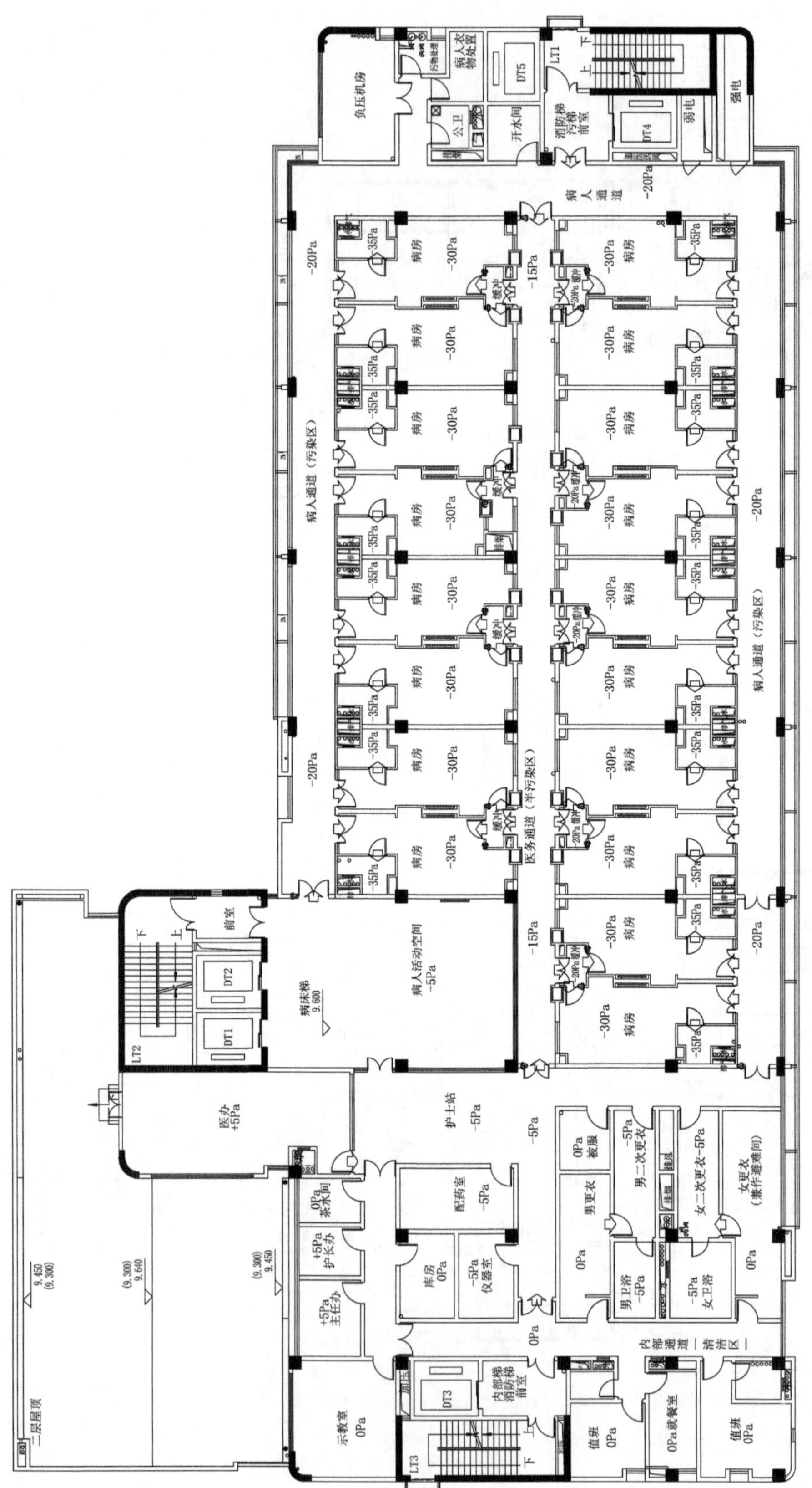

图 11-28 感染区平面整体压力梯度

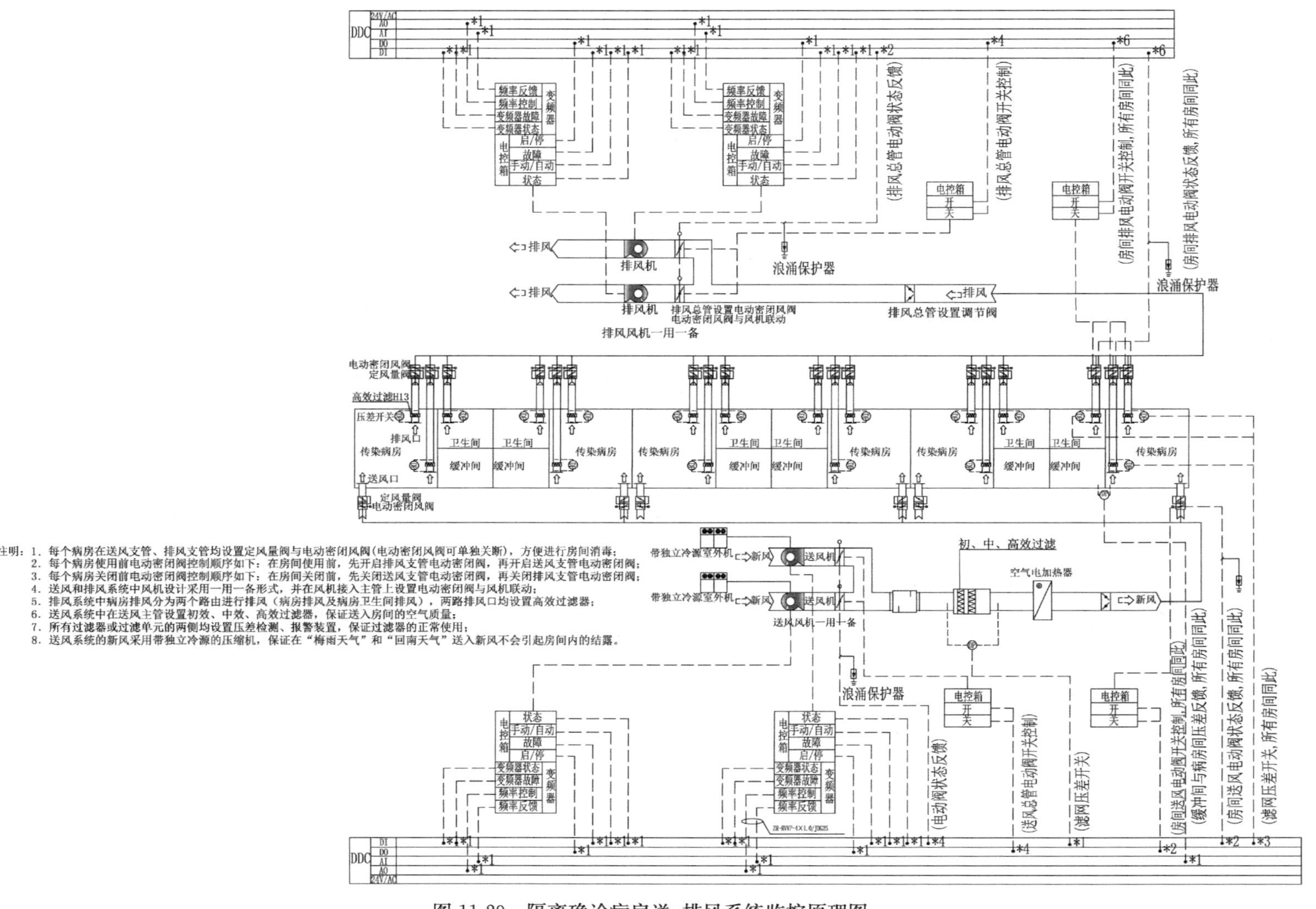

注明：1. 每个病房在送风支管、排风支管均设置定风量阀与电动密闭风阀(电动密闭风阀可单独关断)，方便进行房间消毒；
2. 每个病房使用前电动密闭阀控制顺序如下：在房间使用前，先开启排风支管电动密闭阀，再开启送风支管电动密闭阀；
3. 每个病房关闭前电动密闭阀控制顺序如下：在房间关闭前，先关闭送风支管电动密闭阀，再关闭排风支管电动密闭阀；
4. 送风和排风系统中风机设计采用一用一备形式，并在风机接入主管上设置电动密闭阀与风机联动；
5. 排风系统中病房排风分为两个路由进行排风（病房排风及病房卫生间排风），两路排风口均设置高效过滤器；
6. 送风系统中在送风主管设置初效、中效、高效过滤器，保证送入房间的空气质量；
7. 所有过滤器或过滤单元的两侧均设置压差检测、报警装置，保证过滤器的正常使用；
8. 送风系统的新风采用带独立冷源的压缩机，保证在“梅雨天气”和“回南天气”送入新风不会引起房间内的结露。

图 11-29　隔离确诊病房送、排风系统监控原理图

11.5 广州市第八人民医院应急救护新建工程（广州火神山医院）

项目选址：广州市第八人民医院嘉禾望岗院区内
建筑面积：18500m^2
设计单位：广州市城市规划勘测设计研究院
占地面积：22900m^2
主要设计人：吴哲豪、刘汉华、李刚、廖悦
空调系统：分体式空调机（冷暖型、能效二级以上）
本文执笔人：刘汉华、吴哲豪
负压床：368 床
2020 年 2 月完成设计（15 天完成施工图设计）
本项目获 **2020 年度中国勘察行业优秀勘察设计奖应急救治设施设计奖二等奖。**

11.5.1 项目概况

广州市第八人民医院应急救护新建工程（广州火神山医院），于 2020 年 1 月 30 日紧急接令，应急医院设计火线出图（图 11-30）。广州市第八人民医院是广州市收治新冠肺炎患者的主力医院，承担了广州市近 90%新冠肺炎确诊病例的收治。2020 年春节期间，我院接到了上级关于市八院防疫应急工程建筑设计任务，疫情就是命令，我院迅速进入一级响应，立刻开展应急医疗用房设计研讨、方案模拟和规模评估等前期工作。同时，还派出测量人员利用无人机等高科技手段，火速采集、制作市八院（嘉禾）院区影像图和地形图。克服一切困难，忘我工作，不分日夜连续奋战，争分夺秒设计出图，48h 完成三套设

图 11-30 广州火神山医院平面布置图

计方案，方案敲定后 76h 又完成全专业施工图纸，高效率的设计响应为全面施工做好了准备。与此同时，原由我院承担的同院区二期工程两栋在建建筑，被确定为本次抗击疫情的重要医疗功能支撑。我院建筑设计团队又再次勇挑重担，配合施工进度全力提供技术支持，优化调整施工图设计，确保 15d 能完成原定四个月的工程量，让工程项目在疫情高点时能及时、有效投入使用，充分发挥紧急救治功能（图 11-31、图 11-32）。

图 11-31　广州火神山医院效果图

图 11-32　广州火神山医院现场照片

11.5.2　装配式结构形式

隔离住院区采用集装箱房，医技区采用活动板房（简称 K 房），病区四周连廊用集装箱，其余连廊用活动板房（图 11-33）。

11.5.3　附图

广州火神山医院相关附图如图 11-34～图 11-42 所示。

图 11-33 广州火神山医院结构形式

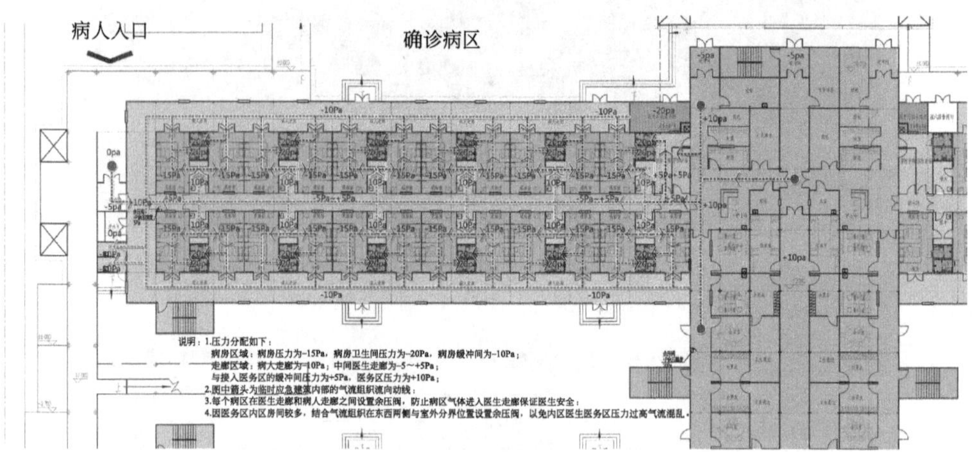

图 11-34 广州火神山医院附图一

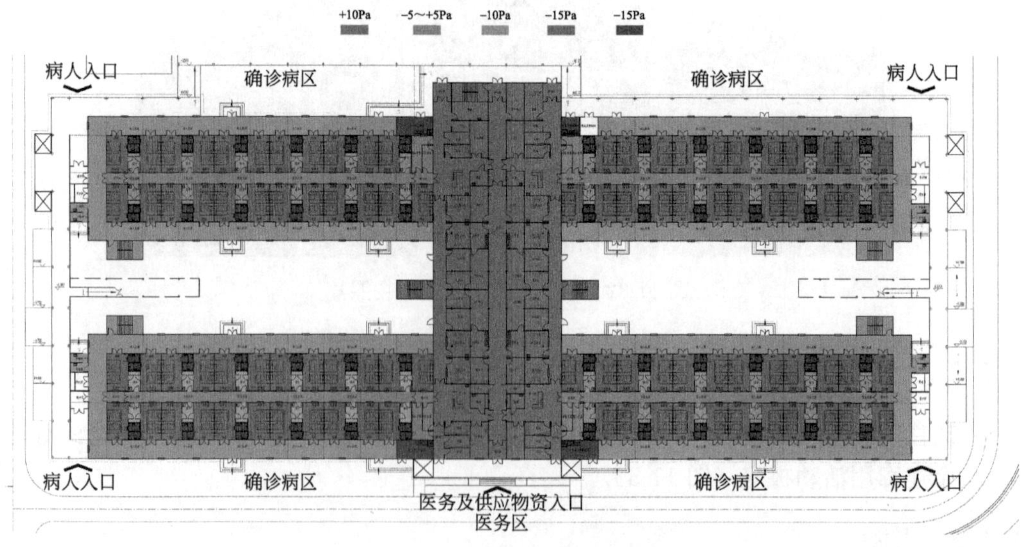

图 11-35 广州火神山医院附图二

全图压力梯度

管线布置说明：
1.不同污染等级区域压力梯度的设置应符合定向气流组织原则，应保证气流从中间医务走廊(+10Pa)→半污染区(护士站)(+5Pa)→病房区域缓冲区(+5Pa)→病房区域医生走廊(-5Pa～+5Pa)方向流动。
2.病房区域及医务区域按分区设置独立机械送、排风系统，送风机根据排风机开启状态进行联动开启、关闭，保证区域间压力梯度从而有效控制病毒等污染物传播。
3.送、排风机均设置在屋面。机械送风总管设初中高效三级过滤器。
4.医务区根据不同房间需求设置送风量和排风量，保证新风换气次数不小于6次/h换气；排风设置变频排风机，根据压差控制排风量，确保该区域维持正压。送、排风机均设置在医务区屋面，送风总管设初中高效三级过滤，排风总管设高效过滤器。
5.病房区根据传染病规范要求保证换气次数不小于12次/h计算，送风机、排风机均设置在病房区域屋面，并且风机之间满足水平距离20m设置。

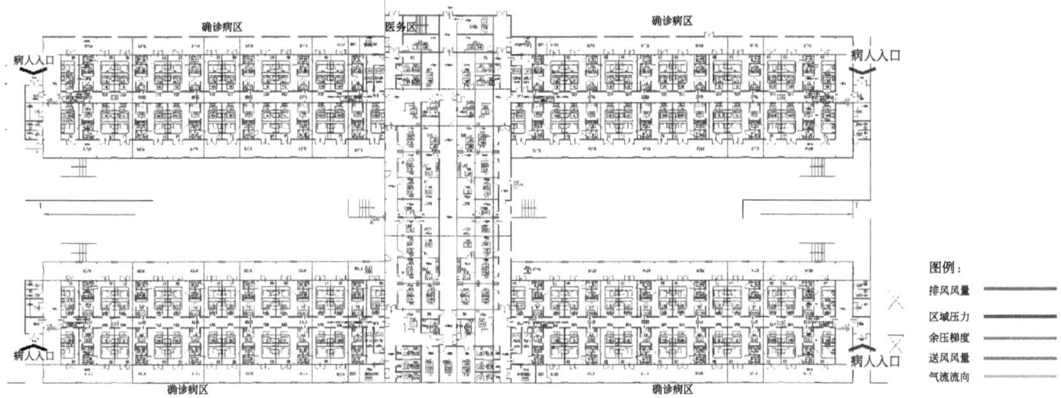

图 11-36　广州火神山医院附图三

西北区域压力梯度

管线布置说明：
1.不同污染等级区域压力梯度的设置应符合定向气流组织原则，应保证气流从病人走廊(-10Pa)→病房区域(-15Pa)→病房卫生间(-20Pa)方向流动。
2.病房区域分为6组送风系统，6组排风系统，每组系统由两台风机组合而成，风机一用一备；并且送风机根据排风机运行模式联动。
3.一个病房分为4块病房区域，各由对应送、排风系统服务；而中间卫生走廊有左右两套的送、排风系统服务。
4.病房洁净走道及缓冲间设机械送、排风系统，送风量不小于12次/h换气，风口侧送；排风设置变频排风机，根据压差控制排风量，确保该区域维持正压。送、排风机均设置在屋面，送风总管设初中高效三级过滤，排风总管设高效过滤器。

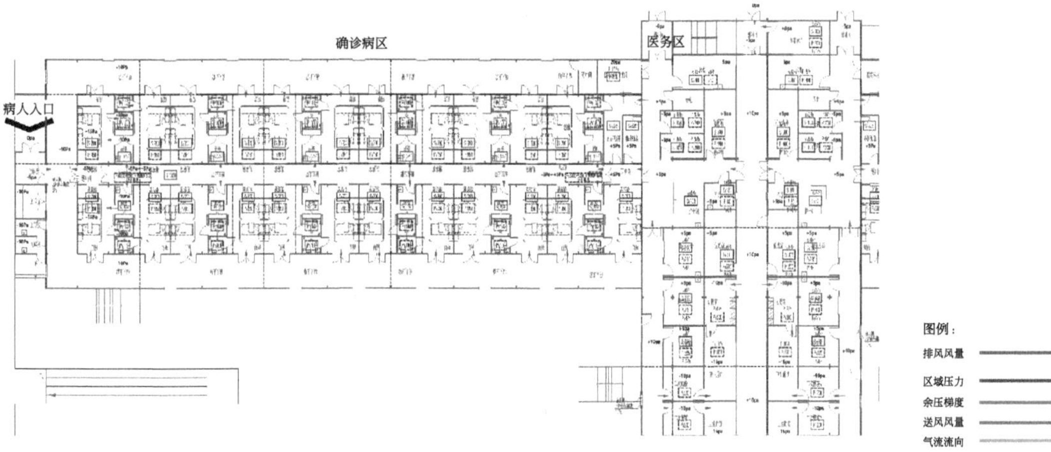

图 11-37　广州火神山医院附图四

病房大样压力梯度

管线布置说明:

1.病房不同污染等级区域压力梯度的设置应符合定向气流组织原则,应保证气流从卫生走廊(-5~+5Pa)→病房缓冲间(-10Pa)→病房(-15Pa)→卫生间(-20Pa)方向流动。

2.病房及卫生间设置机械送、排风支管,每间病房送风量700m³/h,排风量950m³/h,其中病房卫生间排风量为100m³/h,在维持房间负压同时也确保房间与相邻医护走廊、缓冲间、卫生间的设计压差不小于5Pa,从而有效控制病毒等污染物传播。

3.排风口或在排风机组入口前端设置高效过滤器。

4.确诊病房区域每个病房采用独立的送风机和排风机服务,保证排风量,风机之间联动。

5.疑似病房区域每个病房均采用定风量阀+电动密闭阀组合安装在支管上运作,保证风压,并且电动密闭阀进行联动控制。

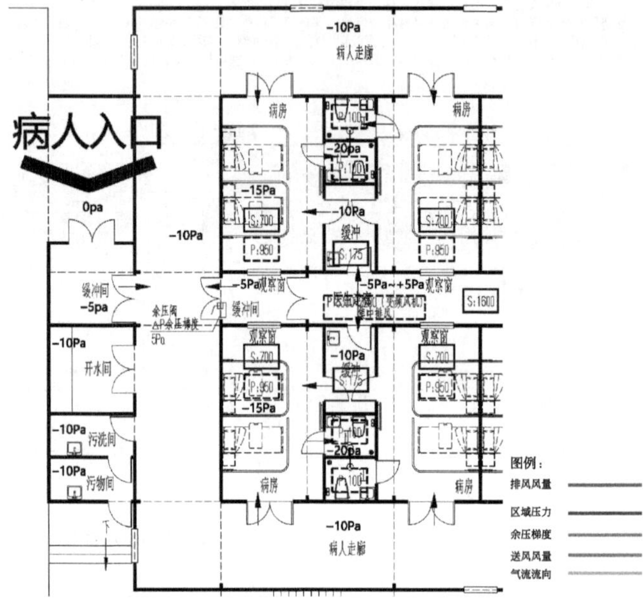

图 11-38 广州火神山医院附图五

隔离确诊病房送排风系统

隔离确诊病房说明:

1.每个病房在送风机、排风机需关闭后方可进行房间消毒。

2.每个病房使用前电动密闭阀控制顺序如下:在房间使用前,先开启排风机,再开启送风机。

3.每个病房关闭前电动密闭阀控制顺序如下:在房间关闭前,先关闭送风机,再关闭排风机。

4.送风和排风系统中集中风机设计采用一用一备形式,并在风机接入主管上设置电动密闭阀与风机联动。

5.排风系统中病房排风机风管分为三个单独路由进行排风(两个病房床前排风及卫生间排风),只在排风机入口端总管上设置高效过滤器。

6.送风系统中在送风主管设置初效、中效、高效过滤器,保证送入房间的空气质量。

7.所有过滤器或过滤单元的两侧均设置压差检测,报警装置,保证过滤器的正常使用。

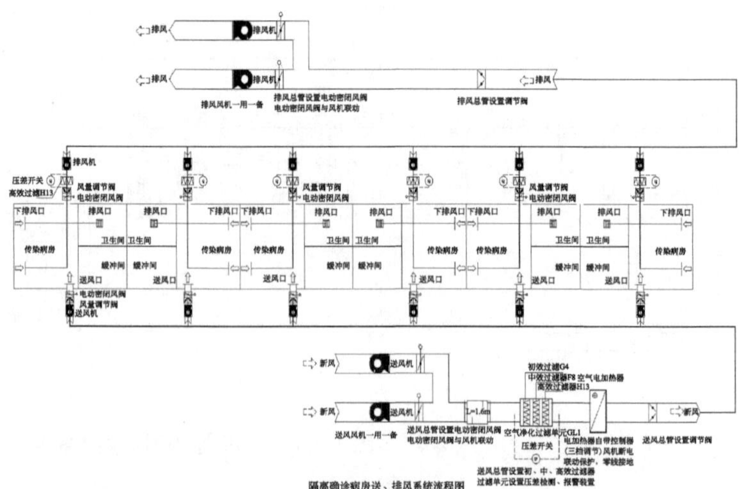

图 11-39 广州火神山医院附图六

隔离疑似病房送、排风系统

隔离疑似病房说明：

1.每个病房在送、排风机关闭后方可进行房间消毒。

2.每个病房使用前电动密闭阀控制顺序如下：在房间使用前，先开启排风机，再开启送风机。

3.每个病房关闭前电动密闭阀控制顺序如下：在房间关闭前，先关闭送风机，再关闭排风机。

4.送风和排风系统中集中风机设计采用一用一备形式，并在风机接入主管上设置电动密闭阀与风机联动。

5.排风系统中病房排风机风管分为三个单独路由进行排风(两个病房床前排风及卫生间排风)，只在排风机入口端总管上设置高效过滤器。

6.送风系统中在送风主管设置初效、中效、高效过滤器，保证送入房间的空气质量。

7.所有过滤器或过滤单元的两侧均设置压差检测、报警装置，保证过滤器的正常使用。

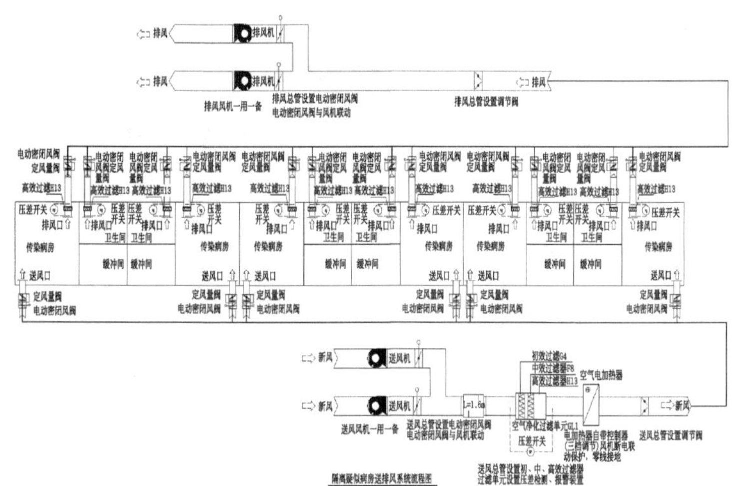

图 11-40 广州火神山医院附图七

隔离确诊病房说明

1.每个病房设置独立的送风机和独立的排风机，保证病房风量和压差。

2.排风口设置于每个床位的病人污染区，保证确诊病房的污气及时排走。

3.独立的送风机和排风机，保证管路的密闭性以免隔壁病房的气流倒流。

隔离疑似病房说明

1.病房的送风支管、排风支管均设置定风量阀与电动密闭风阀，通过定风量阀保证房间风量和压差。

2.排风口置于房间门侧下部，送风在同侧上部送风，最大限度保证房间气流组织。

3.通过单独关断电动密闭风阀，保证病房的密闭性。

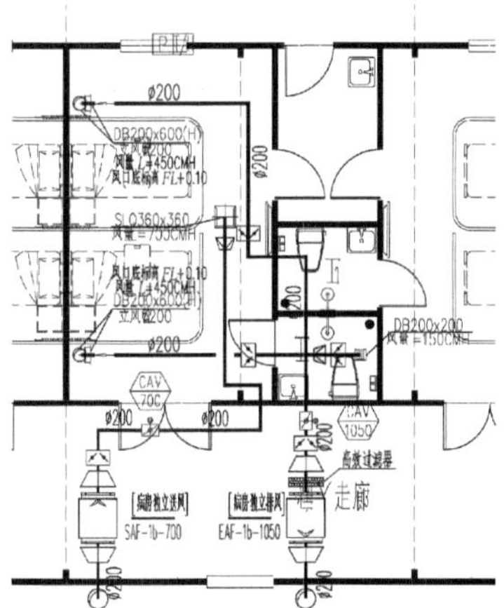

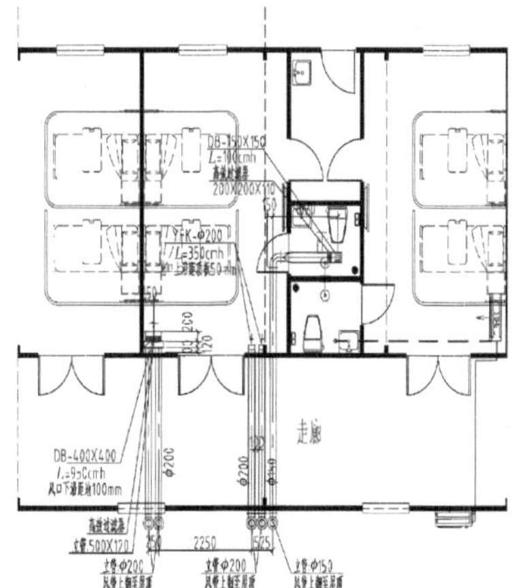

图 11-41 广州火神山医院附图八

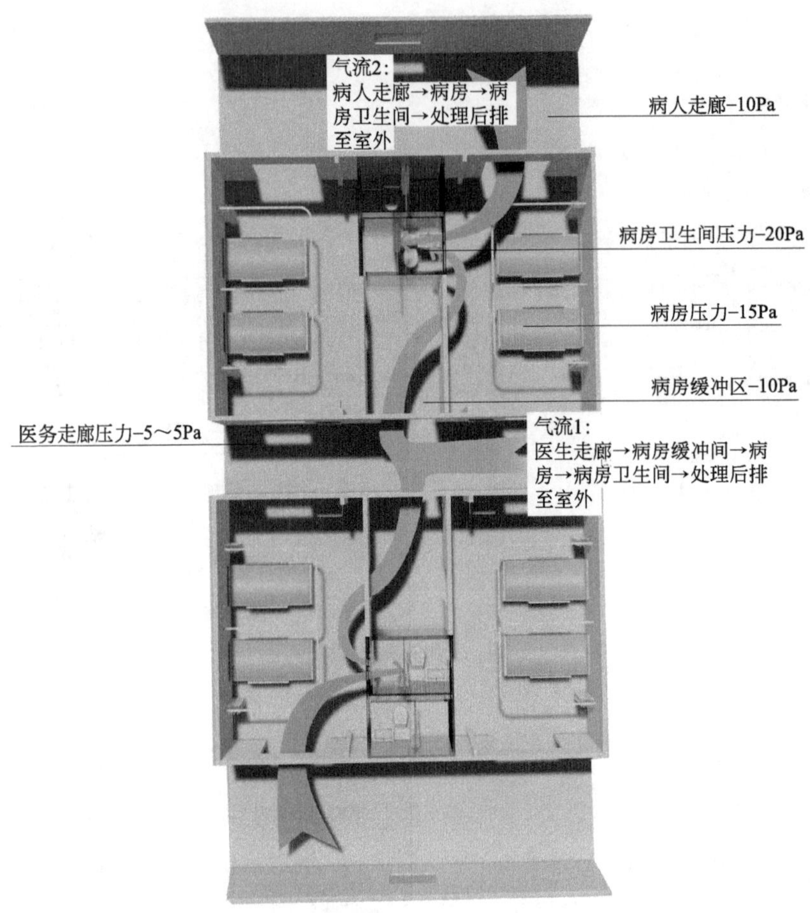

图 11-42　广州火神山医院附图九（有组织气流设计）

11.6　广州呼吸中心（国家级呼吸中心）

项目地点：广州市荔湾区大坦岛桥中路

设计单位：广州市城市规划勘测设计研究院

主要设计人：刘汉华、吴哲豪、李刚、廖悦、张湘辉

本文执笔人：刘汉华、吴哲豪

设计时间：2018 年 7 月

竣工时间：2021 年 7 月

11.6.1　项目概况

广州呼吸中心建设项目是广州市"十三五"时期医疗卫生重大项目，为全国首家呼吸中心，将医院、培训基地、转化医学、基础实验等融合为一体，由钟南山院士团队带领，汇聚呼吸领域的顶尖力量和临床经验丰富的专家群体，建成国际上呼吸疾病医、教、研、产的科技龙头。

图 11-43　广州呼吸中心效果图

图 11-44　广州呼吸中心入口图

本项目为广东省和广州市共建的重点工程，位于荔湾区大坦岛桥中路，项目占地面积 8.49 万 m^2，总建筑面积 21.7 万 m^2，临床研究床位 1200 张（三甲综合医院），总投资约 26.98 亿元，项目被规划二路划分为东、西两个地块，其中西地块为医疗区，由门诊楼（5 层）、医技住院综合楼（20 层）组成，东地块为教学科研和学术交流区，由国家重点实验室（15 层）、学术科研楼（6 层）组成（图 11-43、图 11-44）。呼吸中心不仅是综合三甲医院，而且也承担了国家重点实验室的科研工作，中心在门诊区首层设置发热门诊，二层设置满足新冠防疫要求的呼吸道急诊医务区及病房；生物安全实验室为二期工程，本次设计仅预留冷热源。

11.6.2　室内设计参数

（1）非净化区室内设计参数见表 11-8。

非净化区室内设计参数 **表 11-8**

房间名称	夏季		冬季		新风量标准	噪声标准[dB(A)]
	温度(℃)	相对湿度(%)	温度(℃)	相对湿度(%)		
大厅、走道	25～27	50～65	18～20	50～65	11m³/(h·人)	≤55
候诊区	26	50～65	18～20	50～65	30m³/(h·人)	≤55
门诊、急诊室	26	50～65	18～22	50～65	40m³/(h·人)	≤45
病房	26	50～65	20～24	50～65	40m³/(h·人)	≤45
ICU/重症监护室	24	50～60	20～24	50～65	5 次/h	≤40
新生儿童、NICU	24～26	50～60	24～26	50～65	5 次/h	≤40
分娩室、恢复室	24～26	40～65	23～24	40～60	5 次/h	≤40
医疗功能用房	26	50～65	18～22	50～65	40m³/(h·人)	≤45
办公、会议室	26～27	50～65	18～20	50～65	30m³/(h·人)	≤45
感染病房、感染楼半污染通道	24～25	50～65	20～22	50～65	5～3 次/h	≤45

(2) 净化区室内设计参数见表 11-9。

净化区室内设计参数 **表 11-9**

房间名称	室内压力(Pa)	换气次数(次)	夏季		冬季		新风量标准[m³/(h·人)]	噪声标准[dB(A)]	空气洁净度级别手术区/周边区
			温度(℃)	相对湿度(%)	温度(℃)	相对湿度(%)			
Ⅰ级洁净手术室	+5	—	24	50	22	50	20	≤51	5/6
Ⅱ级洁净手术室	+5	24	24	50	22	50	20	≤49	6/7
Ⅲ级洁净手术室	+5	18	24	50	22	50	20	≤49	7/8
Ⅳ级洁净手术室	+5	12	24	50	22	50	20	≤49	8.5
体外循环室	+5	12	24	50	22	50	—	≤60	7/8
无菌药品、护士站、手术前室、洁净走廊、恢复室等	+5	8～10	24	50	22	50	—	≤55	8.5
预麻醉、刷手间	−5	8	24	50	22	50	—	≤55	8.5

11.6.3 空调冷热源系统

集中空调总冷负荷 12725kW，根据各层各区域用途、功能性质设置中央空调系统，分为主楼空调系统和洁净空调系统，冷水供回水温度 6/13℃，冷却水供回水温度 32/

37℃。供暖热负荷为 3865kW，供暖热水供回水温度 45/40℃，热回收供回水温度 55/50℃。

风冷螺杆式热泵（带热回收）机组可在制冷或制热工况下对部分冷凝热量进行回收，制成热水，可满足医院等场所的生活热水需求或者把回收的热量作为空调热源使用，热回收机组可实现夏季制冷（热回收）、冬季供暖一机多用的要求。热回收机组利用制冷循环中制冷工质冷凝热制备热水。在开空调的季节，或使用制冷设备的同时，机组制备的热水可满足热水等需求，减少资源浪费，节省运行费用（设计参数见表 11-10、表 11-11）。

空调冷热源系统设计参数一　　表 11-10

系统	系统所负担区域与面积		系统总冷负荷	冷水机组			冷冻水泵
	功能区域	空调面积(m^2)	kW	型式	数量(台)	单机制冷量(制热量,kW)	数量(台)
系统一	舒适性区域	100131	10749	变频离心式(其中 CH-1 为磁悬浮)机组	3	2813	4
				风冷螺杆式热泵(带热回收)机组	3	785(764)	4
系统二	洁净区域	17501	2800	变频离心式机组	1	2813	2
				风冷螺杆式热泵(带热回收)机组	4	785(764)	4

空调冷热源系统设计参数二　　表 11-11

系统	冷却水泵数量(台)	冷却塔数量(台)	冷冻站位置	冷冻塔位置	膨胀水箱位置	冷冻水系统最大工作压力(kPa)	冷却水系统最大工作压力(kPa)
系统一	4	6	地下一层	裙楼天面		1200	900
	风冷螺杆式热泵(带热回收)机组		裙楼天面	—	住院楼天面	1200	—
系统二	风冷螺杆式热泵(带热回收)机组		裙楼天面	—	住院楼天面	600	—

系统二中 1 台风冷螺杆式热泵（带热回收）机组供手术室夏季再热及过渡季供热，另 1 台风冷螺杆式热泵（带热回收）机组单冷运行供手术室系统全年制冷，还有 1 台风冷螺杆式热泵（带热回收）机组主要为手术室系统夏季供冷、冬季供暖使用，3 台机组互为备用，机组设于屋面。

系统一空调主机与系统二主机参数及其附属配套设备（冷冻水泵、冷却水泵）的参数相同，在系统一及其供暖系统设置一组冷冻供水路由接到系统二中，通过阀门进行切换，当系统二冷水机组发生故障时，系统一可作为一个备用冷源提供系统二区域的制冷需求。风冷螺杆式热泵机组设计了热回收，负责将夏季的热水提供给给水排水系统，包括洁净区域的加热，机组的能效比最高超过 7.0 以上。

11.6.4　空调系统

塔楼及裙楼的各层门诊、特诊、医技、病房主要采用风机盘管加独立新风系统；大厅、多功能厅等大开间采用全空气系统，过渡季节可以采用全新风，既能满足空气要求，又能节省用电。新风采集口设置初效、中效两级过滤，保证医院的洁净要求。

11.6.4.1　空调水系统

（1）冷冻水和供暖水均采用一次泵变流量双管系统。冷冻水系统采用大温差冷水系统，可减少空调冷水输送水量，降低水泵能耗，减少水系统管材和设备的一次性投资；节省管道设备安装空间、节省运行能耗。

（2）系统一（门诊、特诊、医技、病房等）冷冻水管与供暖水管分为两个相互独立的竖向管网，两组管都采用立管异程，水平管采用两管制形式，通过接入冷冻水立管和供暖水立管前端的电动蝶阀进行冷冻水、热水的切换，实现不同功能的制冷、供暖需求。系统二（净化区域、手术室等）水平管采用四管制形式，冷冻水管与供暖水管分为两个相互独立的竖向管网；系统一在冷冻水平管和供暖水平管的回水管上增设阀门以便维修；系统二的冷冻水管和供暖水管增设旁通管以便在维修期间不影响使用需求。

（3）水平回水干管设置压差式动态平衡阀，同时设置冷量计量装置。

11.6.4.2　空调风系统

（1）本项目在门诊区首层、二层设有呼吸道传染区域（以诊室为主），重诊患者如需住院需送至广州市第八医院（市传染病医院）救治。呼吸道急诊医务区及病房按满足新冠防疫要求的三区两通道布置，该区域为全新风直流式空调系统，独立设置，与其他部门完全隔离，新风经初效、中效过滤后从房间顶部送入诊室，房间下部排风，排风口设有高效过滤器。呼吸道传染区域与旁边非负压隔离区域临界，划分为清洁区、半污染区与污染区，通过风系统的细分把三区分隔，以气流控制：清洁区（＋5Pa）→半污染走廊（0～＋2Pa）→前室（－2Pa）→病房（污染区）（－5Pa）；室外及病人（污染）走廊（0～＋2Pa）→病房（污染区）（－5Pa）。送、排风机都采用变频风机设计，其新、排风机采用智能联动的风机系统，传感器将检测的室内空气状况转化成数字信号，同步传递到该区域的送、排风机变频模块，模块根据信号大小智能调节风机的转速从而实现风量变化。另外，区域新风系统联动需结合压差传感器、新风最小新风量、空气品质传感器及实时 CO_2 浓度探测等多方面的监测指标对风机的变频模块进行控制实现新、排风机之间的联动控制满足空气质量需求。难点在于考虑医护实际使用功能的建筑医患分离流线规划，以及暖通专业和弱电专业在压力梯度控制上的配合问题。考虑到医院平疫结合，寻求平时工况和疫时工况之间的平衡点，让系统在平时可保证空气质量和卫生标准要求，而在疫时可以根据需求立刻对各区域的新、排风进行远程控制，减小医务人员进入病区调试切换并且可根据实际需求调整各区域之间的压力梯度以免出现交叉感染的情况。

其中由于病房内的空气压力受到医护走廊空气压力、病人走廊空气压力影响，医护走廊空气压力受到多个病房的空气压力影响，病房与走廊之间的压差是相互耦合的关系，故需要找到最佳的体现医护走廊与病房之间压差的测试压差位置，从而来控制医护走廊的送、排风机风量及开启程度。

（2）结合建筑物的功能及门诊、特诊楼的使用特性，空调系统采用风机盘管加新风系统。房间及走廊内布置风机盘管，以负担室内的冷负荷。风机盘管设有带温控器的控制开关，使用人可根据需要设定室内温度，并可灵活关闭。风机盘管的回风口设广州科帮公司的复合式过滤灭菌装置（静电纤维、UVC 紫外光、等离子体、光触媒四合一），保持送风清洁。新风机组新风直接取自室外，并设置紫外线装置杀菌。新风机组将室外新风处理到室内温度，后经风道输送到每个房间及走廊内，考虑到医院建筑门诊部人流量大的特性，门诊部充分考虑人员负荷，并适当加大新风量。在新风机新风入口处，设电动对开多叶风量调节阀，可根据使用要求调节风量，另一个重要作用是与新风机组风机联锁，当风机停止运转时，阀门自动关闭。新风机组入口设初效过滤器，保持进风的清洁，出风段设消声器，降低噪声。

（3）大堂、大厅等大开间采用全空气系统，过渡季节可以采用全新风，既能满足空气要求，又能节省用电。新风采集口设置初效、中效两级过滤，保证医院的洁净要求。

（4）普通病房和房间的压力控制，普通病房对房间的气流方向无严格的要求，通常采用房间正压控制。在采用风机盘管加新风的空调方式时，由于每个房间必须保证一定的新风量，因此易实现房间的正压控制。病房楼各病房卫生间配通风器，排至垂直风道，再通过位于屋面的排风机集中排至室外。传染病房楼各病房卫生间的排风为分层设排风机从屋面排出，为减少对周围大气的污染，排风系统上特设中高效过滤器。

11.6.4.3 特殊房间空调系统

（1）在住院部 ICU 区，要求 10 万级空气洁净度，依照现行国家标准《医院洁净手术部建筑技术规范》GB 50333 要求，冬夏室温均控制在 24～26℃，湿度控制在 40%～60%，换气次数为 15 次/h，最小新风换气量为 4 次/h。该洁净区采用全空气系统，新风设初效过滤 G4，机组内设中效过滤 F7，以及超低阻力复合式过滤灭菌装置（静电纤维、UVC 紫外光、等离子体、光触媒四合一），房间内设亚高效送风口 H10，房间保持正压，隔离病房保持负压。

（2）医技部手术区域。由于医技部使用功能复杂，对室内温度、湿度及洁净度要求各不相同，空调系统相对复杂，在有洁净度要求及温度、湿度要求的区域，采用全空气系统，其他普通功能辅助用房及办公用房仍采用风机盘管加新风系统。对有 10 万级洁净要求的区域，在该区域附近设置洁净空调机房，由于洁净区域过于密集，所以其净化空调设备设在该区域的上一层机房内。洁净区域内室温控制在 24～26℃，湿度控制在 40%～60%，换气次数为 10 次/h。而对于 1 万级以下的手术室根据洁净度要求分别进行独立设计，独立设置新、排风系统，保证手术室长期洁净要求。手术区域空调系统见图 11-45。

（3）所有洁净空调机组冷盘管侧均加装 UV 紫外灭菌装置，对机组内部进行杀菌消毒，防止机组在非干工况运行时产生的细菌对空气造成污染；所有恒温恒湿洁净空调机组及恒温恒湿新风洁净空调机组的送回风管处均加装风管管道式灭菌净化装置，对空气净化区风系统进行杀菌消毒，防止空气中残留的细菌对洁净区的空气造成二次污染；所有供洁净区的卫生型洁净新风机组的新风引入管内和所有的层流送风天花均加装复合式灭菌装置，在新风初始端及送风末端为送风系统中的细菌建设第一道及最后一道防线；通过三重灭菌设备保护使空气得到最好的净化效果，从而降低病患的感染率。

11.6.5 排风、排烟系统

（1）本项目防排烟系统均按现行国家标准《建筑防烟排烟系统技术标准》GB 51251 执行，净化区按防火分区内再分防烟分区进行排烟系统设计，所有消防系统均由首层消防

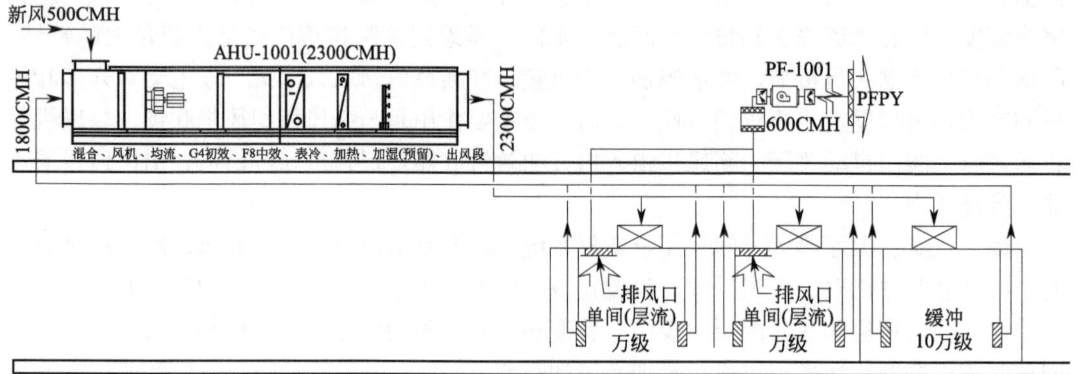

图 11-45　手术区域空调系统图

控制中心监控。本书就不详述了。

（2）门诊急诊室、病房区域根据功能划分设置独立机械新风系统和机械排风系统，内部循环回风采用复合式过滤灭菌装置（静电纤维、UVC 紫外光、等离子体、光触媒四合一）送入室内，使消毒后空气中的细菌总数≤4CFU，排风系统通过独立竖井到屋面排放；地下室、设备房设置机械排风及排烟系统，排风按 5～8 次/h 换气考虑；卫生间、清洁室、污渍冲洗设施等潮湿区域均设置排风道，排风按 10～15 次/h 换气考虑，在没有人的情况下通过臭氧空气净化处理气体，再通过独立的排风竖井排出室外。

（3）手术部设置集中空调通风系统，采用复合式过滤灭菌装置（静电纤维、UVC 紫外光、等离子体、光触媒四合一）先通过中效过滤后经过高效过滤才集中送入室内，使消毒后空气中的细菌总数≤4CFU，排风通过设置的中高效过滤器处理后经独立竖井到屋面排放。

（4）产房、新生儿室、烧伤病房、重症监护室等设置集中空调通风系统，采用复合式过滤灭菌装置（静电纤维、UVC 紫外光、等离子体、光触媒四合一），先通过中效过滤后经过高效过滤才集中送入室内；儿科病室、妇产科检查室、人流室、注射室、治疗室、换药室等采用新风＋回风通风系统，内部循环回风采用复合式过滤灭菌装置（静电纤维、UVC 紫外光、等离子体、光触媒四合一）送入室内，使消毒后空气中的细菌总数≤4CFU，排风系统通过独立竖井到屋面排放。

（5）废气、检验科等特殊气体先通过专用排气管竖井集中引至天面后经高效过滤器过滤，满足现行国家标准《大气污染物综合排放标准》GB 16297 气体排放标准后，经排放口并高于天面 3m 排放（排放高度约 68m）。

（6）停尸房、医疗废物临时储存场地等独立设置机械排风系统，排风按 10 次/h 换气考虑，首先排风经过设置于前端的静电吸附装置进行初效过滤再经过活性炭净化处理器对气体进行吸附，气体需满足标准后排放到室外。

（7）医用功能用房设独立系统，其通风系统排风量按换气次数 3 次/h 计，中心消毒房间、隔离房间等保持负压，其他房间保持正压。

11.6.6　附图

相关制冷系统原理如图 11-46、图 11-47 所示，制冷机房平面布置如图 11-48 所示，洁净空调风系统如图 11-49、图 11-50 所示。

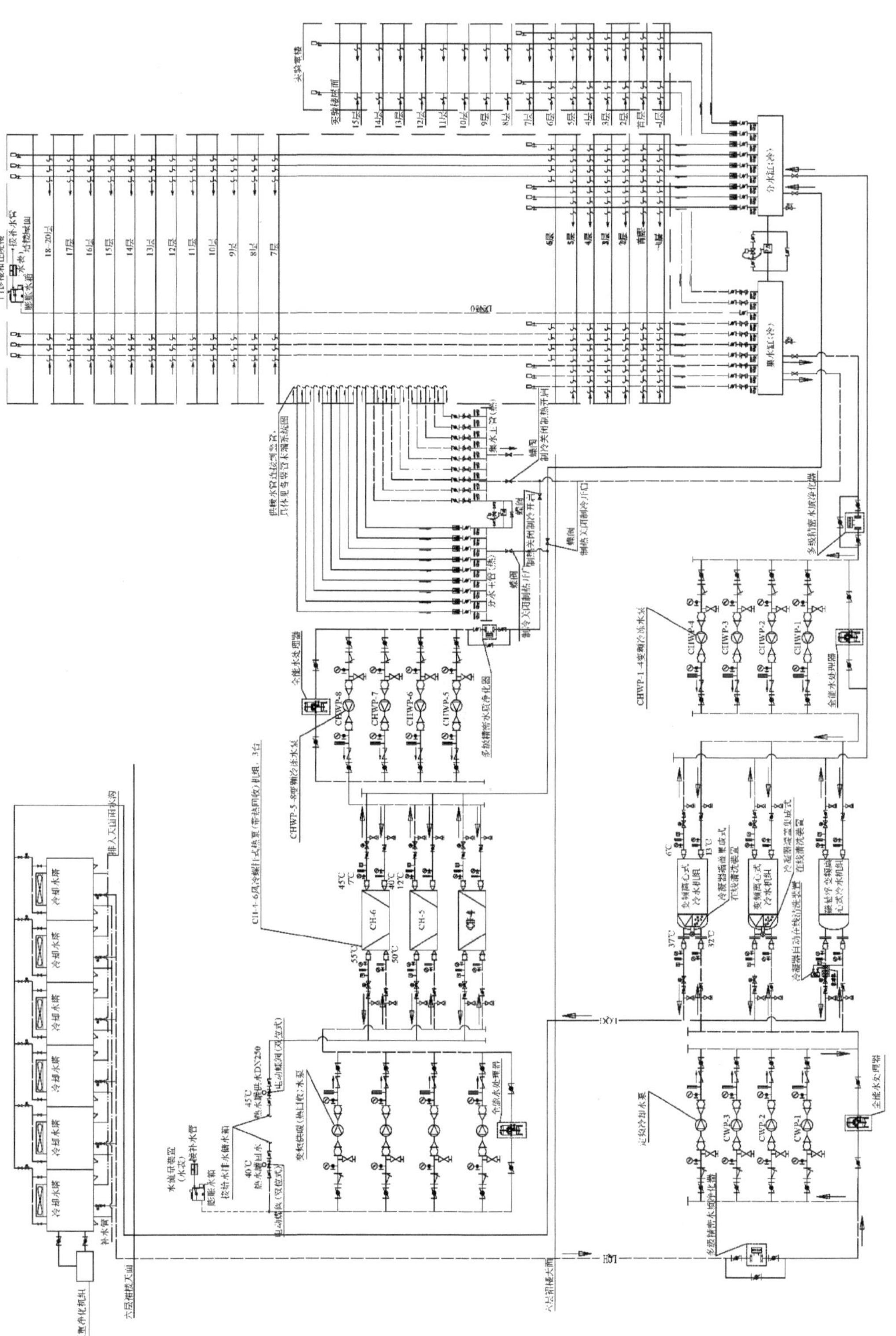

图 11-46　制冷系统原理图(舒适性系统)

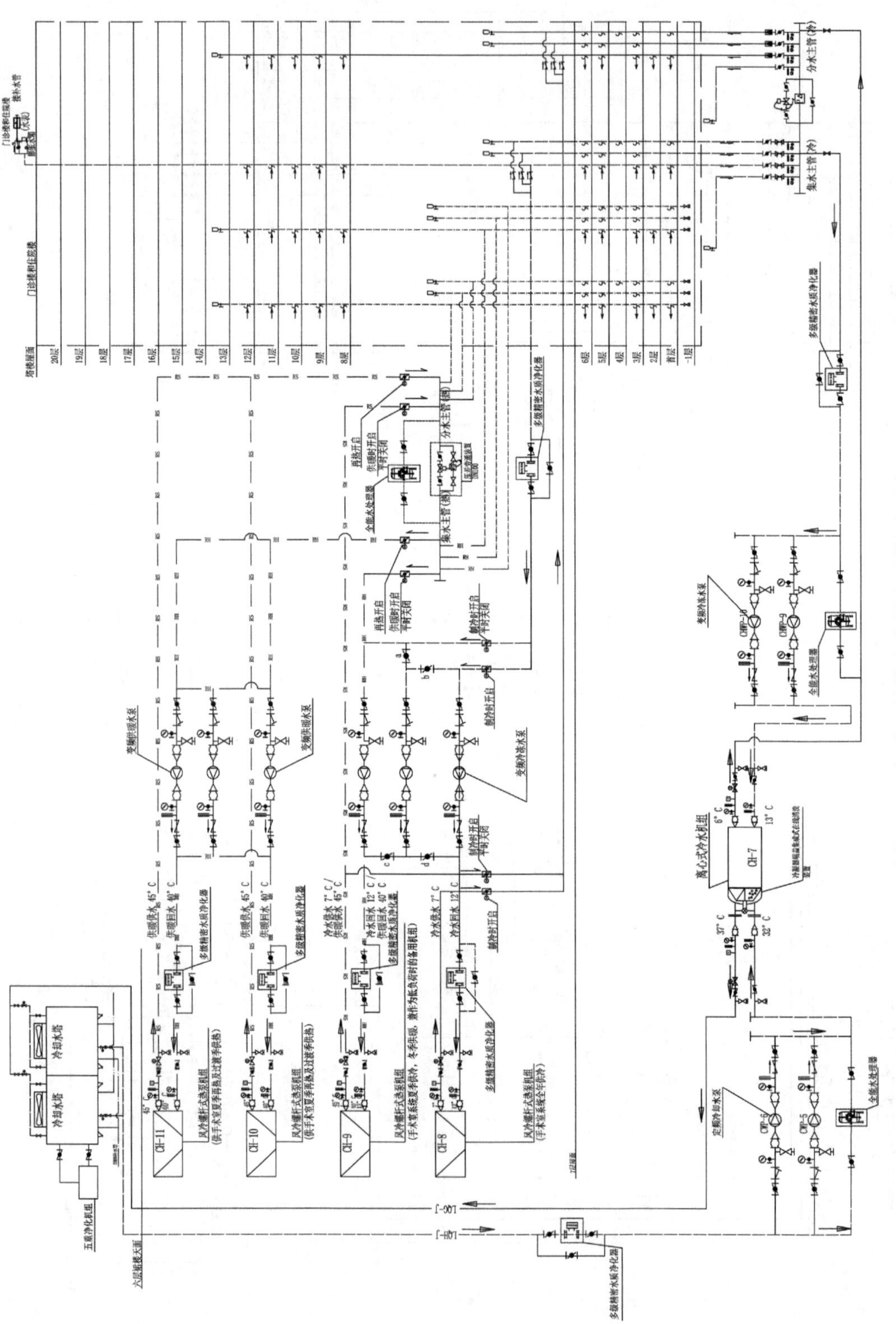

图 11-47 门诊医技楼洁净制冷系统原理图

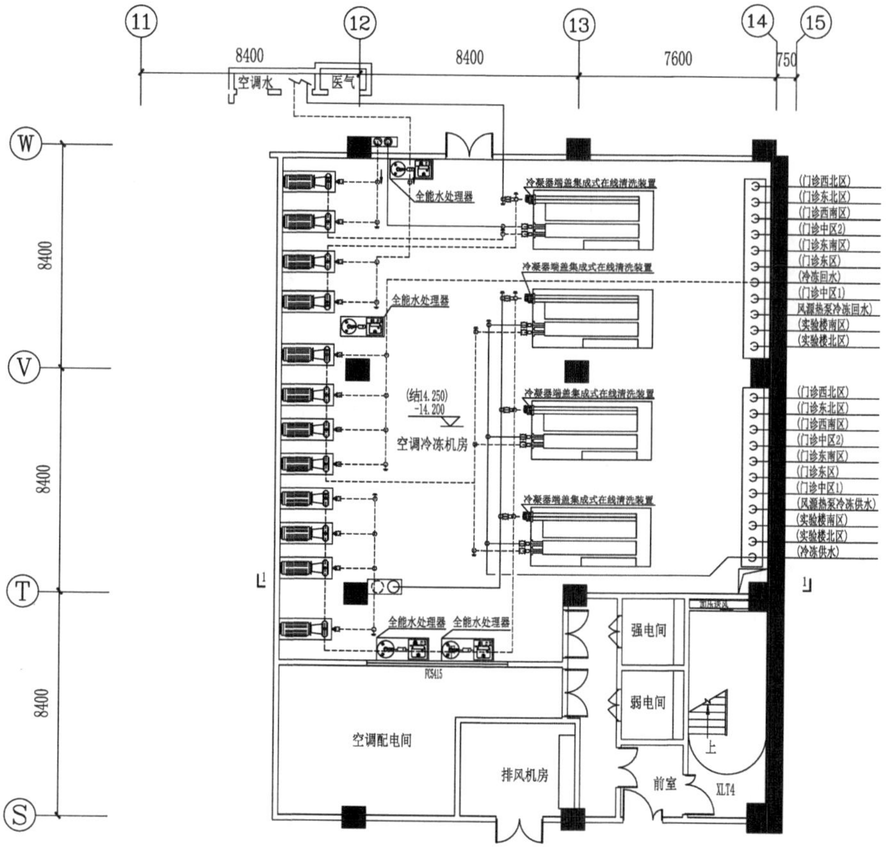

空调水
医气
全能水处理器
冷凝器端盖集成式在线清洗装置
(门诊西北区)
(门诊东北区)
(门诊西南区)
(门诊中区2)
(门诊东南区)
(门诊东区)
(冷冻回水)
(门诊中区1)
风源热泵冷冻回水)
(实验楼南区)
(实验楼北区)
(风源热泵冷冻供水)
(冷冻供水)
空调冷冻机房
强电间
弱电间
空调配电间
排风机房
前室
XLT4

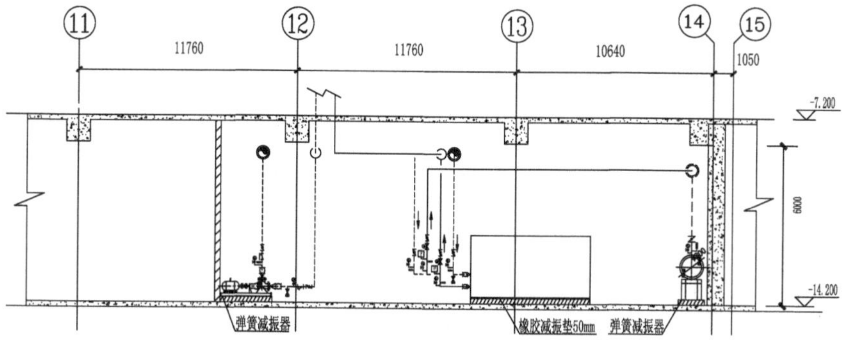

1-1剖面图

弹簧减振器
橡胶减振垫50mm

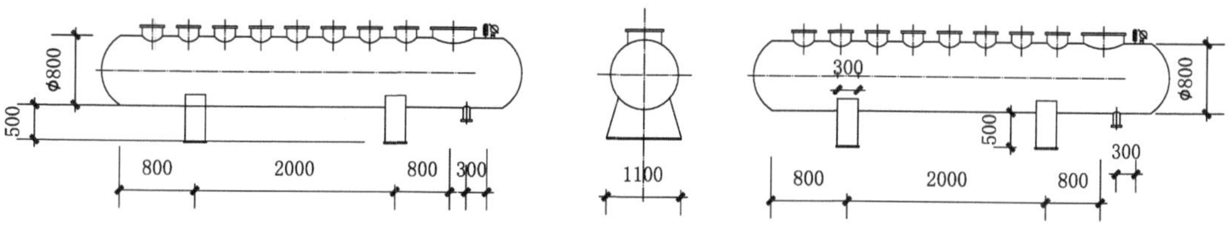

图 11-48　制冷机房平面布置图

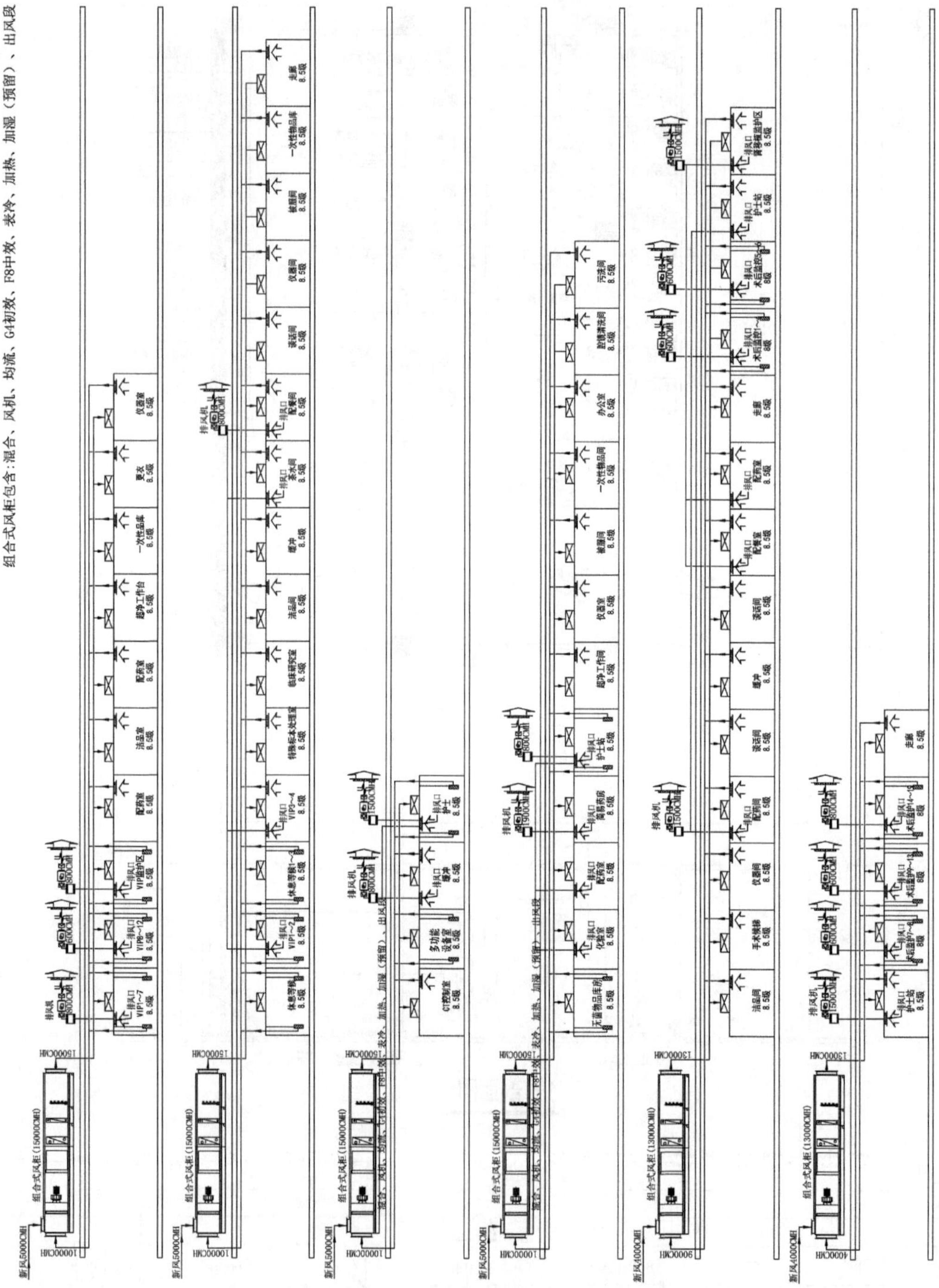

组合式风柜包含：混合、风机、均流、G4初效、F8中效、表冷、加热、加湿（预留）、出风段

图 11-49 洁净空调风系统图(一)

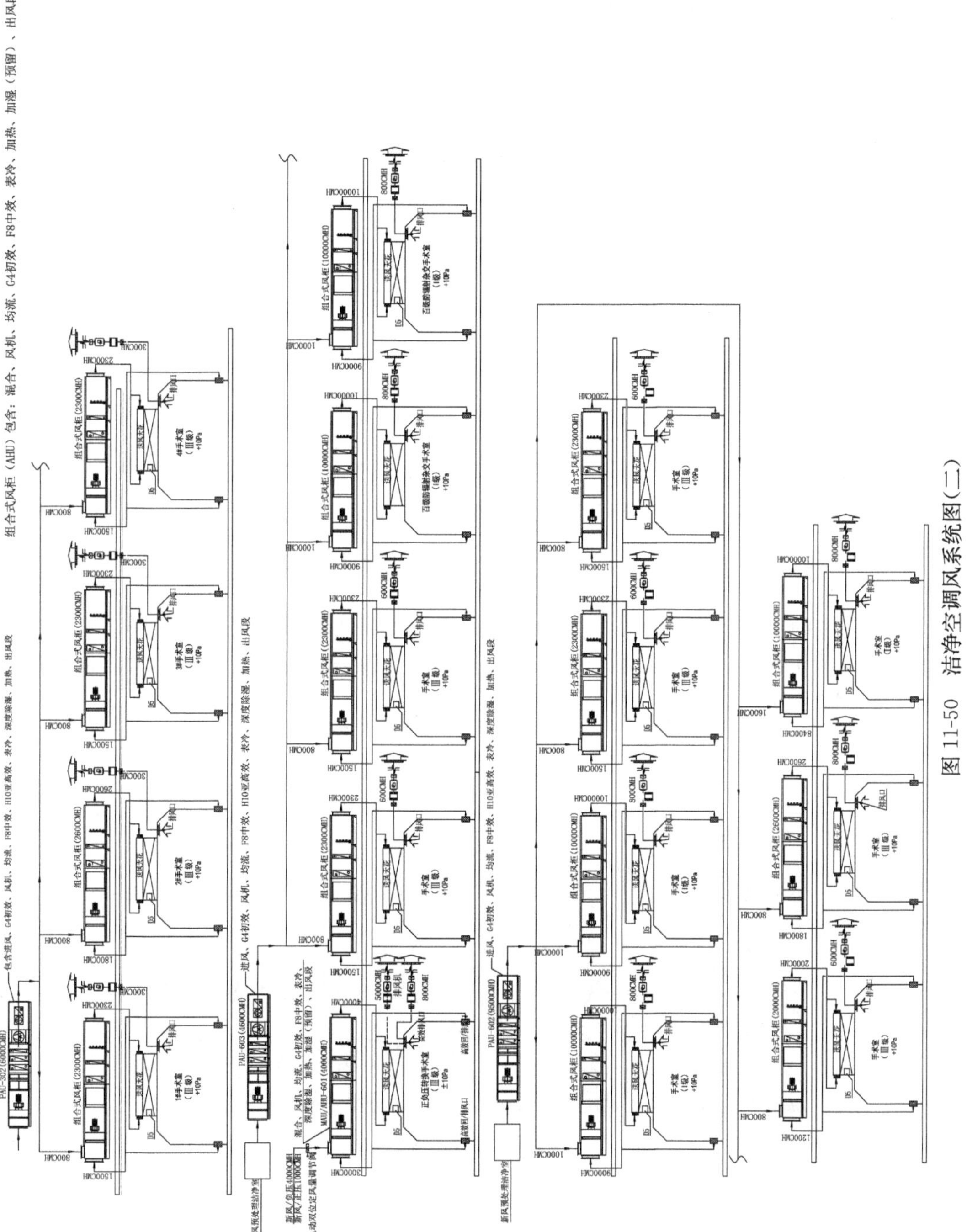

图 11-50　洁净空调风系统图(二)

11.7 广州富力国际医院·UCLA附属医院

项目地点： 广州市番禺区汉溪大道东

设计单位： 广州市城市规划勘测设计研究院（方案、初步设计）
广州市住宅建筑设计院有限公司（施工图设计）

初步设计主要设计人： 吴哲豪、廖悦、张湘辉、刘汉华

设计时间： 2019年

竣工时间： 2021年8月建成投入使用

本文执笔人： 刘汉华、吴哲豪、廖悦

主要设备： 格力2台1000RT永磁同步变频离心机，1台500RT永磁同步变频螺杆机，多联机1360匹，风管机400余套等

11.7.1 工程概况

总用地面积 $40000m^2$，总建筑面积 $172479m^2$，计容建筑面积 $120000m^2$，容积率3.0，建筑密度40%，绿地率40%。用地分东西地块，东地块为250床以国外医疗模式为标准的民营综合医院，综合医院主体建筑门诊住院大楼由一栋13层高层塔楼及4层裙楼组成，一类高层、耐火等级一级，250床综合医院，总建筑面积 $97742m^2$，地上建筑面积 $68290m^2$，地下建筑面积 $29452m^2$。裙楼为地上4层，建筑高度22.4m，塔楼为地上13层，建筑高度64.4m，设2层地下室，地下室和西地块地下室形成一个整体，共计车位1008个。西地块为养老公寓和医药研发办公楼，总建筑面积为 $74737m^2$。本项目为华南地区首个末端设备设置为VAV box的医院（图11-51）。

图11-51 广州富力国际医院效果图（一）

广州富力国际医院·UCLA附属医院是UCLA Health在中国的首家附属医院，医院将以符合JCI（国际医疗卫生机构认证联合委员会）和HIMSS（医疗信息与管理系统学会）的双认证双标准进行运营，计划搭建癌症护理、心脏外科和心血管外科、胃肠病学和胃肠道外科、肌肉骨骼学科和老年病五大卓越中心以及妇女与儿童健康、骨科等17个科室（图11-52）。

图 11-52　广州富力国际医院效果图（二）

11.7.2　空调、供暖负荷

本大楼（东地块）采用中央空调，夏季制冷，冬季供暖，其中空调面积为 63000m^2，按各层各区域用途、空调面积、室外设计温度及室内参数，进行初步负荷计算估算，−1～5 层门诊医护部分空调面积 29200m^2，空调夏季制冷负荷为 3602kW，冬季供暖负荷 2049kW；6～13 层住院部分空调面积 27500m^2，空调夏季制冷负荷为 2042kW，冬季供暖负荷 907kW；洁净部分空调面积 6300m^2，空调夏季制冷负荷为 1230kW，冬季供暖负荷 636kW；空调水系统：一次泵变流量。

11.7.3　室内设计参数及设计原则

（1）本项目冬、夏季设置集中空调，病房、诊疗区域大部分设置 VAV box 的末端设备。

（2）室内设计参数见表 11-12。

11.7.4　空调系统

1. 制冷机组、供暖机组

本项目制冷机组采用变频离心式冷水机组＋变频螺杆式冷水机组＋水-水热泵机组，其中水-水热泵机组带全热回收功能。在空调季节，水-水热泵机组（带全热回收）在制冷工况下对部分冷凝热量进行回收制成热水，可满足医院空调供暖和生活热水需求，同时实现制冷、供暖、生活热水一机三用。热回收机组在热回收应用中可减少因废热的排放而形成的热岛效应，同时提供生活热水，有利于保护环境，减少资源浪费和节省运行费用。

本项目供暖主机采用燃气热水锅炉，考虑到医院洁净区域的热源稳定性，洁净区域热源采用风源热泵系统满足不间断空调供暖需求。

室内设计参数 **表 11-12**

平面位置	功能区		空调系统	选取参数					洁净等级	
	科室	房间名称		温度（℃）	湿度（%）	与邻室的压力关系	最小新风换气次数（次/h）	最小换气次数（次/h）	第一级过滤段（MERV）	第二级过滤段（MERV）
首层	放射科	放射科诊疗区	VAV	22～26	≤60	—	2	6	7	—
		放射科等候室		21～24	≤60	负压（—）	2	12	7	—
		暗室		—	—	负压（—）	2	10	7	—
		放射科检查室		21～24	≤60	正压（+）	3	15	7	—
	紧急救护	检查室	VAV	21～24	≤60	—	2	6	7	—
		观察室		21～24	≤60	—	2	6	7	—
	康复中心	治疗室	VAV	21～24	—	负压（—）	2	6	7	—
		物理治疗		21～24	—	负压（—）	2	6	7	—
	餐厅	餐厅	CAV	21～24	—	—	4	4	7	—
	公共区	门厅	CAV	21～24	—	—	4	4	7	—
	中医药房	中医药房、库房，中药零售区	CAV	—	—	负压（—）	2	4	7	—
	影像科	影像科	VAV	21～24	≤60	—	2	6	7	—
2层	办公区	办公室	PAU+FCU	21～24	≤60	—	2	6	7	—
	设备清洗	设备清洗/储存	PAU+FCU	21～24	—	负压（—）	2	6	7	—
		办公室		21～24	≤60	—	2	6	7	—
	睡眠中心实验室	实验室	PAU+FCU	21～24	—	负压（—）	2	6	13	—
		辅助房间		21～24	≤60	—	2	6	7	—
	静脉治疗区	静脉治疗储存	VAV	≤24	≤60	正压（+）	2	4	7	—
		肠外营养储存		≤24	≤60	正压（+）	2	4	7	—
		办公室		21～24	≤60	—	2	6	7	—
	肺功能检查科	检查室	VAV	21～24	≤60	—	2	6	7	—
		压力测试		21～24	≤60	—	2	6	7	—
		治疗室		21～24	—	负压（—）	2	6	7	—
	门诊	治疗室	VAV	21～24	—	负压（—）	2	6	7	—
	检查科	检查室	VAV	21～24	≤60	—	2	6	7	—
	公共区	等待区	CAV	21～24	—	—	4	4	7	—

续表

平面位置	功能区		空调系统	选取参数						
	科室	房间名称		温度（℃）	湿度（%）	与邻室的压力关系	最小新风换气次数（次/h）	最小换气次数（次/h）	洁净等级	
									第一级过滤段（MERV）	第二级过滤段（MERV）
3 层	透析	治疗室	VAV	21～24	—	负压（−）	2	6	7	—
	设备接收储存区	设备接收暂存	VAV	21～24	—	—	2	4	—	—
	内窥镜区	准备室	VAV	21～24	≤60	—	2	6	7	14
		检查室		21～24	≤60	—	2	6	7	14
		辅助房间		21～24	≤60	—	2	6	7	—
	值班区	值班室	PAU+FCU	21～24	≤60	—	2	6	7	—
	淋浴更衣区	淋浴室	PAU+FCU	22～26	—	负压（−）	—	10	—	—
	实验区	微生物实验室	VAV	21～24	—	负压（−）	2	6	7	14
		血库		21～24	≤60	—	2	6	7	—
		办公室		21～24	≤60	—	2	6	7	—
	医疗设备清洗区	医疗车清洗	CAV	21～24	—	负压（−）	2	6	—	—
		医疗车暂存		21～24	—	—	2	4	—	—
		消毒储存室		21～24	≤60	正压（+）	2	4	—	—
	检查科	检查室	VAV	21～24	≤60	—	2	6	7	—
	公共区	等待区	CAV	21～24	—	—	4	4	7	—
4 层	手术区	手术室	Independent Purifying Air—Conditioning System	20～24	20～60	正压（+）	4	20	7	14
	检查科	检查室	VAV	21～24	≤60	—	2	6	7	—
	公共区	等待区	CAV	21～24	—	—	4	4	7	—
5 层	教学区	手术模拟	PAU+FCU	20～24	20～60	正压（+）	4	20	7	—
		会议教学	PAU+FCU	21～24	≤60	—	2	6	7	—
	餐饮	员工餐厅	PAU+FCU	21～24	—	—	4	4	7	—
		公共餐厅	PAU+FCU	21～24	—	—	4	4	7	—
		供餐	PAU+FCU	21～24	—	—	4	4	7	—

续表

平面位置	功能区		空调系统	选取参数						
	科室	房间名称		温度(℃)	湿度(%)	与邻室的压力关系	最小新风换气次数(次/h)	最小换气次数(次/h)	洁净等级	
									第一级过滤段(MERV)	第二级过滤段(MERV)
6层(LDR)	新生儿科	NICU	VAV	22～26	30～60	正压(+)	2	6	7	14
		办公室		21～24	≤60	—	2	6	7	—
	产科	产房		20～24	20～60	正压(+)	4	20	7	14
7层	母婴室	病房	VAV	21～24	≤60	—	2	6	7	—
8层	ICU	病房	Independent Purifying Air-Conditioning System	21～24	≤60	—	2	6	7	14
	心血管科	心血管科	VAV	21～24	≤60	—	2	6	7	—
9～20层	TYPICAL	病房	VAV	21～24	≤60	—	2	6	7	—
13层	VVIP	病房	VAV	21～24	≤60	正压(+)	2	6	7	—
地下1层	放射科	暗室	VAV	—	—	负压(-)	2	10	7	14
		直线加速器		21～24	≤60	正压(+)	3	15	7	14
		PECT		21～24	≤60	正压(+)	3	15	7	14
		检查室		21～24	≤60	—	2	6	7	14
	高压氧舱	高压氧舱	VAV	21～24	≤60	—	2	6	7	—
	物料管理/环境保护	物料管理/环境保护	CAV	21～24	—	负压(-)	2	6	—	—
	礼堂	礼堂	CAV	21～24	≤60	—	2	6	7	—
	办公区	办公室	PAU+FCU	21～24	≤60	—	2	6	7	—
	公共区	等待区	CAV	21～24	—	—	4	4	7	—

注：新风量需要通过换气次数和人员密度计算后取大者。

空调和供暖系统具体见表11-13。

空调和供暖系统 **表11-13**

空调系统	冷负荷(kW/RT)	制冷主机		主机位置	冷却塔位置
供暖系统	总负荷 6878/1955	离心式	2×1000RT	地下1层	塔楼屋面
		螺杆式	1×500RT		
	按20%余量 8254/2346	水-水热泵冷水机组	1×300RT		

（1）该项目制冷系统搭配如下：

1）2 台 1000RT 离心式水冷冷水机组（变频）＋1 台 500RT 螺杆式冷水机组（变频）组成一级阶段的制冷系统，大小搭配，保持低负荷高能效运行；

2）水-水热泵机组并联在一级阶段的制冷系统，在提前阶段制冷同时兼热回收；

3）1 台 1750kW（500RT）螺杆式冷水机组为确保一级用电，保证洁净性区域空调使用；

4）考虑到建筑性质，按 20％余量进行配置冷水机组，总装机容量为 8087kW/(2500RT)，水-水热泵机组作为备用机组；

5）对应在塔楼屋面设置 5 台 400m^3/h 水量的冷却塔，其中 2 台冷却塔为确保一级用电，保证洁净性区域空调使用。

（2）该项目空调供暖量约为 2951kW，卫生热水系统所需热量约为 1716kW，总制热量约为 4667kW，考虑到水-水热泵的热回收功能，现配置 2 台 1900kW 的燃气热水锅炉，供回水温为 90/65℃，按区域设置板式换热器，板式换热器二次侧供回水温为 55/50℃，输送到空调末端，而部分锅炉热水直接输送到卫生热水系统。

（3）洁净区域空调供暖系统由 3 台 325kW 风冷螺杆机组组成，3 台风冷螺杆机组全年制热。风源热泵机组及其水泵设置在裙楼屋面，机组之间可以互为备用。

2. 空调风系统

（1）送风方面

1）结合建筑物的功能及门诊、特诊楼的使用特性，空调系统采用变风量的全空气系统。房间及走廊内布置空调组合风柜，空调组合风柜设置于裙楼屋面。在病房、诊疗区域设置 VAV box 的末端设备，根据温度需求调整送入风量从而满足设定温度的需求。组合风柜的送、回风口均设初效过滤器，保持送风清洁。

2）大堂、大厅等大开间采用定风量集中空气系统，过渡季节可以采用全新风，既能满足空气要求，又能节省用电。集中系统设置初效和中效过滤及杀菌，保证医院的洁净要求。

3）住院部空调系统采用变风量的全空气系统。房间及走廊内布置空调组合风柜，空调组合风柜设置于裙楼屋面。在病房、诊疗区域设置 VAV box 的末端设备，根据温度需求调整送入风量从而满足设定温度的需求。

4）在住院部 ICU 区，要求 10 万级空气洁净度，依照现行国家标准《医院洁净手术部建筑技术规范》GB 50333 的要求，冬夏室温均控制在 21～24℃，湿度控制在 40％～60％，换气次数为 15 次/h，最小新风量为 4 次/h 换气。该洁净区采用全空气系统，房间保持正压，隔离病房保持负压。

5）医技部手术区域。由于医技部使用功能复杂，对室内温湿度及洁净度要求各不相同，空调系统相对复杂，在有洁净度要求及温湿度要求的区域，采用全空气系统，其他普通功能辅助用房及办公用房仍采用风机盘管加新风系统。

6）X 光摄影的操作室，CT、MRI、血管造影等的计算机室，线性加速器的机械室等，因医疗设备发热量大而且全年需要供冷，应设专用的空调机组或空调系统，以保证其要求。

（2）排风方面

1）门诊急诊室、病房区域根据功能划分设置独立机械新风和机械排风系统，内部循环回风采用光催化氧化过滤灭菌装置送入室内，通过独立排风竖井从屋面排放。

2）停尸房、医疗废物临时储存场地设置独立机械排风系统，排风按每小时 10 次换气考虑，首先排风经过设置于前端的静电吸附装置进行初效过滤再经过活性炭净化处理器对气体进行吸附，气体满足要求后排放到室外。

3）污染物设置机械排风系统，排风按 12 次/h 换气次数考虑，在没有人的情况下通过臭氧空气净化处理气体，再通过独立排风竖井排出至室外。

4）手术部、产房、新生儿室、烧伤病房、重症监护室设置集中空调通风系统，采用光催化氧化过滤灭菌装置，先通过中效过滤后经过高效过滤才集中送入室内，空气消毒满足要求后，通过独立排风竖井从屋面排放。

儿科病室、妇产科检查室、人流室、注射室、治疗室、换药室采用新风＋回风通风系统，回风通过内部循环采用光催化氧化过滤灭菌装置送入室内，空气消毒满足要求后，通过独立排风竖井从屋面排放。

5）地下室、设备房设置机械排风及排烟系统，排风按 5～8 次/h 换气次数考虑。卫生间、清洁室、污渍冲洗设施等潮湿区域均设置排风道，排风按 6～10 次/h 换气次数考虑。

6）电气设备区域设置事故后排风系统，排风机平时开启，通过上部排风口排风，当发生火灾时，70℃电动防火阀关闭，开启设备区内走道排烟口进行排烟，灭火后，70℃电动防火阀重新开启，通过设置于电气设备的下部排风口进行排风。

3. 空调水系统

(1) 根据相应的制冷机组配备冷冻（却）水泵，其中离心式冷水机组各有一备用水泵，螺杆式冷水机组不设置备用水泵，水泵满足需求提供冷冻（却）水动力，供给末端设备及冷却塔。为了保证空调水管路的质量，在冷冻（却）水管网安装过滤器及旁通式水处理装置。

(2) 全院空调系统分为 4 组路由，分别提供给门诊区域、病房区域、后勤区域、洁净区域；门诊区域根据区域功能布置需求设置 3 组竖向立管系统，病房区域根据区域功能布置需求设置 2 组竖向立管系统，后勤区域根据区域功能布置需求设置 1 组竖向立管系统，洁净区域根据区域功能布置需求设置 3 组竖向立管系统。

(3) 本工程门诊、病房、后勤区域设计夏季空调、冬季供暖，空调冷冻水系统采用两管制，通过冷冻机房与锅炉房的阀门进行切换。

(4) 洁净空调供暖系统由风源热泵机组独立提供，该区域的冷冻水由地下室的冷冻机房提供，保证洁净区域全年的特殊需求，空调水系统采用四管制形式。

(5) 水平回水干管设置压差式动态平衡阀和冷量计量装置，并同时设置流量装置统计每个科室的流量，实现流量计费。

(6) 冷冻水平管采用竖向异程、水平异程的管路形式。

11.7.5 自动控制

(1) 医院空调系统一般由空气加热、冷却、空气净化、风量调节和空调用冷热源等设备组成。在日常运行中，需要对这些设备进行监测与控制，使得其运行参数与实际需求一致或基本一致。

（2）冷水机组的控制。冷却水泵、冷却塔、冷冻水泵、制冷机组一一对应连锁运行，根据系统冷负荷变化，自动或手动设置制冷机组的投入运转台数（包括相应的冷却水泵、冷却塔、冷冻水泵等）。开机程序：冷却塔进水电动阀（若有设置时）→冷却水泵→冷却塔风机→冷冻水泵→制冷机组。停机程序相反，而冷却水泵、冷却塔、冷冻水泵等也可单独手动投入运转。

各冷却水泵、冷却塔、冷冻水泵、制冷机组等均独立由有关电气控制元件和执行元件来控制开、停、能量控制、安全保护、各运行参数监控等，可进行单机自控或群控。

（3）冷水系统的调节。冷水系统宜设程序控制器，自控系统根据建筑物的负荷变化，按能量的供需关系，对多台冷水机组进行联动控制，优先使用螺杆式冷水机组，实现运行管理自动化。

供、回水总管上设有差压控制器和电动旁通阀，根据供回水管的压差对电动二通阀进行控制，保持系统适当压力。

（4）空调机组（新风机组）控制。空调机组的水路上装有电动调节阀，由回风温度感测元件和水路上电动调节阀，调节水量控制送风温度。

1）风机启停控制及状态显示，故障报警；

2）温度、湿度等参数显示，超限报警；

3）温度、湿度、焓值控制及防冻保护控制；

4）风过滤器堵塞报警控制。

（5）风机盘管的控制。每个风机盘管设有温度控制器（带季节转换四档三速开关，电动二通阀的室内恒温器）。根据室内回风温度手动调节风机盘管的风量大小和自动控制水路的断、开，每层楼的空调回水管路上装有电动阀，当该楼层不用时可关闭。

（6）通风系统：

1）通风系统的启停及联锁控制；

2）风机运行状态显示，故障报警。

（7）手术室正负压通风。手术室采用一套自动控制系统，在手术时新风大于排风，保持手术室内正压；手术后关闭新风，独立开启排风，排出污染气体。

11.7.6　通风及防排烟

（1）通风

1）各区域通风系统参数计算见表 11-14。

各区域通风系统参数计算　　表 11-14

区域	排风量(次/h)	备注
变配电室	15	室内负压
卫生间	10	室内负压
地下设备用房	6	室内负压
药库排风	6	自然进风

续表

区域	排风量(次/h)	备注
化验科室	6	室内负压
暗室	10	室内负压
中心供应(分类清洗、消毒)	8	室内负压
ICU	3	室内正压
清创、抢救	2	
监时观察、体液	3	室内负压
候诊厅	2	
地下车库	6	自然与机械补风相结合

2）地下变配电室按其发热量计算，夏天送冷风，室内循环，其他季节设机械送、排风系统。

3）地下设备用房均设机械送、排风系统，把余热排出室外。

4）医用功能用房设独立排风系统；中心消毒房间、隔离房间等保持负压，其他房间保持正压。

5）停尸房设置独立的排风系统，排风量按换气次数 10 次/h 计。

6）楼层各房间的通风系统结合空调新风、排风系统设计，污洗间、卫生间的通气换气次数大于 10 次/h，总排风量占总新风量的 90%。

7）院区内通风系统根据送、排风量，压差调节，使气流由清洁区流向半污染、污染区，废气经过滤、杀菌处理后排放。

8）污洗间设机械送、排风系统，把异味、臭气、湿气排出室外。

9）地下车库按面积设一个防火分区二个防烟分区，自然进风与机械送风相结合，按防烟分区设机械排风兼排烟系统，换气次数 6 次/h。

10）放射科、理疗科电疗、ICU、病理解剖标本室等设计机械排风排出臭气。

11）门诊、手术室分别设置两套独立的排风系统，平时排风与春、秋排风分开，既可以利用室外较冷空气冷却室内，又可以在非常时期加大排风，增加换气次数，利于空气流通。

（2）排烟

按现行国家标准《建筑设计防火规范》GB 50016 和《建筑防烟排烟系统技术标准》GB 51251 执行，不作细述。

11.7.7 节能设计

（1）根据医院不同季节的使用要求，本工程采用单冷离心式水冷机组＋螺杆式冷水机组＋水-水热泵机组（带热回收）为主要空调设备。夏季，冷源由单冷离心式水冷机组＋螺杆式冷水机组＋水-水热泵机组（带热回收），同时水-水热泵机组提供热回收量到给水排水专业。

（2）单冷离心式水冷机组、螺杆式冷水机组和水-水热泵机组设置电动控制阀门进行自动切换或手动控制切换。

（3）冷水机组及水-水热泵冷水机组进、出冷冻水温度设计为 12/7℃，热回收进、出水温度设计为 50/55℃。

(4) 空调部分冷冻水泵采用变频控制。

(5) 本工程的集中空调、通风系统拟采用直接数字式控制系统（即 DDC 系统），保证空调系统节能高效运行。

(6) 冷水机组、风冷机组、空调水泵、空调机组风机及通风机等均选用效率较高的设备，满足现行国家标准《公共建筑节能设计标准》GB 50189 的相关要求。

水冷制冷机组能效比见表 11-15。

水冷制冷机组能效比　　　　**表 11-15**

序号	制冷机型	冷量(kW)	能效比	国家相关规定值
1	离心式冷水机组	2813	6.0	5.1
2	螺杆式冷水机组	1406	5.2	4.9
3	水-水热泵机组	1055	5.0	4.9
4	风源热泵机组	250	3.0	2.8

(7) 空气调节风管绝热层的最小热阻为 $0.87m^2 \cdot K/W$。

(8) 水-水热泵（带热回收）螺杆机组设计了热回收，负责将夏季的热水提供给给水排水专业，机组的能效比可超过 7.0。

(9) 住院楼冷热源、输配系统根据医院区内每个医护功能分区设置并且在接入组合风柜冷冻供回水平管设置流量计费装置实现对部位能耗进行独立分项计量。

(10) 部分内区新风机采用变频风机，在过渡季节和人流量小的情况下可以低负荷运行，以便风机的节能。

(11) 全空气空调系统采取实现全新风运行或可调新风比的措施，全空气系统最大新风比≥70%。

(12) 根据通风空调系统风机的单位风量耗功率和冷热水系统的输送能效比符合现行国家标准《公共建筑节能设计标准》GB 50189 的规定进行选型。

(13) 采用集中空调的建筑，根据房间功能区域部分设置四管制系统使房间内的温度、湿度、风速等参数符合现行国家标准《公共建筑节能设计标准》GB 50189 中的设计计算要求。

(14) 采用集中空调的建筑，新风量按照表 11-12 进行计算，新风量符合现行国家标准《公共建筑节能设计标准》GB 50189 的设计要求。

(15) 室内采用 VAV box 变风量系统等方便调节空气环境的措施提高房间舒适性。

(16) 特殊区域例如中药房、西药房、配药区等有特殊气味并且量大的房间设置机械排风系统，并且排风机设计为变频设计，根据使用方需求可以在特殊情况下加大排风量保证室内环境气味要求。

(17) 建筑通风、空调、照明等设备设置自动监控系统，技术合理，高效运营。

11.7.8　附图

该项目相关系统原理、流程如图 11-53～图 11-56 所示，冷冻机房平面、锅炉房平面、VAV 系统控制策略、空调系统如图 11-57～图 11-60 所示。

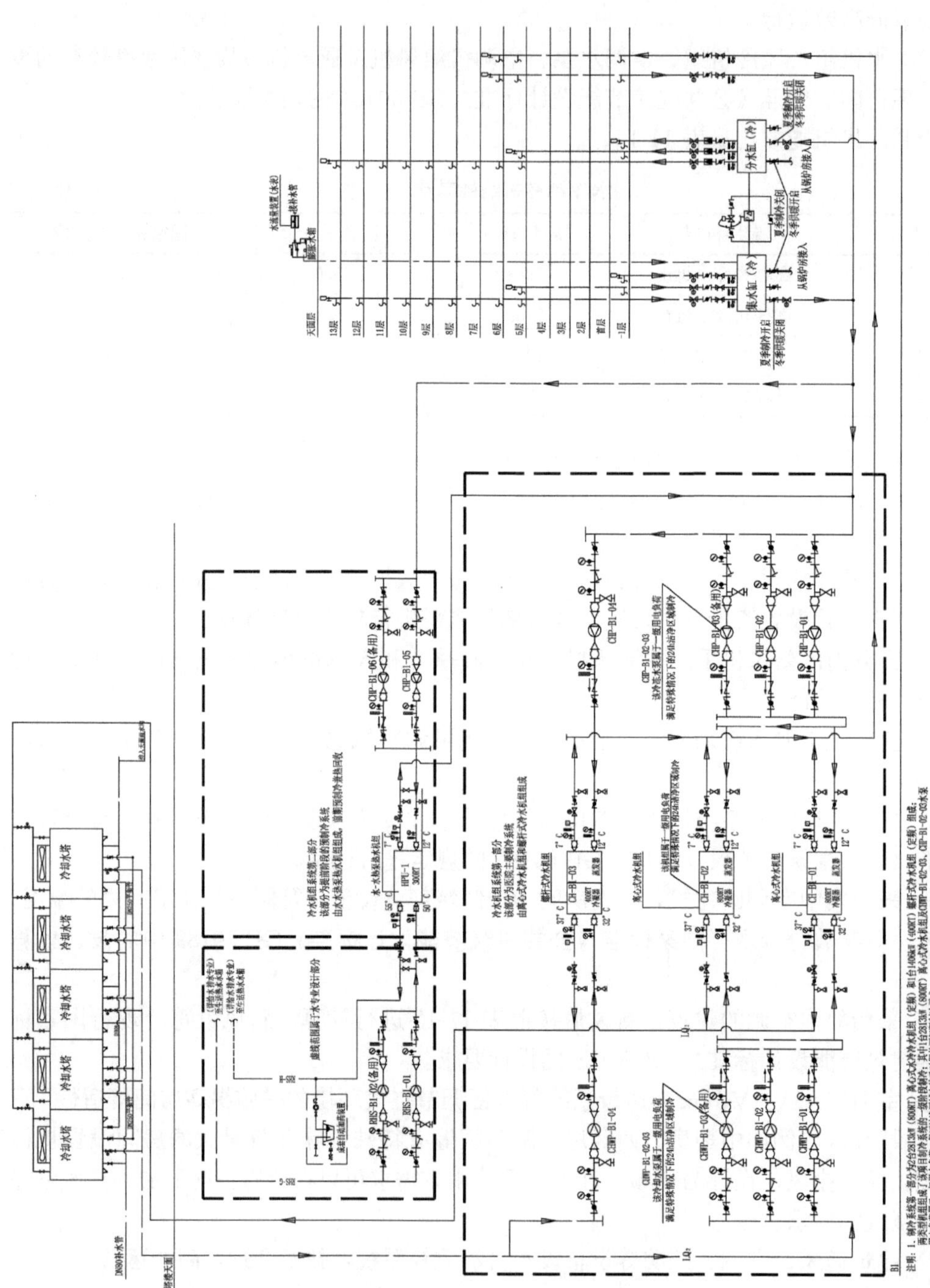

图 11-53 制冷系统原理图

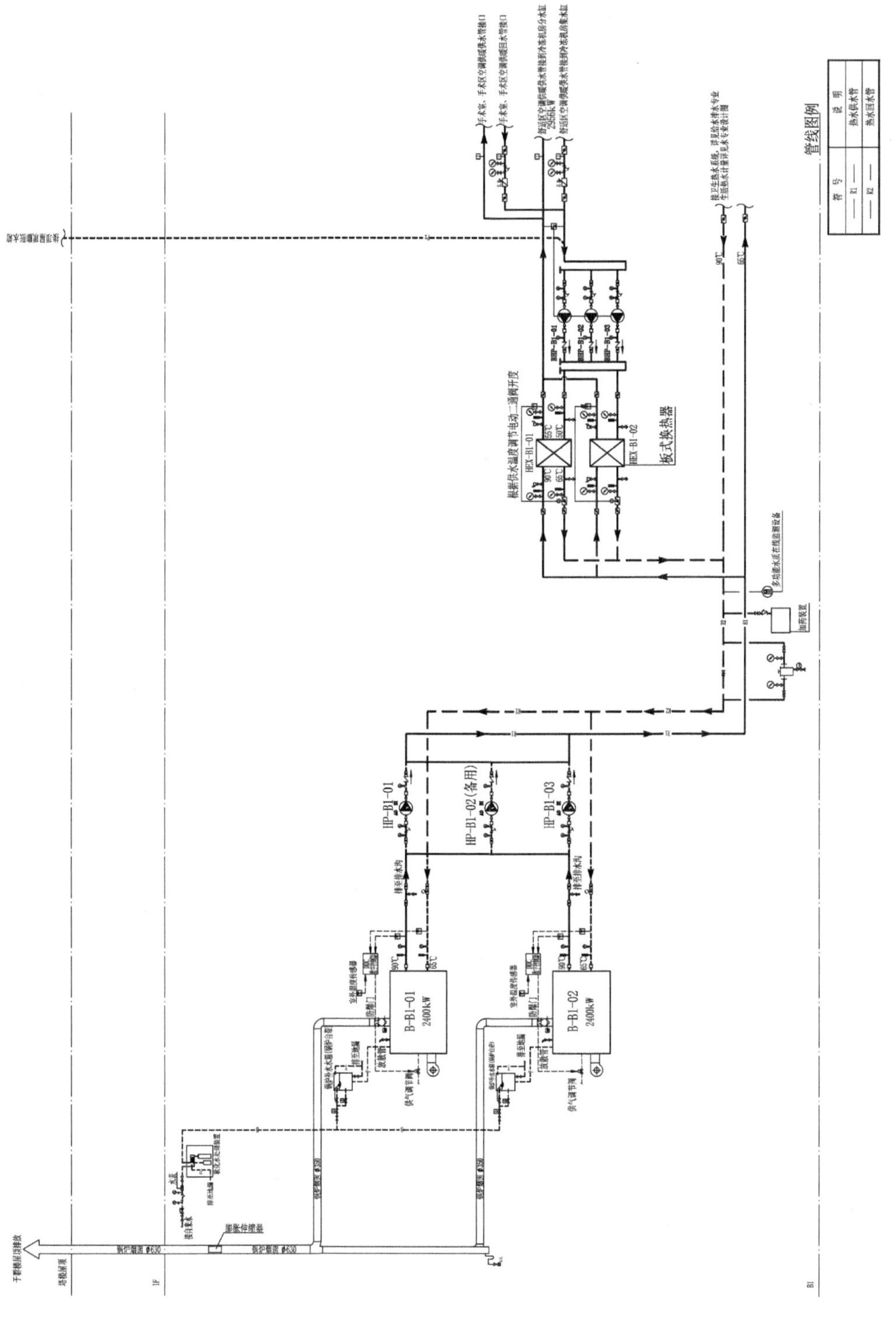

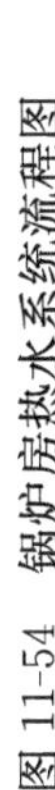

图 11-54　锅炉房热水系统流程图

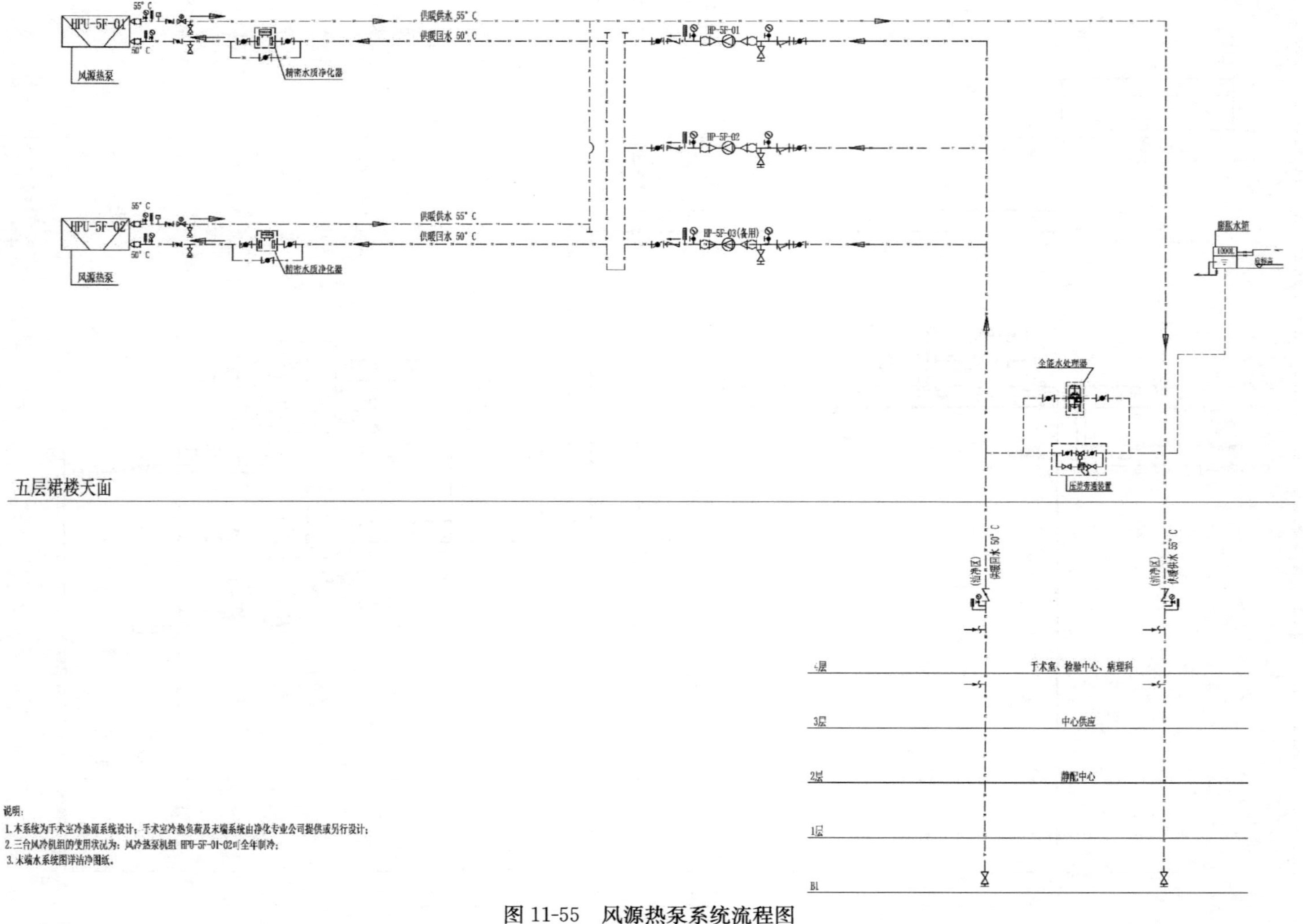

图 11-55　风源热泵系统流程图

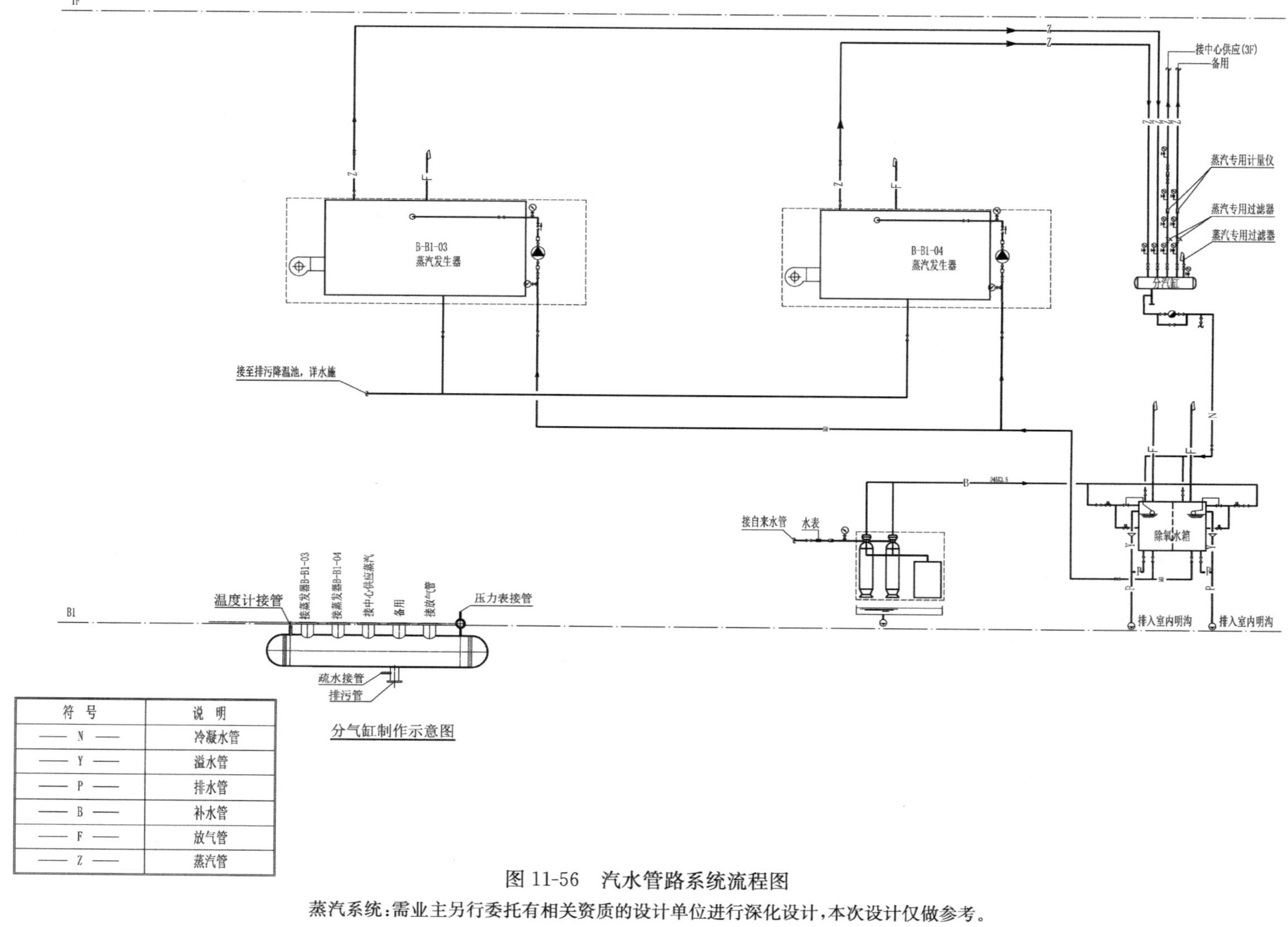

图 11-56　汽水管路系统流程图

蒸汽系统：需业主另行委托有相关资质的设计单位进行深化设计，本次设计仅做参考。

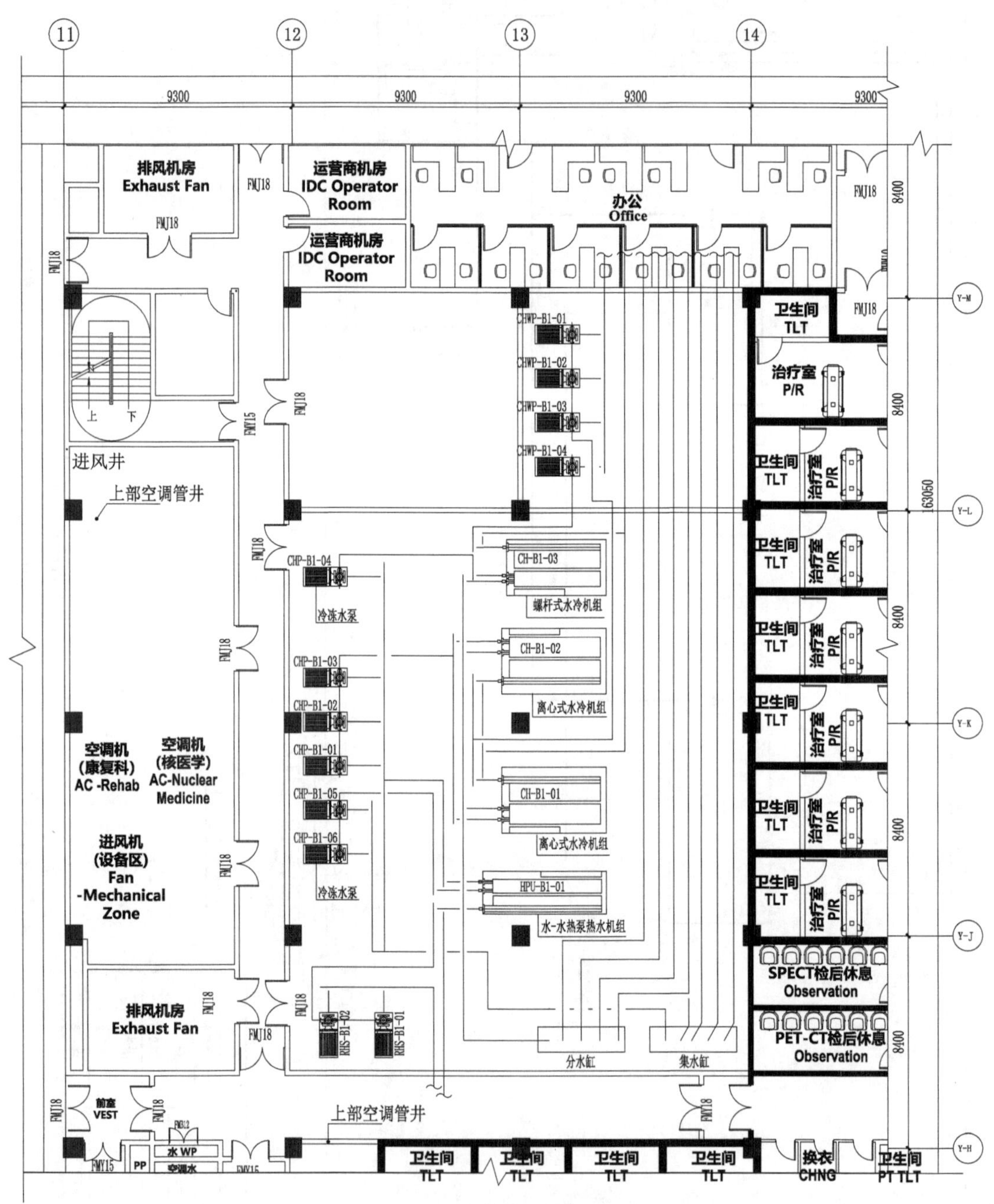

图 11-57　冷冻机房平面布置图

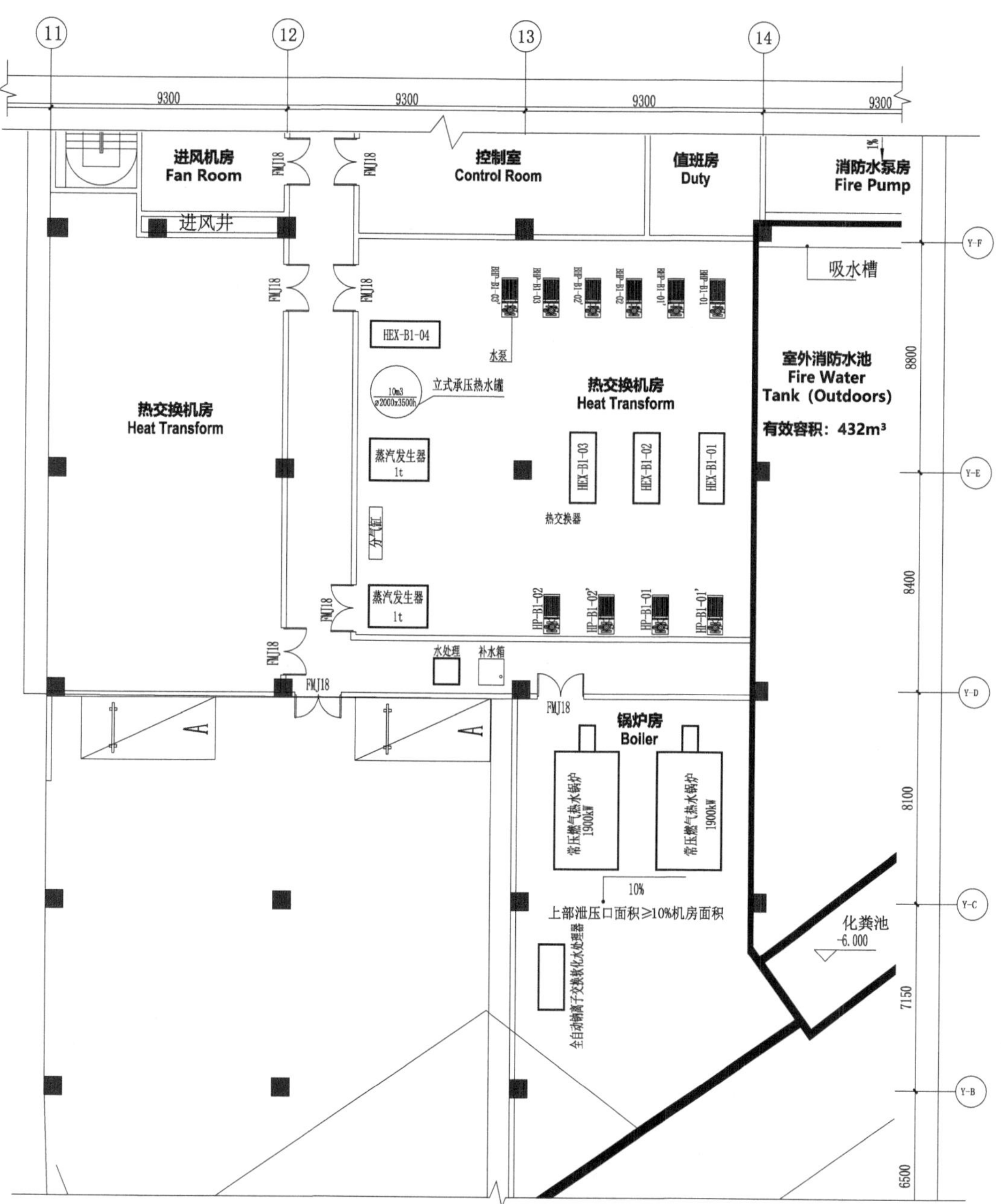

图 11-58　锅炉房平面布置图

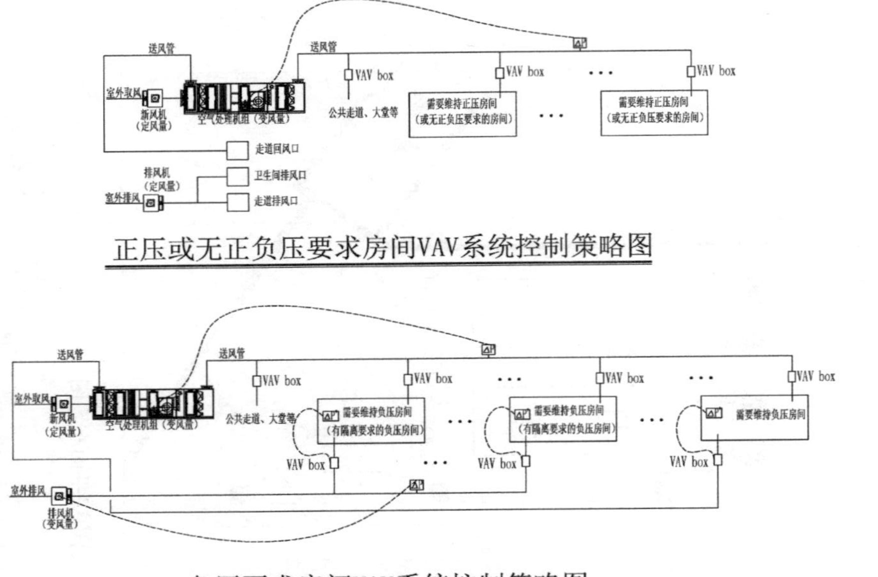

正压或无正负压要求房间VAV系统控制策略图

注:1. 新风机按服务区域的最小新风量要求定风量运行送入新风量。
2. 排风机根据风量平衡要求排风量运行排风。
3. 房间及走道VAV box根据室内负荷及房间设定温度调节阀门开度，控制送入风量，回风通过门缝、天花板进入走道，被空气处理机组吸回。
4. 设于送风主管的压差传感器根据控制压差要求调节空气处理机组风机转速，变风量运行。

负压要求房间VAV系统控制策略图

注:1. 新风机按服务区域的最小新风量要求及风量平衡要求定风量运行送入新风量。
2. 房间及走道VAV box根据室内负荷及房间设定温度调节阀门开度，控制送入风量，有负压要求的房间设置回风或排风VAV box，该box根据控制房间的压力控制调节阀门开度，控制回风量或排风量，被空气处理机组吸回。
3. 设于送风主管的压差传感器根据控制压差要求调节空气处理机组风机转速，变风量运行。
4. 设于排风主管的压差传感器根据控制压差要求排风机转速，变风量运行。

正、负压要求共存房间VAV系统控制策略图

注:1. 新风机按服务区域的最小新风量要求及风量平衡要求定风量运行送入新风量。
2. 房间及走道VAV box根据室内负荷及房间设定温度调节阀门开度，控制送入风量，有负压要求的房间设置回风或排风VAV box，该box根据控制房间的压力控制调节阀门开度，控制回风量或排风量，被空气处理机组吸回。
3. 设于送风主管的压差传感器根据控制压差要求调节空气处理机组风机转速，变风量运行。
4. 设于排风主管的压差传感器根据控制压差要求排风机转速，变风量运行。

图 11-59 VAV 系统控制策略图

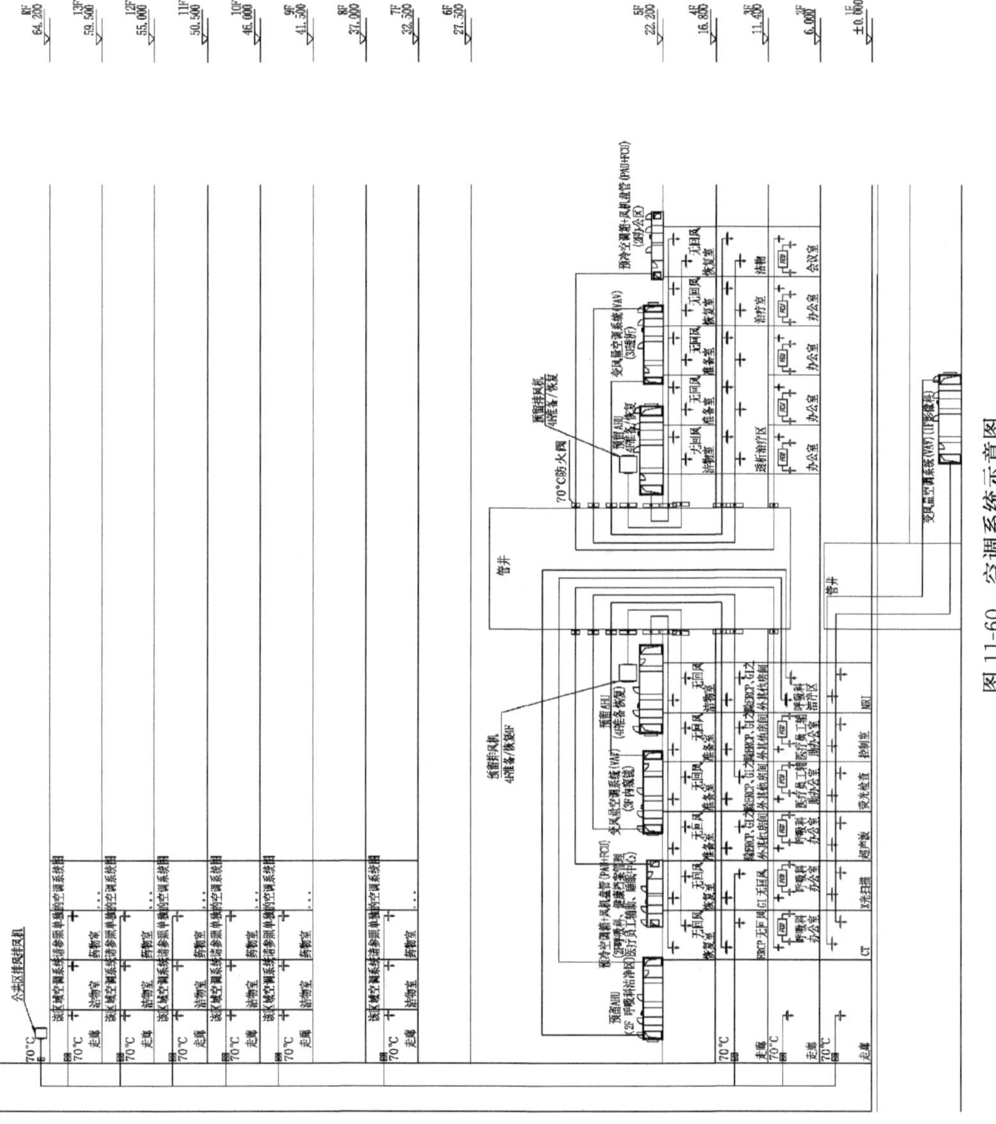

图 11-60　空调系统示意图

11.8 珠海市慢性病防治中心

建设地点：珠海市南屏广生村南琴路

设计时间：2017～2021 年

竣工时间：2021 年 7 月建成

设计单位：广州市城市规划勘测设计研究院

主要设计人：吴哲豪、张湘辉、廖悦、刘汉华

本文执笔人：廖悦、吴哲豪、刘汉华

11.8.1 项目概况

该工程位于珠海市南屏广生村南琴路，建筑规模为 800 床公立三级专科医院。总建筑面积 88300m^2，地下 1 层，地上 12 层，建筑标高 53.8m，属于一类高层建筑，耐火等级一级。地下建筑面积 303001m^2；地上建筑面积 58000m^2，空调面积 44163m^2，占总建筑面积的 50%。其中：①地下室为停车库、电气设备用房、办公、阅览区、职工食堂、库房等用途；②1～3 层为门诊医技区等；③4 层为医技区、护理单元和行政办公区等；④5 层为住院病区、护理单元、多功能中心和行政会议厅等；⑤6～9 层为住院病区和护理单元等；⑥10～12 层为住院病区等；⑦中心供应在地下 1 层，静配中心在首层，手术室、ICU、病理科实验室在 3 层（图 11-61）。

图 11-61 珠海市慢性病防治中心效果图

11.8.2 室内设计参数

室内设计参数见表 11-16。

室内设计参数 **表 11-16**

房间名称		夏季(制冷)		冬季(供暖)		新风量标准	噪声标准[dB(A)]
		温度(℃)	相对湿度(%)	温度(℃)	相对湿度(%)		
实验室	1000 级	22～25	40～60	19～22	40～60	6 次/h	≤45
	1 万级、10 万级	22～25	40～60	19～22	40～60	4 次/h	≤45
CCU		24～26	40～60	19～22	40～60	4 次/h	≤40
普通实验室		≤21	40～60	≤21	40～60	15%	≤40
医疗功能用房		24～26	40～75	18～20	40～75	30m^3/(h·人)	≤45
诊室、检查室		24～26	40～75	20～24	40～75	30m^3/(h·人)	≤40

续表

房间名称	夏季(制冷)		冬季(供暖)		新风量标准	噪声标准[dB(A)]
	温度(℃)	相对湿度(%)	温度(℃)	相对湿度(%)		
护理单元	24～26	40～75	19～23	40～75	$30m^3$/(h·人)	≤45
大厅、走道	25～27	40～60	18～20	40～60	4 次/h	≤45
中心供应	24～28	—	20～23	—	$30m^3$/(h·人)	≤45
办公用房	24～26	40～75	18～22	40～75	$30m^3$/(h·人)	≤45

11.8.3 冷热源系统设计

本项目冷热源设备采用水冷离心式冷水机组、磁悬浮变频离心式冷水机组和风源热泵机组，磁悬浮变频离心式机组在低负荷运行时也保证有高效的制冷效果，其制冷系统实现无油运行大大保证了机组运行的可靠性。冷热源系统：根据各层各区域用途、功能性质设置中央空调系统，分为主楼空调系统和洁净空调系统。

(1) 主楼空调系统由 2 台 2110kW 水冷离心式冷水机组+1 台 1231kW 磁悬浮离心冷水机组组成，水冷离心机组设置在地下 1 层冷冻机房；

主楼供暖系统由 4 台 325kW 模块式风冷（热）水机组组成，其中 1 台带热回收，热回收热量用于给水排水专业，机组设置在 4 层西北屋面；

(2) 洁净空调系统由 4 台 320kW 模块式风冷（热）水机组组成，实现四管制，在制冷的同时也可制热，并且 4 台机组互为备用，机组设于 4 层西北屋面。

11.8.4 空调风系统

1. 送风方面

(1) 结合建筑物的功能及门诊、特诊楼的使用特性，空调系统采用风机盘管加新风系统。房间及走廊内布置风机盘管，以负担室内的冷负荷。风机盘管设有带温控器的控制开关，使用者可根据需要设定室内温度，并可灵活关闭。风机盘管的送、回风口均设初效过滤器，保持送风清洁。新风机组新风直接取自室外，并设置紫外线装置杀菌。新风机组将室外新风处理到室内温度，后经风道输送到每个房间及走廊内。考虑到医院建筑门诊部人流量大的特性，门诊部充分考虑人员负荷，并适当加大新风量。在新风机新风入口处，设电动对开多叶风量调节阀，可根据使用要求调节风量，另一个重要作用是与新风机组风机联锁，当风机停止运转时，阀门自动关闭。新风机组入口设初效和中效过滤器，保持进风的清洁，出风段设消声器，降低噪声，有助于医护和就诊人员保持愉快的心情。

(2) 大堂、大厅等大开间采用集中空气系统，过渡季节可以采用全新风，既能满足空气要求，又能节省用电。集中系统设置初效过滤及杀菌，保证医院的洁净要求。

(3) 住院部主要采用风机盘管加独立新风。鉴于风机盘管加新风系统调节灵活、节能，并能保证室内空气新鲜度的优点，住院部也采用该系统。风机盘管及新风机组的工作原理及配件设置均与门诊部相同。在住院部 ICU 区，均要求 10 万级空气洁净度，依照现行国家标准《医院洁净手术部建筑技术规范》GB 50333 的要求，冬夏室温均控制在 24～26℃，湿度控制在 40%～60%，换气次数为 15 次/h，最小新风量为 4 次/h 换气。该洁净区采用全空气系统，新风设初效过滤 G4，机组内设中效过滤 F7，房间内设亚高效送风口

H10，房间保持正压，隔离病房保持负压。

（4）医技部手术区域，由于医技部使用功能复杂，对室内温湿度及洁净度要求各不相同，空调系统相对复杂，在有洁净度要求及温湿度要求的区域，采用全空气系统，其他普通功能辅助用房及办公用房仍采用风机盘管加新风系统。

对于有 10 万级洁净要求的区域，在其附近设置洁净空调机房，由于洁净区域过于密集，所以其净化空调设备设在该区域的上一层（机房层）内。洁净区域内室温控制在 24～26℃，湿度控制在 40%～60%，换气次数为 10 次/h。而对于 1 万级以下的手术室根据洁净度要求分别进行独立设计，独立设置新风、排风系统，保证手术室长期洁净的要求。

2. 排风方面

（1）门诊急诊室、病房区域根据功能划分设置独立机械新风系统和机械排风系统，内部循环回风采用光催化氧化过滤灭菌装置送入室内，使消毒后空气中的细菌总数≤4CFU（5min・直径 9cm 平皿），排风系统通过独立竖井从屋面排放。

（2）停尸房、医疗废物临时储存场地设置独立机械排风系统，排风按 10 次/h 换气次数考虑，首先排风经过设置于前端的静电吸附装置进行初效过滤再经过活性炭净化处理器对气体进行吸附，气体在满足氨＜1.0mg/m^3、硫化氢＜0.03mg/m^3、臭气浓度＜10、氯气＜0.1mg/m^3、甲烷百分数＜1%的要求后排放到室外。

（3）污染物设置机械排风系统，排风按 12 次/h 换气次数考虑，在没有人的情况下通过臭氧空气净化处理气体，再通过独立的排风竖井排出至室外。

（4）手术部设置集中空调通风系统，采用光催化氧化过滤灭菌装置，先通过中效过滤后经过高效过滤才集中送入室内，使消毒后空气中的细菌总数≤4CFU（5min・直径 9cm 平皿），再从排风系统通过设置的中高效过滤器处理后经独立竖井从屋面排放。

（5）产房、新生儿室、烧伤病房、重症监护室设置集中空调通风系统，采用光催化氧化过滤灭菌装置，先通过中效过滤后经过高效过滤才集中送入室内，使消毒后空气中的细菌总数≤4CFU（5min・直径 9cm 平皿），再从排风系统通过独立竖井从屋面排放。

（6）儿科病室、妇产科检查室、人流室、注射室、治疗室、换药室采用新风＋回风通风系统，回风采用光催化氧化过滤灭菌装置送入室内，使消毒后空气中的细菌总数≤4CFU（5min・直径 9cm 平皿），再从排风系统通过独立竖井从屋面排放。

（7）废气、检验科等特殊气体先通过专用排气管竖井集中引至天面后经高效过滤器过滤，满足现行国家标准《大气污染物综合排放标准》GB 16297 气体排放标准，经由设在高于天面 3m 的排放口排放（排放高度约 68m）。

（8）地下室、设备房设置机械排风及排烟系统，排风按 5～8 次/h 换气次数考虑。卫生间、清洁室、污渍冲洗设施等潮湿区域均设置排风道，排风按 6～10 次/h 换气次数考虑。

（9）厕所设置一定的排风，经竖井排至裙楼天面，大开间单独设置低噪声排风机直接排出室外，保证总排风量约为新风量的 90%。

（10）门诊楼、急诊楼、医技楼、高压氧等小房间采用风机盘管加新风系统，新风直接从各层外界引进，经新风机降温除湿送至各风机盘管，与回风混合后送进各房间。卫生间排风直接排出至室外，小开间设独立的排气扇排出至室外。

11.8.5 空调水系统

（1）空调主楼系统冷冻水管与供暖水管分为两个相互独立的竖向管网，两组管都采用立管异程，水平管采用两管制形式，通过接入冷冻水立管和供暖水立管前端的电动蝶阀进行冷冻水、热水的切换，实现不同功能区的制冷、供暖需求。

（2）空调洁净系统冷冻水管与供暖水管分为两个相互独立的竖向管网，两组管都采用立管异程，水平管采用四管制形式。

（3）水平回水干管设置压差式动态平衡阀，同时设置冷量计量装置。

11.8.6　通风系统及防排烟设计

1. 通风

（1）地下室功能、设备用房，地下停车场，供应车道，楼层各房间均设置通风系统。

（2）医用功能用房设独立系统，其通风系统排风量按换气次数 3 次/h 计，中心消毒房间、隔离房间等保持负压，其他房间保持正压。

（3）停尸房设置独立的排风系统，排风量按换气次数 2 次/h 计。

（4）楼层各房间的通风系统结合空调新风、排风系统设计，污洗间、卫生间的通气换气次数大于 10 次/h，总排风量占总新风量的 90%。

（5）门诊、手术室分别设置两套独立的排风系统，平时排风与春、秋季排风分开设置，既可以利用室外较冷空气冷却室内，又可以在非常时期加大排风，增加换气次数，利于空气流通。

（6）空调通风系统一般按防火分区设置，少量的风管穿过防火分区时则装有防火阀。空调机房送回风管出入口都装有防火阀。

（7）卫生间排气系统的各层排气水平支管和垂直风管连接处装有止回阀。

（8）所有通风空调管道以及配件均采用不燃材料制作。

2. 排烟（略）

11.8.7　自动控制

（1）冷却水泵及冷却水塔等通过程序控制，控制方法参见第 11.7.5 小节（2）。

（2）定风量空气处理机（独立水源单冷柜机）。回风温度经感温器量度后，与设定的温度比较，产生的误差，经数码化后，由风机处理机输出信号控制电动两通水阀调节冷却水的流量。

（3）手术室正负压通风。手术室采用一套自动控制系统，在手术时新风大于排风，保持手术室内正压；手术后关闭新风，独立开启排风，排出污染气体。

11.8.8　附图

该项目总平面如图 11-62 所示，各制冷系统原理如图 11-63～图 11-65 所示。

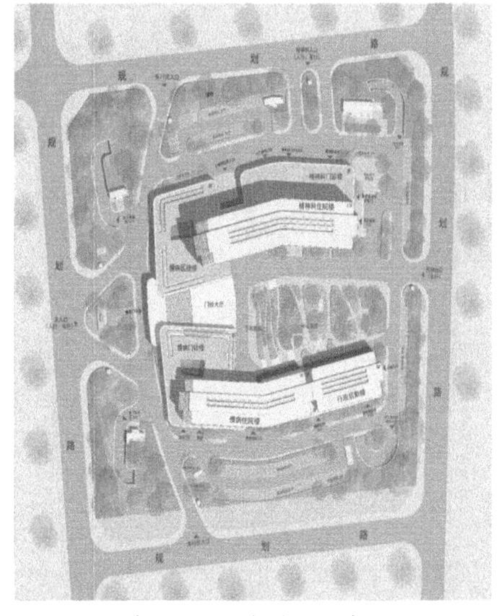

图 11-62　总平面示意图

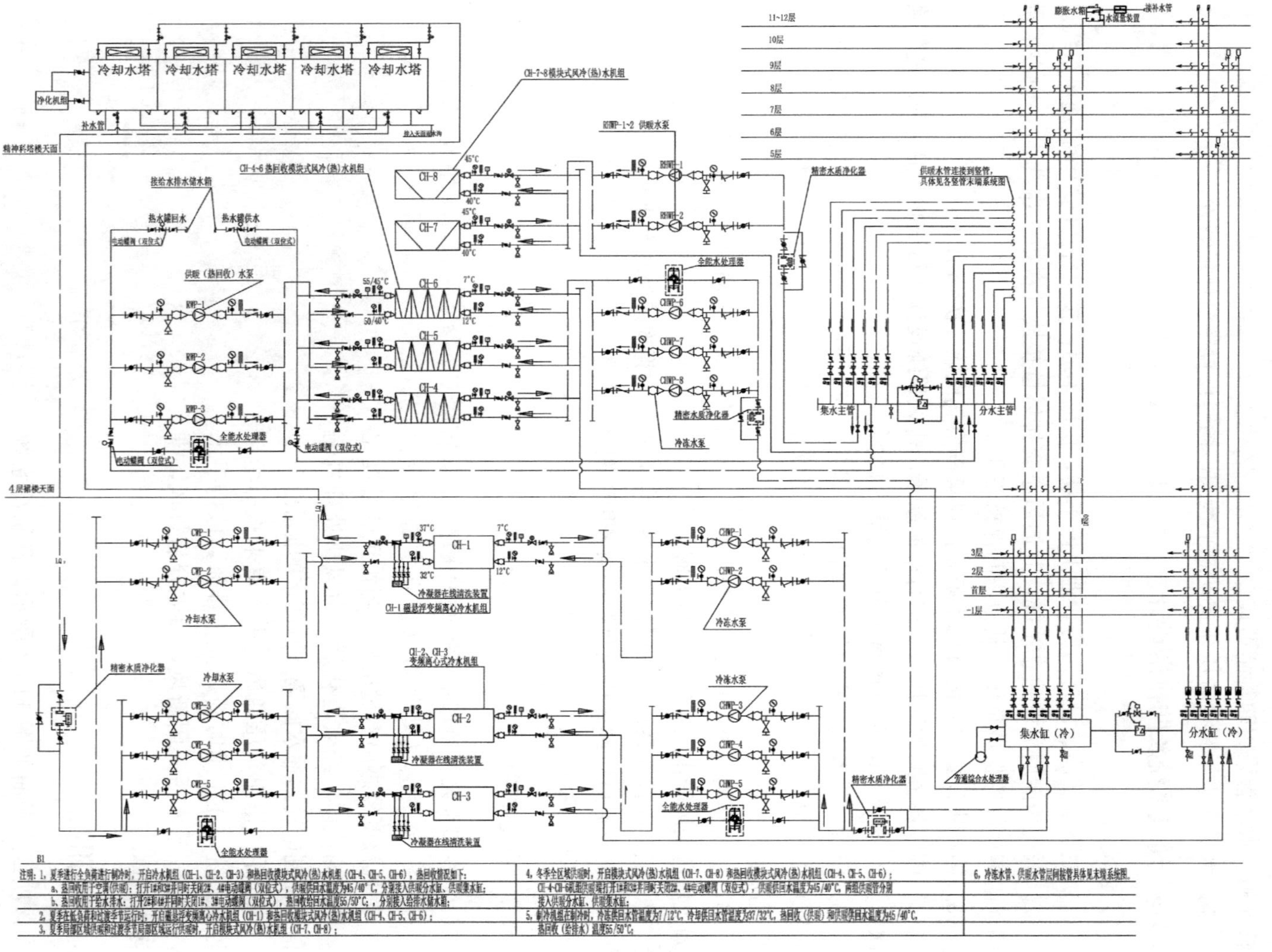

图 11-63 制冷系统原理图(舒适性系统)

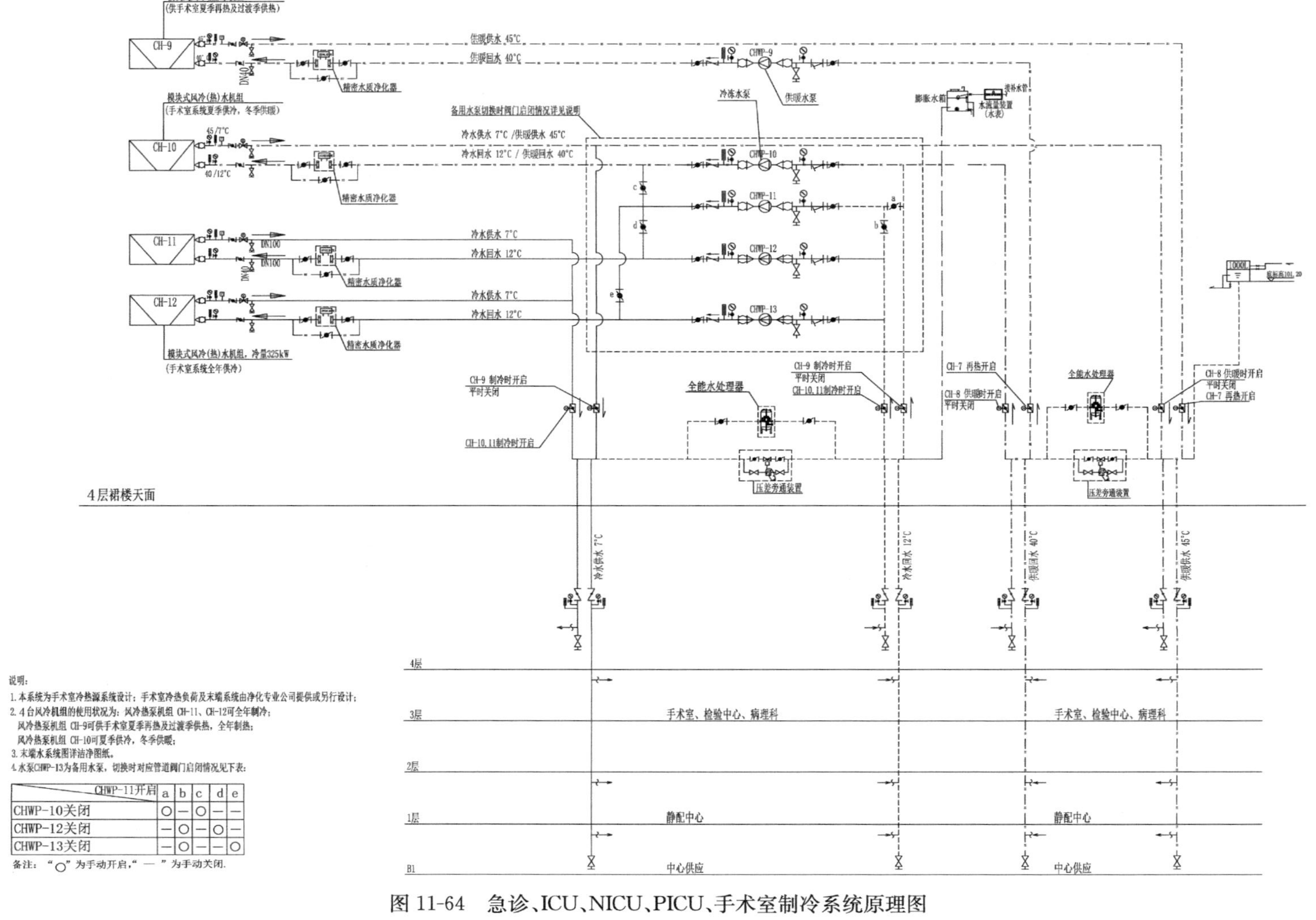

说明：

1. 本系统为手术室冷热源系统设计；手术室冷热负荷及末端系统由净化专业公司提供或另行设计；
2. 4台风冷机组的使用状况为：风冷热泵机组 CH-11、CH-12可全年制冷；
   风冷热泵机组 CH-9可供手术室夏季再热及过渡季供热，全年制热；
   风冷热泵机组 CH-10可夏季供冷，冬季供暖；
3. 末端水系统图详洁净图纸。
4. 水泵CHWP-13为备用水泵，切换时对应管道阀门启闭情况见下表：

CHWP-11开启	a	b	c	d	e
CHWP-10关闭	○	—	○	—	—
CHWP-12关闭	—	○	—	○	—
CHWP-13关闭	—	○	—	—	○

备注：“○”为手动开启，“—”为手动关闭.

图 11-64　急诊、ICU、NICU、PICU、手术室制冷系统原理图

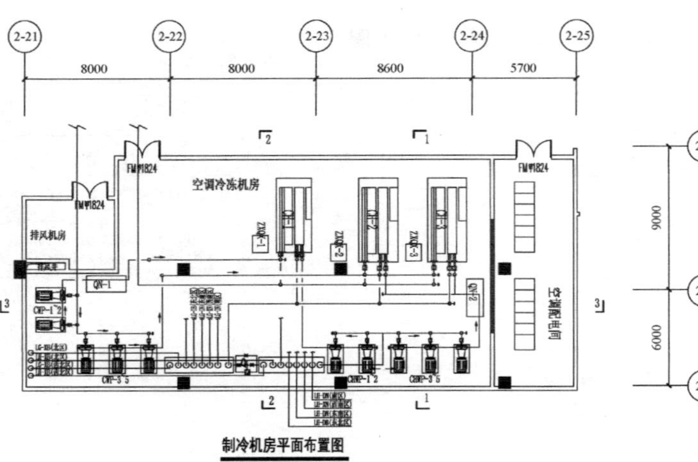

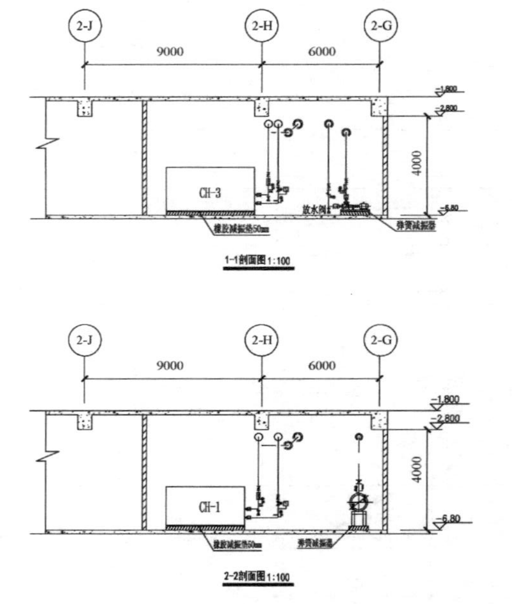

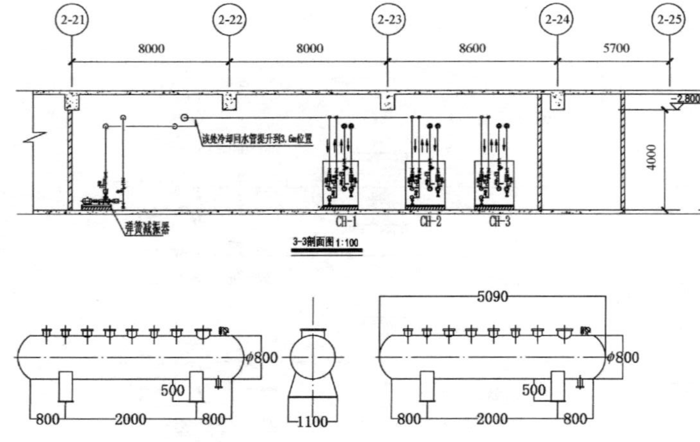

序号	名　称	性　能　参　数	单位	数量	
11	分水缸/集水器	ø800　长3500mm　外加50mm保温材料	个	2	
10	全能水处理器	功率2.2kW(380V)　过滤精度：5~200μm 接管尺寸：DN32	个	2	QN-3、4
9	全能水处理器	功率4.0kW(380V)　过滤精度：5~200μm 接管尺寸：DN50	个	2	QN-1、2
8	冷凝器自动在线清洗装置	功率2.2kW(380V) 水泵扬程：≥20m 发球流量：8L/s 接管尺寸：DN200	个	2	ZXQX-2、3
7		功率3.0kW(380V) 水泵扬程：≥20m 发球流量：8L/s 接管尺寸：DN150	个	1	ZXQX-1
6	冷却水泵	水流量580m³/h，扬程24mH$_2$O，功率55kW，运行重量800kg	台	3	一备用 CWP-3~5
5	冷却水泵	水流量290m³/h，扬程24mH$_2$O，功率30kW，运行重量800kg	台	2	一备用 CWP-1~2
4	冷冻水泵	水流量465m³/h，扬程28mH$_2$O，功率55kW，运行重量800kg	台	3	一备用 CHWP-3~5
3	冷冻水泵	水流量230m³/h，扬程28mH$_2$O，功率30kW，运行重量800kg	台	2	一备用 CHWP-1~2
2	冷水机组	制冷量2460kW，耗电量362kW，冷媒R22，运行重量11000kg	台	2	变频离心 CH-2~3
1	冷水机组	制冷量1231kW，耗电量195kW，冷媒R22，运行重量6500kg	台	1	磁悬浮变频离心 CH-1

图 11-65　制冷机房平面布置图

11.9 广州市红十字会医院

建设地点：广州市海珠区同福中路 396 号
设计时间：2014～2021 年
竣工时间：2021 年 7 月
设计单位：广州市城市规划勘测设计研究院
主要设计人：吴哲豪、张湘辉、廖悦、刘汉华
本文执笔人：廖悦、吴哲豪、刘汉华

11.9.1 项目概况

本建筑为一栋医技大楼，建筑面积 49378m^2，地上面积 37780m^2，地下室面积 11597m^2，空调面积 29000m^2，占建筑面积 75%；地下 3 层，地上 16 层，顶标高 61.3m，属于一类高层建筑。其中：①地下室为停车库及配套设备用房；②裙楼为医技、研究中心、门诊等；③塔楼为护理单元等（图 11-66）。

图 11-66 广州市红十字会医院效果图

11.9.2 室内设计参数

室内设计参数见表 11-17。

室内设计参数 表 11-17

房间名称		夏季温度（℃）	夏季相对湿度（%）	冬季温度（℃）	冬季相对湿度（%）	新风量标准	噪声标准[dB(A)]
实验室	1000 级	22～25	40～60	19～22	40～60	6 次/h	≤45
	1 万级、10 万级	22～25	40～60	19～22	40～60	4 次/h	≤45
CCU		24～26	40～60	19～22	40～60	4 次/h	≤40

续表

房间名称	夏季		冬季		新风量标准	噪声标准[dB(A)]
	温度(℃)	相对湿度(%)	温度(℃)	相对湿度(%)		
普通实验室	≤21	40～60	≤21	40～60	15%	≤40
医疗功能用房	24～26	40～75	18～20	40～75	$30m^3$/(h·人)	≤45
诊室、检查室	24～26	40～75	20～24	40～75	$30m^3$/(h·人)	≤40
护理单元	24～26	40～75	19～23	40～75	$30m^3$/(h·人)	≤40
大厅、走道	25～27	40～60	18～20	40～60	4次/h	≤45
中心供应	24～28	—	20～23	—	$30m^3$/(h·人)	≤40
办公用房	24～26	40～75	18～22	40～75	$30m^3$/(h·人)	≤45

11.9.3 冷热源系统设计

根据各层各区域用途、空调面积、室外设计温度及室内参数，制冷装机容量为4300kW，3台1160kW磁悬浮离心冷水机组，2台制热量490kW（制冷量510kW）螺杆式冷热水机组；保证冷量的调节范围在10%（450kW）～100%（4500kW）之间都能使各机组及相应的水泵保持高效率地运行。洁净区域空调系统采用制热量400kW（制冷量430kW）、热回收510kW蒸发式全热回收三联供螺杆式热水机组，所有机组安装在裙楼天面。

11.9.4 空调风系统

房间及走廊内布置风机盘管，以负担室内的冷负荷。风机盘管设有带温控器的控制开关，使用者可根据需要设定室内温度，并可灵活关闭。室内机的送、回风口均设初效过滤器，保持送风清洁。新风机组新风直接取自室外，并设置紫外线装置杀菌。新风机组将室外新风处理到室内温度，后经风道输送到每个房间及走廊内，考虑到医院建筑门诊部人流量大的特性，门诊部充分考虑人员负荷，并适当加大新风量。在新风机新风入口处，设电动对开多叶风量调节阀，可根据使用要求调节风量，另一个重要作用是与新风机组风机联锁，当风机停止运转时，阀门自动关闭。新风机组入口设初效和中效过滤器，保持进风的清洁，出风段设消声器，降低噪声，有助于医护和就诊人员保持愉快的心情。

大堂、大厅等大开间采用集中空气系统，过渡季节可以采用全新风，既能满足空气要求，又能节省用电。集中系统设置初效过滤及杀菌，保证医院的洁净要求。

普通住院部采用风机盘管加新风空调系统，各自独立控制；隔离病房、ICU房间等同时增加热泵型独立空调机，夏季制冷，冬季供暖，保证24h能提供所需的温度和洁净的要求。洁净区采用全空气系统，新风设初效过滤G4，机组内设中效过滤F7，房间内设亚高效送风口H10，房间保持正压，隔离病房保持负压。

手术室等洁净区域，由于医技部使用功能复杂，对室内温湿度及洁净度要求各不相同，空调系统相对复杂，在有洁净度要求及温湿度要求的区域，采用全空气系统，设置独立新风和排风系统。在有10万级洁净要求的区域，在该区域附近设置洁净空调机房。洁净区域内室温控制在24～26℃，湿度控制在40%～60%，换气次数为10次/h。而对于1万级以下的手术室根据洁净度要求分别进行独立设计，独立设置新风、排风系统，保证手术室长期洁净要求。

隔离病房，为防止病原菌传播，采用独立排风、新风系统，排风大于新风，保持室内的负压，排风系统设置紫外线。

11.9.5　空调水系统

根据相应的制冷机组配备冷（却）水泵，其中各有一备用水泵，提供冷冻（却）水动力，供给末端设备及冷却塔。同样 3 台风源螺杆式机组配备冷冻水泵，其中有一备用水泵。

为了保证水管路的质量，在冷冻（却）水管网安装过滤器及旁通式水处理装置，冷暖水共用一套管网系统。夏季制冷系统与冬季供暖系统共用一个管网，立管采用四管制，水平管采用双管制。水平回水干管设置压差式动态平衡阀，同时设置冷量计量装置。

11.9.6　通风系统及防排烟设计

1. 通风

地下室停车场设机械送排风系统，排风量按换气次数 6 次/h 计，送风量为排风量的 60%。其他房间通风系统设置参见第 11.8.6 小节（1）～(5)。

2. 排烟（略）

11.9.7　自动控制

自动控制方法参见第 11.8.7 小节。

11.9.8　附图

该项目总平面如图 11-67 所示，制冷机房平面布置制冷系统原理如图 11-68～图 11-70 所示。

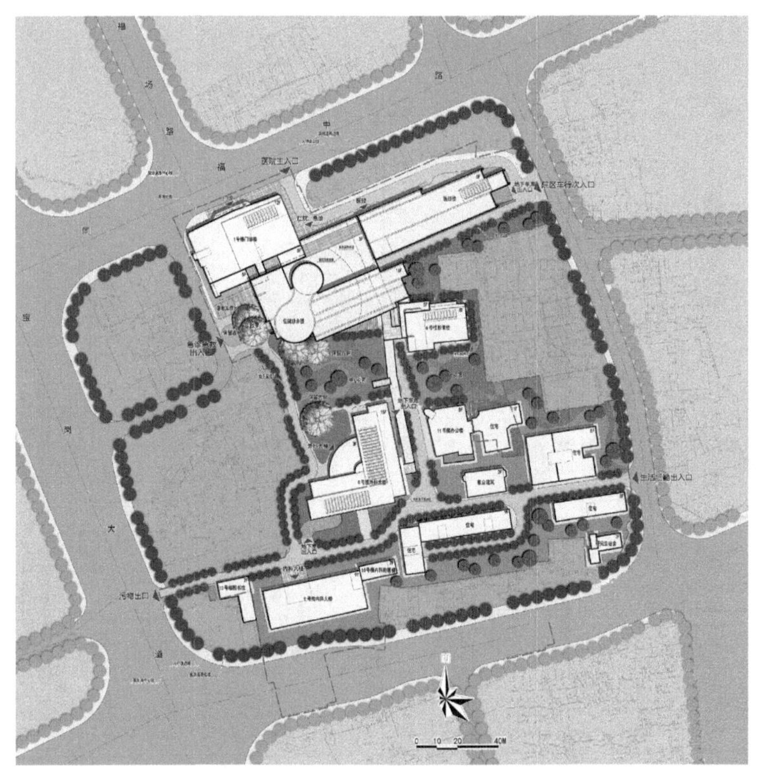

图 11-67　总平面示意图

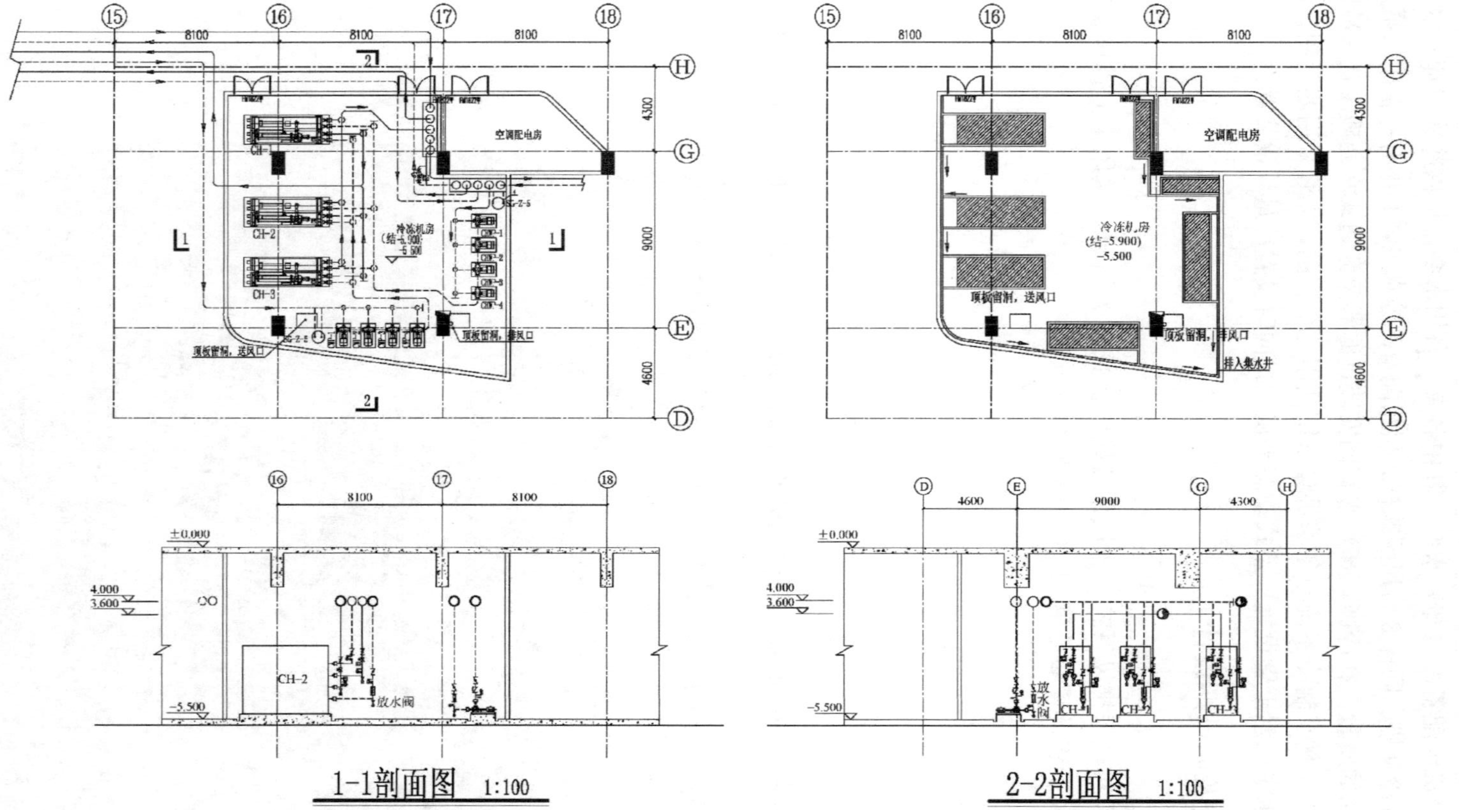

1-1剖面图 1:100

2-2剖面图 1:100

说明：

1. 所有放水管、阀均为DN32。
2. 所有水泵均采用弹簧隔振器，冷水机组采用原厂隔振器。
3. 每个对夹式蝶阀安装位置前后需预留300mm维修空间。
4. 水泵进水口管段需单独设对地支架，以免拉坏软接。
5. 每台离心制冷主机，其安全阀均需接一根42×4的钢管引至室外。
6. 螺旋除污阀，排水管引至就近排水沟排放，除污阀支架落地安装。
7. 水管标高为顶标高。
8. 管道过滤器采用反冲式过滤器，过滤网尺寸50目。
9. 本层所标注标高是与首层楼板±0.000的相对标高。

序号	名称	性能参数	单位	数量	
5	分水缸/集水器	φ800长3600mm外加50mm保温材料	个	2	
4	旁通综合水处理器	处理水量860m/h，0.6kW	个	2	SG-Z-5
3	冷却水泵（定频）	水流量265m³/h，扬程30mH$_2$O，功率37kW	台	4	一备用CWP-1~4
2	冷冻水泵（变频）	水流量220m³/h，扬程33mH$_2$O，功率37kW	台	4	一备用CHWP-1~4
1	螺杆冷水机组	制冷量1180kW，耗电量230kW，冷媒R134a 运行重量7400kg，机组自带在线清洗装置	台	3	CH-1~3

图 11-68 制冷机房平面布置图

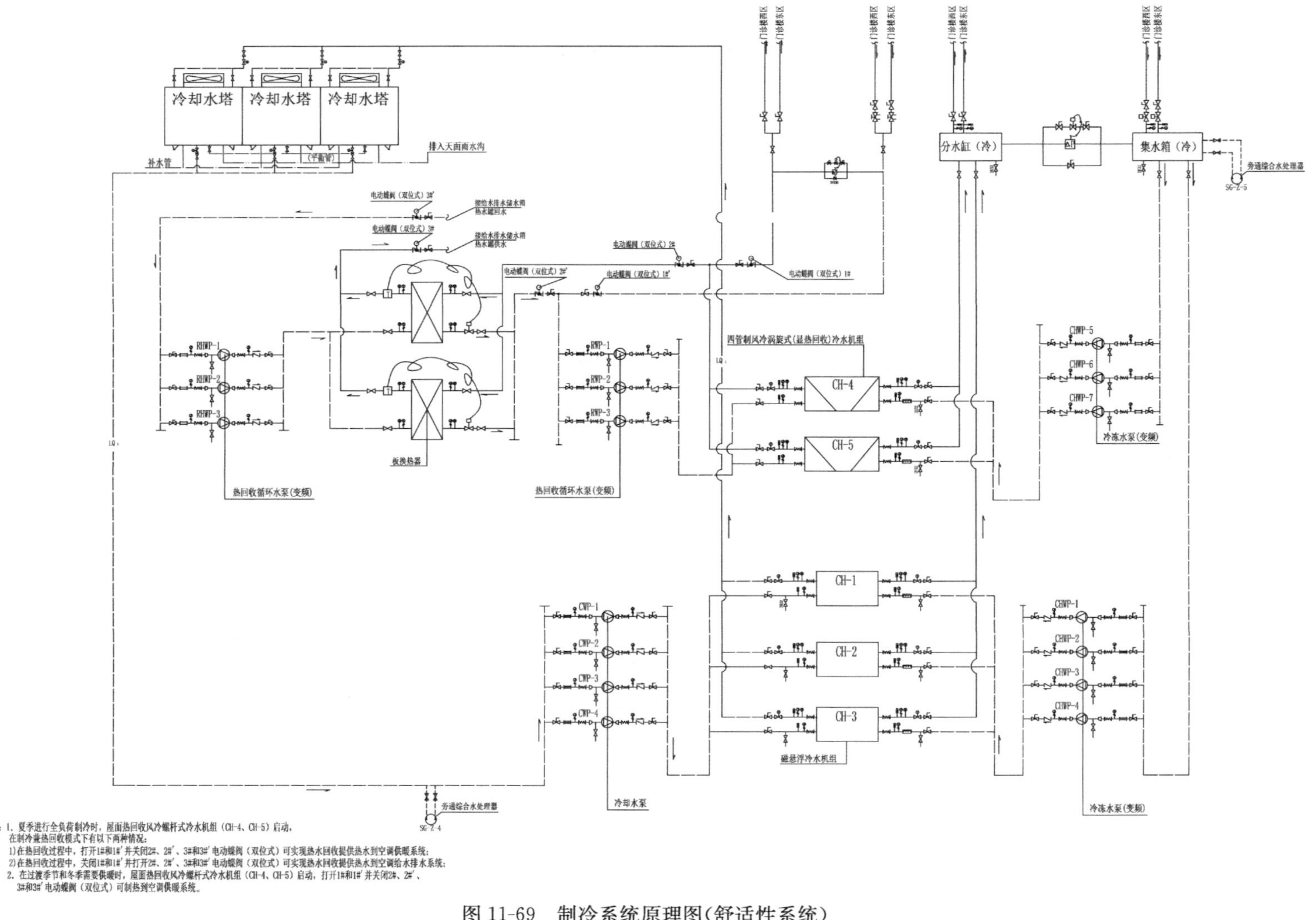

注明：1. 夏季进行全负荷制冷时，屋面热回收风冷螺杆式冷水机组（CH-4、CH-5）启动，
在制冷兼热回收模式下有以下两种情况：
1)在热回收过程中，打开1#和1#′并关闭2#、2#′、3#和3#′电动蝶阀（双位式）可实现热水回收提供热水到空调供暖系统；
2)在热回收过程中，关闭1#和1#′并打开2#、2#′、3#和3#′电动蝶阀（双位式）可实现热水回收提供热水到空调给水排水系统；
2. 在过渡季节和冬季需要供暖时，屋面热回收风冷螺杆式冷水机组（CH-4、CH-5）启动，打开1#和1#′并关闭2#、2#′、3#和3#′电动蝶阀（双位式）可制热到空调供暖系统。

图 11-69 制冷系统原理图(舒适性系统)

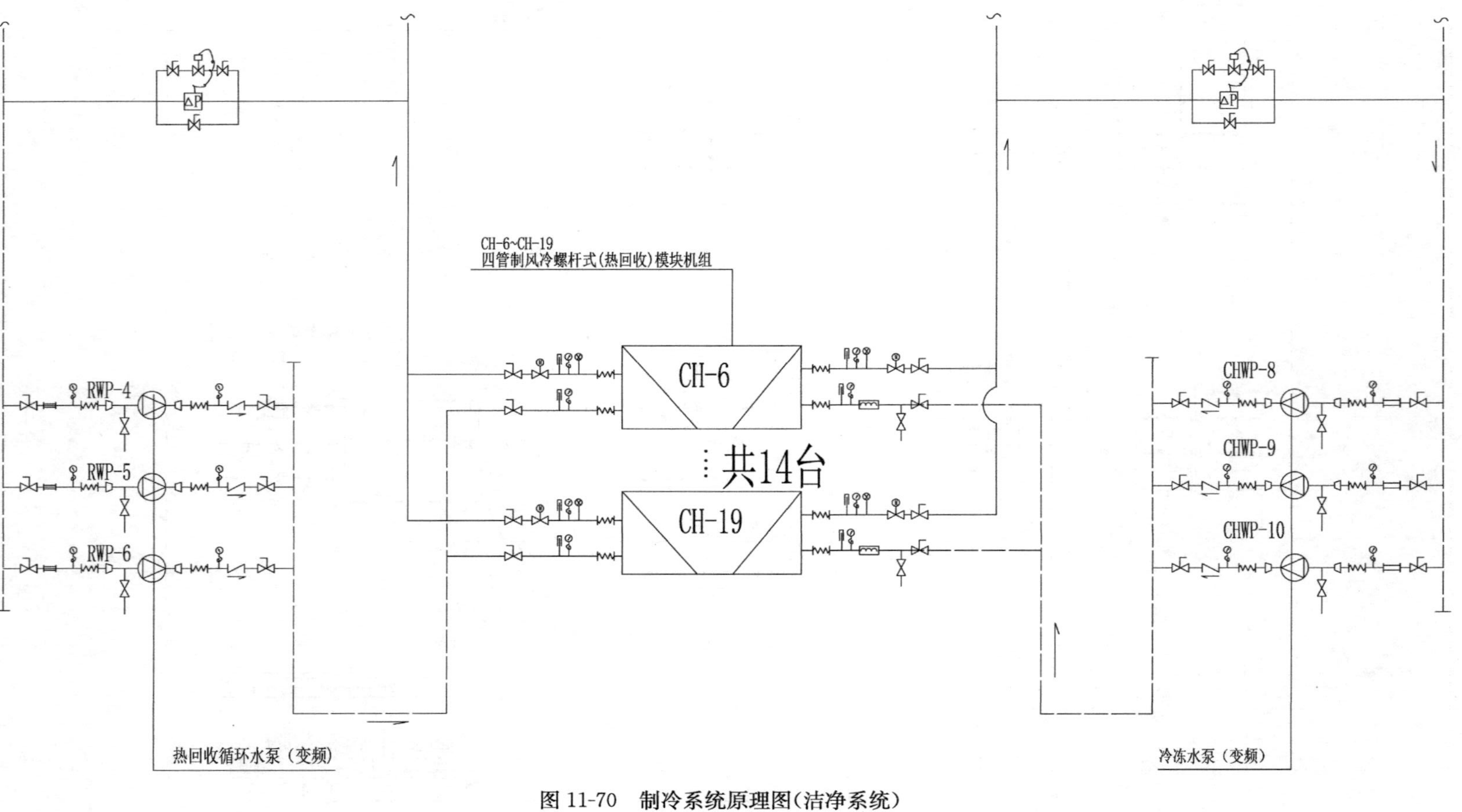

图 11-70　制冷系统原理图(洁净系统)

11.10　广州市妇女儿童医疗中心增城院区

建设地点：广州市增城区荔城街五一村，地铁 21 号线钟岗站南侧地块

设计时间：2017～2021 年

竣工时间：2021 年 7 月

设计单位：广州市城市规划勘测设计研究院

主要设计人：吴哲豪、张湘辉、廖悦、刘汉华

本文执笔人：廖悦、吴哲豪、刘汉华

本项目获 **2019“智建中国”国际 BIM 大赛设计组二等奖。**

11.10.1　工程概况

总用地面积 71256.9m^2，其中建设用地面积 57913.3m^2，总建筑面积 219970m^2（其中地上 137920m^2，地下 82050 m^2）。工程由 5 栋建筑（门诊医技楼、住院楼、周转楼、感染楼、开关房）组成（地上分别为 5、15、13、3、1 层，地下 3 层），建筑总高度分别为 23.75m、65.75m、56.25m、14.15m、4.5m，工程建设规模 1000 床（图 11-71）。项目拟建设成大型综合三甲医院，所涉及的建设内容包括门诊医技楼、住院楼、周转楼、感染楼、开关房及室内外配套工程（含服务于本项目的红线外市政基础设施及医学诊断、治疗、急救、监护等所需医疗专业设备、专项系统）。

图 11-71　广州市妇女儿童医疗中心增城院区效果图

11.10.2　室内设计参数

室内设计参数见表 11-18。

室内设计参数　　　　**表 11-18**

房间名称	夏季		冬季		换气次数(次/h)		新风量	噪声标准
	干球温度(℃)	相对湿度(%)	干球温度(℃)	相对湿度(%)	进风	换风	[m^3/(h·人)]	[dB(A)]
病房	26～27	45～50	22～23	40～45	2	2	40	≤40
诊室	26～27	45～50	21～22	40～45	1.5	2	40	≤40
候诊室	26～27	45～50	20～21	40～45	2	2	40	≤45
急救手术室	23～27	55～60	24～26	55～60	—	—	—	≤40
手术室	23～27	55～60	24～26	55～60	—	—	—	≤40
ICU	23～27	55～60	24～26	50～55	—	—	—	≤40
恢复室	24～27	55～60	23～24	50～55	2	2	40	≤40
分娩室	24～27	55～60	23～24	50～55	6	5	40	≤40
婴儿室	25～27	55～60	25～27	55～60	—	—	40	≤40
消毒供应室	26～27	—	21～22	—	2	2	—	≤45

续表

房间名称	夏季		冬季		换气次数(次/h)		新风量	噪声标准
	干球温度(℃)	相对湿度(%)	干球温度(℃)	相对湿度(%)	进风	换风	[m³/(h·人)]	[dB(A)]
试验室	26～27	45～50	21～22	40～45	—	—	—	≤45
X线、放射线室	26～27	45～50	23～24	40～45	2	3	—	≤45
药房	26～27	45～50	21～22	40～45	5	6	—	≤45
药品储存	16	＜60	16	＜60	5	5	—	≤45
档案库	≤24	45～60	≥14	45～60	0.5～1.0		—	≤45

注：新风量需要通过换气次数和人员密度新风量两种计算后取大者。

11.10.3 冷热源系统设计

本项目冷热源设备采用水-水热泵热水机组（带热回收）螺杆式机组。该机组可在制冷或制热工况下对部分冷凝热量进行回收，制成热水，以满足医院生活热水需求，同时实现制冷、供暖、生活热水一机三用。在开空调的季节，或使用制冷设备的同时，机组制备的热水可满足热水等需求。热回收机组在热回收的应用中可减少因废热的排放而形成的热岛效应，同时提供生活热水，有利于环境保护、减少资源浪费和节省运行费用。

考虑到医院功能主要为医用，出于对稳定性、重要性的考虑，舒适性区域空调冷源系统装机设计按同时使用系数为1.0去配机，而洁净区域空调冷源系统装机设计按同时使用系数为1.0去考虑，住院楼空调冷源系统装机设计按同时使用系数为0.95去配机。

冷热源系统：根据各层各区域用途、功能性质设置中央空调系统，该项目分为三个冷源系统，分别为医技舒适系统（服务医技楼、住院楼、实验室、周转楼）、医技洁净系统、感染楼系统。空调系统和供暖系统具体如下：

(1) 医技楼舒适性空调系统由3台3516kW水冷离心式冷水机组+2台1406 kW螺杆式水-水热泵热水机组组成；其中1台螺杆式水-水热泵热水机组（带热回收）夏季制冷并同时热回收，冬季用于供暖，另1台螺杆式水-水热泵热水机组夏季、过渡季节运行可实现全年供暖，水冷离心机组和水-水热泵热水机组均设置在地下制冷机房，对应的6台600m^3/h水量的冷却塔和2台350m^3/h水量的热源塔设置在住院楼屋面。

(2) 门诊医技楼洁净空调系统由1台2812kW水冷离心式冷水机组+1台1406kW水冷螺杆式冷水机组+1台1406 kW螺杆式水-水热泵热水机组组成；其中螺杆式水-水热泵热水机组夏季、过渡季节、冬季运行可实现全年供暖，其中设于舒适性空调系统的螺杆式水-水热泵热水机组作为洁净热源的备用机组，对应的3台350m^3/h水量的冷却塔和1台350m^3/h水量的热源塔设置在住院楼屋面。

(3) 感染楼空调系统由1台513kW四管制蒸发式风冷（热）水机组（带热回收）+1台530kW螺杆式风冷（热）水机组组成；其中四管制蒸发式风冷（热）水机组（带热回收）夏季制冷并同时热回收，冬季用于供暖。

11.10.4 空调风系统

1. 送风方面

(1) 门诊、特诊楼，大堂、大厅，住院部，医技部手术区域送风设置参见第11.8.4小节“1.

送风方面”。

（2）X 光摄影的操作室，CT、MRI、血管造影等的计算机室，线性加速器的机械室等，因医疗设备发热量大而且全年需要供冷，应设专用的空调机组或空调系统，以保证其要求。

（3）空调方式。根据本建筑的各功能分区，病房、诊室等均设置新风系统。公共场所采用低风速单风道全空气系统。每层设新风机房，保证房间新风量。空调及新风机组采用初效过滤。

2. 排风方面

（1）医院各房间的排风设置参见第 11.8.4 小节“2. 排风方面”。

（2）电气设备区域设置事故后排风系统，排风机平时开启，通过上部排风口排风，当发生火灾时，70℃电动防火阀关闭，开启设备区内走道排烟口进行排烟，灭火后，70℃电动防火阀重新开启，通过设置于电气设备下部的排风口进行排风。

11.10.5　空调水系统

（1）根据相应的制冷机组配备冷（却）水泵，其中各有一备用水泵，提供冷冻（却）水动力，供给末端设备及冷却塔。为了保证空调水管路的质量，在冷冻（却）水管网安装过滤器及旁通式水处理装置。

（2）医技楼舒适性空调系统分开 8 组冷冻水立管和供暖立管，分别供应到门诊楼、住院楼、住院楼顶层的实验室和周转楼，门诊楼、住院楼和实验室竖向、水平都采用四管制形式；周转楼采用竖向四管制、水平管两管制形式，通过水平管前端的转换阀进行冷冻水、热水的切换，满足层间区域的制冷、供暖需求。

（3）空调主楼系统冷冻水管与供暖水管分为两个相互独立的竖向管网，两组管都采用立管异程，水平管采用四管制形式，通过接入风机盘管、风柜等末端前的转换阀进行冷冻水、热水的切换，满足制冷、供暖需求。

（4）空调洁净系统冷冻水管与供暖水管分为两个相互独立的竖向管网，两组管都采用立管异程，水平管采用四管制形式。

（5）水平回水干管设置压差式动态平衡阀，同时设置冷量计量装置，并同时设置流量装置统计每个科室的流量实现流量计费。

11.10.6　通风系统及防排烟设计

相关内容参见第 11.7.6 小节。

11.10.7　自动控制

相关内容参见第 11.7.5 小节。

11.10.8　附图

该项目总平面如图 11-72 所示，医疗综合楼相关制冷系统原理如图 11-73、图 11-74 所示，感染楼制冷系统原理如图 11-75 所示，制冷机房平面布置如图 11-76 所示。

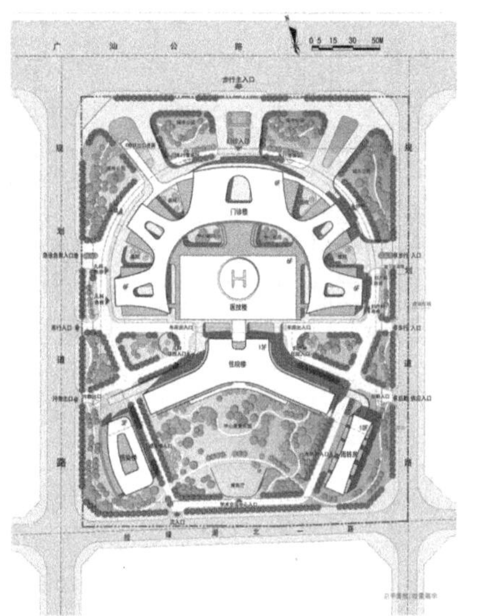

图 11-72　总平面示意图

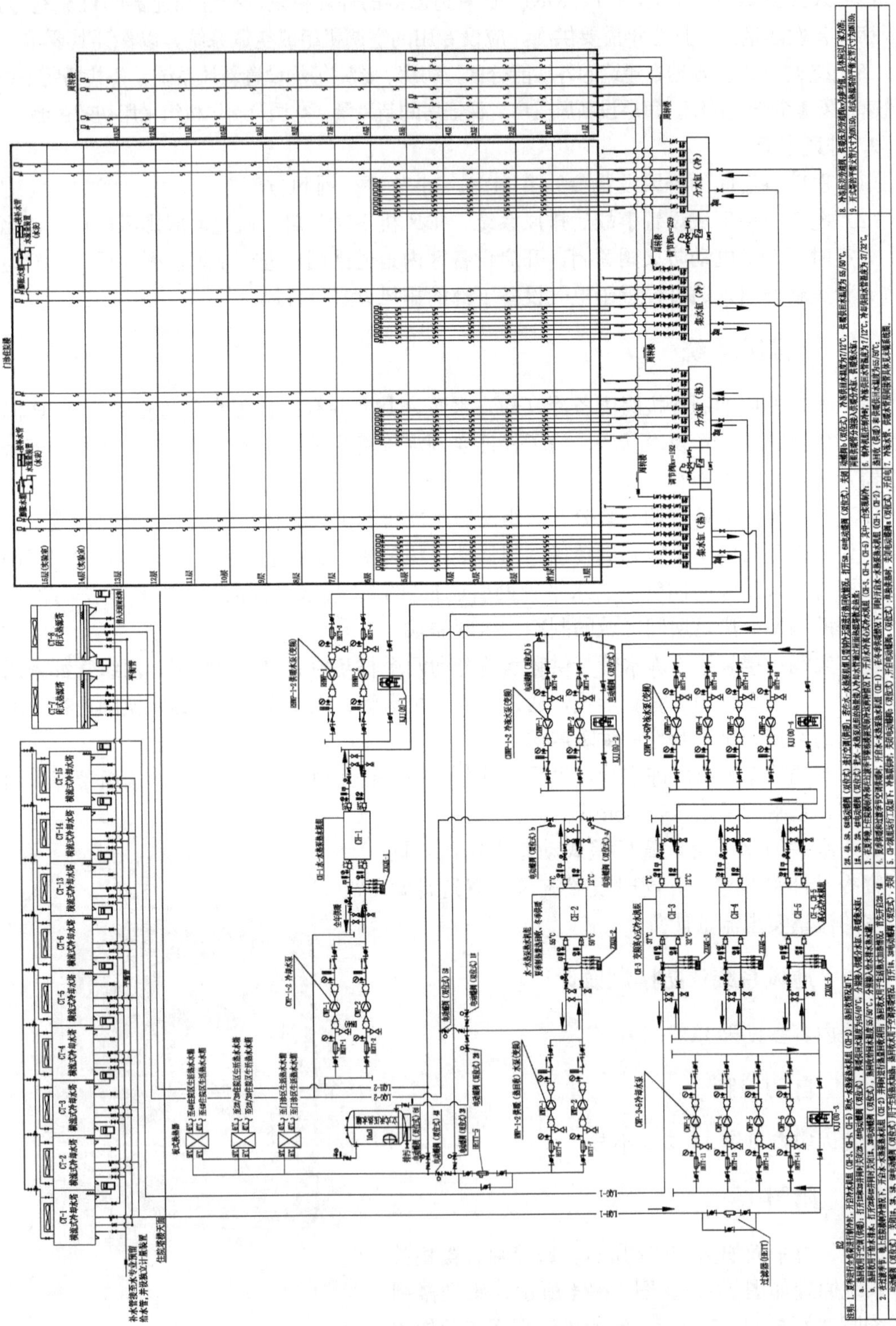

图 11-73 医疗综合楼舒适制冷系统原理图

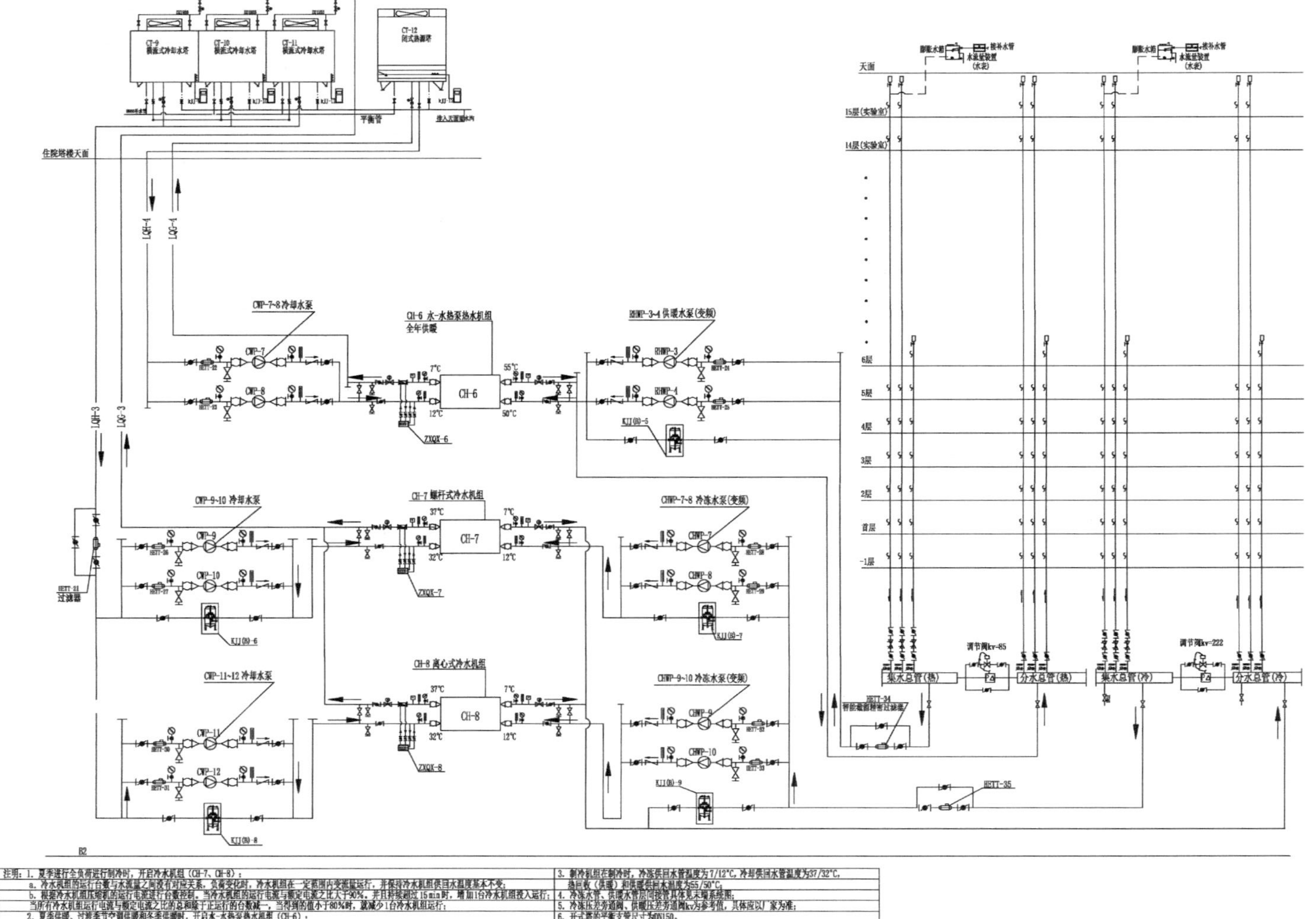

注明：1. 夏季进行全负荷进行制冷时，开启冷水机组（CH-7、CH-8）；	3. 制冷机组在制冷时，冷冻供回水管温度为7/12℃，冷却供回水管温度为37/32℃，热回收（供暖）和供暖供回水温度为55/50℃；
a. 冷水机组的运行台数与水流量之间没有对应关系，负荷变化时，冷水机组在一定范围内变流量运行，并保持冷水机组供回水温度基本不变；	
b. 根据冷水机组压缩机的运行电流进行台数控制。当冷水机组的运行电流与额定电流之比大于90%，并且持续超过15min时，增加1台冷水机组投入运行；当所有冷水机组运行电流与额定电流之比的总和除于正运行的台数减一，当得到的值小于80%时，就减少1台冷水机组运行；	4. 冷冻水管、供暖水管层间接管具体见末端系统图； 5. 冷冻压差旁通阀、供暖压差旁通阀kv为参考值，具体应以厂家为准；
2. 夏季供暖、过渡季节空调供暖和冬季供暖时，开启水-水热泵热水机组（CH-6）；	6. 开式塔的平衡支管尺寸为DN150。

图 11-74 医疗综合楼洁净制冷系统原理图

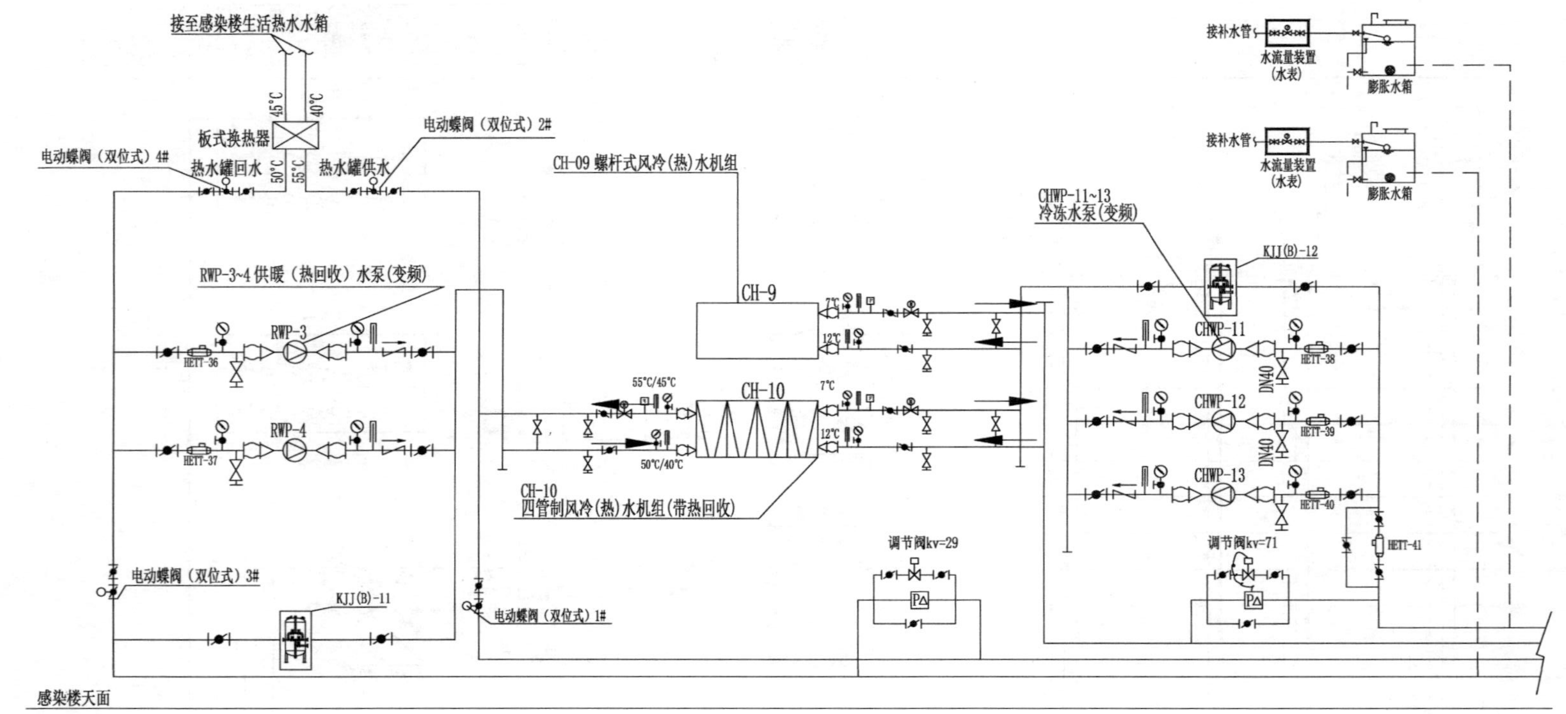

图 11-75　感染楼制冷系统原理图

注明：1. 夏季进行全负荷进行制冷时，开启螺杆式风冷(热)水机组(CH-9)和四管制蒸发式风冷(热)水机组(CH-10)，热回收情况如下：	3. 机组在制冷时，冷冻供回水管温度为7/12℃，冷却供回水管温度为37/32℃，热回收(生活热水)供回水温度为55/50℃和供暖供回水温度为45/40℃；
a. 热回收用于空调(供暖)：打开1号和3号并同时关闭2号、4号电动蝶阀(双位式)，供暖供回水温度为45/40℃，分别接入采暖分水缸、供暖集水缸； b. 热回收用于给水排水：打开2号和4号并同时关闭1号、3号电动蝶阀(双位式)，热回收给回水温度55/50℃；，分别接入给水排水热水罐；	4. 冷冻水管、供暖水管层间接管具体见末端系统图。
2. 在过渡季节，晚上住院楼制冷情况下，开启四管制蒸发式风冷(热)水机组(CH-10)并同时进行热量回收水利用；热回收水用于生活热水加热情况：	
首先开启2号、4号电动蝶阀(双位式)，关闭1号、3号电动蝶阀(双位式)用于生活热水加热；热回收水用于空调供暖情况：打开1号、3号电动蝶阀(双位式)，关闭2号、4号电动蝶阀(双位式)进行空调(供暖)；若在四管制蒸发式机组只需制冷无需进行热回收情况：关闭热回收功能；	

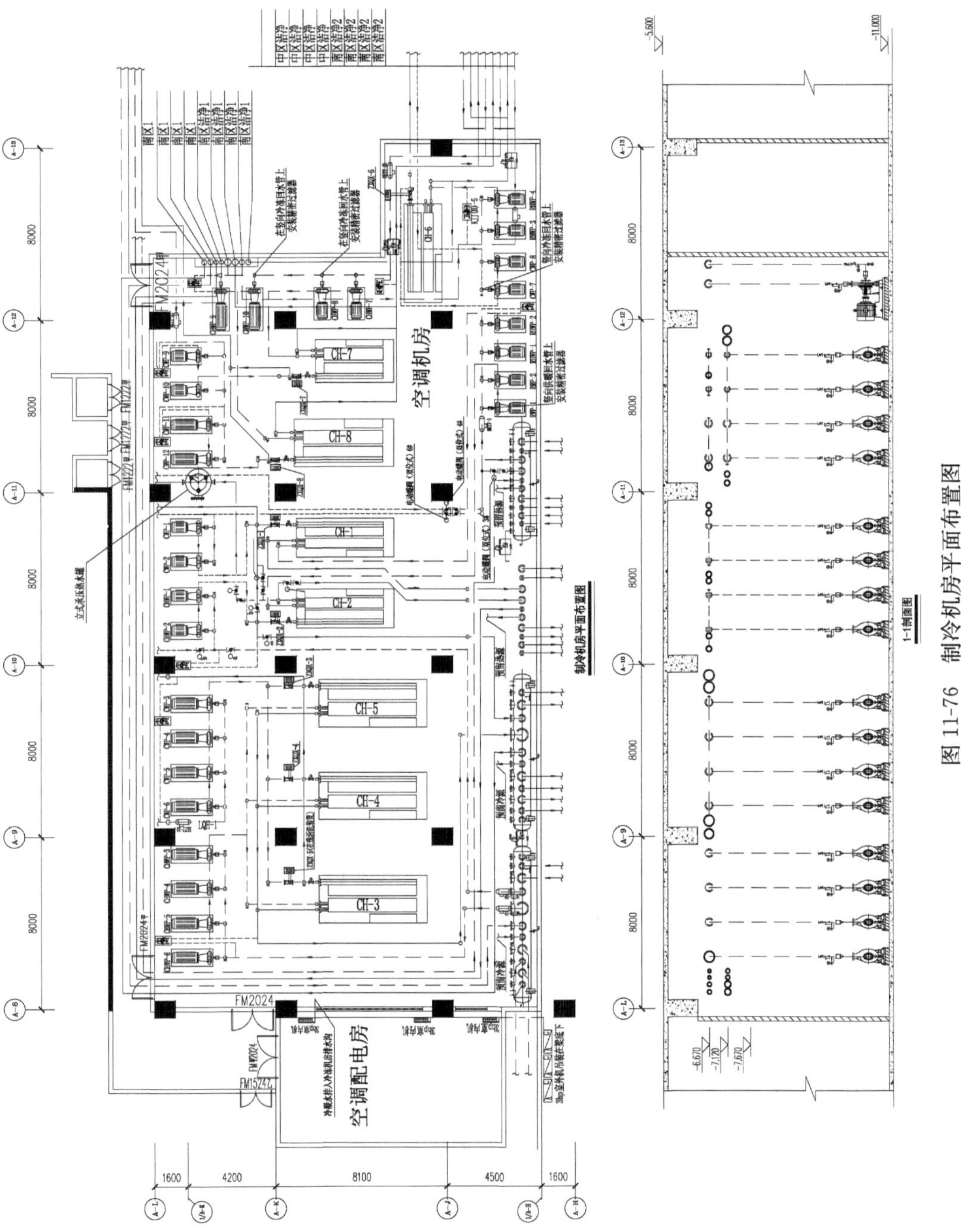

图 11-76　制冷机房平面布置图

11.11 广州市老年医院（一期工程）

项目地点：广州市白云区钟落潭镇上水广州市老人院扩建用地内的东侧
设计单位：清华大学建筑设计研究院有限公司（方案、初步设计）
广州市城市规划勘测设计研究院（施工图设计）
主要设计人：吴哲豪、韩佳宝、张湘辉、杜广文、廖悦、于丽华、刘汉华
建设情况：2020年12月开始设计，预计2022年建成投入使用
本文执笔人：刘汉华、韩佳宝

11.11.1 工程概况

项目分一、二期建设，本次设计为一期工程，总建筑面积133456m^2，其中地上87176m^2，地下46280m^2，病床500床。二期面积25660m^2，一期预留二期冷热源条件。使用功能：门诊、病房、医技、手术部等。建筑层数：南侧塔楼地上13层，北侧塔楼地上15层；裙楼地上5层；地下室为地下3层。广州市老年医院将定位为高标准打造老年人全生命周期医养结合服务中心，老年医学专科人才培养中心、老年医学研究与技术创新中心，建成国内一流、引领粤港澳大湾区的高水平的具有老年医学特色的三级综合医院（图11-77）。

图11-77 广州市老年医院（一期工程）效果图

11.11.2 室内设计参数

室内设计参数见表11-19。

室内设计参数 **表11-19**

房间	夏季		冬季		空调	新风	排风	噪声
	干球温度（℃）	相对湿度（%）	干球温度（℃）	相对湿度（%）	独立与否或净化			A声级[dB(A)]
门诊	26	60	20	—	—	2.5次/h [40m^3/(h·人)]	2.0次/h	≤45

续表

房间	夏季		冬季		空调	新风	排风	噪声
	干球温度（℃）	相对湿度（%）	干球温度（℃）	相对湿度（%）	独立与否或净化			A 声级[dB(A)]
急诊	27	65	18	—	—	3.0 次/h [40m^3/(h·人)]	2.5 次/h	≤45
病房	26	60	20	—	—	2.5 次/h [40m^3/(h·人)]	2.0 次/h	≤45
ICU	26	60	20	—	—	3.0 次/h	2.5 次/h	≤45
NICU	26	60	24	—	—	3.0 次/h	2.5 次/h	≤45
CT								
CT 设备间	26	60	20	—	独立空调	—	—	≤45
拍片间	26	60	20	—	独立空调	2.5 次/h	2.5 次/h	≤45
MRI、PET-MRI								
MRI 设备间	22	60	22	—	双压缩机恒温恒湿	2.5 次/h	2.0 次/h	≤45
MRI 磁共振机	水冷	—	水冷	—	独立风冷冷水机	—	排风管 DN250	≤45
MRI 扫描间	26	60	20	—	独立空调	34m^3/min	34m^3/min	≤45
加速器								
直线加速器扫描间	26	60	20	—	独立	5 次/h	6 次/h 负压	≤45
直线加速机	—	—	—	—	独立风冷冷水机	—	—	≤45
直线加速器设备间	26	60	20	—	独立风冷冷水机	—	—	—
核医学								
热室	—	—	—	—	—	—	750 m^3/h	—
高活	—	—	—	—	—	—	通风柜 1 个	—
核医学病人区域	24	60	22	—	—	5 次/h	6 次/h 独立	≤45
其他区域	—	—	—	—	—	2.5 次/h	3 次/h	—
静脉用药调配中心								
一更以后	22	60	22	—	15 次/h	—	—	—
二更以后	22	60	22	—	25 次/h	—	—	—
其他用房								
其他医技	26	60	20	—	—	50m^3/(h·人)	40m^3/(h·人)	≤45
检验科	27	60	18	—	另加独立空调	3 次/h	3 次/h	≤45
PCR 实验室	26	60	20	—	—	5 次/h	6 次/h	≤45
微生物实验室	26	60	20	—	—	5 次/h	6 次/h	≤45
中心供应污区	28	—	15	—	—	12 次/h	15 次/h	≤50
处置室	27	—	20	—	—	自然进	15 次/h	≤45
换药室	27	—	20	—	—	自然进	15 次/h	≤45
污物室	27	—	18	—	—	自然进	15 次/h	≤45
污洗室	27	—	18	—	—	自然进	15 次/h	≤45
办公	26	60	20	—	—	30m^3/(h·人)	27m^3/(h·人)	≤45
会议	26	60	20	—	—	30m^3/(h·人)	27m^3/(h·人)	≤45
教室	26	60	20	—	—	30m^3/(h·人)	27m^3/(h·人)	≤45
实验室	27	60	18	—	—	8 次/h	10 次/h	≤45

续表

房间	夏季		冬季		空调	新风	排风	噪声
	干球温度（℃）	相对湿度（%）	干球温度（℃）	相对湿度（%）	独立与否或净化			A声级[dB(A)]
宿舍	26	60	20	—	—	30m³/(h·人)	27m³/(h·人)	≤45
副食厨房	—	—	15	—	—	30次/h+自然进	60次/h	≤50
主食厨房	—	—	15	—	—	15次/h+自然进	30次/h	≤55
厨房其他区域	—	—	15	—	—	10次/h+自然进	12次/h	≤50
餐厅	26	60	20	—	—	25m³/(h·人)	20m³/(h·人)	≤45
卫生间	29	—	18	—	—	自然进	15次/h	≤45
车库	—	—	—	—	—	5次/h+自然进	6次/h	≤50

11.11.3 冷热源系统

（1）负荷估算

见表11-20。

负荷估算表 **表11-20**

建筑	面积(m²)(空调面积)	冬季热负荷		夏季冷负荷	
		热指标(W/m²)	热负荷(kW)	冷指标(W/m²)	冷负荷（kW）
一期	133456(92000)	29(42)	3850	98(141)	13050
二期(预留)	25660	50	1300	150	4200
总计	—	—	5150	—	17250

（2）冷热源

冷源主要采用水冷式冷水机组+冷却塔形式，总冷负荷17250kW，其中一期13050kW，二期4200kW，选择制冷机组离心机组4600kW 3台+螺杆机组1750kW 2台（带空调冷凝热回收），其中1台离心机组，二期使用预留机组位置。制冷机房位于地下1层，偏北侧布置兼顾二期，冷却塔位于北侧塔楼屋面，与制冷机组一一对应，冷却水32/37℃。建筑南北细长，减少管线输送能耗，空调采用大温差输水，空调冷水6/13℃（图11-78）。

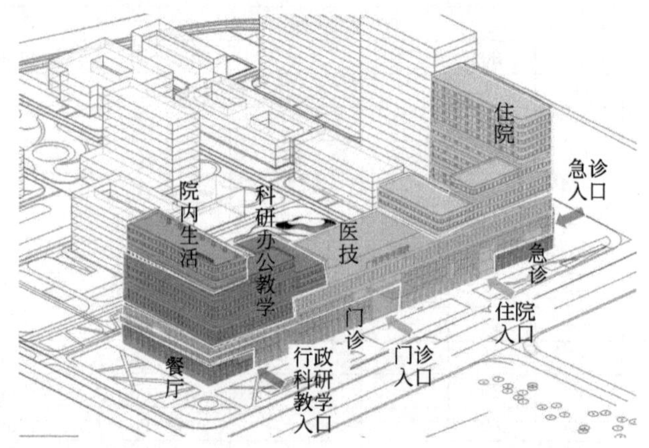

图11-78 广州市老年医院（一期工程）功能布置

热源主要采用风冷热泵螺杆式机组，总热负荷 5150kW，其中一期 3850kW，二期 1300kW，选择风冷热泵螺杆式机组 1300kW 4 台，其中 1 台机组，二期使用预留机组位置，风冷热泵机组设置于裙楼 6 层机房屋面，水泵位于地下 1 层制冷机房，空调热水 45/40℃。

制冷机房设软化水器、软化水箱、冷冻水补水泵及定压罐、冷却水加药装置、冷冻水真空除氧装置等。

手术室另设置空气源四管制多功能冷热水机组，作为反季节及过渡季节使用，容量制冷量 300kW，制热量 330kW，2 台一用一备。消毒采用电热蒸汽消毒，本项目不设锅炉房。

11.11.4　空调系统

（1）门诊诊室、检查室、病房、宿舍、办公、实验室等小空间房间，均采用风机盘管＋新风系统。

（2）大厅、门诊门厅、候诊通廊、急诊 EICU、急诊抢救、职工餐厅、学术报告厅等高大空间均采用全空气低速送风系统，风机变频，根据 CO_2 浓度对新风量进行自动控制，过渡季节可全新风运行。

（3）检验中心等散热量大且时间较长，空调设两套，一套为医院设置的集中冷源，末端风机盘管；另一套变制冷剂流量多联式空调，末端四出风室内机，在集中冷源不运行季节或不运行时段使用多联机系统。

（4）中心供应等散热量大且时间较长，冷源为两套，一套为医院设置的集中冷源；另一套为变制冷剂流量多联式空调，在集中冷源不运行季节或不运行时段使用。

（5）消防、安防控制室、UPS 等设变制冷剂流量多联式空调。

（6）数据中心等设专用机房空调，预留室外机条件。

（7）MRI、PET-MRI 等采用双压缩机恒温恒湿机房专用空调，室外机位于 5 层室外屋面。预留独立的分体式水冷却系统，室外机均位于首层地面和裙楼 4 层屋面。

（8）直线加速器、CT 、DR 、PET-CT 等大型医技设备设置变制冷剂流量多联式空调，室外机位于裙楼 4 层屋面。直线加速器预留独立的分体式水冷却系统，室外机位于门诊楼首层地面。

（9）地下变电室等设变制冷剂流量多联式空调（同时设通风），室外机位于裙楼 4 层屋面。

（10）电梯机房等设风冷式分体机。

11.11.5　空调水系统

空调水系统采用一级泵、变流量系统和异程式、二管制系统，为减少水力失调，各层水管干管不变径或者少变径。空调水系统工作压力 1.0MPa。

手术室净化空调采用四管制系统，大楼集中冷热源提供季节性冷热水，手术室用空气源四管制多功能机组提供反季节及过渡季节冷热水。

机组功能段普通全空气空调机组：设初效、高压静电中效两级过滤，冷热盘管段，光等离子杀菌段，风机段。普通新风机组：设初效、高压静电中效两级过滤，冷热盘管段，风机段。普通盘管：设初效一级过滤。病房盘管：设净化杀菌型回风口装置。

11.11.6 空调自动控制要求

（1）冷热源的控制：设置冷机群控系统和顺序启动监控系统，设温度补偿控制系统。

（2）冷冻水系统的控制：冷冻水系统为一次泵大温差系统；在分、集水器设置压差控制装置及旁通管，保证系统压差恒定及控制流量。

（3）舒适性空调机组（新风处理机）控制：舒适性新风处理机在回水管上设置静态平衡阀和比例积分电动两通调节阀，按回风温度（送风温度）调节水量。全空气空调系统设置冷冻水调节、变新风量的运行控制。

（4）风机盘管装电动二通阀及带温控器的三速开关，根据室内温度自动调节。每层风机盘管回水管设静态平衡阀，调节水量平衡。

（5）设变频器控制：空调风机均设置变频器控制风量，根据过滤器阻力变化调节风量。新风机根据 CO_2 浓度调节风量。

（6）所有空调机、通风机均有远距离启停，就地季节转换及检修开关。

11.11.7 手术部净化空调

（1）手术部部分室内设计参数见表 11-21。

手术部部分室内设计参数 表 11-21

洁净等级	空气压力	按换气，次/h（按风速，m/s）	干球温度（℃）	相对湿度（%）	新风	噪声[dB(A)]	自净时间（min）
Ⅰ级(百级)手术室 3 间	正	(0.45)	夏 24 冬 24	夏 50 冬 50	$30m^3/(h·人)$ (14 次/h)	≤45	10
Ⅱ级(千级)手术室 1 间	正	36	夏 24 冬 24	夏 50 冬 50	$20m^3/(h·人)$ (12 次/h)	≤45	20
Ⅲ级(万级)手术室 5 间	正	23	夏 24 冬 24	夏 50 冬 50	$20m^3/(h·人)$ (10 次/h)	≤45	20
Ⅲ级(万级)正负压转换手术室 1 间	正 负	23	夏 24 冬 24	夏 50 冬 50	$20m^3/(h·人)$ (10 次/h)	≤45	20
无菌辅料	正	15	夏 24 冬 24	夏 50 冬 50	2 次/h	≤48	
护士站	正	12	夏 24 冬 24	夏 50 冬 50	2 次/h	≤48	
术前预麻醉	负	12	夏 24 冬 24	夏 50 冬 50	$50m^3/(h·人)$	≤45	20
术后苏醒	正	10	夏 24 冬 24	夏 50 冬 50	$50m^3/(h·人)$	≤45	20

续表

洁净等级	空气压力	按换气，次/h（按风速，m/s）	干球温度（℃）	相对湿度（%）	新风	噪声［dB(A)］	自净时间（min）
刷手	负	10	夏 24 冬 24	夏 50 冬 50	2 次/h	≤48	
洁净区走廊	正	10	夏 24 冬 24	夏 50 冬 50	2 次/h	≤48	

(2) 5 层手术部、洁净区走廊、术前术后用房采用洁净空调，均采用全空气低速送风系统。

1) 净化空调

①净化空调机冷热源：大楼集中冷热源提供季节性冷热水，手术室用空气源四管制多功能机组提供冷反季节及过渡季节冷热水。机组设冷盘管、再热或加热盘管，夏季冷盘管走大楼集中冷源冷水，再热盘管走多功能冷热水机提供热水；冬季，冷盘管走多功能冷热水机提供冷水，热盘管走大楼集中热源提供热水；过渡季节，大楼集中冷源不开时，四管制多功能机组同时产冷水和热水，制冷、制热自动平衡，多余的冷量或热量由空气侧蒸发器或冷却器散到空气中。

空气源热泵四管制多功能冷热水机组自带冷热循环泵、补水定压，设置 2 台一用一备，制冷制热具备连续性，冷热自动平衡，冷冻水供/回水温度 6/13℃，再热或热水供/回水温度 45/40℃，并作为集中冷源备用。

②手术室净化全空气空调功能段：新回风混合、表冷段、二次回风、再热或加热、电热加湿段、风机段、袋式中过滤器、气相化学过滤器过滤（吸附新风中有害气体）、末端高效过滤器。

③集中新风机组功能段：风机段，初效、中效、亚高效。

④其他净化全空气空调功能段：新回风混合，风机段，初效、中效、亚高效，表冷段，电再热、等离子杀菌段。

2) 净化空调机设置

洁净手术室共 10 间。Ⅰ级洁净手术室 3 间和Ⅱ级洁净手术室 1 间，每间手术室设一台净化空调机；Ⅲ级洁净手术室共 5 间，2 间合设一台净化空调机；Ⅲ级正负压转换手术室 1 间，设 1 台净化空调机。

3) 手术室气流组织采用变频控制全空气低速送风系统，气流组织采用长边上送风、双侧下回风方式。

(3) 术前预麻醉、术后苏醒采用洁净空调，均采用全空气低速送风系统。组合式净化空气处理机组设于上层本空调机房内。

(4) 人员较少的无菌辅料、麻醉包布、无菌储藏等净化房间均采用 FFU＋风机盘管＋新风空调系统。

(5) 4 层配液中心、5 层 ICU、9 层细胞培养采用洁净空调，均采用全空气低速送风系统。组合式净化空气处理机组设于本层本区域空调机房内。

(6) 净化空调自动控制净化空气处理机在其回水管上设置静态平衡阀和比例积分电动

两通调节阀，按回风温度和湿度调节阀的开度。

11.11.8 通风系统

（1）生物安全柜配置科室：检验科、病理科、药剂科、实验平台；通风柜配置科室：病理科、药剂科、检验科、科研实验室；预留通风竖井，高出屋面排风。

（2）检验科、病理科、配液中心、实验室等设独立机械通风。

（3）中心供应等设独立、强化机械通风，气流流向从准备/打包区流向去污区，去污区排至屋面。

（4）产生有毒、有害、异味物质的处置室、换药室、污物室、污洗室等设机械通风。

（5）MRI、PET-MRI、直线加速器、核医学等设独立机械通风。直线加速器、核医学排风排至屋面，MRI 设事故通风 12 次/h，通过风管排至无人处。

（6）每间隔离病房设独立排风且排风机为 2 台，一用一备，排出口设高效过滤器。排风装置位于 15 层屋面。

（7）每间病房卫生间设排风扇，通过竖井排到屋面；重症病区、病房增设通风换气系统。

（8）每间封闭门诊诊室均设排风，对应新风系统不间断运行，以保证新风量。有外窗房间，正压自然排风。

（9）厨房设全面通风和排油烟排风。排油烟排风按房间 40 次/h 换气预留，厨房补风量设计为排风量的 80%，补风采用直流式空调机组处理后送入，保证厨房温度要求；全室排风兼作消防排烟，采用双速风机，平时低速，火灾高速。厨房的排油烟系统选用高压静电净化机组，机组位于屋顶，厨房油烟经机组过滤净化后，由屋顶高空排出，油烟排放标准达到现行国家标准《饮食业油烟排放标准》GB 18483 中 $2mg/m^3$ 的要求。电机外置。

全室排风风机兼作事故通风，手动控制装置在室内外便于操作的地点分别设置，风机采用防爆风机。

（10）气体灭火房间灭火时电动关闭平时排风口，灭火后电动打开靠近地面排风口，换气次数大于 5 次/h。

（11）地下汽车库设机械通风（送风兼排烟补风，排风兼排烟），风量送 5 次排 6 次，根据 CO_2 浓度调节其他风机运行。地下 1 层靠近车道分区，自然进风。

（12）变配电室按热平衡设机械通风 6 次/h（同时设有空调，炎热、用电高峰时使用）。

（13）卫生间按换气设机械通风，换气次数 15 次/h。

（14）含有害微生物、有害气溶胶房间排风如核医学检查室、放射治疗室、病理取材室、检验科排风出口设高效过滤器，定期销毁。

（15）制冷机房设平时通风和事故通风，风量 6/12 次/h，双速风机。水泵房设机械通风 6 次/h 换气。

（16）人防通风。防排烟系统按相关建筑防火规范和防排烟系统技术标准执行。

11.11.9 附图

空调制冷系统原理如图 11-79 所示，洁净系统机组水系统原理如图 11-80 所示，空调系统原理如图 11-81、图 11-82 所示，循环机组控制原理如图 11-83 所示，手术室新风机组控制原理如图 11-84 所示。

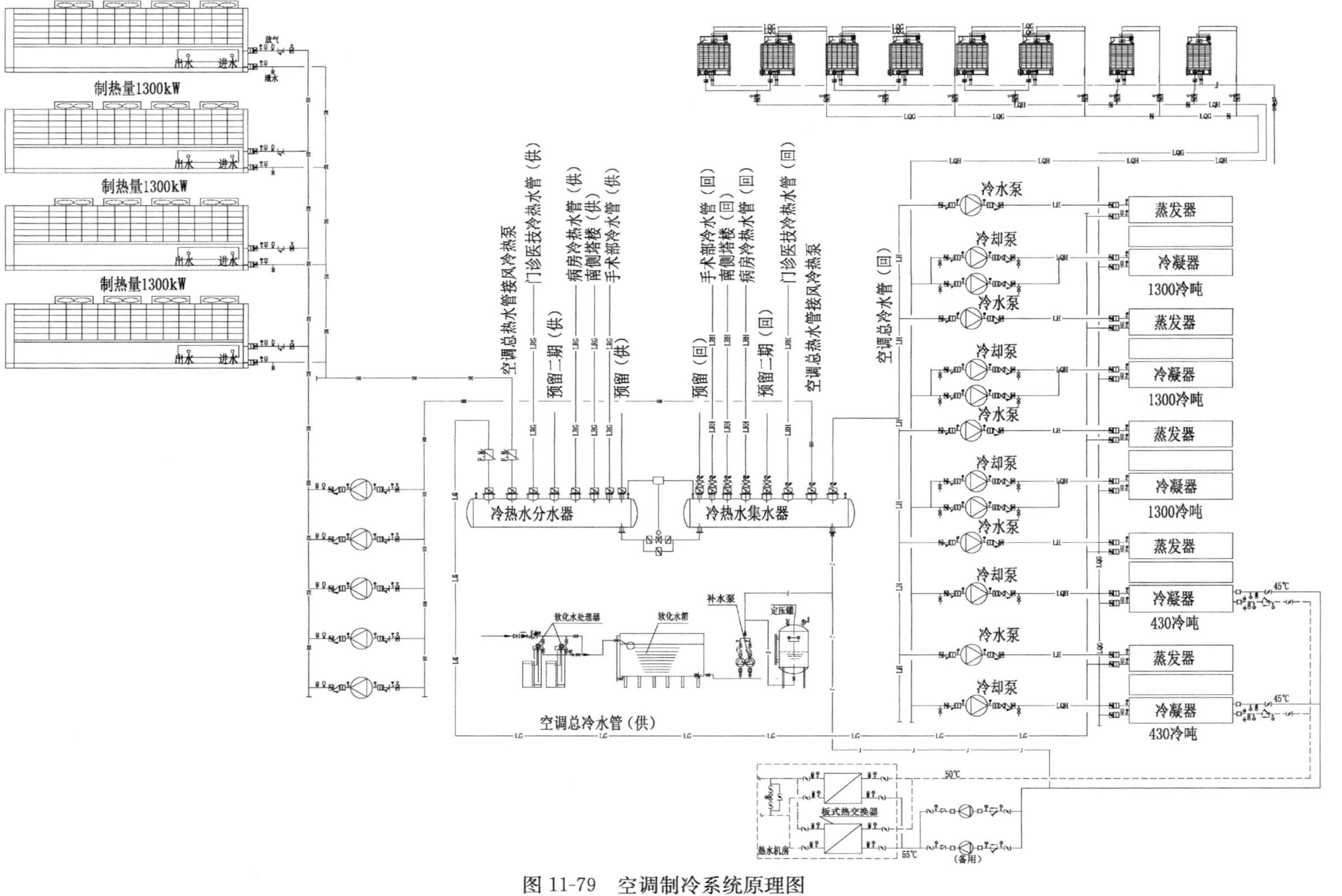

图 11-79　空调制冷系统原理图

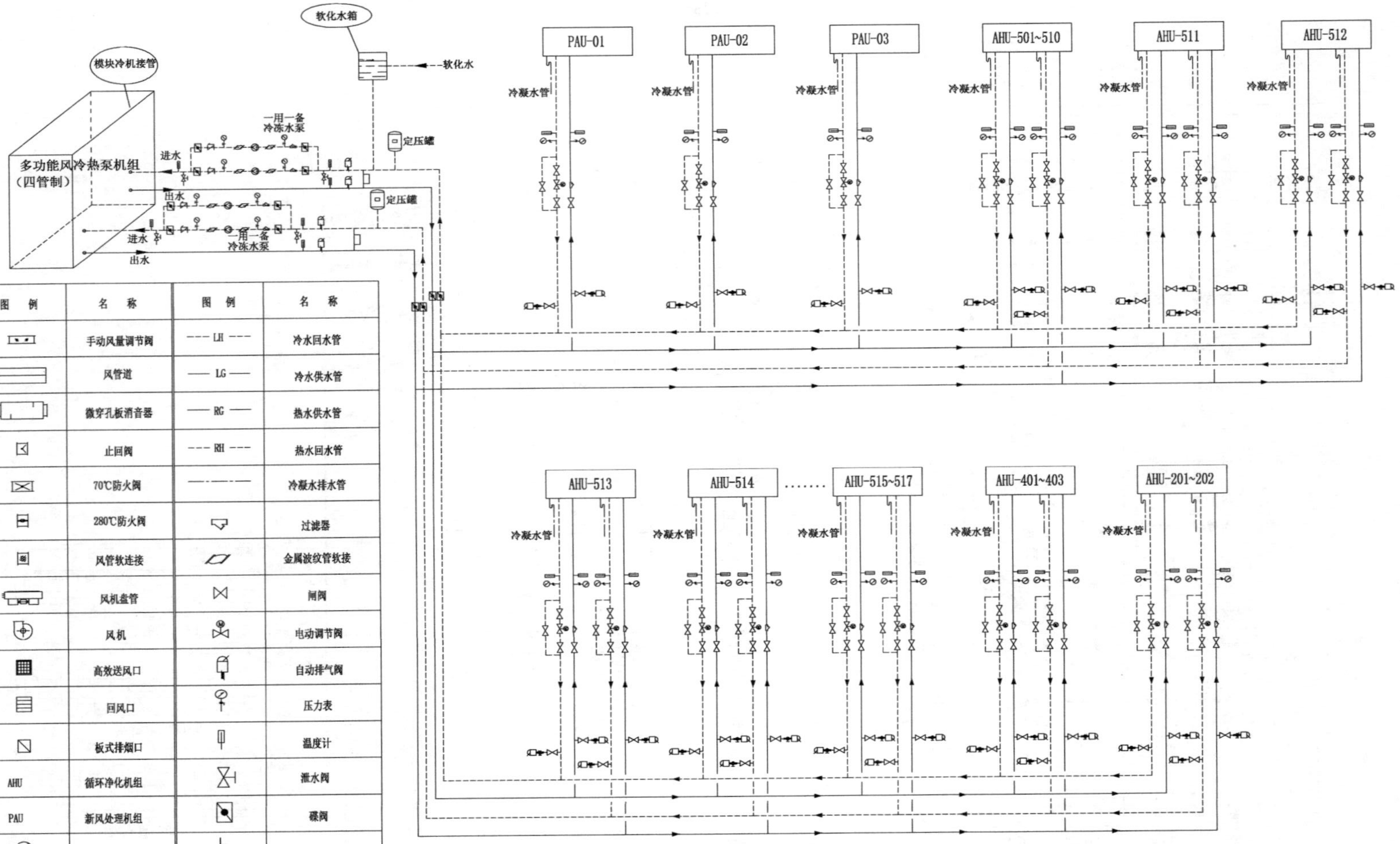

模块冷机接管
软化水箱
软化水
多功能风冷热泵机组（四管制）
进水
出水
进水
出水
一用一备冷冻水泵
一用一备冷冻水泵
定压罐
定压罐
PAU-01
PAU-02
PAU-03
AHU-501~510
AHU-511
AHU-512
AHU-513
AHU-514
AHU-515~517
AHU-401~403
AHU-201~202
冷凝水管

图例	名称	图例	名称
	手动风量调节阀	--- LH ---	冷水回水管
	风管道	—— LG ——	冷水供水管
	微穿孔板消音器	—— RG ——	热水供水管
	止回阀	--- RH ---	热水回水管
	70℃防火阀		冷凝水排水管
	280℃防火阀		过滤器
	风管软连接		金属波纹管软接
	风机盘管		闸阀
	风机		电动调节阀
	高效送风口		自动排气阀
	回风口		压力表
	板式排烟口		温度计
AHU	循环净化机组		泄水阀
PAU	新风处理机组		碟阀
	水泵（变频）		压差旁通平衡阀
	逆止阀		

注：部分图例对应于图11-79。

图 11-80 洁净系统机组水系统原理图

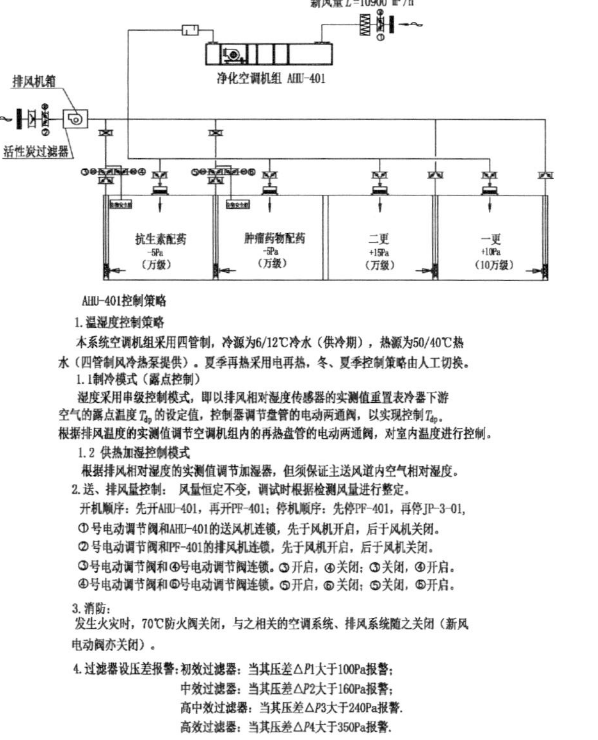

AHU-401控制策略

1. 温湿度控制策略

本系统空调机组采用四管制，冷源为6/12℃冷水（供冷期），热源为50/40℃热水（四管制风冷热泵提供）。夏季再热采用电再热，冬、夏季控制策略由人工切换。

1.1制冷模式（露点控制）

湿度采用串级控制模式，即以排风相对湿度传感器的实测值重置表冷器下游空气的露点温度 T_{dp} 的设定值，控制器调节盘管的电动两通阀，以实现控制 T_{dp}。

根据排风温度的实测值调节空调机组内的再热盘管的电动两通阀，对室内温度进行控制。

1.2 供热加湿控制模式

根据排风相对湿度的实测值调节加湿器，但须保证主送风道内空气相对湿度。

2. 送、排风量控制：风量恒定不变，调试时根据检测风量进行整定。

开机顺序：先开AHU-401，再开PF-401；停机顺序：先停PF-401，再停JP-3-01，

①号电动调节阀和AHU-401的送风机连锁，先于风机开启，后于风机关闭。

②号电动调节阀和PF-401的排风机连锁，先于风机开启，后于风机关闭。

③号电动调节阀和④号电动调节阀连锁。③开启，④关闭；③关闭，④开启。

④号电动调节阀和⑤号电动调节阀连锁。⑤开启，⑥关闭；⑤关闭，⑥开启。

3. 消防：

发生火灾时，70℃防火阀关闭，与之相关的空调系统、排风系统随之关闭（新风电动阀亦关闭）。

4. 过滤器设压差报警：初效过滤器：当其压差$\Delta P1$大于100Pa报警；

中效过滤器：当其压差$\Delta P2$大于160Pa报警；

高中效过滤器：当其压差$\Delta P3$大于240Pa报警。

高效过滤器：当其压差$\Delta P4$大于350Pa报警。

5. 控制系统需施工方深化设计，设计方案需设计方同意方可施工。

注：原理图中风系统管道与房间、设备的关系仅为示意，施工详见风管平面图。

AHU-401 空调系统原理图

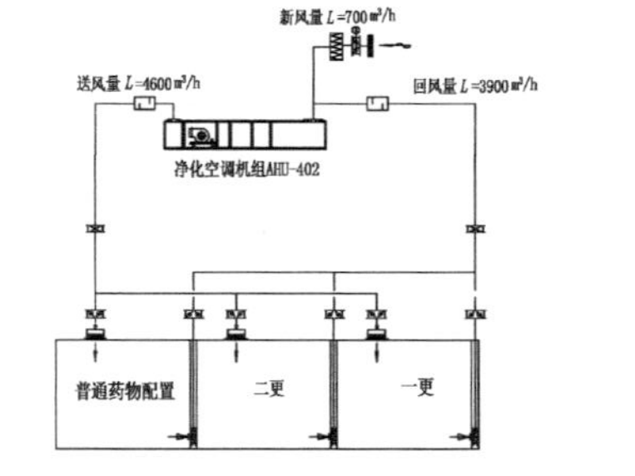

AHU-402控制策略：

1. 温湿度全年自动控制策略

本系统空调机组采用四管制。其中冷源为6/12℃冷水，热源为60/50℃热水。根据系统热湿负荷变化进行全年运行工况连续调节，不同控制策略自动切换，同时预留人工控制手段，可进行人工切换。

1.1制冷除湿模式（露点控制）

室内湿度采用串级控制模式，即以回风相对湿度传感器的实测值重置表冷器下游空气的露点温度 T_{dp} 的设定值，控制器调节表冷器的电动两通调节阀，以实现控制 T_{dp}。调节空调机组内的电再热器，控制空调机组的回风温度（主传感器位于回风道内）达到设定值25℃（参考值）。

1.2供热加湿控制模式

根据回风温度实测值调二级热水盘管电动二通阀，对室内温度进行控制。

根据回风相对湿度的实测值调节加湿器，但须保证主送风道内空气相对湿度不大于75%（参考值）。

2. 送风量控制：送风量恒定不变，调试时根据检测风量进行整定。

3. 消防：

发生火灾时，70℃防火阀关闭，与之相关的空调系统、排风系统随之关闭（新风电动阀亦关闭）。

4. 启停顺序：开机：新风电动风阀 → 空调送风机 → 排风机

关机：排风机 → 空调送风机 → 新风电动风阀

5. 过滤器设压差报警：初效过滤器：当其压差$\Delta P1$大于1000Pa报警；

中效过滤器：当其压差$\Delta P2$大于160Pa报警；

高效过滤器：当其压差$\Delta P3$大于350Pa报警。

注：原理图中风系统管道与房间、设备的关系仅为示意，施工详见风管平面图。

AHU-402空调系统原理图

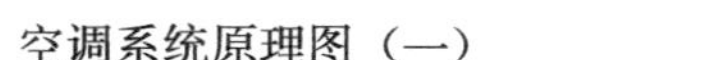

图 11-81　空调系统原理图（一）

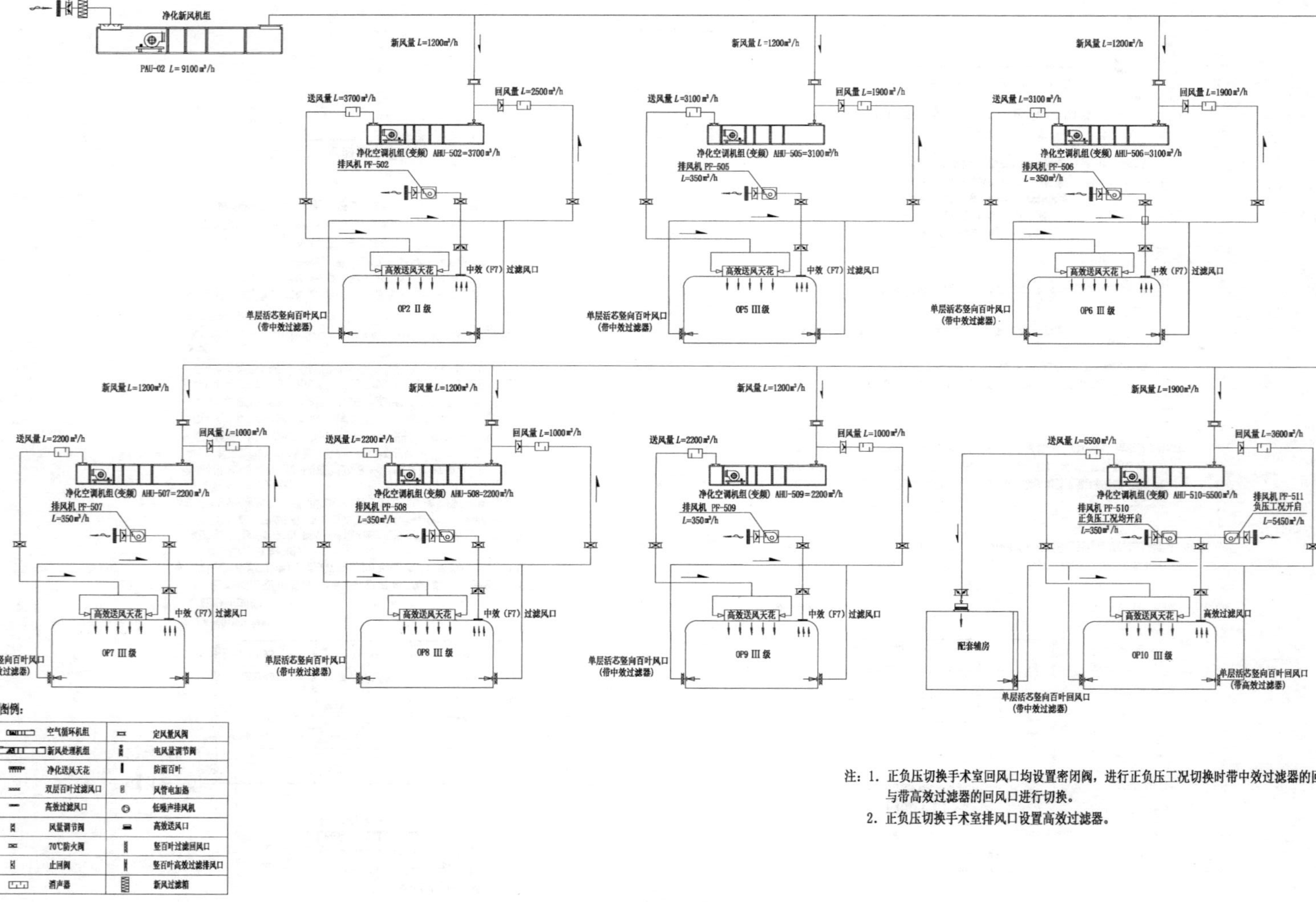

注：1. 正负压切换手术室回风口均设置密闭阀，进行正负压工况切换时带中效过滤器的回风口与带高效过滤器的回风口进行切换。

2. 正负压切换手术室排风口设置高效过滤器。

图 11-82　空调系统原理图（二）

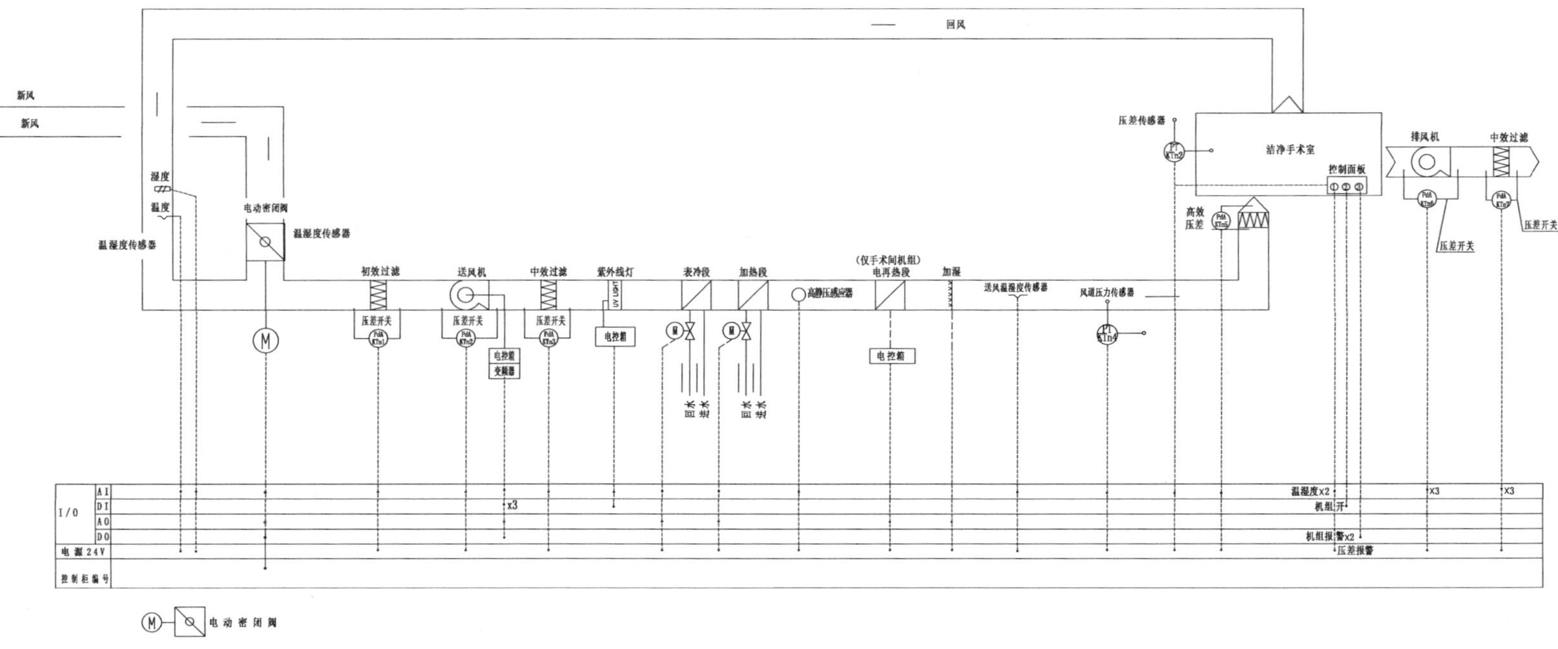

风机控制：三路数字输入信号DI,风机状态（启停）,控制状态（手自），故障报警；一路数字输出信号DO,控制风机启停,一路模拟输出信号AO,控制变频器

控制说明：

1.送风温度控制（或室内温度）：冬季，当送风温度偏离设计值时，通过调节热水盘管回水管上电动两通阀的阀门开度，对送风温度进行调整，达到设定的温度值；夏季，当送风温度偏离设定值时，通过调节冷水盘管回水管上电动两通阀的阀门开度，对送风温度进行调整，需要保证湿度优先原则，当除湿时造成温度下降时，用电再热进行补温，以达到设定温度值。

2.湿度控制：冬季，当送风湿度（或室内湿度）偏离设定值时，通过调节加湿阀的开度进行加湿；夏季当送风湿度（或室内湿度）高于设定值时，通过调节冷水盘管回水管上电动两通阀的阀门开度，进行除湿。

3.通过风压差开关检测机组是否缺风。

4.新风机组根据房间的开关不同运行不同频率。

5.当手术室开启净化空调时，先启动循环风机，再启动新风机组，最后启动排风机。

6.当手术室关闭净化空调时，先关闭排风机，再关闭新风机组，最后关闭循环机组机。

图 11-83 循环机组控制原理图

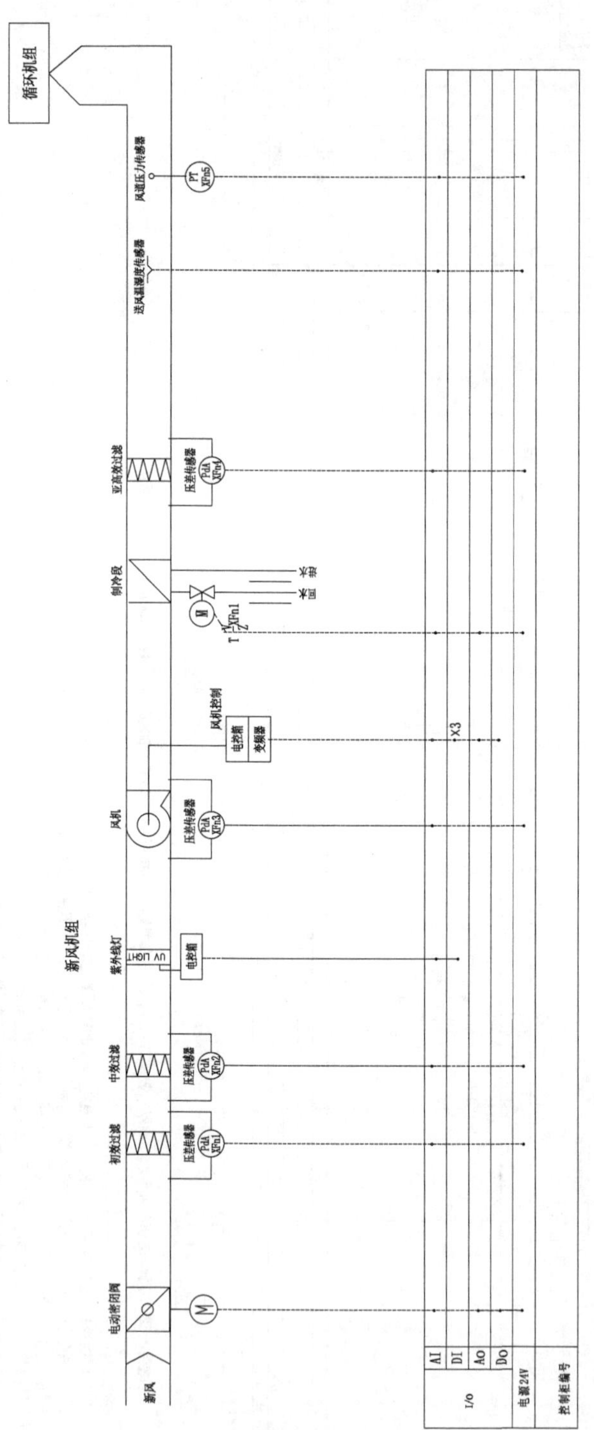

风机控制：三路数字输入信号DI，风机状态（启停），控制状态（手自），故障报警；一路数字输出信号DO，控制风机启停，一路模拟输出信号AO，控制变频器。

图 11-84　手术室新风机组控制原理图

11.12　珠海横琴综合智慧能源项目二期工程 2 号能源站

项目地点： 珠海横琴新区环岛东路南侧

建设方： 中电投电力工程有限公司、珠海横琴能源发展有限公司

设计单位： 广州市城市规划勘测设计研究院

项目负责人： 刘汉华、李刚、钟珣、彭汉林

主要设计人： 李刚、彭汉林、林圣剑、廖悦、魏焕卿、郑民杰、商余珍

本文执笔人： 刘汉华、彭汉林

设计时间： 2019 年 12 月

竣工时间： 计划 2023 年竣工投入使用

本项目获 **2020 年度全国综合智慧能源优秀示范项目奖**。

11.12.1　项目概况

2 号能源站，总装机容量为 26067RT，蓄冰冷量为 129600RTH（蓄冰供冷比例为 27%），总供冷能力为 40558RT。能源站供冷参数：供水温度 2.5℃，回水温度 11.5℃，$\Delta t = 9.0$℃；用户侧冷冻水供回水温度为 4/13℃。项目规划建设用地面积 6674m^2，总建筑面积 17584.4m^2，其中地上计容建筑面积 12814.4m^2，地下建筑面积 4590m^2。容积率 1.92，建筑总高度 30m（含屋架），建筑层数：地上 3 层（图 11-85）。

图 11-85　珠海横琴综合智慧能源项目二期工程 2 号能源站效果图

11.12.2　空调负荷测算

1. 用户室内设计参数

用户室内设计参数见表 11-22。

用户室内设计参数 表 11-22

建筑功能	夏季		冬季	
	温度（℃）	相对湿度（%）	温度（℃）	相对湿度（%）
办公	26	≤65	—	—
酒店	26	≤65	20	≥30
商业	26	≤65	—	—
医院	26	≤65	20	≥30
学校	26	≤65	—	—
影剧院	26	≤65	—	—

2. 公用工程

外供蒸汽规格：1.2MPa，293℃。

电能来源：电网供电，用电性质为大工业用电，岛内网电压 20kV，2 号能源站要求双路供电，电压 10kV 和 380V 两种。基本电价：按变压器容量 23 元/（kVA·月），见表 11-23。

2 号能源站峰谷平电价价目表 表 11-23

阶段	高峰	平段	低谷
时间段	9:00～12:00 19:00～22:00	8:00～9:00 12:00～19:00 22:00～24:00	0:00～次日 8:00
电价[元/(kW·h)]	1.02956875	0.63486875	0.17946875

能源站的水源：市政供水。珠海市用水价格：2.43 元/m^3，排污费 1.40 元/m^3，合计 3.83 元/m^3。

3. 服务区域

横琴新区区块的分类组成：整体上第一级分为 A401、A402、A403，第二级按 a、b、c 组合，第三级按 01、02、03 进行组合；其中 2 号能源站主要服务 A401a03 和 A401b02，横琴新区整体地块指引如图 11-86 所示。

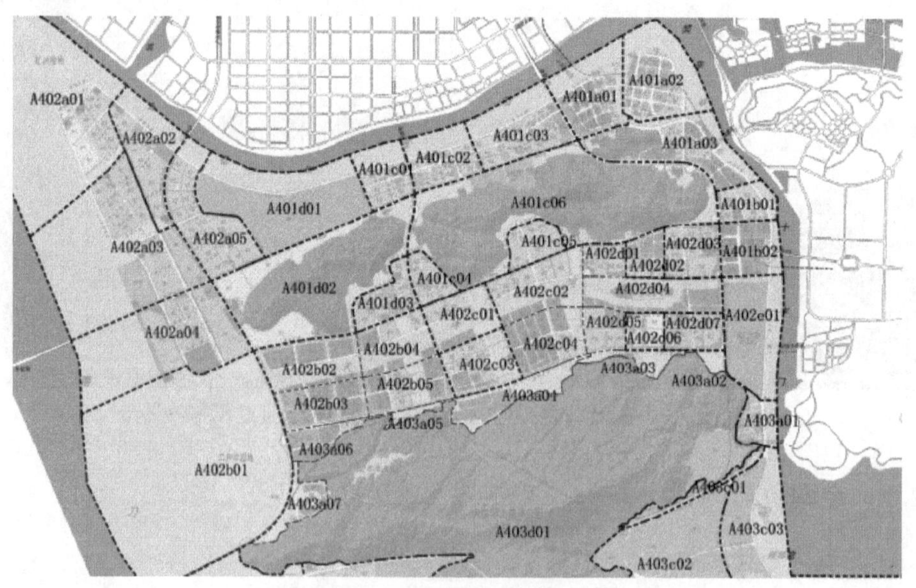

图 11-86 横琴新区整体地块指引

2 号能源站主要服务中小学用地、商业办公混合用地、商业用地、商务用地、加油加气充电站用地等性质用地，共计 $2761042m^2$，如图 11-87 所示。

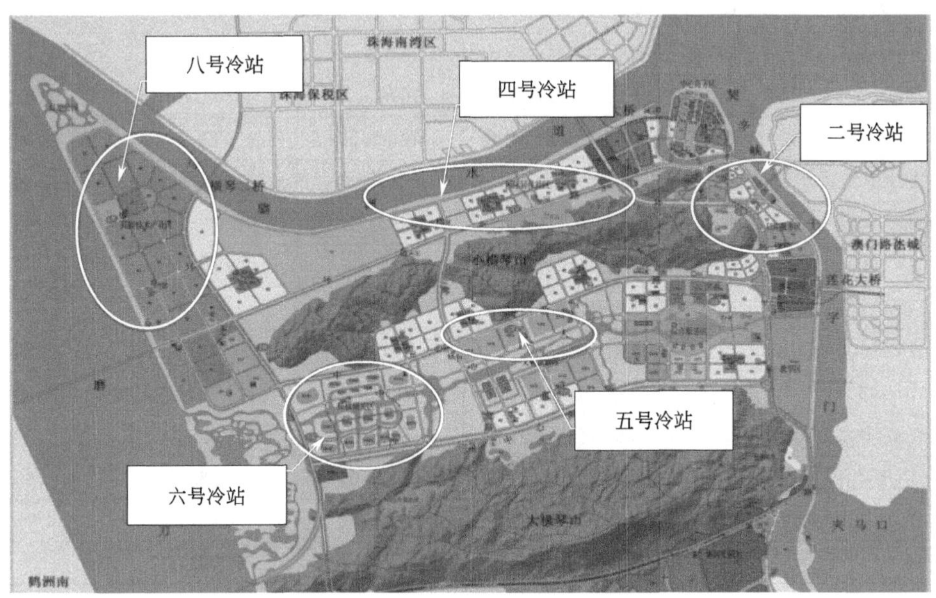

图 11-87　横琴新区能源站分布示意图

2 号能源站服务地块资料见表 11-24。

2 号能源站服务地块资料　　**表 11-24**

地块编码	用地代码	用地性质	用地面积(m^2)	建筑面积(m^2)	容积率
A401a030302	U12	供电用地	10000.00	10000.00	1.00
A401a030304	B41	加油加气充电站用地	2000.00	1000.00	0.50
A401a030305	U14	供热用地	8880.00	13320.00	1.50
A401a030308	B	商业办公混合用地	35487.18	191078.50	5.38
A401a030309	B41	加油加气充电站用地	2503.06	1251.50	0.50
A401a030310	B41	加油加气充电站用地	3065.43	1532.70	0.50
A401a030401	B	商业办公混合用地	50057.20	242692.50	4.85
A401a030602	A33	中小学用地	18018.13	14414.50	0.80
A401a030702	B	商业办公混合用地	26016.55	130005.00	5.00
A401a030802	B1	商业用地	25900.14	51800.00	2.00
A401a030803	B1	商业用地	18495.68	9247.80	0.50
A401a0309	B	商业办公混合用地	45406.53	183948.00	4.05
A401a0310	B	商业办公混合用地	17412.34	69720.00	4.00
A401a031303	B	商业办公混合用地	18678.03	108421.50	5.80
A401a031403	B1	商业用地	14310.42	64426.50	4.50
A401a031501	B2	商务用地	13898.12	34745.00	2.50
A401a031602	B	商业办公混合用地	34542.97	200700.50	5.81

续表

地块编码	用地代码	用地性质	用地面积(m²)	建筑面积(m²)	容积率
A401a031702	B	商业办公混合用地	10469.26	41877.00	4.00
A401a031703	B	商业办公混合用地	13262.56	53050.20	4.00
A401a031704	B	商业办公混合用地	10950.59	43802.40	4.00
A401a031705	B	商业办公混合用地	10672.09	42688.40	4.00
A401b010103	B2	商务用地	57801.13	404607.90	7.00
A401b020102	B	商业办公混合用地	33520.42	184362.30	5.50
A401b020202	B	商业办公混合用地	23836.34	131088.70	5.50
A401b020204	B	商业办公混合用地	24186.46	13860.40	5.41
A401b020302	B	商业办公混合用地	22370.70	123038.90	5.50
A401b020303	B	商业办公混合用地	9119.32	50156.30	5.50
A401b020402	B	商业办公混合用地	28548.13	85644.40	3.00
A401b020404	B	商业办公混合用地	33404.54	133618.20	4.00
A401b020406	B	商业办公混合用地	31235.72	124942.90	4.00
合计				2761042.00	

4. 项目基地的位置、现状、地形

2 号能源站规划在环岛东路南侧，紧邻 A401a031102 地块，能源站位于十字门大道与环岛东路交口的东南侧，场地周边主要为绿地（图 11-88）。本项目规划建设用地面积约 6674m^2。土地用途为供热用地（冷站）。目前场地较为平整，现场初步踏勘了解，部分场地出现沉降。

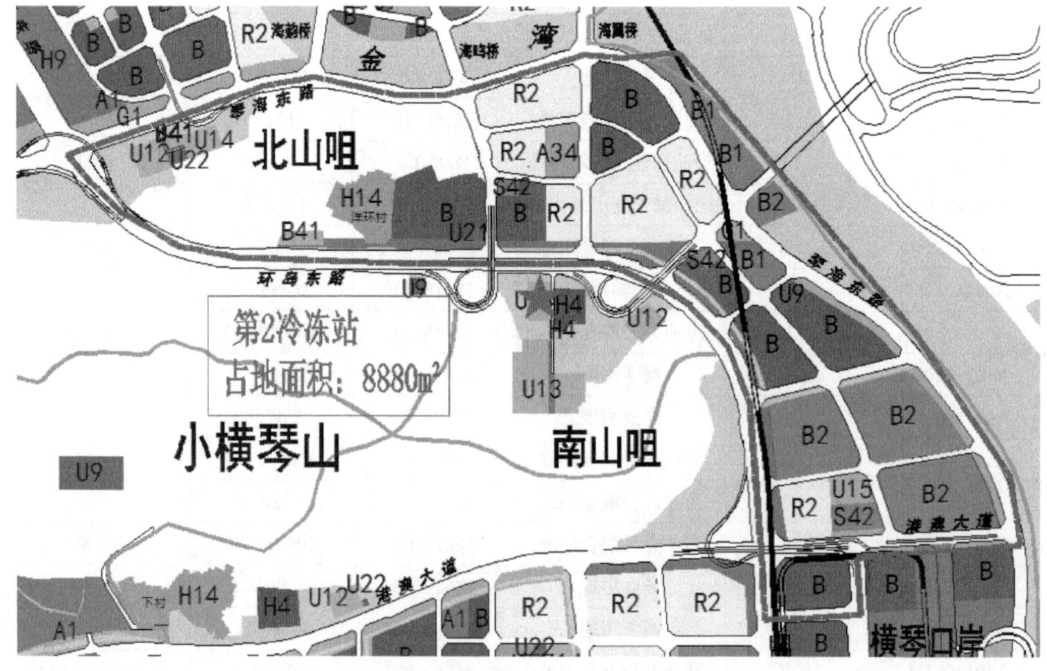

图 11-88　横琴新区 2 号能源站位置

5. 负荷测算

(1) 冷负荷预测

按照 2 号能源站的位置及规划的供冷范围，进行客户归类和分布统计，考虑同时使用系数（数据取自《实用供热空调设计手册》），采用面积指标法进行负荷预测，服务区域的建筑面积和冷负荷测算见表 11-25。

2 号能源站冷负荷测算表　　表 11-25

用地性质		面积(m^2)	冷负荷指标(W/m^2)	设计负荷(kW)	设计负荷(RT)	同时系数	供冷负荷(RT)
中小学用地		14414.50	80	1153	328	0.50	164
商业办公混合用地	商业娱乐	430939.22	130	56022	15929	0.70	11151
	商务办公	861878.44	90	77569	22056	0.70	15439
	公寓住宅	538674.02	80	43094	12253	0.50	6127
	酒店	323204.42	80	25856	7352	0.50	3676
商业用地		125474.30	130	16312	4638	0.70	3247
商务用地		439352.90	90	39542	11243	0.70	7870
加油加气充电站用地		3784.20	70	265	75	0.30	23
供电用地		10000.00	70	700	199	0.20	40
供热用地		13320.00	70	932	265	0.40	106
合计		2761042.00		261445	74338		47843

(2) 逐时负荷测算

根据不同功能建筑，采用逐时冷负荷系数法测算工作日空调逐时负荷，见表 11-26，2 号能源站工作日空调负荷柱状图如图 11-89 所示，休息日空调逐时负荷见表 11-27，2 号能源站休息日空调负荷柱状图如图 11-90 所示。

工作日空调逐时负荷表　　表 11-26

时刻	中小学用地	商业办公混合用地				商业用地	商务用地	加油加气充电站用地	供电用地	供热用地	小计
		商业娱乐	商务办公	公寓住宅	酒店						
1	0	0	0	980	588	0	0	0	0	0	1568
2	0	0	0	980	588	0	0	0	0	0	1568
3	0	0	0	1532	919	0	0	0	0	0	2451
4	0	0	0	1532	919	0	0	0	0	0	2451
5	0	0	0	1532	919	0	0	0	0	0	2451
6	0	0	0	3063	1838	0	0	0	0	0	4901
7	51	0	4786	3615	2169	0	2440	0	12	33	13106
8	70	4460	6639	4105	2463	1299	3384	7	17	46	22490
9	115	5575	10807	4105	2463	1623	5509	8	28	74	30308
10	146	8474	13741	4595	2757	2467	7005	11	35	94	39326
11	149	8920	14050	5146	3088	2597	7162	16	36	97	41262

续表

时刻	中小学用地	商业办公混合用地				商业用地	商务用地	加油加气充电站用地	供电用地	供热用地	小计
		商业娱乐	商务办公	公寓住宅	酒店						
12	141	9813	13278	5514	3308	2857	6769	19	34	91	41824
13	141	10482	13278	6127	3676	3052	6769	22	34	91	43671
14	146	10705	13741	6127	3676	3117	7005	23	35	94	44668
15	164	11151	15439	5637	3382	3247	7870	23	40	106	47058
16	164	10705	15439	5146	3088	3117	7870	22	40	106	45697
17	148	9478	13895	5146	3088	2760	7083	20	36	95	41749
18	93	8920	8800	4534	2720	2597	4486	18	23	60	32253
19	51	7136	4786	4534	2720	2078	2440	18	12	33	23808
20	36	5575	3397	3063	1838	1623	1731	15	9	23	17311
21	30	4460	2779	3063	1838	1299	1417	11	7	19	14923
22	30	0	2779	2022	1213	0	1417	0	7	19	7486
23	0	0	0	980	588	0	0	0	0	0	1568
24	0	0	0	980	588	0	0	0	0	0	1568
合计	1675	115855	157635	84058	50435	33733	80356	232	406	1083	525466

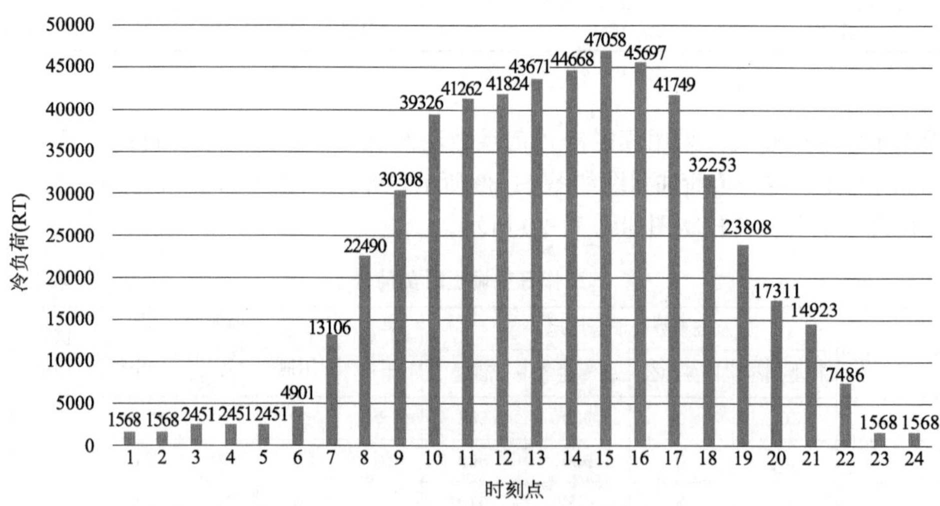

图 11-89　2 号能源站工作日空调负荷柱状图

休息日空调逐时负荷表　　**表 11-27**

时刻	中小学用地	商业办公混合用地				商业用地	商务用地	加油加气充电站用地	供电用地	供热用地	合计
		商业娱乐	商务办公	公寓住宅	酒店						
1	0	0	0	980	588	0	0	0	0	0	1568
2	0	0	0	980	588	0	0	0	0	0	1568

续表

时刻	中小学用地	商业办公混合用地				商业用地	商务用地	加油加气充电站用地	供电用地	供热用地	合计
		商业娱乐	商务办公	公寓住宅	酒店						
3	0	0	0	1532	919	0	0	0	0	0	2451
4	0	0	0	1532	919	0	0	0	0	0	2451
5	0	0	0	1532	919	0	0	0	0	0	2451
6	0	0	0	3063	1838	0	0	0	0	0	4901
7	0	0	0	3615	2169	0	0	0	12	33	5829
8	0	4460	0	4105	2463	1299	0	7	17	46	12397
9	0	5575	0	4105	2463	1623	0	8	28	74	13877
10	0	8474	0	4595	2757	2467	0	11	35	94	18435
11	0	8920	0	5146	3088	2597	0	16	36	97	19901
12	0	9813	0	5514	3308	2857	0	19	34	91	21637
13	0	10482	0	6127	3676	3052	0	22	34	91	23483
14	0	10705	0	6127	3676	3117	0	23	35	94	23776
15	0	11151	0	5637	3382	3247	0	23	40	106	23584
16	0	10705	0	5146	3088	3117	0	22	40	106	22223
17	0	9478	0	5146	3088	2760	0	20	36	95	20623
18	0	8920	0	4534	2720	2597	0	18	23	60	18873
19	0	7136	0	4534	2720	2078	0	18	12	33	16531
20	0	5575	0	3063	1838	1623	0	15	9	23	12147
21	0	4460	0	3063	1838	1299	0	11	7	19	10697
22	0	0	0	2022	1213	0	0	0	7	19	3261
23	0	0	0	980	588	0	0	0	0	0	1568
24	0	0	0	980	588	0	0	0	0	0	1568
合计	0	115854	0	84058	50434	33733	0	233	405	1081	285800

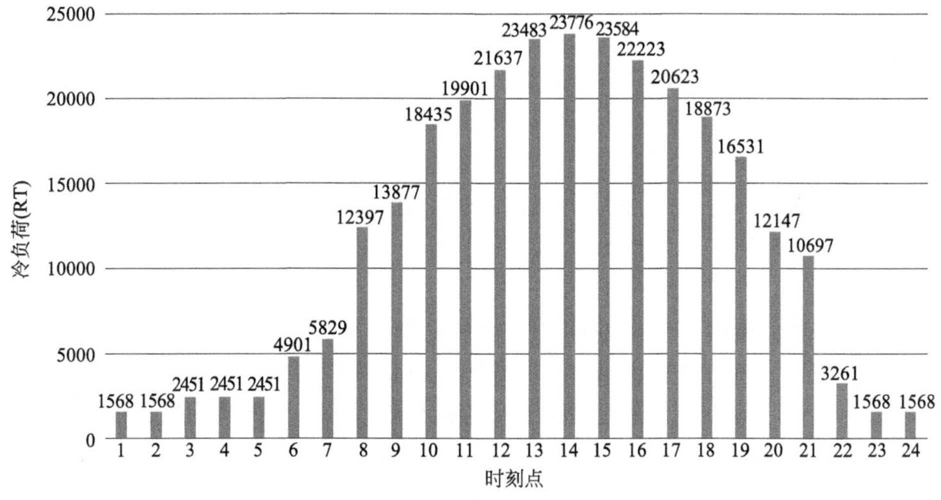

图 11-90　2 号能源站休息日空调负荷柱状图

（3）入住预测

根据《实用供热空调设计手册》中全国主要城市的折算满负荷运行时间估算表及类似楼宇的实际使用统计数据，按照每年3月15日供冷，供冷天数244天，100%负荷工作日为37天，休息日为42天；75%负荷工作日为55天，休息日22天；50%负荷工作日为39天，休息日为17天；25%负荷工作日为42天，休息日为12天，估算建筑使用率达到100%时的年用冷量为70528692RTH。

2号能源站区域供冷项目，统一同步开发建设，服务区域建筑2019年开始入驻，2026年入驻率达到100%，年供冷量预测见表11-28。

2号能源站年用冷量预测表 **表11-28**

序号	年份	建筑使用率(%)	用冷面积(m^2)	用冷量(RTH/年)
1	2019	15	414156	10579304
2	2020	30	828313	21158608
3	2021	40	1104417	28211477
4	2022	50	1380521	35264346
5	2023	65	1794677	45843650
6	2024	80	2208834	56422954
7	2025	90	2484938	63475823
8	2026	100	2761042	70528692

11.12.3 技术方案

1. 技术选择

2号区域能源站因与电厂距离较远，蒸汽管网投资较大，低负荷运行蒸汽管网凝结水问题不易控制，在项目初期，接入率不高，负荷较小。为避免造成过大的项目投资压力并结合运行经济性考虑，推荐近期采用电驱动冰蓄冷系统。进行远期建设时，可以考虑增加吸收式制冷机的水蓄冷＋冰蓄冷系统，提高区域内电厂余热的利用率，本次设计仅预留安装吸收式制冷机的安装条件。

2号能源站预测供冷负荷47842RT，本次设计按可研报告的电制冷主机方案配置设备。远期用冷需求达到最大预测值时，供冷能力不足部分可根据需要增设吸收式制冷机组，或大供冷管网并网后，由附近后期建设的其他能源站负担。能源站供冷参数：供水温度2.5℃，回水温度11.5℃，$\Delta t=9.0$℃。

2. 冷源

本能源站采用分量蓄冰模式的冰蓄冷空调系统，空调运行策略需根据每日的逐时负荷、当地的电价政策、系统的流程与设备配置等按日制订出相应的运行策略，合理分配冷量，在满足空调负荷的前提下最大可能地节省运行费用。采用神经网络、模糊处理和专家系统等技术，实现对空调逐时负荷的预测，并制订出最优的运行方案，并在运行过程中进行实时反馈与调整运行策略，达到最优运行的目的。

2号能源站总装机容量为26067RT，蓄冰冷量为129600RTH（蓄冰供冷比例为27%），总供冷能力为40558RT。蓄冰主机采用电驱动双工况离心机9台，每台空调冷量为 2563RT，制冰冷量为 1800RT；另外选用 1 台空调制冷量为 2000RT 和 1 台空调制冷量为 1000RT 的离心式冷水机组作为基载主机，满足用户夜间空调负荷需求。蓄冰主机夜间利用低谷电价制冰蓄冷，白天负荷高峰期与冰槽、基载主机联合供冷，满足用户最大负荷需求，达到削峰填谷的效果。

3. 冷冻水系统

双工况主机配备 9 台乙二醇泵，与 9 台双工况主机一一对应启停运行，作为循环输配动力，主机供冷工况时供回水温度为 6.5/1.5℃，制冰工况时供回水温度为 －5.6/－2.08℃；相应设 9 台乙二醇/水板式换热器，作为主机直接供冷用，与主机、冷却水泵、冷冻水泵一起设在能源站 2 层；通过水路电动阀切换，输送冷量到蓄冰槽或者板式换热器（图 11-91）。

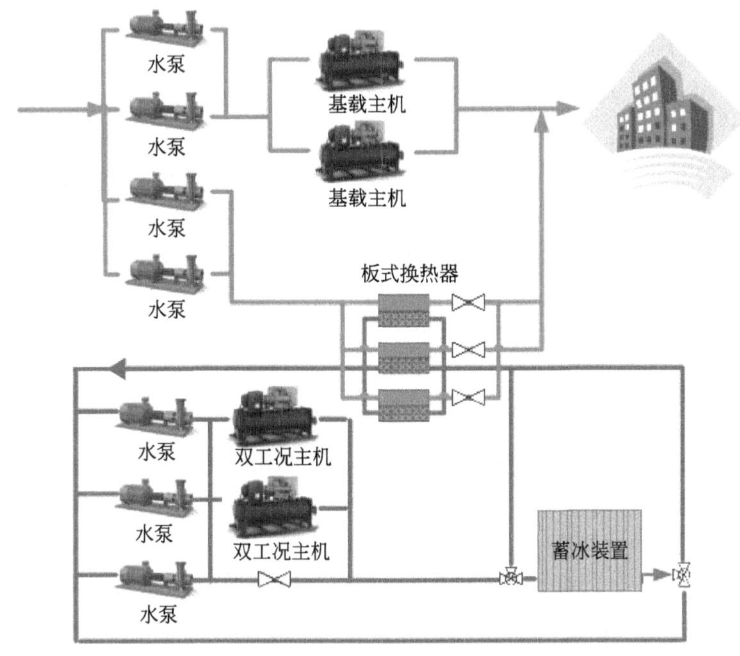

图 11-91　冷冻水系统工作流程

一次冷冻水系统进出水温为 2.5/11.5℃，采用二级泵变流量（台数控制、压差旁通及末端二通阀）系统。配置 12 台一级冷冻水循环泵，与 9 台乙二醇/水板换和 3 台基载主机一一对应，根据用户侧的负荷需求和输送管程需要，设每组 4 台，3 组共 12 台二级冷冻水泵，提供冷冻水输送动力，供给各用户的换热间。二次冷冻水系统按用户设置二次换热系统，并分别设置能量计分户计费，方便日后独立计费管理。冷冻水泵变频控制，根据用户侧的负荷变化调节。一次冷冻水泵和蓄冰槽等设备设在首层和地下 1 层。

4. 冷却水系统

冷却水供回水温度为 37/32℃，根据相应的 12 台离心机组配备 12 台冷却水泵，提供冷却水动力，供给冷却塔，冷却塔采用 18 台 1100m^3/h 和 3 台 1000m^3/h 的方形横流式组合塔，与主机冷量匹配运行；冷却塔夜间制冰工况时的供回水温度为 30/33.4℃；冷却塔必须通过 CTI 认证，以保证冷效。

5. 融冰供冷系统

融冰供冷系统设置6台换热率为10000kW的板式换热器，配备6台冰池融冰泵和6台外网融冰泵，板换一次侧进出水温为1.5/10.5℃，二次侧出水温为2.5/11.5℃，满足各种运行模式的需要。一次侧冰池融冰系统设温度旁通装置，根据冰池出水温度调节旁通量。冰池融冰泵和外网融冰泵均变频控制，根据用户侧的负荷变化调节。远期用户负荷增大后，取消融冰板换，串联在双工况板换下游，采用融冰直供系统，从而提高整个系统的运行效率，同时在外网进入冰池管道上设置高密闭型电动蝶阀，保证系统安全性。

6. 压缩空气搅拌装置

为了保证整个蓄冰装置融冰的均匀、提高融冰效率、保证取冷温度稳定，防止出现“万年冰”现象，需要配置空气搅动也就是加气装置。压缩空气搅动装置由鼓风机或空压机和气体分配管组成，蓄冰设备上的气体分配管（鼓气管）均匀排设在蓄冰槽底部，用PVC管制作；在制冰初期，也可以启动空气搅拌装置来搅动水流，促使水温均匀，加强换热。

7. 分期建设

根据可研报告要求，本能源站制冷主机和蓄冰池分为两期建设，按可研报告2021年服务区内建筑投入使用比例40%考虑，一期先安装3台双工况离心主机和3台基载离心机，供冷能力16376RT，达到总供冷能力的40%；二期再安装6台双工况离心机，满足全部建筑空调负荷需求；相应一期安装蓄冰槽为43200RTH，二期蓄冰槽为86400RTH，融冰板换和融冰泵也按相应比例分为两期安装。

11.12.4 空调供冷方案运行策略

整个系统可按四种工作模式运行，即双工况主机制冰模式、双工况主机供冷模式、双工况主机与蓄冰池联合供冷模式、蓄冰池融冰供冷模式，机载主机供冷模式可以和以上各工作模式联合供冷或单独供冷。

控制系统通过对制冷主机、蓄冰设备、板式换热器、冷却塔、水泵及管路阀门的程序控制实现各种运行模式的切换和系统优化运行。冷却塔采用变频控制，通过调节冷却塔风机开启台数、变频风机转速、冷却水供、回水总管之间的旁通来保证冷却水供水温度。各板式换热器通过初级侧供回水管上的电动调节阀控制进水流量。

能源站运行策略以工作日100%负荷时段为例说明，该工况下，夜间谷电时刻开启双工况主机进行蓄冰，夜间用户低负荷采用基载主机变频供冷，当负荷过低超过基载机变频能力时，可采用融冰供冷。7：00～8：00时段，用户负荷远大于基载机容量时，可将相应台数的双工况主机切换至效率更高的空调工况运行，直接供冷。剩余的双工况主机继续利用低谷电价蓄冷。日间工况随用户空调负荷的增长，根据建筑冷负荷的预测及变化，逐台启停制冷机组，此时工况为融冰供冷＋基载冷机＋双工况主机工况，供冷原则应优先采用融冰供冷和基载供冷，不足的部分采用平电时段开启双工况主机补足，仍然不足的考虑在高峰时段开启部分双工况主机供冷。一般情况下，根据负荷预测，蓄冰槽中的融冰量应合理分配，以保证冰量融完。如果蓄冰槽和基载冷机供给的冷量大于建筑所需要的冷负荷，应当调小基载冷机的制冷量。

各工况运行策略具体如下：

（1）工况一：机载冷水机组供冷，双工况主机蓄冰。当仅有夜间负荷时，通常负荷会比较低，此时开启机载冷水机组供冷。当夜间谷电时，双工况主机在制冰工况运行，冰槽处于蓄冰状态。此时，冷冻水供水温度为 2.5℃，需要开启冷却水泵、冷却塔、乙二醇泵、与机载机组相连的冷冻水一级泵以及机载机组二级泵。

（2）工况二：冰槽融冰供冷。当末端负荷较小时，依靠夜间蓄冰即可满足电价峰值/谷值时段的负荷需求。此时，冷冻水供水温度为 2.5℃，所有制冷主机均不需要开启，仅需要开启融冰直供泵及部分冷冻水二级泵即可。

（3）工况三：机载冷水机组供冷，双工况机组供冷。当末端负荷逐渐增长，而且所处时段未处于峰值电价，利用融冰供冷经济性不高，故开启机载冷水机组、双工况机组联合供冷。此时，冷冻水供水温度为 2.5℃，需要开启与机载机组、双工况机组相连的冷却水泵、冷却塔、冷冻水一级泵及部分冷冻水二级泵。

（4）工况四：机载冷水机组供冷，冰槽融冰供冷。白天负荷逐渐增大时，依靠夜间蓄冰的冷量不满足供冷需求，需增加基载主机供冷，与冰槽融冰联合供冷。此时，冷冻水供水温度为 2.5℃，需要开启与机载机组的冷却水泵、冷却塔、冷冻水一级泵，内外网融冰泵及部分冷冻水二级泵。

（5）工况五：机载主机供冷＋双工况机组供冷＋融冰供冷。此时区域供冷系统达到尖峰供冷能力。此工况下，需要开启与投入供冷冷水机组相连的冷却水泵、冷却塔及冷冻水一级泵，融冰泵及冷冻水二级泵。远期管网及用户端实施稳定后，可取消融冰板换，采取融冰下游串联方式供冷，冷冻水回水经溴化锂主机—双工况板换—冰池融冰三级降温后，输出 1.0℃冷冻水至外管网，不仅可以增加冷站供冷能力，而且可以加大外管网供回水温差，降低外管网输送能耗。工作日 100％空调负荷时段冷源分配情况见表 11-29，休息日 100％空调负荷时段冷源分配情况见表 11-30。

工作日 100％空调负荷时段冷源分配情况　　　　表 11-29

时间	冷量（RT）	离心机供冷（RT）	双工况离心机供冷（RT）	释能供冷（RT）	释冷率（％）	双工况离心机蓄冰（RT）	负荷缺口（RT）
0:00～1:00	1568	1568	0	0	0	16200	0
1:00～2:00	1568	1568	0	0	0	16200	0
2:00～3:00	2451	2451	0	0	0	16200	0
3:00～4:00	2451	2451	0	0	0	16200	0
4:00～5:00	2451	2451	0	0	0	16200	0
5:00～6:00	4901	3000	1901	0	0	14400	0
6:00～7:00	13106	3000	10106	(0)	0	9000	0
7:00～8:00	22490	3000	19490	0	0	1800	0
8:00～9:00	30308	3000	23067	4241	4	0	0
9:00～10:00	39326	3000	23067	8759	8	0	4500
10:00～11:00	41262	3000	23067	9695	9	0	5500
11:00～12:00	41824	3000	23067	10257	10	0	5500
12:00～13:00	43671	3000	23067	12104	11	0	5500
13:00～14:00	44668	3000	23067	13101	12	0	5500

续表

时间	冷量(RT)	离心机供冷(RT)	双工况离心机供冷(RT)	释能供冷(RT)	释冷率(%)	双工况离心机蓄冰(RT)	负荷缺口(RT)
14:00～15:00	47058	3000	23067	14491	14	0	6500
15:00～16:00	45697	3000	23067	14130	13	0	5500
16:00～17:00	41749	3000	23067	10182	10	0	5500
17:00～18:00	32253	3000	23067	6186	6	0	0
18:00～19:00	23808	3000	20808	0	0	0	0
19:00～20:00	17311	3000	14311	0	0	0	0
20:00～21:00	14923	3000	11923	0	0	0	0
21:00～22:00	7486	3000	4486	0	0	0	0
22:00～23:00	1568	1568	0	0	0	0	0
23:00～24:00	1568	1568	0	0	0	0	0
合计	525466	64625	313695	103146	97	106200	44000

休息日100%空调负荷时段冷源分配情况　　表11-30

时间	冷量(RT)	离心机供冷(RT)	双工况离心机供冷(RT)	释能供冷(RT)	释冷率(%)	双工况离心机蓄冰(RT)	负荷缺口(RT)
0:00～1:00	1568	1568	0	0	0	16200	0
1:00～2:00	1568	1568	0	0	0	16200	0
2:00～3:00	2451	2451	0	0	0	16200	0
3:00～4:00	2451	2451	0	0	0	16200	0
4:00～5:00	2451	2451	0	0	0	16200	0
5:00～6:00	4901	3000	1901	0	0	14400	0
6:00～7:00	5784	3000	2784	(0)	0	12600	0
7:00～8:00	12334	3000	9334	0	0	9000	0
8:00～9:00	13775	3000	0	10775	9	0	0
9:00～10:00	18305	3000	0	15305	13	0	0
10:00～11:00	19768	3000	0	16768	14	0	0
11:00～12:00	21511	3000	10282	8229	7	0	0
12:00～13:00	23358	3000	10282	10076	9	0	0
13:00～14:00	23647	3000	10282	10365	9	0	0
14:00～15:00	23438	3000	7689	12749	11	0	0
15:00～16:00	22077	3000	7689	11388	10	0	0
16:00～17:00	20492	3000	17492	0	0	0	0
17:00～18:00	18790	3000	15790	0	0	0	0
18:00～19:00	16486	3000	13486	0	0	0	0
19:00～20:00	12115	3000	0	9115	8	0	0
20:00～21:00	10671	3000	0	7671	7	0	0
21:00～22:00	3235	3000	0	235	0	0	0
22:00～23:00	1568	1568	0	0	0	0	0
23:00～24:00	1568	1568	0	0	0	0	0
合计	284312	64625	107011	112676	97	117000	0

11.12.5　附图

冷冻水系统原理如图11-92所示，冷却水系统原理如图11-93所示。

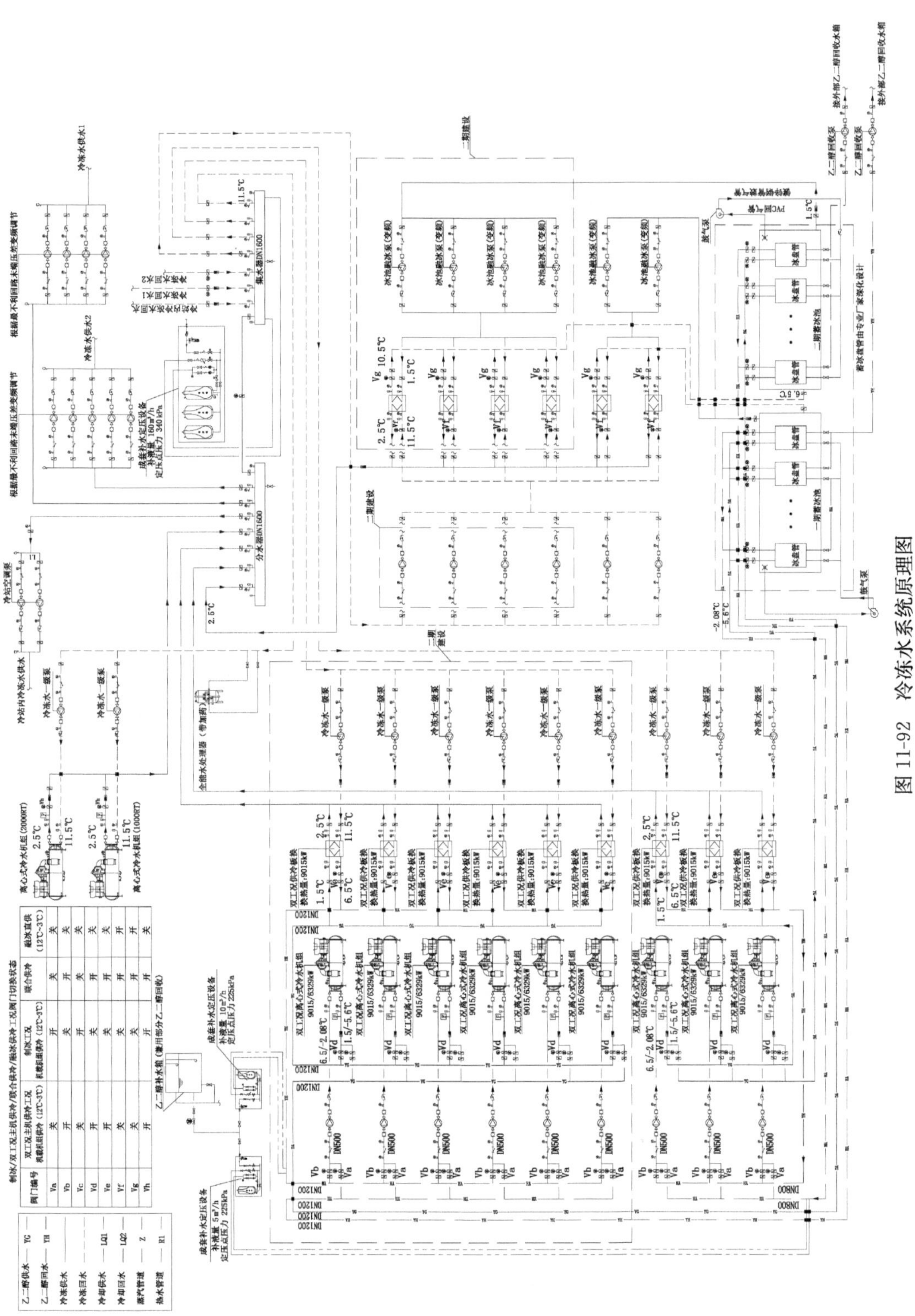

图 11-92　冷冻水系统原理图

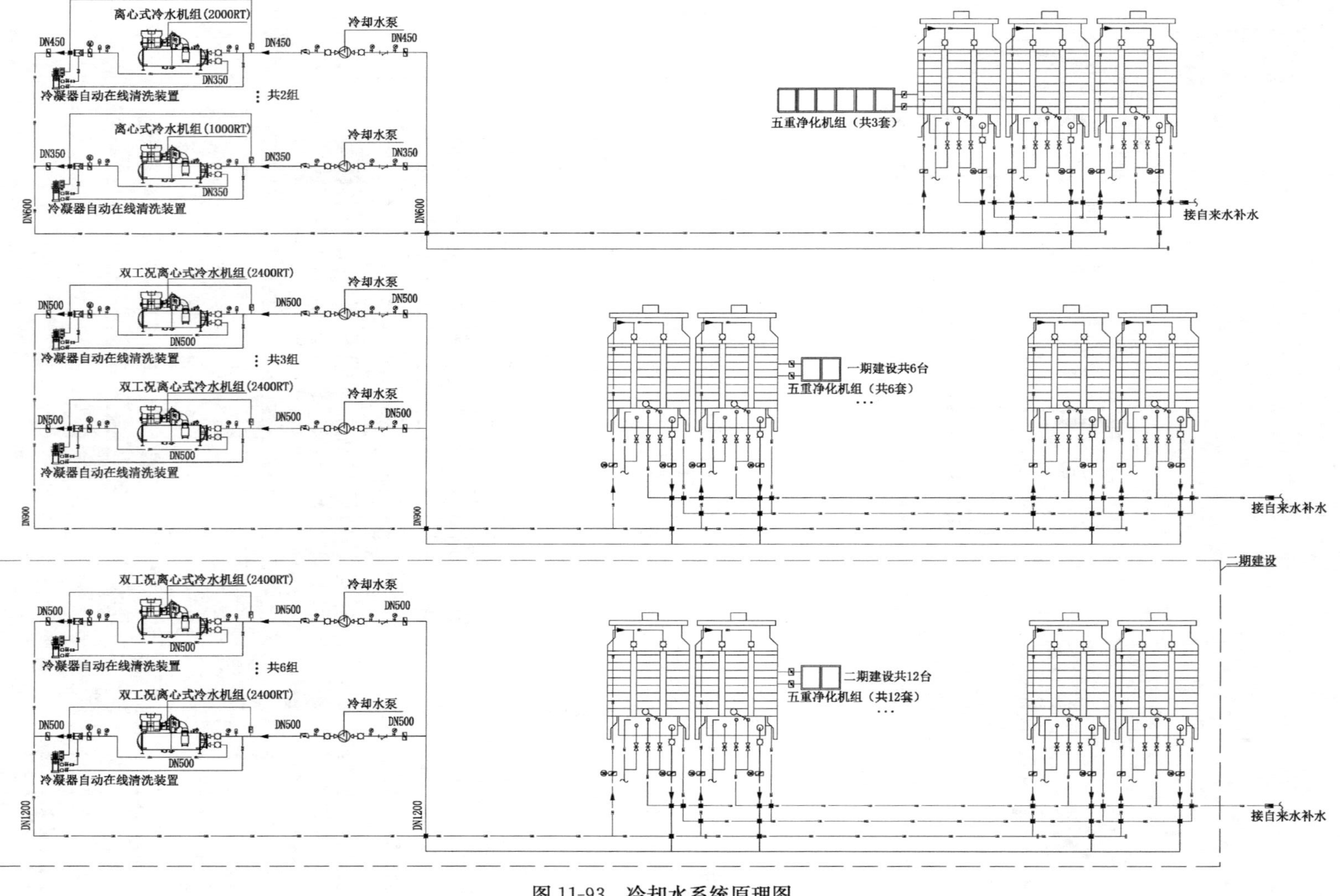

图 11-93 冷却水系统原理图

11.13 珠海横琴综合智慧能源项目二期工程 6 号能源站

项目地点：珠海横琴新区开新十道东侧、彩霞路南侧、开新九道西侧、七色彩虹路北侧

建设方：中电投电力工程有限公司、珠海横琴能源发展有限公司

设计单位：广州市城市规划勘测设计研究院

项目负责人：刘汉华、李刚、钟珣、彭汉林

主要设计人：李刚、彭汉林、吴哲豪、廖悦、林圣剑、魏焕卿、郑民杰、商余珍、牛冰

本文执笔人：刘汉华、彭汉林

设计时间：2019 年 12 月

竣工时间：计划 2022 年竣工投入使用

本项目获 **2020 年度全国综合智慧能源优秀示范项目奖。**

11.13.1 项目概况

6 号能源站，总装机容量为 24104RT，蓄冰冷量为 57600RTH，蓄水冷量为 8640RTH，蓄冷比例约 32%，总供冷能力为 35307RT。能源站供冷参数：供水温度 2.5℃，回水温度 11.5℃，Δt=9.0℃；用户侧冷冻水供回水温度为 4/13℃。项目规划建设用地面积 5000m^2，总建筑面积 10577.1m^2，其中地上计容建筑面积 7711m^2，地下建筑面积 2735.1m^2。容积率 1.54，建筑总高度 21/30m（含屋架），建筑层数：地上 3 层（图 11-94）。

图 11-94 珠海横琴综合智慧能源项目二期工程 6 号能源站效果图

11.13.2 空调负荷测算

1. 用户室内设计参数

相关内容参见第 11.12.2 小节“1. 用户室内设计参数”。

2. 公用工程

相关内容参见第 11.12.2 小节“2. 公用工程”。

3. 服务区域

6 号能源站主要服务商业办公混合用地、供热用地、综合用地等性质用地，共计

2052966.30m^2。6号能源站服务地块资料见表11-31，地块位置可参见11.12.2小节图11-86。

6号能源站服务地块资料　　表11-31

地块编码	用地代码	用地性质	用地面积(m^2)	建筑面积(m^2)	容积率
A402b020101	B	商业办公混合用地	64024.91	128049.80	2.00
A402b020201	B	商业办公混合用地	59071.48	118143.00	2.00
A402b020301	B	商业办公混合用地	58673.43	117346.90	2.00
A402b020401	B	商业办公混合用地	53701.36	107402.70	2.00
A402b020501	B	商业办公混合用地	54422.24	108844.50	2.00
A402b020601	B	商业办公混合用地	34373.20	68746.40	2.00
A402b020705	B	商业办公混合用地	5843.66	11687.30	2.00
A402b020707	B	商业办公混合用地	3580.92	7161.80	2.00
A402b020708	U11	供热用地	6851.39	10277.10	1.50
A402b020805	B	商业办公混合用地	10357.18	20714.40	2.00
A402b020807	B	商业办公混合用地	10470.92	20941.80	2.00
A402b020906	B	商业办公混合用地	13533.85	27067.70	2.00
A402b020908	B	商业办公混合用地	12395.63	24791.30	2.00
A402b030102	BR	综合用地	17148.67	34297.30	2.00
A402b0302	BR	综合用地	26715.69	53431.40	2.00
A402b030302	BR	综合用地	19509.04	39018.10	2.00
A402b0304	BR	综合用地	28495.86	56991.70	2.00
A402b030502	H9	其他建设用地	21758.44	80789.10	3.71
A402b0306	H9	其他建设用地	29602.42	109913.80	3.71
A402b030702	H9	其他建设用地	27698.01	102842.70	3.71
A402b0308	H9	其他建设用地	34493.05	128107.20	3.71
A402b030901	B	商业办公混合用地	20708.77	55706.60	2.69
A402b031001	B	商业办公混合用地	18378.35	36756.70	2.00
A402b031101	B	商业办公混合用地	20203.00	54346.10	2.69
A402b031201	B	商业办公混合用地	17355.03	34710.10	2.00
A402b031301	B	商业办公混合用地	20045.60	53922.70	2.69
A402b031401	B	商业办公混合用地	16450.23	32900.50	2.00
A402b031501	B	商业办公混合用地	17099.32	46031.40	2.69
A402b031601	B	商业办公混合用地	18476.18	36952.40	2.00
A402b031701	B	商业办公混合用地	21856.25	43712.50	2.00
A402b031801	B	商业办公混合用地	18794.37	37588.70	2.00
A402b031901	B	商业办公混合用地	21936.19	43872.40	2.00
A402b032001	B	商业办公混合用地	19184.08	38368.20	2.00
A402b032101	B	商业办公混合用地	22587.63	45175.30	2.00

续表

地块编码	用地代码	用地性质	用地面积(m^2)	建筑面积(m^2)	容积率
A402b032201	B	商业办公混合用地	20171.82	40343.60	2.00
A402b032301	B	商业办公混合用地	19908.55	39817.10	2.00
A402b032401	B	商业办公混合用地	18098.01	36196.00	2.00
合计				2052966.30	

4. 项目基地的位置、现状、地形

6 号能源站项目选址位于横琴新区开新十道东侧、彩霞路南侧、开新九道西侧、七色彩虹路北侧（图 11-95）。

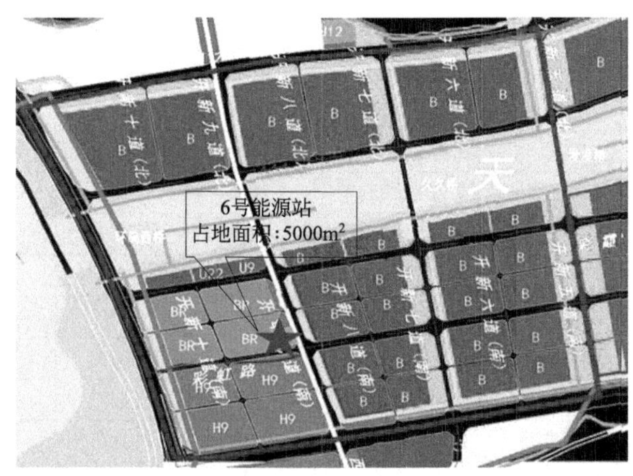

图 11-95　横琴新区 6 号能源站位置

5. 负荷测算

（1）冷负荷预测

按照 6 号能源站的位置及规划的供冷范围，进行客户归类和分布统计，考虑同时使用系数（数据取自《实用供热空调设计手册》），采用面积指标法进行负荷预测，服务区域的建筑面积和冷负荷测算见表 11-32。

6 号能源站冷负荷测算表　　　　表 11-32

用地性质	用地性质	面积(m^2)	冷负荷指标(W/m^2)	设计负荷(kW)	设计负荷(RT)	同时系数	供冷负荷(RT)
商业办公混合用地	商业娱乐	287459.58	130	37370	10626	0.70	7438
	商务办公	574919.16	90	51743	14713	0.70	10299
	公寓住宅	359324.48	80	28746	8174	0.50	4087
	酒店	215594.68	80	17248	4904	0.50	2452
综合用地		183738.50	100	18374	5224	0.65	3396
其他建设用地		421652.80	90	37949	10790	0.70	7553
供热用地		10277.10	70	719	205	0.40	82
合计		2052966.30		192149	54636		35307

(2) 逐时负荷测算

根据不同功能建筑，采用逐时冷负荷系数法测算工作日空调逐时负荷，见表 11-33，6 号能源站工作日设计负荷柱状图如图 11-96 所示，休息日空调逐时负荷见表 11-34，6 号能源站休息日设计负荷柱状图如图 11-97 所示。

工作日空调逐时负荷表（RT） **表 11-33**

时刻	商业办公混合用地				综合用地	其他建设用地	供热用地	合计
	商业娱乐	商务办公	公寓住宅	酒店				
1	0	0	654	392	543	0	0	1590
2	0	0	654	392	543	0	0	1590
3	0	0	1022	613	849	0	0	2484
4	0	0	1022	613	849	0	0	2484
5	0	0	1022	613	849	0	0	2484
6	0	0	2043	1226	1698	0	0	4967
7	0	3193	2411	1447	2004	0	25	9080
8	2975	4428	2738	1643	2275	3021	35	17117
9	3719	7209	2738	1643	2275	3777	57	21418
10	5653	9166	3065	1839	2547	5740	73	28083
11	5950	9372	3433	2060	2853	6043	74	29785
12	6545	8857	3678	2207	3056	6647	70	31061
13	6992	8857	4087	2452	3396	7100	70	32954
14	7141	9166	4087	2452	3396	7251	73	33565
15	7438	10299	3760	2256	3124	7553	82	34512
16	7141	10299	3433	2060	2853	7251	82	33118
17	6322	9269	3433	2060	2853	6420	74	30430
18	5950	5870	3024	1815	2513	6043	47	25262
19	4760	3193	3024	1815	2513	4834	25	20164
20	3719	2266	2043	1226	1698	3777	18	14747
21	2975	1854	2043	1226	1698	3021	15	12832
22	0	1854	1349	809	1121	0	15	5147
23	0	0	654	392	543	0	0	1590
24	0	0	654	392	543	0	0	1590
合计	77280	105152	56071	33643	46592	78478	835	398054

休息日空调逐时负荷表（RT） **表 11-34**

时刻	商业办公混合用地				综合用地	其他建设用地	供热用地	合计
	商业娱乐	商务办公	公寓住宅	酒店				
1	0	0	654	392	543	0	0	1589
2	0	0	654	392	543	0	0	1589
3	0	0	1022	613	849	0	0	2484

续表

时刻	商业办公混合用地				综合用地	其他建设用地	供热用地	合计
	商业娱乐	商务办公	公寓住宅	酒店				
4	0	0	1022	613	849	0	0	2484
5	0	0	1022	613	849	0	0	2484
6	0	0	2043	1226	1698	0	0	4967
7	0	0	2411	1447	2004	0	25	5887
8	2975	0	2738	1643	2275	3021	35	12687
9	3719	0	2738	1643	2275	3777	57	14209
10	5653	0	3065	1839	2547	5741	73	18918
11	5950	0	3433	2060	2853	6043	75	20414
12	6546	0	3678	2207	3056	6647	70	22204
13	6992	0	4087	2452	3396	7100	70	24097
14	7141	0	4087	2452	3396	7251	73	24400
15	7438	0	3760	2256	3124	7553	82	24213
16	7141	0	3433	2060	2853	7251	82	22820
17	6322	0	3433	2060	2853	6420	74	21162
18	5950	0	3024	1815	2513	6043	47	19392
19	4760	0	3024	1815	2513	4834	25	16971
20	3719	0	2043	1226	1698	3777	18	12481
21	2975	0	2043	1226	1698	3021	15	10978
22	0	0	1349	809	1121	0	15	3294
23	0	0	654	392	543	0	0	1589
24	0	0	654	392	543	0	0	1589
合计	77281	0	56071	33643	46592	78479	836	292902

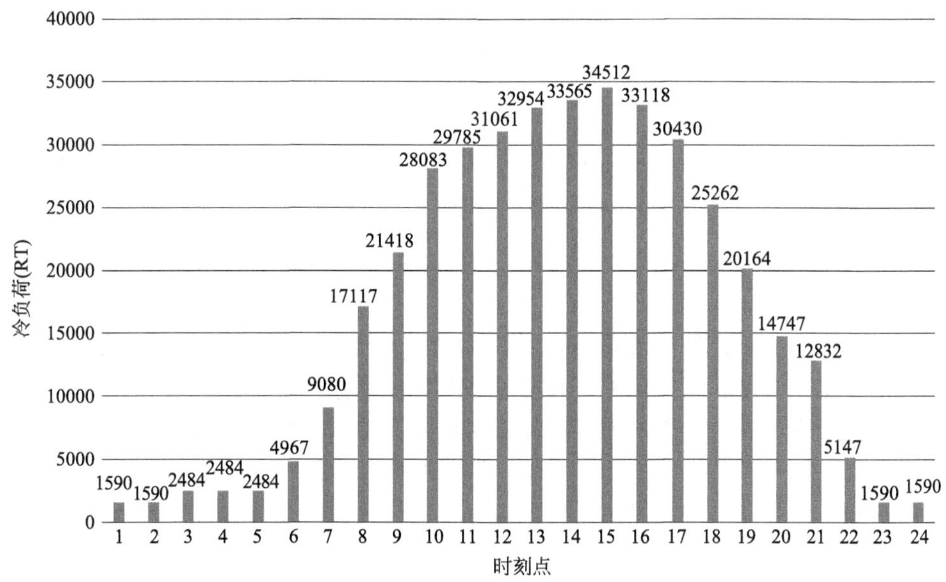

图 11-96　6 号能源站工作日设计负荷柱状图

（3）入住预测

6 号能源站区域供冷项目，统一同步开发建设，服务区域建筑 2019 年开始入驻，2026 年入驻率达到 100%，入驻预计和负荷增长见表 11-35。

6 号能源站年用冷量预测表　　表 11-35

序号	年份	建筑使用率(%)	用冷面积(m^2)	用冷量(RTH/年)
1	2019	15	307945	8572252
2	2020	30	615890	17144504
3	2021	40	821187	22859339
4	2022	50	1026483	28574174
5	2023	65	1334428	37146426
6	2024	80	1642373	45718678
7	2025	90	1847670	51433513
8	2026	100	2052966	57148348

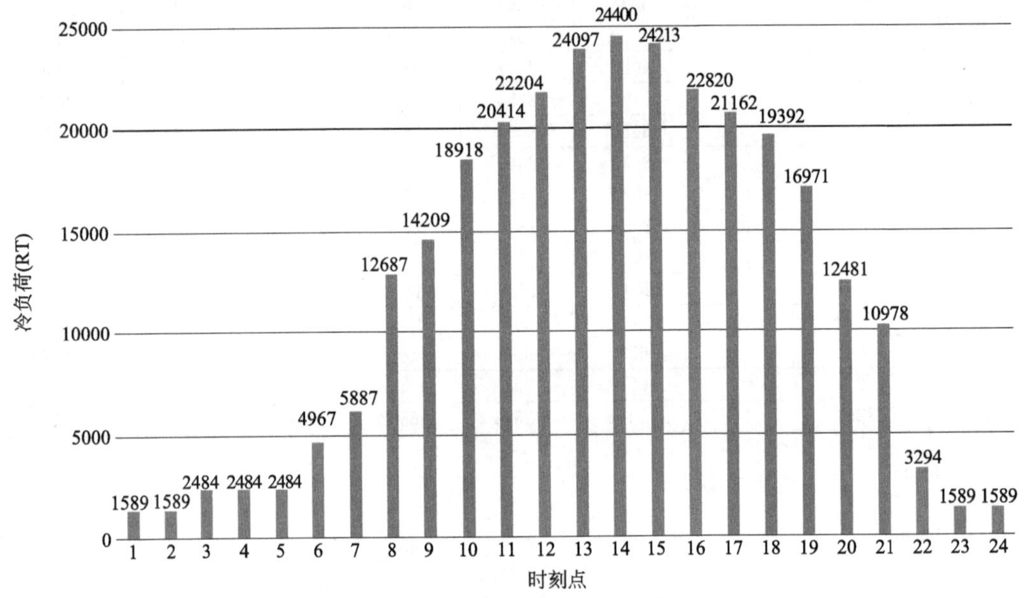

图 11-97　6 号能源站休息日设计负荷柱状图

11.13.3　技术方案

1. 技术选择

6 号能源站采用水蓄冷＋外融冰冰蓄冷系统，双工况主机夜间利用电网低谷电价制冰，白天与溴化锂机串联联合供冷，充分就近利用横琴热电厂的低压蒸汽，达到能源梯级利用目的。为了避免蒸汽管道蒸汽冷凝，管道的最小蒸汽量应大于输送管道热损失量，并保持蒸汽管网 24h 不间断供气。为了维持空调季吸收式制冷机 24h 不停机工作，设置相应的水蓄冷水池，在夜间供冷需求不足时，溴化锂机转入蓄冷供冷，水蓄冷水池容积应保证可存蓄最小蒸汽量对应的吸收式制冷量。水蓄冷工况下溴化锂机与水蓄冷离心机串联，保证蓄水温度；空调工况下水蓄冷溴化锂机、离心机与系统切换为并联状态，与双工况蓄冰主机、供冷溴化锂机、冰槽、水池联合供冷，满足最大负荷需求。

系统在夜间利用电价低谷时段冰蓄冷＋水蓄冷，白天电价高峰时段优先利用所蓄冷量供冷以削减城市电网负荷。能源站供冷参数：供水温度 2.5℃，回水温度 11.5℃，$\Delta t=9.0$℃。

为了选择电制冷和吸收式制冷的最佳装机配比，6 号能源站按照溴化锂主机制冷主机装机容量不同的四个方案进行了经济比较，四个方案分别如下：

（1）方案一：2 台 2000RT 溴化锂机＋2 台 2000RT 离心机＋5 台 2563RT（制冰 1800RT）双工况主机；蓄冰冷量 72000RTH，蓄水冷量 32000RTH。

（2）方案二：1 台 2000RT 溴化锂机＋1 台 2000RT 离心机＋7 台 2563RT（制冰 1800RT）双工况主机；蓄冰冷量 100800RTH，蓄水冷量 6400RTH（溴化锂机最低负荷蓄冷）。

（3）方案三：2 台 2400RT 溴化锂机＋2 台 2400RT 离心机＋5 台 2563RT（制冰 1800RT）双工况主机；蓄冰冷量 72000RTH，蓄水冷量 7680RTH（溴化锂机最低负荷蓄冷）。

（4）方案四：4 台 2563RT＋1 台 1800RT 溴化锂机＋1 台 1800RT 离心机＋4 台 2563RT（制冰 1800RT）双工况主机；蓄冰冷量 57600RTH，蓄水冷量 8640RTH（溴化锂机最低负荷蓄冷）。

在珠海市横琴能源站大工业蓄冷电价政策下，对蒸汽价格 103.9 元/t 和 150 元/t 两种情况进行了年运行费用的比较，见表 11-36、表 11-37。

蒸汽价格 103.9 元/t 时方案运行费用对比表　　表 11-36

序号	方案	年供冷量（RT）	年用汽量（t）	汽价（元/t）	年用汽费（万元）	年总用电量（kW）	年总电费（万元）	年运行费用（元）
1	方案一	57148348	57130	103.9	594	53660393	2524	3117
2	方案二	57148348	27662	103.9	287	61745513	2836	3123
3	方案三	57148348	56449	103.9	587	53200851	2594	3181
4	方案四	57148348	125690	103.9	1306	37552248	1782	3088

蒸汽价格 150 元/t 时方案运行费用对比表　　表 11-37

序号	方案	年供冷量（RT）	年用汽量（t）	汽价（元/t）	年用汽费（万元）	年总用电量（kW）	年总电费（万元）	年运行费用（元）
1	方案一	57148348	57130	150	857	53660393	2524	3381
2	方案二	57148348	27662	150	415	61745513	2836	3251
3	方案三	57148348	56449	150	847	53200851	2594	3441
4	方案四	57148348	125690	150	1885	37552248	1782	3668

由上述两个对比表可见，当蒸汽价格在 103.9 元/t 时，加大溴化锂主机比例可节约系统运行费用，方案四最为明显。当蒸汽价格为 150 元/t 时，加大溴化锂主机比例则会增加系统运行费用。

为了加强能源的梯级利用，达到冷热电多联供的目的，充分利用横琴热电厂的余热蒸汽，本能源站采用方案四为实施方案，最大可能地采用蒸汽吸收式制冷，兼顾充分利用低谷蓄冷电价蓄冰供冷。经测算，电厂蒸汽价格在不高于 108 元/t 时（经济比较见表 11-38），本实施方案为最经济方案。

蒸汽价格 108 元/t 时方案运行费用对比表　　表 11-38

序号	方案	年供冷量（RT）	年用汽量（t）	汽价（元/t）	年用汽费（万元）	年总用电量（kW）	年总用电费（万元）	年运行费用（元）
1	方案一	57148348	57130	108	617	53660393	2524	3141
2	方案二	57148348	27662	108	299	61745513	2836	3134

续表

序号	方案	年供冷量(RT)	年用汽量(t)	汽价(元/t)	年用汽费(万元)	年总用电量(kW)	年总用电费(万元)	年运行费用(元)
3	方案三	57148348	56449	108	610	53200851	2594	3204
4	方案四	57148348	125690	108	1357	37552248	1782	3140

2. 冷源

6 号能源站总装机容量为 24104RT，蓄冰冷量为 57600RTH，蓄水冷量为 8640RTH（蓄冷比例约 32%），总供冷能力为 35307RT。蓄冰主机采用电驱动双工况离心机 4 台，每台空调冷量为 2563RT，制冰冷量为 1800RT；选用 2 台 900RT 溴化锂吸收式制冷机与 2 台 900RT 离心机串联方式，在夜间作为基载主机满足用户夜间空调负荷需求，其中一套兼作水蓄冷供冷用，在夜间负荷不满足主机最低运行负荷时转入水蓄冷工况，水蓄冷水温为 4/10.5℃。另外选用 4 台空调制冷量为 2563RT 的溴化锂吸收式主机，与双工况主机板式换热器串联，与双工况主机联合供冷，满足用户日间空调负荷需求，充分利用横琴热电厂余热，减少日间用电负荷。蓄冰主机夜间利用低谷电价制冰蓄冷，白天负荷高峰期与溴化锂主机、冰槽、基载主机联合供冷，满足用户最大负荷需求，达到削峰填谷的效果。

3. 冷冻水系统

双工况主机配备 4 台乙二醇泵，与 4 台双工况主机一一对应启停运行，作为循环输配动力，主机供冷工况时供回水温度为 6.5/1.5℃，制冰工况时供回水温度为－5.6/－2.08℃；相应设 4 台乙二醇/水板式换热器，作为主机与溴化锂主机串联供冷用，保证冷冻水系统大温差供冷的需要，与主机、冷却水泵、冷冻水泵一起设在能源站 2 层；通过水路电动阀切换，输送冷量到蓄冰槽或者板式换热器。

一次冷冻水系统进出水温为 2.5/11.5℃，采用二级泵变流量（台数控制、压差旁通及末端二通阀）系统。配置 6 台一级冷冻水循环泵，与 4 组溴化锂主机＋乙二醇/水板换和 2 组溴化锂主机＋离心式主机一一对应。根据用户侧的负荷需求和输送管程需要，设每组 4 台，3 组共 12 台二级冷冻水泵，提供冷冻水输送动力，供给各用户的换热间。二次冷冻水系统按用户设置二次换热系统，并分别设置能量计分户计费，方便日后独立计费管理。冷冻水泵变频控制，根据用户侧的负荷变化调节。一次冷冻水泵和蓄冰槽等设备设在首层和地下 1 层。

4. 冷却水系统

冷却水供回水温度为 37/32℃，根据相应的 6 台离心机组配备 6 台冷却水泵，6 台溴化锂机组配备 6 台冷却水泵，提供冷却水动力，供给冷却塔，冷却塔采用 8 台 1100m^3/h、12 台 1000 m^3/h 和 4 套 900m^3/h 的方形横流式组合塔，与主机冷量匹配运行；双工况主机配套冷却塔夜间制冰工况时的供回水温度为 30/33.4℃；冷却塔必须通过 CTI 认证，以保证冷效。

5. 融冰供冷系统

融冰供冷系统设置 4 台换热率为 9200kW 的板式换热器，配备 4 台冰池融冰泵和 4 台外网融冰泵，板换一次侧进出水温为 1.5/10.5℃，二次侧出水温为 2.5/11.5℃，满足各种运行模式的需要。一次侧冰池融冰系统设温度旁通装置，根据冰池出水温度调节旁通量。冰池融冰泵和外网融冰泵均变频控制，根据用户侧的负荷变化调节。

6. 水蓄冷供冷系统

水蓄冷供冷系统设置 2 台换热率为 3380kW 的板式换热器，配备 2 台水蓄冷一级泵和 2 台水蓄冷二级泵，板换一次侧进出水温为 4/10.5℃，二次侧出水温为 5/11.5℃，一级冰泵和二级泵均变频控制，根据用户侧的负荷变化调节。

7. 压缩空气搅拌装置

为了保证整个蓄冰装置融冰的均匀、提高融冰效率、保证取冷温度稳定，防止出现“万年冰”现象，需要配置空气搅动也就是加气装置。压缩空气搅动装置由鼓风机或空压机和气体分配管组成，蓄冰设备上的气体分配管（鼓气管）均匀排设在蓄冰槽底部，用 PVC 管制作；在制冰初期也可以启动空气搅拌装置来搅动水流，促使水温均匀，加强换热。

8. 蒸汽及热水供应系统

本项目溴化锂制冷机由横琴热电厂就近提供余热蒸汽驱动，蒸汽压力 1.2MPa，蒸汽温度 293℃；蒸汽经溴化锂机用热后的凝结水（95℃）利用蒸汽背压（0.05MPa）输送到用户换热器，向用户供热，设置疏水阀泵，把换热后的凝结水通过敷设在管廊内的凝结水管道，返回电厂。

本能源站拟向服务区域内的酒店项目供热，作为酒店生活热水及冬季空调热源。区域内酒店建筑面积约 215595m^2，估算热负荷约 10780kW，取同时性系数 0.5，供热负荷约为 5400kW。在本能源站内设置 2 台汽-水板式换热器，配备 2 用 1 备共 3 台热水循环泵，制备 95℃的高温热水，通过市政热水管网输送到各用户换热间，热水回水温度 70℃。当蒸汽驱动溴化锂主机制冷后的凝结水余热不能满足用户需求时，启动汽-水板式换热器供热系统，满足用户的用热需求。

9. 分期建设

根据可研报告要求，本能源站制冷主机分为两期建设，按可研报告预测 2023 年服务区内建筑投入使用比例 65%考虑，4 台 2563RT 和 2 台 900RT 的溴化锂制冷机一期暂不安装，用连通管连通一级冷冻水泵和双工况板换，蓄冰槽、水蓄冷槽等配套设备管道全部安装到位，供冷能力约 23255RT，达到总供冷能力的 66%；待服务区域内的建筑基本建成时，二期再拆除连通管，安装 4 台 2563RT 和 2 台 900RT 的溴化锂制冷机，与双工况板换串联，联合满足全部建筑空调负荷需求。

11.13.4　空调供冷方案运行策略

整个系统可按双工况主机制冰模式、双工况主机供冷模式、双工况主机与蓄冰池联合供冷模式、蓄冰池融冰供冷模式等多种工作模式运行，机载主机供冷模式可以和以上各工作模式联合供冷或单独供冷。

控制系统通过对制冷主机、蓄冰设备、板式换热器、冷却塔、水泵及管路阀门的程序控制实现各种运行模式的切换和系统优化运行。冷却塔采用变频控制，通过调节冷却塔风机开启台数、变频风机转速、冷却水供、回水总管之间的旁通来保证冷却水供水温度。各板式换热器通过初级侧供回水管上的电动调节阀控制进水流量。

各工况运行策略具体如下：

（1）工况一：机载冷水机组供冷（蒸汽吸收式冷水机组于上游，离心式冷水机组于下游），双工况主机蓄冰。当仅有夜间负荷时，通常负荷会比较低，此时开启机载冷水机组供冷。当夜间谷电时，双工况主机在制冰工况运行，冰槽处于蓄冰状态。此时，冷冻水供水温度为 2.5℃，需要开启冷却水泵、冷却塔、乙二醇泵、与机载机组相连的冷冻水一级泵以及机载机组二级泵。

（2）工况二：冰槽融冰供冷。当末端负荷较小时（通常出现在项目初期，大部分用户尚未入住），依靠夜间蓄冰即可满足电价峰值/谷值时段的负荷需求。此时，冷冻水供水温度为 2.5℃，所有制冷主机均不需要开启，仅需要开启融冰直供泵及部分冷冻水二级泵即可。

（3）工况三：机载冷水机组供冷＋蒸汽吸收式冷水机组联合双工况机组供冷（蒸汽吸收式冷水机组于上游，双工况机组于下游）。当末端负荷逐渐增长，而且所处时段未处于峰值电价，利用融冰供冷经济性不高，故开启机载冷水机组、蒸汽吸收机组以及双工况机组联合供冷。此时，冷冻水供水温度为 2.5℃，需要开启与机载机组、蒸汽吸收机组以及双工况机组相连的冷却水泵、冷却塔、冷冻水一级泵，及部分冷冻水二级泵。

（4）工况四：机载冷水机组供冷＋蒸汽吸收式冷水机组联合双工况机组供冷＋融冰供冷。当末端负荷逐渐增长至一定规模时，开启机载冷水机组、蒸汽吸收机组以及对应双工况机组已无法满足用户侧负荷需求，此时可以开启融冰供冷。此时，冷冻水供水温度为 2.5℃，需要开启与机载机组、蒸汽吸收机组以及双工况机组相连的冷却水泵、冷却塔、冷冻水一级泵、内网融冰泵、外网融冰泵，及部分冷冻水二级泵。远期管网及用户端实施稳定后，可取消融冰板换，采取融冰下游串联方式供冷，冷冻水回水经溴化锂主机—双工况板换—冰池融冰三级降温后，输出 1.0℃冷冻水至外管网，不仅可以增加冷站供冷能力，而且可以加大外管网供回水温差，降低外管网输送能耗。

（5）工况五：蒸汽吸收式冷水机组与融冰联合供冷。当处于非设计日、部分负荷状况时，为了保证一定的蒸汽用量，采用蒸汽吸收式机组上游，融冰下游的供冷方式。此时，需要开启与蒸汽吸收式冷水机组相连的冷却水泵、冷却塔、冷冻水一级泵，及部分冷冻水二级泵。

为了最大化利用电厂余热蒸汽制冷，运行策略可以优先使用溴化锂机供冷为原则，在用户负荷大于溴化锂机负荷时再逐步启动基载离心机和双工况主机联合供冷，在溴化锂机单独供冷时，机组出水温度调低至 5℃出水，向用户侧提供 5℃冷冻水，用户侧根据冷冻水流量和水温计算能量计费。一般情况下，根据负荷预测，蓄冰槽中的融冰量应合理分配，以保证冰量融完。如果蓄冰槽和溴化锂冷机供给的冷量大于建筑所需要的冷负荷，应当调小溴化锂冷机的制冷量。

为了避免市政蒸汽管网出现蒸汽冷凝现象，保证管道的最小蒸汽量不小于输送管道热损失量，并保持蒸汽管网 24h 不间断供气，应优先保障空调季溴化锂主机 24h 不停机工作，在夜间供冷需求不足，负荷低于 900RT 溴化锂机负荷的 60%，即蒸汽耗量小于 1.6t/h 时，溴化锂机与单工况离心主机联合转入水蓄冷供冷。

按能源梯级利用，蒸汽吸收式制冷优先利用，并充分利用夜间蓄冰低谷电价蓄能供冷的原则，工作日和休息日 100%空调负荷时段冷源分配情况见表 11-39、表 11-40。

工作日 100%空调负荷时段冷源分配情况　　表 11-39

时间	冷量(RT)	溴化锂机供冷(RT)	单工况离心机供冷(RT)	双工况离心机供冷(RT)	蓄能供冷(RT)	释冷率(%)	双工况离心机蓄冰供冷(RT)	水蓄冷供冷(RT)
0:00~1:00	1590	1590	0	0	0	0	7200	1080
1:00~2:00	1590	1590	0	0	0	0	7200	1080
2:00~3:00	2484	2484	0	0	0	0	7200	1080
3:00~4:00	2484	2484	0	0	0	0	7200	1080
4:00~5:00	2484	2484	0	0	0	0	7200	1080
5:00~6:00	4967	4967	0	0	0	0	7200	1080
6:00~7:00	9080	9080	0	0	0	0	7200	1080
7:00~8:00	17117	12046	1800	3270	0	0	3600	0
8:00~9:00	21418	12046	1800	7572	0	0	0	0
9:00~10:00	28083	12046	1800	10252	3985	6	0	0
10:00~11:00	29785	12046	1800	10252	5687	9	0	0
11:00~12:00	31061	12046	1800	10252	6963	11	0	0
12:00~13:00	32954	12046	1800	10252	8856	13	0	0
13:00~14:00	33565	12046	1800	10252	9467	14	0	0
14:00~15:00	34512	12046	1800	10252	10414	16	0	0
15:00~16:00	33118	12046	1800	10252	9019	14	0	0
16:00~17:00	30430	12046	1800	10252	6332	10	0	0
17:00~18:00	25262	12046	1800	10252	1164	2	0	0
18:00~19:00	20164	12046	1800	6318	0	0	0	0
19:00~20:00	14747	12046	1800	901	0	0	0	0
20:00~21:00	12832	12046	786	0	0	0	0	0
21:00~22:00	5147	5147	0	0	0	0	0	0
22:00~23:00	1590	1590	0	0	0	0	0	0
23:00~24:00	1590	1590	0	0	0	0	3600	1080
合计	398054	201650	24186	110329	61887	95	57600	8640

休息日 100%空调负荷时段冷源分配情况　　表 11-40

时间	冷量(RT)	溴化锂机供冷(RT)	单工况离心机供冷(RT)	双工况离心机供冷(RT)	蓄能供冷(RT)	释冷率(%)	双工况离心机蓄冰供冷(RT)	水蓄冷供冷(RT)
0:00～1:00	1590	1590	0	0	0	0	7200	1080
1:00～2:00	1590	1590	0	0	0	0	7200	1080
2:00～3:00	2484	2484	0	0	0	0	7200	1080
3:00～4:00	2484	2484	0	0	0	0	7200	1080
4:00～5:00	2484	2484	0	0	0	0	7200	1080
5:00～6:00	4967	4967	0	0	0	0	7200	1080
6:00～7:00	5887	5887	0	0	0	0	7200	1080
7:00～8:00	12688	12046	642	0	0	0	7200	0
8:00～9:00	14209	12046	1800	0	363	1	0	0
9:00～10:00	18917	12046	1800	0	5071	8	0	0
10:00～11:00	20413	12046	1800	0	6567	10	0	0
11:00～12:00	22204	12046	1800	0	8358	13	0	0
12:00～13:00	24097	12046	1800	2563	7688	12	0	0
13:00～14:00	24399	12046	1800	2563	7990	12	0	0
14:00～15:00	24213	12046	1800	2563	7804	12	0	0
15:00～16:00	22819	12046	1800	2563	6410	10	0	0
16:00～17:00	21162	12046	1800	2563	4752	7	0	0
17:00～18:00	19391	12046	1800	2563	2982	5	0	0
18:00～19:00	16972	12046	1800	0	3125	5	0	0
19:00～20:00	12481	12046	435	0	0	0	0	0
20:00～21:00	10979	10979	0	0	0	0	0	0
21:00～22:00	3293	3293	0	0	0	0	0	0
22:00～23:00	1590	1590	0	0	0	0	0	0
23:00～24:00	1590	1590	0	0	0	0	0	0
合计	292903	195536	20877	15378	61110	95	57600	7560

11.13.5 附图

该项目冷冻水系统原理如图 11-98 所示，冷却水系统原理如图 11-99 所示，吸收式制冷机热水系统如图 11-100 所示，汽-水板换热水系统如图 11-101 所示，2 层制冷工艺设备布置平面如图 11-102 所示。

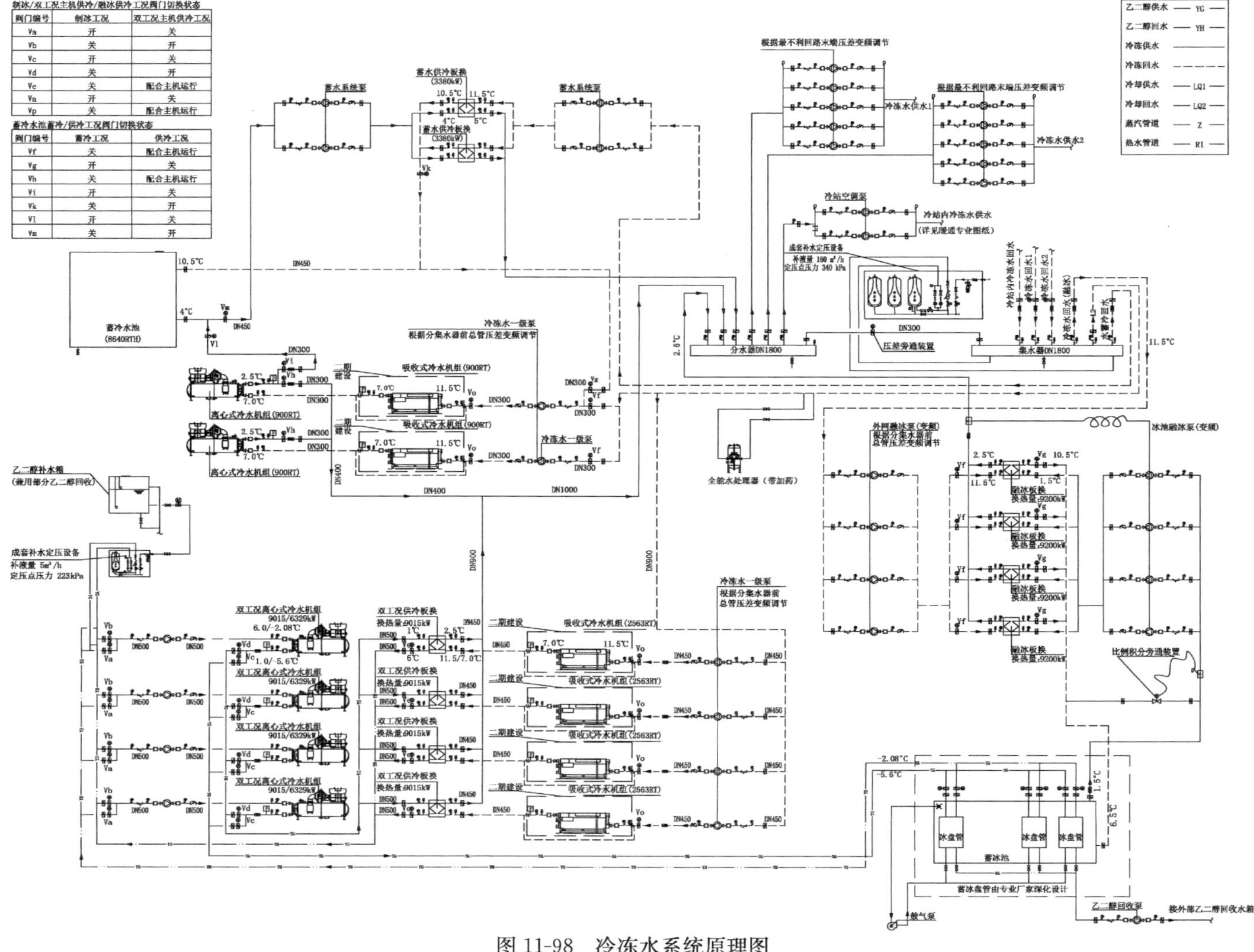

图 11-98　冷冻水系统原理图

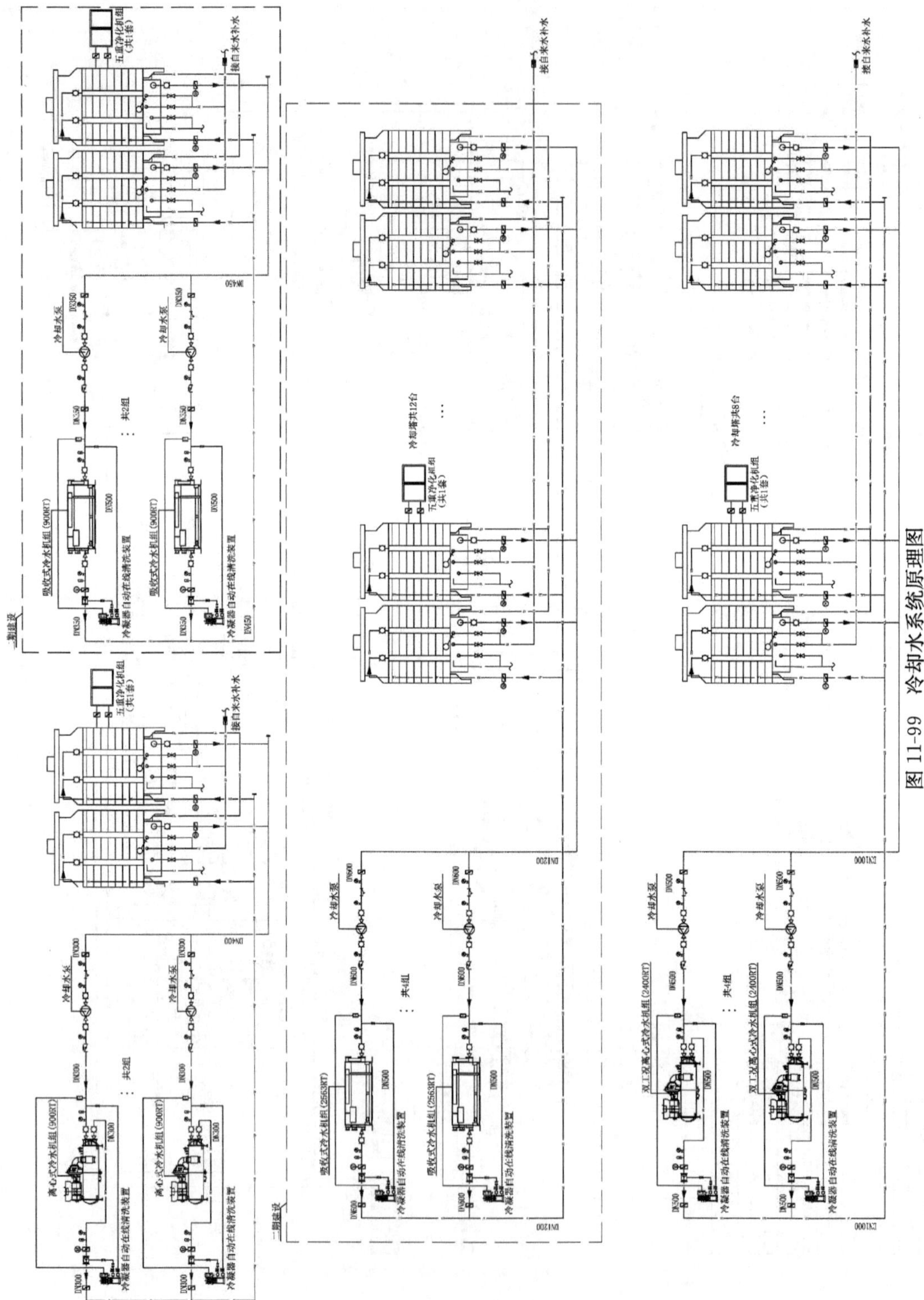

图 11-99　冷却水系统原理图

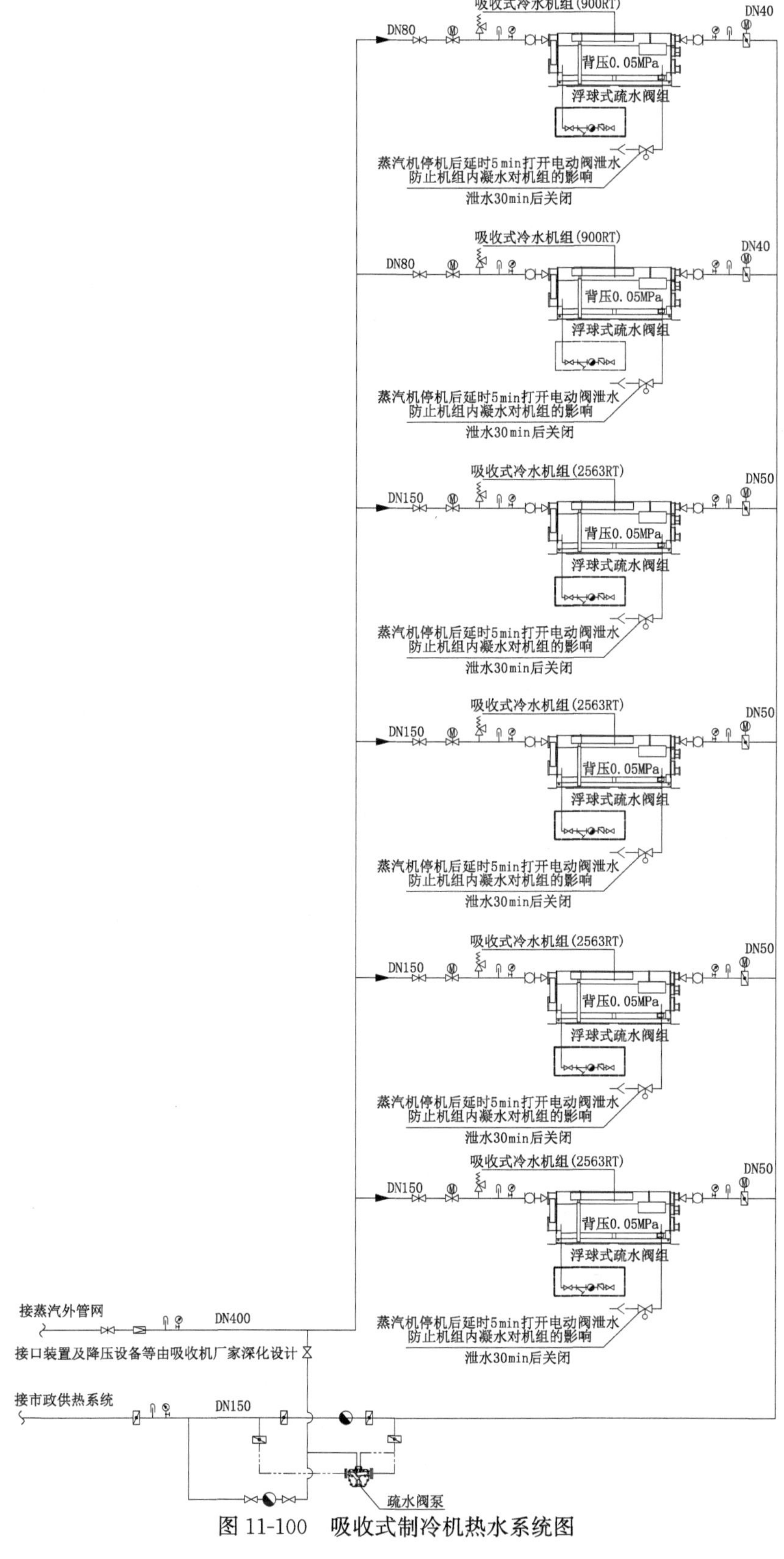

图 11-100　吸收式制冷机热水系统图

序号	产品名称	型号	口径	数量
1	波纹管密封截止阀	BSA1T	DN25 PN16	9
2	过滤器	FIG33	DN25 PN16	3
3	浮球疏水阀	FT14-10	DN25 PN16	3
4	止回阀	DCV3	DN25 法兰对夹	3

疏水阀组大样图(一)

序号	产品名称	型号	口径	数量
1	波纹管密封截止阀	BSA1T	DN50 PN16	15
2	过滤器	FIG33	DN50 PN16	5
3	浮球疏水阀	FT43-10	DN50 PN16	5
4	止回阀	DCV3	DN50 法兰对夹	5

疏水阀组大样图(二)

注：蒸汽机组自带

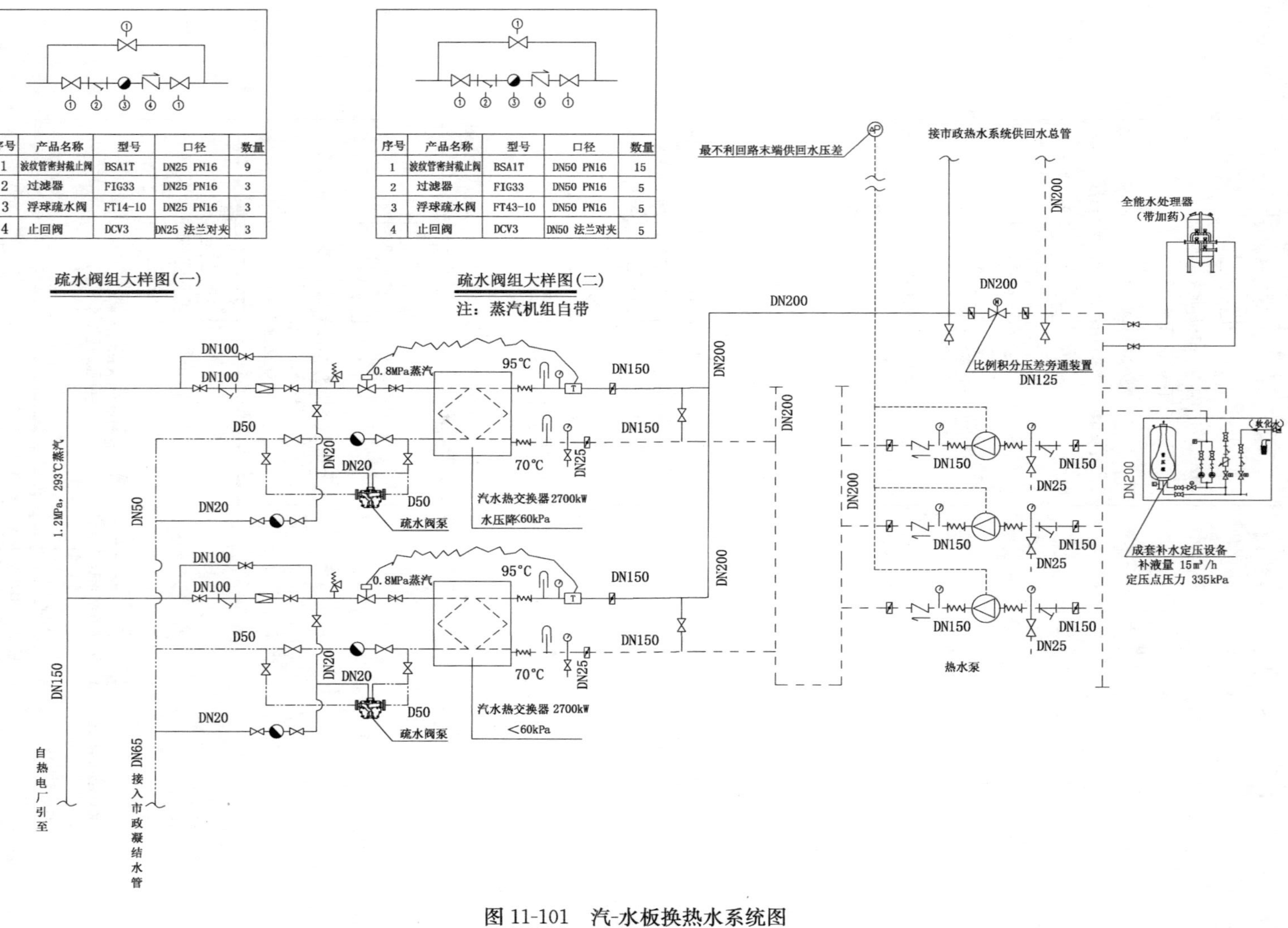

图 11-101　汽-水板换热水系统图

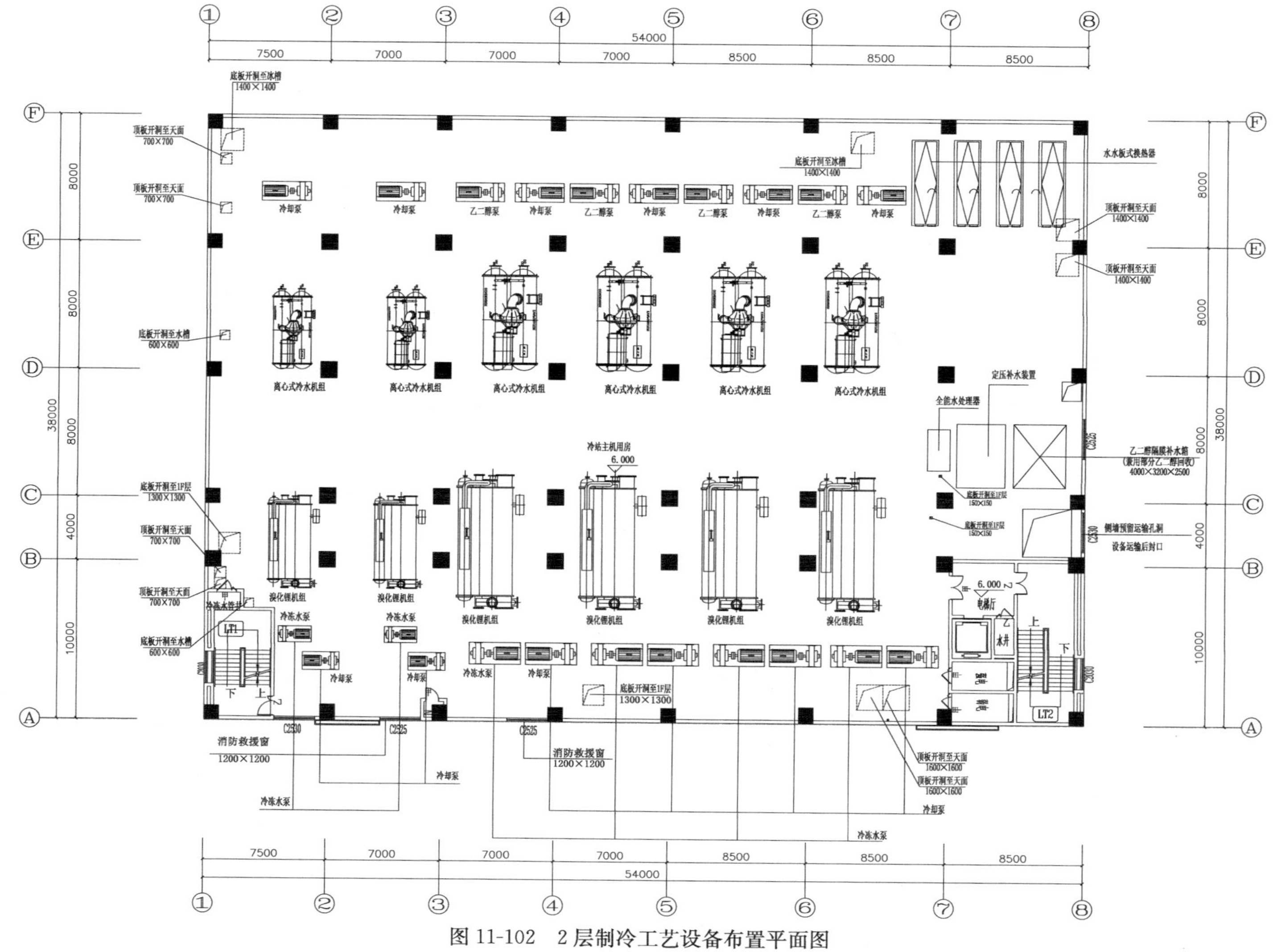

图 11-102　2 层制冷工艺设备布置平面图

11.14 深圳市妇幼保健院

医院地址：深圳市福田区福强路 3012 号

医院等级：三级甲等

设备使用情况：洁净空气调节机组、洁净手术室专用空调机组、全新风洁净空气调节机组

本文执笔人：刘汉华、崔玮贤［广东申菱环境系统股份有限公司］

深圳市妇幼保健院是国家三级甲等保健院，医院一院两址，分为红荔院区和福强院区两个院区，占地面积约 3.5 万 m^2，建筑面积约 7 万 m^2，设计床位 650 张。福强院区于 2020 年底正式投入使用，整个项目由深圳市建筑工务署组织建设。

深圳市妇幼保健院作为深圳市博士后创新实践基地，拥有国家临床重点学科、广东省"十二五"中医重点（特色）专科、深圳市重点实验室、深圳市医学重点学科等多个核心医学学科，是国家一流的具有专科特色的学术研究中心和诊疗中心（图 11-103）。

图 11-103 深圳市妇幼保健院效果图

福强院区手术室共 19 间，其中，Ⅰ级手术室 1 间，Ⅱ级手术室 5 间，Ⅲ级手术室 9 间，专科Ⅲ级手术室 4 间。根据现行国家标准《医院洁净手术部建筑技术规范》GB 50333 相关要求以及空气处理能耗角度考虑，医院整个手术室净化空调系统主要采用新风机组集中处理的方式。

（1）1 间Ⅰ级和 5 间Ⅱ级手术室采用一拖一的形式，设置了 6 套净化循环空调机组和 2 套新风集中处理机组；

（2）9 间Ⅲ级手术室采用一拖三形式，设置 3 套净化循环空调机组和 1 套新风集中处理机组。

以上空调系统在确保手术室环境标准的前提下，避免了冷热抵消现象，从而达到节能的效果。同时，所有的净化循环空调机组均采用干盘管方式，避免了由于冷凝积水而滋生的细菌，保证手术室环境的洁净安全。另外 4 间专科Ⅲ级手术室由于处在另外的单独楼层，综合考虑规范要求和性价比，最终采用一拖一和一拖三的自取新风空调系统方案。

从设备设计角度出发，新风集中处理机组采用深度除湿设计，降低机组对冷冻水品位的依赖，即使在冷冻水水温有波动或过渡季节，仍能稳定保证温湿度要求。另外，环境净化空调设备采用的是防腐和正压送风洁净设计，机组内板采用全不锈钢材料，换热器采用环氧涂层防腐铝翅片，机组内部所有部件和材料均做防腐处理，确保不会被各种消毒剂腐蚀。

洁净空调范围为 1 层供应室：含无菌区和清洁区；3 层 ICU 病房：NICU、超早产儿 ICU、隔离治疗病房、走廊辅助用房；4 层手术部：1 间Ⅰ级手术室，5 间Ⅱ级手术室，9 间Ⅲ级手术室；洁净走廊及辅助用房；6 层静脉配置中心：药物调配室及辅助用房，抗生素配置室，肿瘤药物及辅助用房；13～15 层实验室：临床基因扩增实验室、分子/细胞遗传实验室、PCR 实验室、基因芯片实验室；16 层生殖中心：宫腔镜手术室、移植室、胚胎培养室、生殖中心辅助用房。

11.15　医用气体及洁净项目

11.15.1　江苏省妇幼保健院一期住院综合楼

项目地址：南京市江东北路 368 号

设计单位：天津市建筑设计院

本文执笔人：刘汉华、史佩顺［广州沂美医疗科技有限公司］

建设规模及内容：综合楼总建筑面积约 62415m^2，其中地上建筑面积约为 50098m^2，地下建筑面积约 12317m^2，项目建设周期为 2 年，总投资约 4.2 亿元。主楼高 18 层，拟设 17 个护理单元、20 间手术室、7 间产房及 1 个综合重症监护病房，建成后医院床位数将达到 900 张，停车位达到 1300 多个，医院临床、保健、医技等各个科室的面积、硬件及服务条件、服务环境都将得到显著的改善（图 11-104）。

图 11-104　江苏省妇幼保健院一期住院综合楼效果图

医用气体设计概况： 包括医用中心供氧系统，医用中心吸引系统，压缩空气系统，病房治疗设备带，配套电气设备的设计。住院综合楼用气点：900 张普通床位、25 间手术室、16 张 ICU 病床、42 张 NICU 床位、13 张 OICU 床位、22 张抢救床位、分娩 6 间、待产 12 床。医用中心供氧系统氧源采用 2 个液氧贮槽作为氧源，医用中心吸引系统气源采用三用一备，单机气量 $99m^3/h$，油旋式真空负压机组（一体式），压缩空气系统气源采用两用一备，单机气量 $85.6m^3/h$，无油涡旋式空气压缩机组（一体式）。

11.15.2 南方医科大学南方医院增城分院（增城中心医院）一期

项目地址： 广州市增城区永宁街创新大道 28 号

设计单位： 广东省冶金建筑设计院

本文执笔人： 刘汉华、史佩顺［广州沂美医疗科技有限公司］

建设规模及内容： 总占地面积 147.16 亩，规划总建筑面积 23.46 万 m^2，规划总床位 1500 张，分两期建设，一期部分已投入使用。一期主要建有门（急）诊楼、医技楼、住院楼以及感染楼，设置床位 610 张，开设专科 29 个（图 11-105）。

图 11-105　南方医科大学南方医院增城分院（增城中心医院）一期效果图

医用气体设计概况： 增城市中心医院一期（住院楼、门诊楼、医技楼）医用气体系统工程合计 834 套用气单元（机房按 1500 张床位进行设计并预留设备安装位置，机组选配时按实际使用流量，并加上 30%的余量进行配置，并预留后期发展接驳口机房）。具体用气点如下。

（1）手术室区域：重大手术室 13 间、苏醒室 9 床、术前准备 8 床（门诊医技楼 3 层手术室区域）；

（2）重症区域：ICU15 床（住院楼 3 层 ICU 区域）、新生儿 17 床、感染室 2 床（住院楼 6 层新生儿区域）；

（3）妇产科区域：分娩手术室 1 床、分娩室 5 床、待产 6 床（住院楼 4 层产科区域）；

（4）其他：门诊手术室 6 床、准分子手术室 1 床、ERCP1 床、急诊、抢救室 22 床、普通病房＋两气功能科室 478 床、三气功能科室 211 床；

（5）传染楼区域：2 人病房 36 床、隔离观察 6 床、治疗 2 床；

（6）口腔科区域：共有 15 张牙椅布置牙科空气及牙科负压，牙科空气由中央供气站接至口腔科区域，另独立配置牙科负压系统。

11.15.3 何贤纪念医院医疗综合大楼工程

项目地址：广州市番禺区市桥街清河东路 2 号之 1 号

设计单位：广东华方工程设计有限公司

本文执笔人：刘汉华、史佩顺［广州沂美医疗科技有限公司］

建设规模及内容：新医疗综合大楼楼高 15 层，主要功能为住院部及手术室，总建筑面积 32703m^2，新建床位 550 张，建成后该院院本部和沙湾院区总床位数将增加至 800 张。医疗综合大楼的建设主体采用钢结构，除了能减少施工现场加工周期及缩短建设总工期外，还可大大降低施工对周边居民及医院的影响。同时，新医疗综合大楼将配套建设先进的地下立体停车系统、冷热电三联供分布式能源系统及雨水收集系统，打造绿色节能星级医院（图 11-106）。

图 11-106 何贤纪念医院医疗综合大楼工程效果图

医用气体设计概况：广东省番禺区何贤纪念医院医疗综合大楼医用气体系统工程合计 655 套用气单元，其中包括手术室：重大手术室 10 间，术后恢复、苏醒室 3 床，门诊手术室 2 间；其他急诊、抢救室 19 床，普通病房 609 床，门诊科室 12 床。

11.15.4 广州市红十字会医院住院综合楼项目

项目地址：广州市海珠区同福中路 396 号广州市红十字会医院

设计单位：广州市城市规划勘测设计研究院

本文执笔人：刘汉华、史佩顺［广州沂美医疗科技有限公司］

建设规模及内容：项目总投资 5.8 亿元。拆除建筑面积 5500m^2；总建筑面积为 49394m^2，主体为框架结构，包含：一幢 6 层高的医技楼；一幢 16 层高的住院楼，提供 527 张床位；3 层地下停车场（图 11-107）。

医用气体设计概况：医用气体作为生命保障系统的一部分，其质量安全直接影响医院医疗工作的安全运行，关系到患者的生命安全健康。广州市红十字会医院住院综合楼的医用气体工程含供氧系统、负压吸引系统、压缩空气系统、气体报警系统等。

图 11-107 广州市红十字会医院住院综合楼项目效果图

11.15.5 广州医科大学附属妇女儿童医院项目一期工程

项目地址：广州市黄埔区中部长岭居片区，永顺大道以南，南岗河以东

设计单位：广东省建科建筑设计院

本文执笔人：刘汉华、史佩顺［广州沂美医疗科技有限公司］

建设规模及内容：规划总用地面积 $69410m^2$，一期工程选址为南侧地块，约 $57000m^2$，预留北侧 $12410m^2$ 作为二期发展用地。一期工程拟规划设置床位数为500床，总建筑面积约 $76100m^2$，其中，地上建筑面积 $63100m^2$，地下建筑面积 $13000m^2$（图 11-108）。

图 11-108 广州医科大学附属妇女儿童医院项目一期工程效果图

医用气体设计概况：医用气体系统是医院最重要的生命保障系统之一，广州医科大学附属妇女儿童医院项目一期工程的医用气体工程含供氧系统、负压吸引系统、压缩空气系统、气体报警系统等。

11.16 南方医科大学南方医院医疗综合楼

11.16.1 项目简介

项目地址：广州市广州大道北 1838 号

项目设计单位：广州市城市规划勘测设计研究院

主要设计人：李刚、刘汉华、吴哲豪、张湘辉

本文执笔人：刘汉华、邓福华［重庆海润节能技术股份有限公司］

项目概况：本建筑群为一栋医疗综合楼，建筑面积 144219m^2，顶标高 101.5m^2；空调面积 74435m^2，比例 52%，属一类高层。其中：设备用房设在地下室；1～2 层为门诊医疗等；3～6 层手术、ICU 等；7～8 层为中心供应室；9～22 层为住院楼。

11.16.2　通风系统技术形式

11.16.2.1　ESV 动力集中式变风量通风系统（门诊医技楼）

（1）系统组成：主风机＋风口＋低阻抗管网＋专用控制系统。

（2）系统原理：空气品质传感器将检测的室内空气状况转化成数字信号，同步传递到该通风系统的新排风主机，新排风主机根据信号大小智能调节风机的转速，从而满足用户末端的风量需求，整个通风系统的风量大小是通过新排风主机统一调节的。

（3）系统特点：高效节能，比传统通风系统节能 40%，降低空调能耗 15%左右，保证空气的有序流动。可以实现整个通风系统智能化运行，且整个通风系统的维护与管理相对简单。该系统不足之处在于，无法实现单个房间（末端）风量的控制，无法准确实现风量的按需供应（图 11-109）。

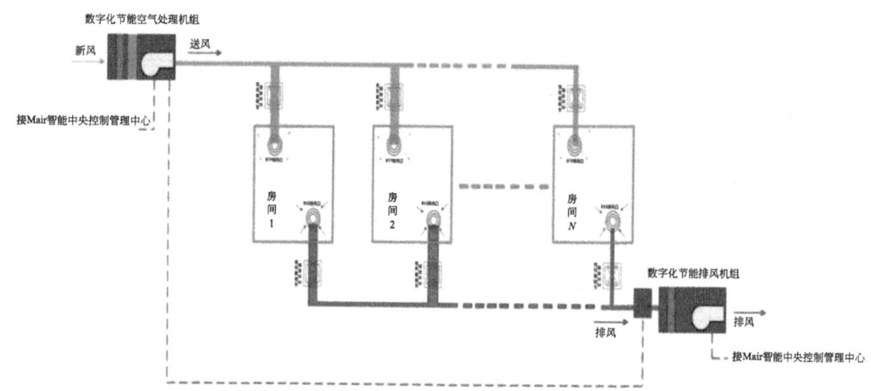

图 11-109　ESV 动力集中式变风量通风系统（门诊医技楼）

11.16.2.2　ESV 动力分布式变风量通风系统（病房层）

（1）系统组成：主风机＋支路风机＋风口＋低阻抗管网＋专用控制系统。

（2）系统原理：空气品质传感器将检测的室内空气状况转化成数字信号，同步传递到该房间的送、排风变风量模块，变风量模块根据信号大小智能调节风机的转速，从而满足各个用户末端的风量需求，根据各末端的风量需求来对新、排风主机转速进行调节，实现梯度压差精确控制气流流向，使整个系统维持主机与末端的风量平衡，从而使室内空气品质始终保持健康舒适的状态。

（3）系统特点：ESV 动力分布式变风量通风系统是将促使空气流动的动力分布在各支管上形成的系统，可调节风机转速，满足动态通风量需求，采取动力分布式通风技术措

施，消除通风管网不平衡的问题，满足动态通风需求，减少风阀能损，提高建筑通风空调供暖系统能源利用效率，节能减排，改善室内空气环境质量及湿度（图 11-110）。

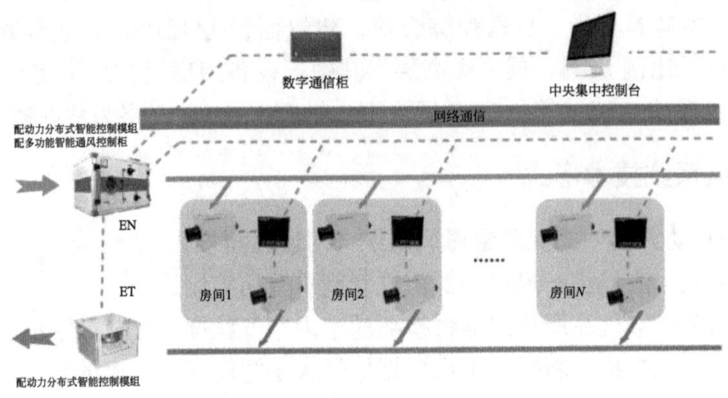

图 11-110　ESV 动力分布式变风量通风系统（病房层）

11.16.2.3　新排风联动，合理控制压差梯度

新排风主机内置直流无刷免维护电机，自带 0～10V 控制信号输入接口。通过空气品质传感器或智能通风控制柜实现新排风主机联动运行。

11.16.2.4　独立送排风系统

采用独立送排风系统，送排风系统同时运转，形成合适的室内空气对流，保证足够的换气效率，避免换气死角，避免送入的新鲜空气与排出的高风险空气在整个通风环节发生接触（图 11-111）。

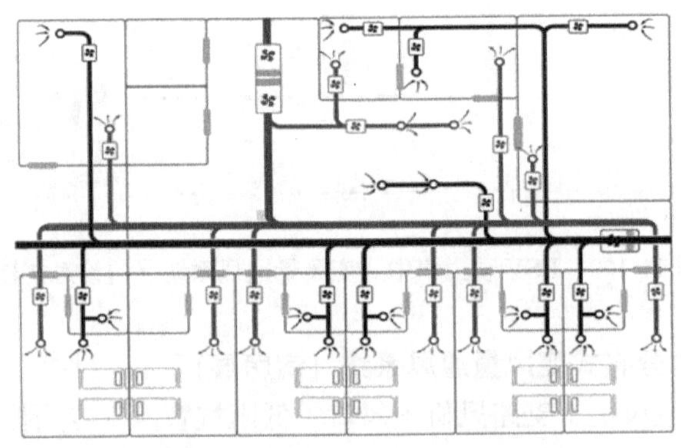

图 11-111　独立送排风系统

11.16.2.5　直流无刷（变频）技术

采用无皮带、免维护型的节能风机，减免后续维护费用，可比传统交流电机节能 40%。

11.16.2.6　新风质量处理技术

当室外空气品质不佳时，新风处理机组可根据需求选配不同功能段，对送入室内的新风进行多种预处理，以确保新风安全、洁净、新鲜，以实现对室内空气品质和湿度的调节（图 11-112）。

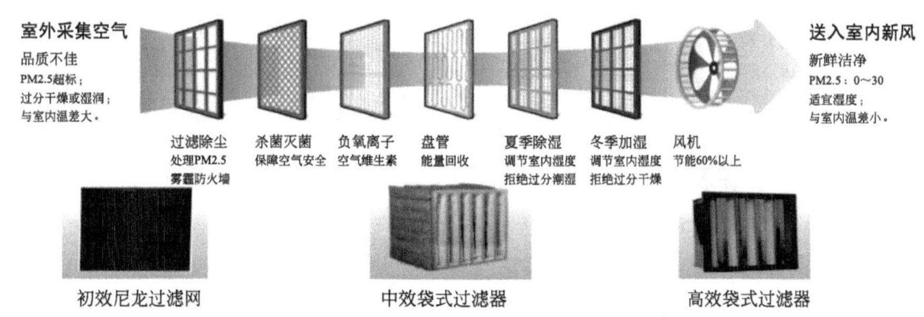

图 11-112　新风质量处理技术

11.16.3　控制系统技术形式

项目采用三级联控技术，包括房间控制、楼层控制及中央集中控制。可预留 BA 接口，兼容楼宇控制。

11.16.3.1　空气品质自动化控制技术

根据室内空气品质状况，通风系统自动运行，支路动力模块与主风机联动调速，共同保障室内空气环境（图 11-113）。

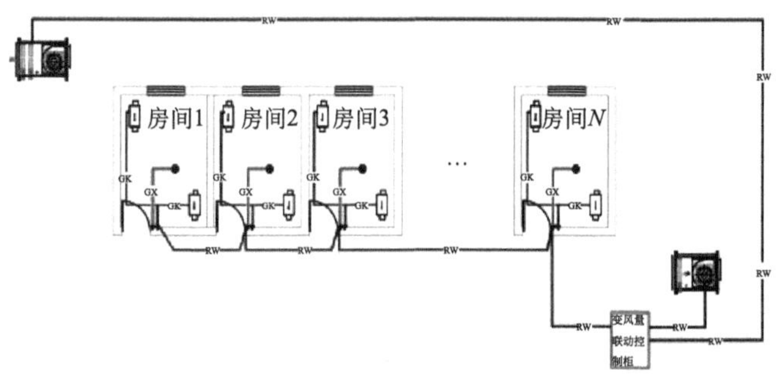

序号	名称	图例	备注
1	主风机		有线
2	支路风机动力模块		可选配无线或有线
3	传感控制器		
4	传感器探头	●	
5	传感器信号线	—GX—	
6	支路风机动力模块控制线	—GK—	
7	RS485通信线	—RW—	有线

图 11-113　空气品质自动化控制技术

11.16.3.2　中央集中远程控制技术

“海润智慧环境中央集中控制系统”服务于“动力分布式通风系统”和“动力集中式通风系统”。当该控制系统服务于“动力分布式通风系统”时，可采用“总风量控制策略”实现末端房间控制单元通过“手拉手”的方式，将末端模块的转速信号传至控制柜加权分析处理，同时输出控制信号给新、排风主风机，主风机按此调速运行，实现联动调控、按需供给，如图 11-114 所示。

与此同时，新、排风主风机及末端新、排风动力模块的运行状态信号，通过通信协议接至“中央控制台”集中管控。

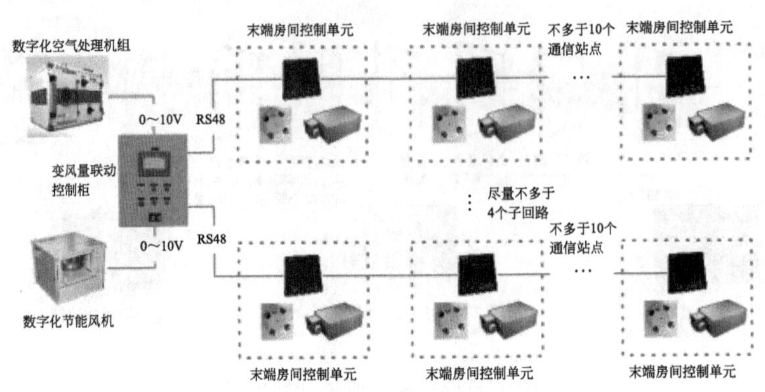

图 11-114 中央集中远程控制技术

11.16.4 系统效果

医用 ESV 智能通风系统可用以解决建筑室内空气的安全、舒适性问题，降低通风空调的能耗，实现现代智能建筑的数字信息化，可集中对系统中各主机进行远程在线监测、管理和控制，保障室内空气安全、提高空气品质、降低建筑运行成本和提升建筑的智能化控制（图 11-115）。

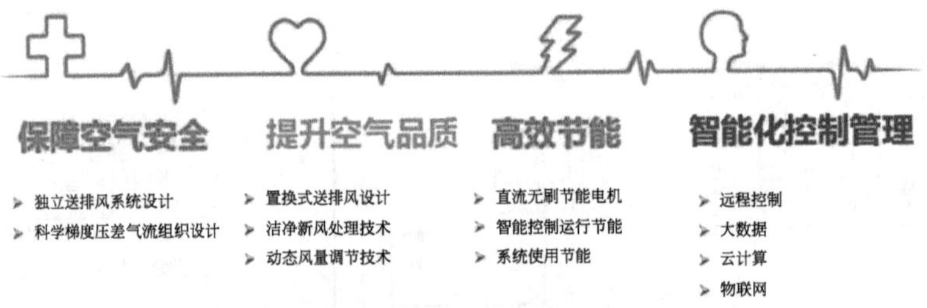

图 11-115 医用智能通风系统效果

11.17 制冷机房精细化设计和应用案例

项目地点：深圳市宝安区新安街道前海 HOP 国际中心某商业广场制冷机房
深化设计单位：广东金智成空调科技有限公司
设计时间：2019 年 9 月
竣工时间：2021 年 4 月
主要设计人：李国、梁杰、许罗成
本文执笔人：梁杰、刘汉华

11.17.1　项目概况

本项目包括酒店、商务办公及酒店配套用房，总建筑面积 167545.37m²。地下 3 层，主要为车库、设备用房，建筑面积 75318.87m²。地上部分包括裙楼酒店配套与酒店及商务办公塔楼，其中裙楼酒店配套等共 3 层，建筑面积 29100.89m²；塔楼 5～18 层为酒店，19～39 层为商务办公，10、22、28、34 层分别为避难层；建筑高度 172.9m，一类高层；建筑耐火等级一级。所属气候区域：夏热冬暖地区。空调设计方案：项目分为一期塔楼办公楼及酒店和二期群楼商业区域，均按高效机房标准建设，验收要求机房综合 *COP* ≥5.0。

项目二期方案设计：二期主要包括地下 1 层至 4 层商业区域部分，总装机容量为 1750RT。冷源选用 3 台磁悬浮冷水机组，其中 1 台为制冷量 350RT（1230kW）磁悬浮冷水机组，2 台为制冷量 700RT（2462kW）磁悬浮冷水机组，冷媒采用 R134a；冷水进、出水温度设计为 12/7℃，冷却水进出水温度设计为 30.5/35.5℃；采用 8 台 250m³/h 变频变流量冷却塔，通过内接管的形式减少冷却塔接管的阻力（图 11-116）。

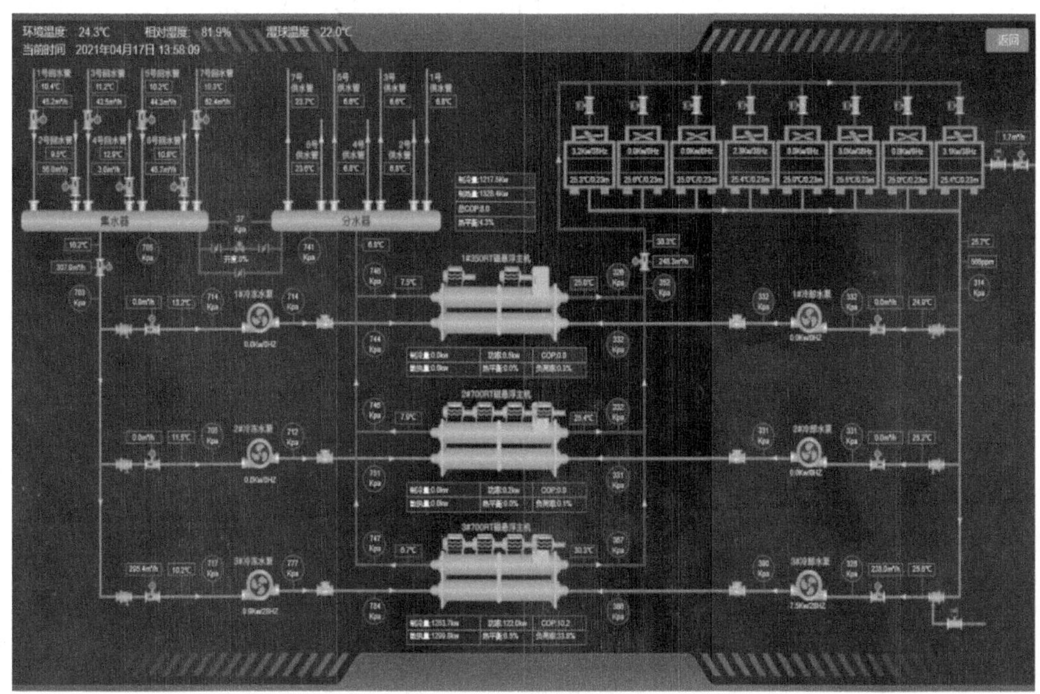

图 11-116　高效空调系统云平台

11.17.2　制冷机房深化设计要点

(1) 主机与水泵一对一连接，根据主机的 *COP* 值智能调节每台水泵的频率，使主机始终处于最高效率工况点，有利于提升空调机组能效值。

(2) 主机出口与水泵直线连接，减少弯头数量，通过水泵将水直接打入主机，减少了传统卧式水泵连接的管长落差，减少管路阻力，且减少阀门等阻力部件。

(3) 将直角弯头、直角三通替换为钝角弯头和钝角三通，降低阻力损失，直角管段替换为斜管段，减少总管长；选用阻力更低的过滤器（如角式反冲洗过滤器、微阻缓闭式止回阀等），水阻≤5kPa，通过管路优化，如减少弯头、将直角连接改为钝角连接，适当放大部分管径，不采用90°弯头而采用45°或60°弯头（甚至直管式）等顺水弯措施减少管道阻力。

(4) 采用变频变流量冷却塔，播水盘增加重力池喷头式布水系统，靠水体自然重力即可，播水为360°实心圆锥状布水，水膜薄，更均匀，达到最佳的热交换效果。做好冷却塔之间的水力平衡等，内循环接管设计，美化冷却塔外观，降低现场接管施工难度，降低阻力不平衡因素。

(5) 本项目采用3台磁悬浮机组、球墨铸铁法兰缓闭低阻力止回阀、直角型反冲洗过滤器等。

11.17.3 机房BIM模块化装配式机房

随着BIM技术越来越成熟，各行业大力推广建筑信息模型（BIM）技术，加快了BIM技术在新型建筑工业化全寿命期的一体化集成应用。BIM技术完全可以帮助实现机房安装的集成，从设计、施工、运行直至建筑全寿命周期的终结，有效提高工作效率、节省资源、降低成本（图11-117）。

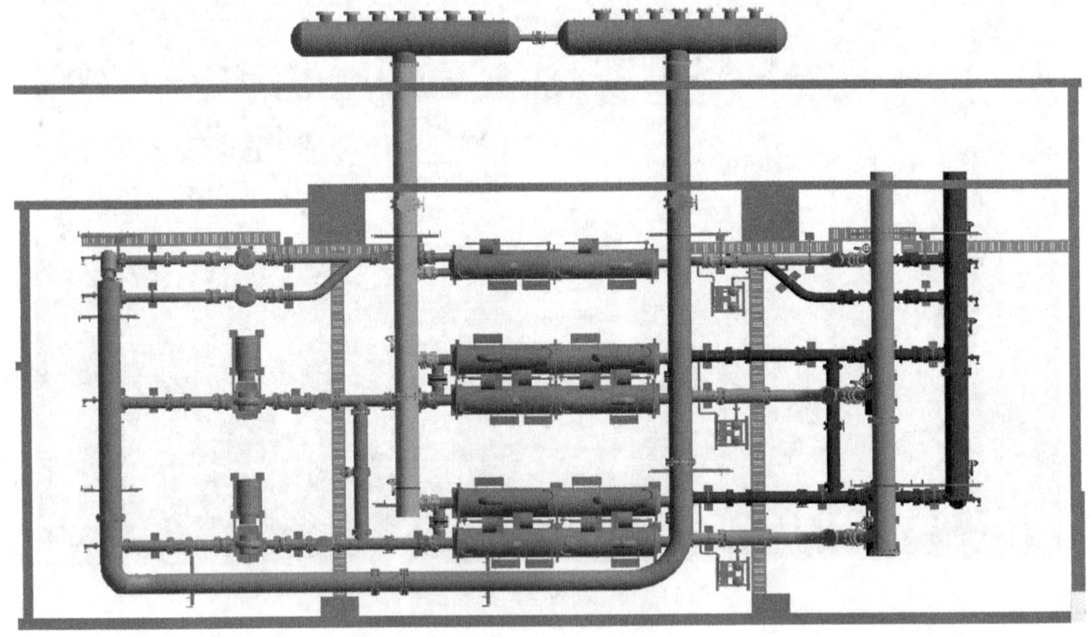

图11-117 机房BIM模块

通过前期BIM技术，将机房所有管道进行深化设计，通过BIM漫游等方式多方面检查管路设计无误后，由工厂进行管道分段生成加工图。工厂根据图纸生产管道、管件，将所有管道根据装配顺序进行编号，最后运输至现场进行安装施工。

机房BIM模块装配式机房组装完成后，效果比预期理想。前期担心成本可能超过预算，设备管路安装精度偏差等问题，随着项目完工也均得以解决。总体上BIM模块装配式机房跟传统机房安装费用差异不大，BIM 方式组装，材料方面费用贵一些，但是安装人工时间短，节省了人工费。实际上，模块化组装机房还有以下几点优势：

(1) 精细化的 BIM 模型，在安装前解决全部误差，装配阶段无需图纸便可安装。

(2) 材料预制化，现场无需加工，省时省料。

(3) 极大降低施工安全隐患、施工现场无焊接、油漆作业污染。

(4) 缩短项目工期，机房 BIM 设计从设备订货有具体尺寸就可以开始 BIM 机房设计，仅仅需预留 1～2 天的时间就可以完成空调机房的装配（图 11-118）。

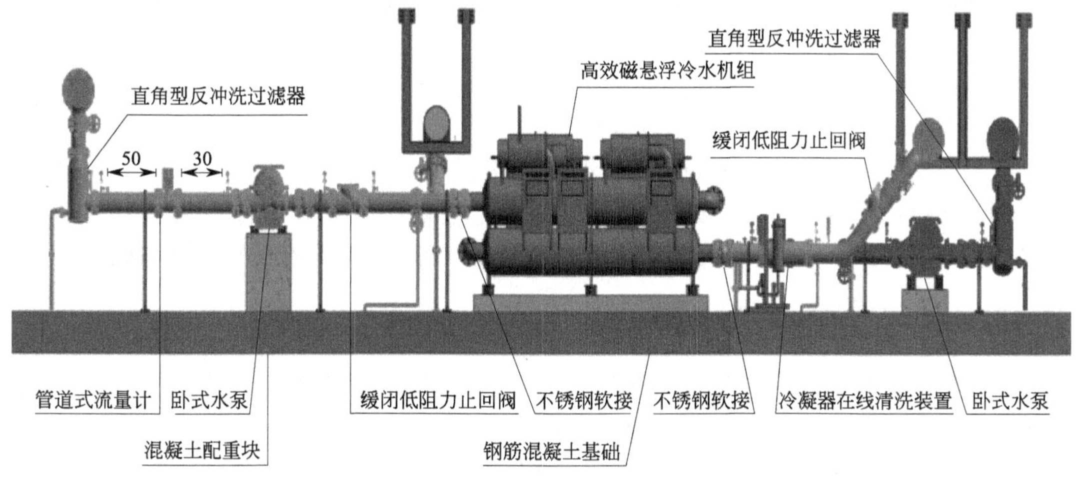

图 11-118　空调机 BIM 大样图

11.17.4　空调机房智能监控设计

随着信息时代的来临，各种智能化新技术不断涌现，人力成本不断提高，以往粗放型的机房管理模式已经不合时宜，同时国家对建筑节能的标准不断提高，空调机房的管理迫切需要更智能的管理模式。

各种智能控制器的加入使空调机房控制更具智能化，如冷媒气体泄漏检测仪、漏水检测感应线缆、远程视频监控系统、水质监测仪、网络型温湿度传感器、冷冻水末端设置压差传感器等。

11.17.5　空调末端设备群控系统

通过联网型的温控器通信接入机房群控系统，能实现监测各末端区域真实的温度情况，为调整控制策略提供数据支撑，有利于提高整个建筑空调节能的效果。为解决各末端商铺计费需要的困扰，通过定制的温控器能通过设定时间读取风机盘管的档位冷量及球阀的开度，由公式计算将其转换成档量的冷量，并作为机房费用摊分的依据。具体的做法如下：

风机盘管的电费分两部分，一部分是风机盘管本身电机运行的电费，另一部分是分摊机房总制冷量得出的电费。两部分独立运算，运行的时间应根据实际情况计算。

计费公式：单个盘管每小时总冷量费用＝∑风机盘管每小时电机档位功率×风机运行

时间×电费单价+（∑每小时盘管档位冷量×对应开度）/机房每小时总冷量×机房每小时总功率×电费单价×每小时修正系数。

修正系数的意义是：能量是守恒的，即机房总制冷量=各末端制冷量之和；为避免出现累计的误差，每小时核算一次两边的冷量数据是否一致，及时进行数据修正。

11.18 武汉常福医院“平疫结合”建设实践

本文执笔人：景建平［搏力谋自控设备（上海）有限公司］、刘汉华

目前，新冠肺炎疫情防控工作已经进入常态化，针对“平疫结合”医院的建设也进一步加快了进程。“平疫结合”医院可在平日满足当地人口的日常诊疗需求，在突发性公共卫生事件发生时能够迅速转换满足疫情所需。

根据国家卫健委、国家发展改革委印发的《综合医院“平疫结合”可转换病区建筑技术导则（试行）》中“六、供暖通风与空气调节”的规定：“平疫结合”区应当根据医院在区域重大疫情救治规划中的定位，相应采取符合平疫转换要求的通风空调措施。

11.18.1 武汉常福医院项目简介

武汉常福医院项目总建筑面积约 23.6 万 m^2，按照“平疫结合”原则，传染病楼设 100 张床位，另有 900 张普通床位根据防疫应急需求转换为传染病房。医院还同步建设了“三区两通道”，即清洁区、半污染区、污染区以及病区医患和污物通道（图 11-119）。

图 11-119 武汉常福医院效果图

11.18.2 水、风系统

该项目作为“平疫结合”的抗疫医院，对空调系统包括水系统和风系统的要求均要兼顾平时和疫情两种不同空调工况。

重点考虑水系统的合理分区、水力失调及节能，在末端大设备如空调箱均采用能量阀；再者，本项目平时风机盘管较多，耗能量大，为减少风机盘管系统的能耗，考虑零泄漏和可

设定流量，因此按区域进行管理，在支管上安装能量阀以降低投资成本（图 11-120）。

打造压力无关型的空调水系统：实现系统收敛迅速、控制精准、运行平稳的目的；优化系统阻力的同时将流量反馈给泵，冷量反馈给主机；让系统运行在最优状态。

图 11-120　能量阀

图 11-121　VAV 执行器

在病房管理中，笔者公司提出了采用 ZoneEase™VAV 的创新型解决方案，有效保证在不同工况下，送风、排风的风量满足设定参数要求下，利用 NFC 技术，能通过手机 App 监控、配置和控制单个 VAV 执行器，设定简单（图 11-121）。然后使用电脑进行批量处理，大大降低了项目的复杂程度，减少了调试时间，提升了连通性、数据透明度和成本效益，保证末端数据清晰可见，客户还可实时远程监控和调试（图 11-122）。

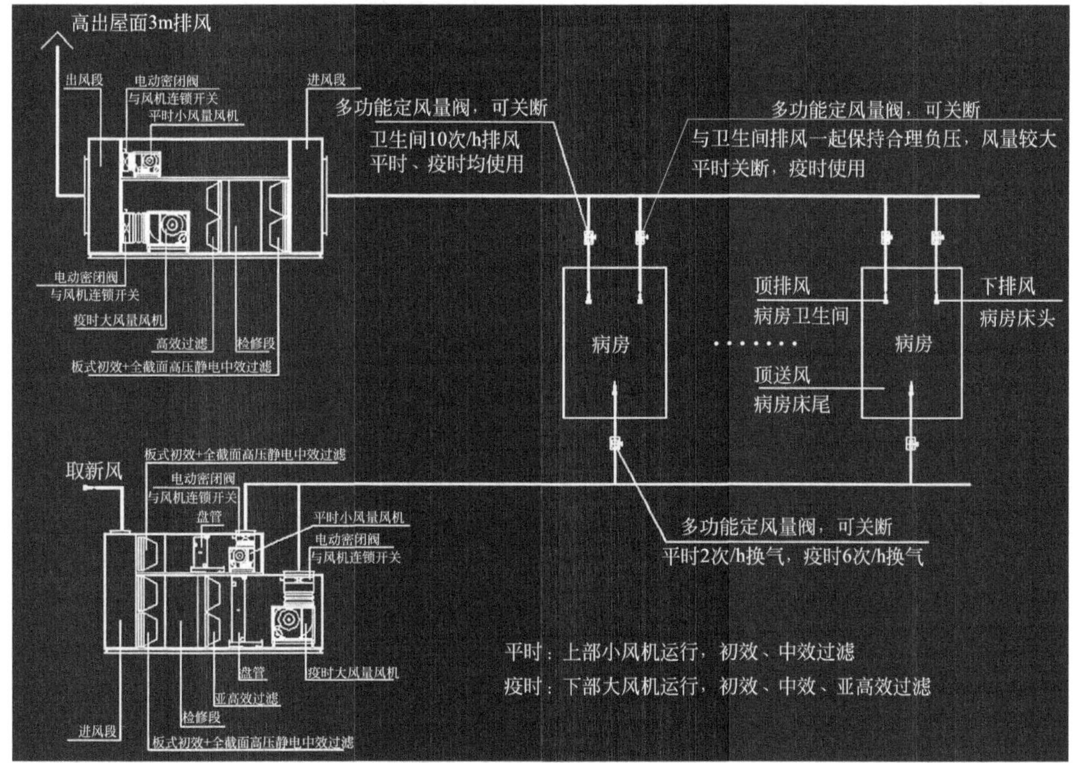

图 11-122　空调系统电脑控制图

11.18.3 智能技术

对于多设备的连通，实现数字化管理，笔者公司提出了新的智能解决方案（图 11-123）。

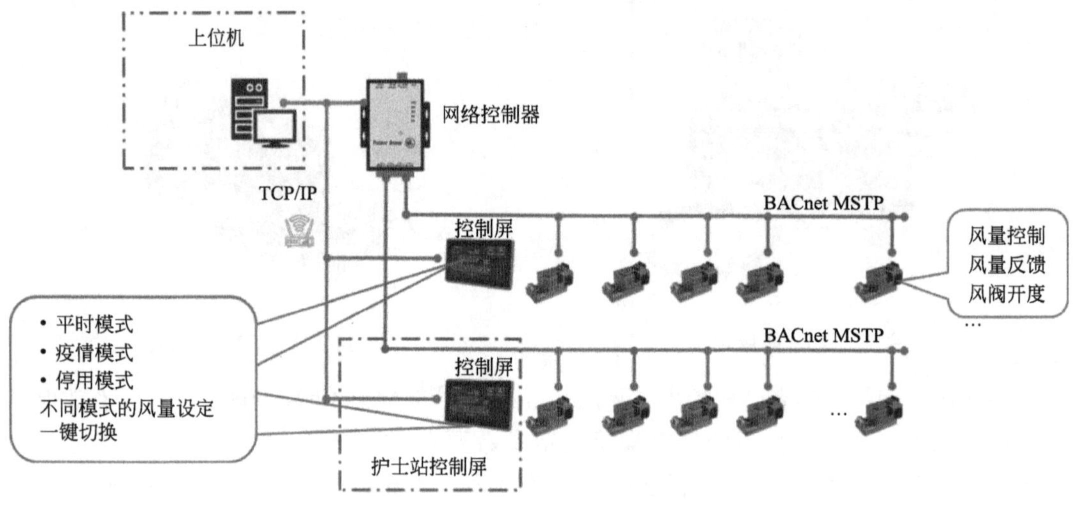

图 11-123　空调系统智能解决方案

满足客户提出的各种需求，可靠有效地保证了连通性、灵活性和安全性。

“平疫结合”医院的特殊性要求空调系统能够灵活切换正负压，设备的选用不但关乎医务人员的工作环境，更是关乎广大人民群众的生命健康。

疫情防控是一场持久性战役，影响全球人类的命运与未来。作为关注可持续发展的创新型企业，智能技术将持续助力医疗医药行业建设，积极配合政府践行社会责任，为“抗疫”贡献力量。

11.19 医疗行业暖通系统解决方案

本文执笔人：刘汉华、郑小敏［珠海格力电器股份有限公司］

经过三十年的不断发展，公司相继攻克了超低温数码多联机组、高效离心式冷水机组、超高效定速压缩机、无稀土磁阻变频压缩机、1Hz 低频控制技术、R290 环保冷媒空调、多功能地暖户式中央空调、永磁同步变频离心式冷水机组、双级变频压缩机、光伏直驱变频离心机系统、磁悬浮变频离心式制冷压缩机及冷水机组、高效永磁同步变频离心式冰蓄冷双工况机组、环境温度－40℃工况下制冷技术、基于大小容积切换压缩机技术的高效家用多联机、面向多联机 CAN＋ 通信技术研究及应用、地铁车站用高效直接制冷式空调机组、全工况自适应高效螺杆压缩机关键技术、高效动压气悬浮离心压缩机关键技术及应用、高效磁阻变频涡旋压缩机研发及应用等 28 项“国际领先”级科技成果。

多年来，公司在医院建筑的暖通系统解决方案方面进行了许多探索和实践，获批建设“空调设备及系统运行节能国家重点实验室”，建有“国家节能环保制冷设备工程技术研究中心”和“国家认定企业技术中心”2 个国家级技术研究中心，1 个国家级工业设计中心，制冷技术研究院、机电技术研究院、家电技术研究院、智能装备技术研究院、新能源环境技术研究院、健康技术研究院、通信技术研究院等 15 个研究院，1 个机器人工程技术研究开发中心、96 个研究所、929 个先进实验室、1 个院士工作站，专门跟踪研究空调业的中长期发展技术和尖端技术。

门诊大厅作为整个医院对外服务面最广、人流量最大的区域，其人员密集、人群复杂，健康人群、非健康人群在此集中和等候就诊，如果空气品质差，容易造成“交叉感染”。且门诊部大门常开，造成该区域冷热负荷大、空调运行能耗大。GZK 组合式空调机组可根据净化要求选配各过滤段的过滤等级和形式（图 11-124），新回风经过机组集中过滤处理后，送入门诊大厅区域，降低因人员集中带来的“交叉感染”的风险。同时为兼顾“绿色医院”的节能指标，选配的转轮采用国际先进的分子筛选层技术，降低运行负荷。

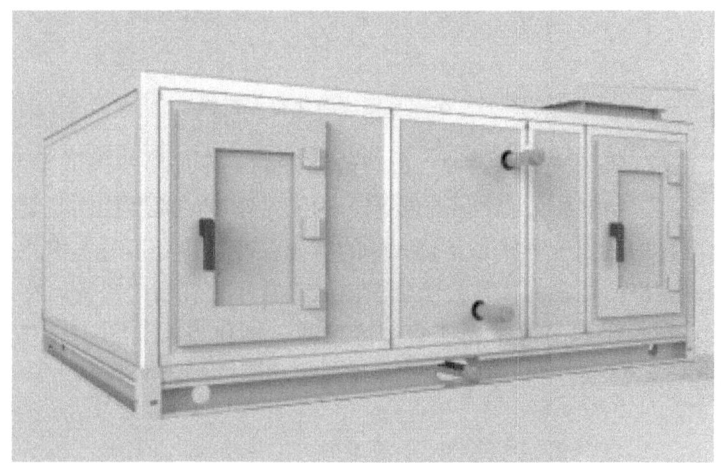

图 11-124　GZK 组合式空调机组

普通病房是集治病、探视、居住为一体的特殊建筑空间，病房人员流动性大，不同的人对室内的舒适性要求也不同，空气质量关系到病人的治疗、康复和医护人员的健康；且由于探视时段人员密度变化大，造成空调负荷波动大。GMV 6 人工智能多联机采用高效增焓直流变频压缩机（图 11-125），IPLV 高达 10.0，针对不同使用区域气候以及用户使用习惯，机组智能运行，适应不同时间段的负荷变化，减少运行能耗；可设置多种静音模式为病患提供静音舒适体验。

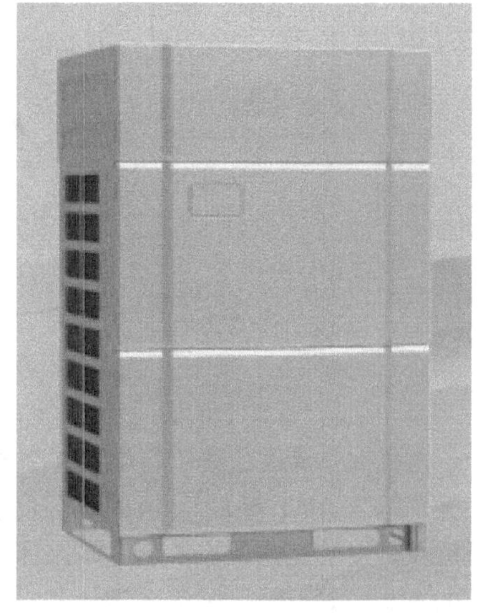

图 11-125　GMV 6 人工智能多联机

传染楼-负压（隔离）病房是综合医院中相对独立的专为传染病设置的病区，需按污染区、半污染区、清洁区三区设置，其中污染区包含负压病房和负压隔离病房。为降低医患之间发生交叉感染的风险，该类病房需严格按照负压设计并保障新风的供应以及排风的净化杀菌效果，因此风量需求大，新风负荷高，空调系统需 24h 不间断运行。直膨式净化空调机组是格力自主研发的冷热源兼用一体化设备（图 11-126），集成了多联机系统和组合柜的优势，具有极强的灵活性与可靠性，可打造千级、百级洁净室。机组可选用绿色净化段，能有效杀灭空气中的细菌、病毒。

图 11-126　直膨式净化空调机组

医院手术室、ICU 等区域为给医护人员营造良好的工作环境及保证手术成功率和效率，对室内的温度、湿度、空气质量有较高的要求，为满足精准的湿度控制，其空气处理过程基本上是先冷却除湿再加热到送风状态点，大量的能源在冷、热处理过程中相互抵消，使手术室成为医院的用能大户，且手术室常处于建筑内区，常年存在着冷负荷，在冬季存在着冷热需求同时共存的情况。手术室可采用四管制冷热源一体化方案（图 11-127），"按需输出"同时提供冷热量，最大化利用能源，同时实现温度和湿度的精确控制。

图 11-127　手术室四管制冷热源一体机

医技部是为医疗诊治行为提供重要支持的技术部门，放置各种精密设备（如 MR 磁共振、PET、CT 等），环境的温湿度会影响设备的精密度，甚至引起高压放电或击穿，且医技科室的工艺需求复杂多样，具有相对独立性。与常规空调相比，医疗设备是空调负荷的主要来源，医疗设备发热量大，对温度、湿度提出更高的控制要求。

集中空调智能群控系统＝制冷主机 ＋ 冷冻水泵（含二次泵）＋ 冷却水泵＋ 冷却塔＋

管道阀门+控制系统（图 11-128），冷水机组定制化优化设计，提高主机设备能效；管路水力降阻优化设计，提升机电系统运行效率；智能群控系统，精准计量控制；末端负荷随动跟踪，实现智慧运维；精准预测全年设备及空调系统能耗；全系列产品全工况性能模型库，可生成数十种系统选型方案，并自动推选最优方案。

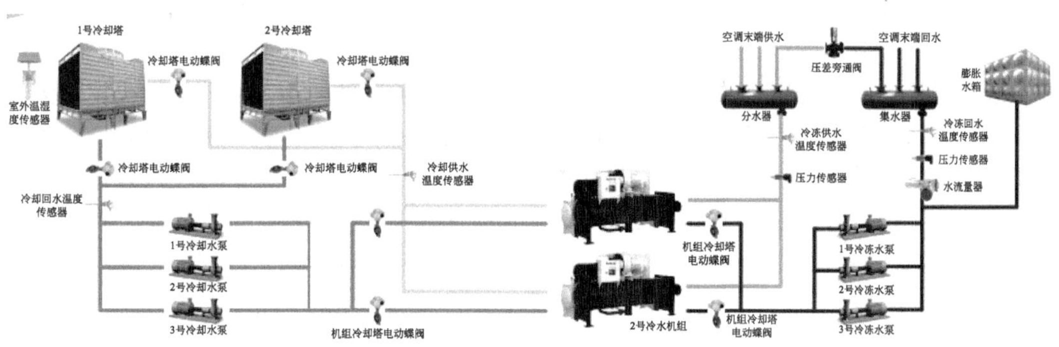

图 11-128　集中空调智能群控系统

部分医院项目案例如图 11-129 所示。

项目采用格力CE离心机、热回收螺杆机

(a)

项目采用格力全变频直膨式机组、风盘

(b)

项目采用格力高效风冷螺杆机、热水机

(c)

项目采用格力永磁同步粗悬浮离心机、风冷模块机

(d)

图 11-129　部分医院项目案例

（a）中南大学湘雅医院；（b）中国人民解放军第 306 医院；

（c）上海交通大学医学院附属仁济医院；（d）广州市番禺区何贤纪念医院

11.20 医疗项目空调节能及智慧管理解决方案

本文执笔人：刘晖、赵杰、徐秋生［青岛海信日立空调系统有限公司］

本文结合近年医疗项目经验、案例及目前多联机空调产品发展进展，阐述医疗项目中现状问题的一些解决思路，供行业参考。

医院建筑不同于普通公共建筑，从既有医院建筑空调系统用能现状调研情况发现医院建筑能耗更高，而且空调机通风系统的能耗及其支出占主要部分。在保障健康安全、医疗功能及工艺、舒适度的前提下，结合医疗项目中各区域功能及负荷特点对空调系统进行合理划分并采用具有针对性的解决方案，同时借助智能化的集控及能耗监测系统，最大限度地实现空调系统的节能、降低运维难度、实现行为节能对推动智慧医院建设中精细化的后勤管理具有重要意义。

医院建筑的门诊、医技等科室功能复杂、人员密集、医疗设备显热量大，且一般位于大楼的裙房部分，单层面积较大，通常有明显的内、外分区，并与功能分区交织，在严寒、寒冷、夏热冬冷地区常会出现同一时间有不同的冷热需求的现象。医院类建筑的功能本身复杂，各医疗区或科室对房间温度、湿度、洁净度的要求不尽相同，即使同区的房间，在过渡季节受太阳辐射的影响，同一时间不同朝向房间也可能出现不同的冷热需求。在某医院项目的改造中，院方反映的“室外下雪天气内区医护人员仍汗流浃背”的问题值得我们重新思考传统空调系统优势与在特殊场合应用中的不足。

甘肃某妇女儿童医院、南京某医院等项目运用了 FLEX MULTI 风冷热回收型多联机将邻近的供冷房间的热量转移到供热房间，解决了医院建筑特殊医技科室多种空调运行工况问题，为敏感群体、医护人员提供理想舒适的温湿度环境，实现在同一空调系统内同时制冷、制热运行，满足热舒适的同时通过冷媒热回收，达到节能效果（图 11-130）。

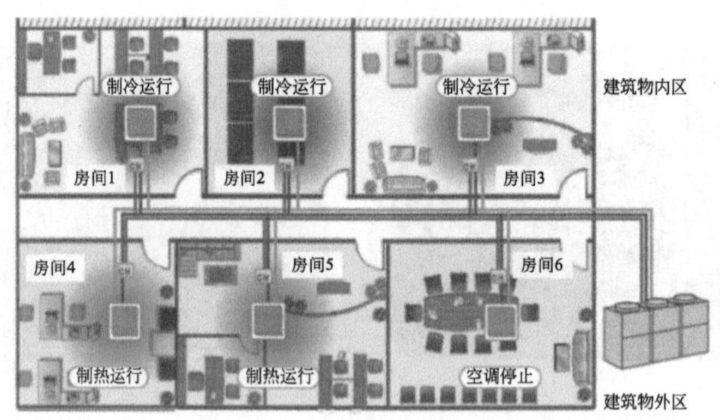

图 11-130　同时制冷制热的风冷热回收型多联机系统示意图

对有大量内区存在、特殊机房需要长期稳定排热、整个建筑有同时冷暖需求的项目，运行水源变频多联机可实现自由冷暖，为不同科室的康复治疗提供最有利的温湿度环境，解决特殊医技科室多种空调运行工况问题的同时，可通过水侧热回收，实现不同医疗区域之间的热回收，且突破多联机系统冷媒管长的制约。杭州某医院项目通过水源多联机排除常年稳定散热且散热量较大的扫描室、直线加速器机房等的热量，并将热量通过水侧进行回收，输出到需要供热的区域，最大化地实现空调系统的高效节能。水源多联机可与两管制水系统搭配使用，解决两管制水系统无法同时供冷、供热的问题（图 11-131）。

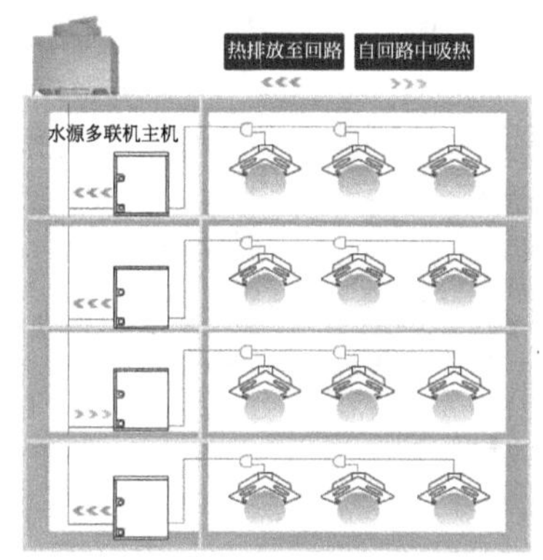

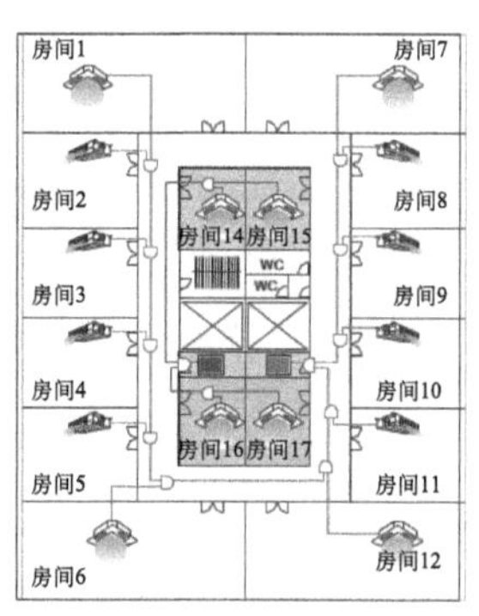

图 11-131　水源多联机不同区域之间的水侧热回收示意图

“智慧医院”建设是当前行业发展的热门方向之一，在既有医院调研中发现普遍存在智能化程度低、缺少能耗监测平台的问题。从医院项目功能构成、运行管理现状来看，设置分散灵活的制冷系统、结合多联机集控及能耗监测系统的中央空调系统，对医院空调系统后期便捷运维、节能运行及用能分析具有重要意义。

新一代 E-MASTERⅢ 集控系统最多可管理 2048 个多联机系统、5120 台室内机，可轻松实现独立或群组空调状态的远程监测与控制、建筑物空调平面导航、日程管理、节能管理、运行数据管理、远程能耗监测与分析等功能，同时可支持多种网络通信协议，方便接入楼宇自控管理平台。在某中西医结合医院二期工程项目的门诊、医技、住院按科室设置独立的多联机系统及集控＋能耗计费系统，为院方解决了各科室完全独立管理、独立核算、行为节能、降低管理难度的诉求，通过两年运行数据分析发现，采用多联机＋集控的二期工程能耗指标约为采用水系统的一期工程的 60%。山东某妇幼保健院多联机系统在引入集控系统后节能达 15%左右。

随着多联机空调技术发展，基于项目特点及应用场景的差异化多联机产品的出现，解决了传统空调形式无法或高成本才能解决的很多问题。近几年，在医疗项目中多联机空调系统不仅作为独立空调系统广泛应用于功能性要求区域，并且在越来越多的大型医院中，舒适性要求区域选多联机系统的比例越来越大。在对近些年医疗项目的运行情况跟踪中发现，多联机空调系统在满足人体健康舒适、医疗功能要求的同时，对医院空调节能运行和智慧运维也起到了重要作用。

部分医院项目案例如图 11-132 所示。

图 11-132 部分医院项目案例

11.21　广州市城市规划勘测设计研究院近年来其他医院项目案例

项目名称：中山大学附属第三医院医疗综合楼
项目规模：总建筑面积41714m²，其中地上建筑面积35372m²，地下建筑面积6342m²，总投资1.87亿元，工程设计规模为600床

项目名称：南方医科大学南方医院外科综合大楼
项目规模：新医疗综合楼规划床位数为1400张，总建筑面积111770m²，其中地上8100m²地下30770m²

项目名称：中山大学第三附属医院肇庆医院
项目规模：近期1200床，总建筑面积110000m²，远期2700床，总建筑面积300000m²

项目名称：广东省第二中医院医疗综合楼
项目规模：总建筑面积67175m²，总高27层，设计床位800床，三级甲等综合医院

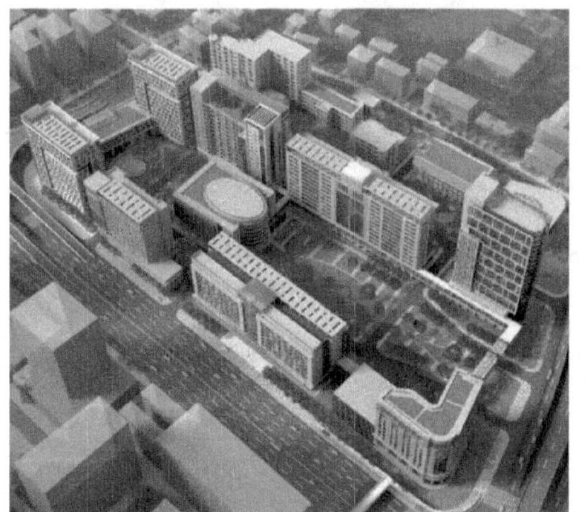

项目名称：广州市第一人民医院
项目规模：院区规划及整体改造

项目名称：揭阳市慈云医院
项目规模：占地3.1万m²，规划床位1000张

项目名称：佛山市第二人民医院
项目规模：总建筑面积245000m²，其中地上建筑面积179450m²，地下建筑面积65550m²

项目名称：东莞市妇产中心大楼
项目规模：地上建筑面积31283m²，地下面积10632m²，机动车停车位：176个

项目名称：广州医科大学附属脑科医院(广州市惠爱医院)
项目规模：总建筑面积为93778m²，床位数800床

项目名称：广州市天河区第二人民医院
项目规模：用地面积58154m²，总建筑面积49159m²。床位数980张，日门(急)诊量3000人

项目名称：四川省汶川县人民医院
项目规模：总建筑面积约21774m²，建设规模为200床，二级甲等综合医院

项目名称：广州市胸科医院
项目规模：用地面积42283m²

项目名称：云浮市人民医院
项目规模：总建设用地约为237亩，拟分三期建设，首期医院按总建筑面积90000m²，800床综合医院规模标准建设，三级甲等综合医院

项目名称：佛山市禅城区人民医院中医院和禅城区颐养院建设项目
项目规模：总建筑面积74000m²(地上53700m²，地下室20300m²)其中中医院7269m²、颐养院6997m²。中医院规划299床。颐养院规划 400～600床

项目名称：广东省妇幼保健院儿科医疗楼
项目规模：总建筑面积79520m²，包括门(急)诊用房9000m²，医技科室13500m²，住院部用房19500m²，保障系统用房4000m²，行政管理用房2000m²，设计总病床为500张

参考文献

［1］ 沈晋明，俞卫刚. 国外医院建设标准发展对我国医院手术部建设的启发与思考［J］. 中国医院建筑与装备，2013（2）：62-66.

［2］ 沈晋明. 德国的医院标准和手术室设计［J］. 暖通空调，2000，30（2）：33-37.

［3］ 于振峰，李建兴. 独立新风系统在医院洁净空调的应用［J］. 煤气与热力，2005，3（25）：33-35.

［4］ 刘慧敏. 医院建筑节能设计探讨［J］. 中国医院，2006，10（10）：13-16.

［5］ 杭元凤. 绿色环境：医院空调系统的节能技术与设备选型［J］. 现代医院，2018，8（12）：126-129.

［6］ 李灏如，李晓锋，等. 公共建筑空调系统运行能耗评价方法研究［J］. 暖通空调，2017，47（7）：15-20，26.

［7］ 左政，胡文斌，等. 基于建筑全年动态冷负荷的冷水机组优化配置方案［J］. 暖通空调，2009，39（2）：96-100.

［8］ 李兆坚. 低流速水管沿程阻力计算问题分析［J］. 暖通空调，2017，47（增刊1）：282-284.

［9］ 丁勇，魏嘉. 冷冻水泵变频改造的节能性能分析［J］. 建筑节能，2015（9）：44-47.

［10］ 李元阳，黄国强，等. 高效绿色智慧建筑综合解决方案［J］. 暖通空调，2019，49（10）：123-128.

［11］ 刘坡军，陈東华，等. 浅谈制冷机房精细化设计在工程中的应用［J］. 建筑热能通风空调，2020，39（10）：87-90.

［12］ 刘坡军. 空气源热泵回收空调系统排风能量的应用［J］. 建筑热能通风空调，2018，37（6）：57-59，67.

［13］ 李志，袁国林. 浅谈暖通空调风系统的设计［J］. 建材与装饰，2017（3）：79-80.

［14］ 朱光勇. 中央空调冷却水系统节能控制策略［J］. 科技与创新，2017（11）：51-52.

［15］ 丁学贵，贺德军，尹诚刚. 超高层建筑空调水系统竖向分区分析［J］. 建筑热能通风空调，2018，7（37）：54-61.

［16］ 石和建. 常用集中空调冷水系统解析［J］. 建筑，2006（20）：70-72.

［17］ 陈少玲. 欧阳长文广州某酒店群空调水系统方案比较分析［J］. 建筑节能，2016（4）：139-140.

［18］ 何俊生. 某工程集中空调冷水系统设计的探讨［J］. 广州建筑，2015，3（43）：11-16.

［19］ 刘汉华. 暖通空调设计审查常见20个问题及简析［J］. 制冷，2020，1（39）：26-29.

［20］ 李刚，刘汉华，吴哲豪. 医院新风设计理念［J］. 发电与空调，2015，6（35）：

67-71.
[21] 郭晶，徐钊. 新冠肺炎疫情背景下的医疗建筑设计策略 [J]. 山西建筑，2020，46 (7)：11-13.
[22] 曾亮军，王学磊. 传染病医院通风空调系统的设计特点 [J]. 洁净与空调技术，2019 (1)：83-90.
[23] 胡伟航. 新冠肺炎疫情下的医院建筑平疫结合设计思考 [J]. 规划与设计，2020 (5)：73-74.
[24] 李江川，姚兵，王肖伟，庞波. 新型冠状病毒疫情下多维 MDT 模式传染病医院改扩建设计方案中的应用 [J]. 工程管理，2020 (4)：84-86.
[25] 李常河，李永安，张晓峰，张洪宁. 济南市医院空调的现状及预防 SARS 的对策 [J]. 山东制冷空调，22-24.
[26] 李安静. 医院呼吸科病房通风空调系统设计分析 [J]. 建筑技术开发，2018，45 (17)：34-35.
[27] 王清勤，范东叶，等. 住宅通风的现状、标准、技术和问题思考 [J]. 建筑科学，2018，34 (2)：89-92.
[28] 丘琳，冯正功. 新冠疫情中建筑师的思考和实践 [J]. 江苏建筑，2020，204 (2)：1-3.
[29] 邵士洪. 医改后的传染病专科医院现状原因分析及对策探讨 [J]. 经济师，2019 (1)：26-227.
[30] 江亿. 我国建筑能耗状况与节能重点 [J]. 建设科技，2007 (5)：26-29.
[31] 刘亚坤. 医院病房建筑空调方案的选择 [J]. 中国建设信息，2001 (33)：46-47.
[32] 沈晋明，刘燕敏，俞卫刚. 级别及风量可变洁净手术室的建造与应用——新版《医院洁净手术部建筑技术规范》简析 [J]. 中国医院建筑与装备，2014 (3)：52-54.
[33] 陈华，涂光备，邹同华，易伟雄，李惠玲. 香港地区办公楼变风量空调系统节能分析 [J]. 暖通空调，2004 (4)：74-77.
[34] 沈晋明. 洁净手术部的净化空调系统设计理念与方法 [J]. 暖通空调，2001 (5)：7-12.
[35] 居发礼. 医院通风系统如何节能? [J]. 中国医院建筑与装备，2011，12 (1)：7.
[36] 武新民，张新飞. 浅谈绿色医院手术部净化空调系统的节能设计 [J]. 中国医院建筑与装备，2010，11 (9)：78-80.
[37] 江亿，杨秀. 我国建筑能耗状况及建筑节能工作中的问题 [J]. 中华建设，2006 (2)：12-18.
[38] 吴宇红，梁江. 空调排风热回收系统设计应用浅析 [J]. 暖通空调，2008，38 (9)：60-63，54.
[39] 赵岐华. 空气源热泵回收空调系统排风能量的节能利用探讨 [J]. 制冷与空调，2014，3 (14)：7-10.
[40] 吕中一，陶邯，张银安. 负压隔离病房通风空调系统设计与思考 [J]. 华中建筑，2020 (4)：45-49.
[41] 国家建筑标准设计图集 06K301-1. 空气-空气能量回收装置选用与安装（新风换气

机部分）[S].
[42] 罗伯特·珀蒂琼. 全面水力平衡-暖通空调水力系统设计与应用手册 [M]. 2 版. 北京：中国建筑工业出版社，2007.
[43] 李玉街，蔡小冰，等. 中央空调系统-模糊控制节能技术及应用 [M]. 1 版. 北京：中国建筑工业出版社，2009.
[44] 伍小亭，王砚，王蓬，赵斌 . 广州大学城区域供冷 3 号制冷站的设计思考 [J]. 天津，暖通空调，2010，23-25.
[45] 刘文娟. 区域供冷在小区建筑中使用的优越性条件分析 [D]. 太原：太原理工大学，2011（5）：19-35.
[46] 王浩. 某区域供冷系统的能耗与经济性分析 [D]. 哈尔滨：哈尔滨工业大学，2021（6）：33-45.
[47] 黄友前. VAV 空调系统风管末端装置安装及调试要点分析 [J]. 福建建材，2019，2（214）：84-86.
[48] 刘亚坤. 医院病房建筑空调方案的选择 [J]. 中国建筑信息供热制冷专刊，2001（11）：45-46.
[49] 魏义平. 水蓄冷技术在综合医院中的设计与应用 [J]. 上海建设科技，2020，1（1）：29-31.
[50] 项端祈. 空调制冷设备消声与隔振实用设计手册 [M]. 北京：中国建筑工业出版社，1990.
[51] 黄中. 医院通风空调设计指南 [M]. 北京：中国建筑工业出版社，2008.
[52] 陆耀庆. 实用供热空调设计手册 [M]. 2 版. 北京：中国建筑工业出版社，2008.
[53] 赵文成. 中央空调节能及自控系统设计 [M]. 1 版. 北京：中国建筑工业出版社，2018.
[54] 杨仕成. 中央空调冷冻机房节能控制系统设计 [D]. 淮南：安徽理工大学，2018.